中国典型丹霞地貌成因研究

朱　诚　马春梅　张广胜 等　著

国家科技基础性工作专项重点项目（2013FY111900）　资助

科学出版社
北　京

内 容 简 介

本书主要介绍中国典型丹霞地貌研究的历史背景、研究过程与研究意义，国内外研究进展及研究内容与方法。本书以广东丹霞山、浙江江郎山、福建泰宁、湖南崀山、江西龙虎山这五处世界自然遗产地和浙江方岩、安徽齐云山、福建冠豸山等丹霞地貌区为例，讨论这些研究区的自然地理特征、地质构造、地貌特征、地层与岩性特征，介绍对各研究区的野外调查和采样过程，在此基础上论述对丹霞地貌各类砂砾岩干抗压与湿抗压强度、酸蚀抗压强度、冻融抗压强度、蜂窝状洞穴样品X荧光分析、岩性在偏光显微镜下样品的鉴定分析过程。在上述实验数据分析基础上讨论丹霞地貌中造景地貌如扁平状洞穴、风车岩、天生桥、蜂窝状洞穴及各类型穿洞、崩积石与围谷、峡谷与三爿石等的地貌成因，为今后开展丹霞地貌成因研究提出新思路和科学依据。

本书除可供自然地理学、地貌与地质学教学科研参考外，对当前“中国丹霞”世界自然遗产地和各类丹霞地貌的地质地貌成因调查具有较高参考价值，也可供地质学界、地貌学界、旅游界相关工作人员、高等院校师生和丹霞地貌风景区管理人员参考。

封面照片说明（照片均由朱诚拍摄）

上左：丹霞山僧帽峰；上中：丹霞山梦觉关小型穿洞；上右：泰宁香蕉岩叠层状凹槽；下左：龙虎山象鼻岩；下中：江郎山三爿石；下右：崀山丹霞地貌山峰

图书在版编目（CIP）数据

中国典型丹霞地貌成因研究/朱诚等著. —北京：科学出版社，2015.11
ISBN 978－7-03-046192-6

Ⅰ.①中… Ⅱ.①朱… Ⅲ.①丹霞地貌-研究-中国 Ⅳ.①P942.207.6

中国版本图书馆CIP数据核字（2015）第260628号

责任编辑：胡 凯 周 丹／责任校对：李 影
责任印制：赵 博／封面设计：许 瑞

科学出版社出版
北京东黄城根北街16号
邮政编码：100717
http://www.sciencep.com

北京通州皇家印刷厂印刷
科学出版社发行 各地新华书店经销
*
2015年12月第 一 版 开本：787×1092 1/16
2015年12月第一次印刷 印张：22 3/4
字数：534 000

定价：168.00元
（如有印装质量问题，我社负责调换）

序　言

丹霞地貌因“色如渥丹，灿若明霞”而闻名于世，是一种具有很高科学价值和美学价值的地貌类型，是一个与其他风景地貌颇为不同而更富于造景功能的自然地理实体和人文地理实体。2010年8月，在第34届世界遗产大会上，由中国6个著名的丹霞地貌风景区构成的“中国丹霞”系列——广东丹霞山、贵州赤水、福建泰宁、湖南崀山、江西龙虎山、浙江江郎山被列入世界遗产名录，标志着中国丹霞地貌的研究走出国门，走向国际。但中国丹霞地貌理论和成因研究滞后于应用研究，定性研究多、定量研究少。《中国典型丹霞地貌成因研究》一书通过对中国典型丹霞地貌区的实验地貌学研究来分析岩性差异对丹霞地貌发育的影响，对揭示丹霞地貌区凹槽及穿洞和蜂窝状洞穴等发育的成因，以及对了解我国白垩纪以来丹霞地貌地质构造演化及成因和旅游开发具有十分重要的意义。

该书作者及其科研团队自2000年以来，在国家科技基础性工作专项重点项目资助下，对中国典型丹霞地貌进行了较系统的野外调研和实验地貌学研究，该书学术贡献主要体现在如下几个方面。

（1）通过野外实地考察，在宏观总结地理位置、地质构造、岩性特征等的基础上，分别对八个地点（广东丹霞山、浙江方岩、浙江江郎山、福建冠豸山、福建泰宁、湖南崀山、江西龙虎山、安徽齐云山）的丹霞地貌区进行了详细的论述，对砂岩和砾岩等岩石标本进行了实验地貌学研究，归纳出丹霞地貌发育变化的规律。

（2）对丹霞地貌的研究除要了解地质构造特征和地貌现状外，还需要对岩性特征、成分、颜色、结构、构造、胶结物、胶结类型、特殊矿物等开展研究。探索丹霞地貌成因的实验地貌学主要包括：对丹霞地貌砂岩和砾岩的钻孔取样、丹霞地貌岩性中火山岩的取样及其K-Ar法测年、丹霞地貌岩性偏光显微镜鉴定、与造景地貌成因有关的干抗压与湿抗压强度对比分析、酸蚀抗压强度对比分析、冻融抗压强度对比分析、X荧光光谱元素分析等。上述研究结果对揭示丹霞地貌成因具有重要的指导意义。

（3）在从微观角度研究各地区丹霞地貌发育过程的基础上，对比分析不同地区岩体差异与丹霞地貌发育形态的关系，为科学解释岩体差异对丹霞地貌发育机制的影响提供了可靠的科学依据，并对丹霞地貌发育特征进行了系统分析和总结。

该书是作者及其科研团队15年来坚持不懈对丹霞地貌研究的结晶，其中很多成果已在国内外高水平杂志上发表，并得到学术界的高度认可，是难得的专业性科学专著。笔者有幸先睹为快，相信读者们会从中汲取丰富的丹霞地貌科学知识，并相信该书的出版会有力推动我国丹霞地貌研究及其旅游资源的开发。

中国科学院院士
发展中国家科学院院士
国际欧亚科学院院士

2015年11月30日

前 言

丹霞地貌研究起始于 1928 年，中国地质学家冯景兰和朱翙声在广东曲江、仁化、始兴、南雄地质考察时命名形成丹霞地貌的红色砂砾岩层为“丹霞层”。1938 年，地质学家陈国达考察丹霞山，提出“丹霞山地形”这一术语，1939 年，他接着提出“丹霞地形”这一地貌学术语。此后，地貌学家曾昭璇、陈传康等长期从事对丹霞地貌的研究。20 世纪 90 年代以来，彭华等也逐渐投入了对丹霞地貌及其申报世界自然遗产的研究。2010 年 8 月，在第 34 届世界遗产大会上，由中国 6 个著名的丹霞地貌风景区构成的“中国丹霞”系列——广东丹霞山、贵州赤水、福建泰宁、湖南崀山、江西龙虎山、浙江江郎山被列入世界遗产名录，本书作者与中山大学及“中国丹霞”世界自然遗产地风景区管理委员会等单位也首次在 *Geomorphology* 杂志上联合发表了“中国丹霞”实验地貌学研究的科研成果，深入开展了对丹霞山等造景地貌成因的系统研究，丹霞地貌更加引起世人的瞩目。

从国外研究进展看，与丹霞地貌有关的研究，国际上一般称为砂岩或砾岩地貌研究。Robert Young 等（1992，2009）、Turkington 等（2005）做过相关研究。Robert Young 等对世界各地的砂岩地貌（包括红色砂岩地貌）做过比较全面的介绍，在其 2009 年的新版中，增加了对中国丹霞地貌的介绍。2002 年 9 月和 2005 年 5 月，在捷克和卢森堡曾先后召开两届砂岩景观国际学术讨论会，出版了论文集，其中有一部分属于红色砂砾岩地貌。但 Robert Young（2009）认为，从地貌学各分支学科发展看，国际上对红色砂砾岩地貌的研究仍然十分薄弱。由于国际上将丹霞地貌分别归于砂岩地貌、砾岩地貌、假喀斯特、石英喀斯特和干旱区地貌等，但均不十分准确，因此，目前国际上的分类系统尚不能给丹霞地貌一个合适的确定位置。但目前国外对丹霞地貌的研究侧重于旅游开发或宗教，如美国犹他州阿切斯（Arches）国家公园的丹霞石拱、埃及的阿布·辛拜勒（Abu Simbel）神庙、阿富汗巴米扬大佛（Bamyan）及其丹霞地貌山谷、巴西的卡皮瓦拉山（Capiyara）国家公园、阿根廷北部卡法亚特（Cafayate）红层山地等，而实验地貌学研究还不足。

从国内研究进展看，中山大学黄进教授先后对我国 28 个省区约 1000 处丹霞地貌进行过实地考察，并自 1990 年以来，提出并改进了计算丹霞地貌区地壳上升和侵蚀速率的计算公式。20 世纪 90 年代国内学者开始把丹霞地貌的研究视角投向了世界。彭华和蔡辉（1998）、杨禄华（1999）、尹德涛（2002）、张忍顺（2004）、刘尚仁（2003，2004）等分别对美国、澳大利亚、英国、印度、阿富汗等国家的丹霞地貌进行了介绍。朱诚、俞锦标、彭华、马春梅、张广胜、李中轩、欧阳杰、李兰、吴立、朱光耀、侯荣丰、唐云松、谭艳、陈姝、吕文、孙伟、王晓翠等（2000～2015）分别对福建冠豸山、安徽齐云山、浙江江郎山、浙江方岩、广东丹霞山等地进行了研究，并发表了有关丹霞地貌成因等方面的新成果，引起学术界的广泛关注。南京大学团队在我国丹霞地貌申报世界自然遗产过程中，主要承担并完成了浙江省江郎山和方岩两个地点风景名胜区丹霞地貌综合科学研究报告、风景名胜区地质地貌特征要素图片集、丹霞地貌综合科学研究成果电子文件汇编以及对丹霞山、泰宁、龙虎山和崀山申报世界自然遗产期间的丹霞地貌成因调研等工作，目前已培养两名博士和三名硕士学位获得者，已发表21篇论文（其中SCI论文7篇、一级学报9篇）。

在研究中我们发现以下科学问题值得重视：为什么中国是丹霞地貌发育最多的国家？为什么中国丹霞地貌被评为世界自然遗产？最有特色的丹霞地貌除了六处入选地点外还有别的地方吗？为何中国的丹霞地貌构成其物质基础的岩石层位大多数是晚白垩世（K_2）时期的？中国东西部的丹霞地貌有何区别？浙江又有何特色？广东、湖南、福建、江西、贵州以及安徽和江苏等省又有什么区别？中国的丹霞地貌发育特征、数量及其与海洋板块和大陆板块碰撞有关吗？晚白垩世 K_2 等时期天体撞击、火山喷发、构造运动和海陆板块碰撞之间有何密切联系？今后应如何进一步开展研究和进行旅游开发？对上述科学问题的探索，将有助于我们对丹霞地貌科学成因的深刻了解和认识。

从发育特征看，我国丹霞地貌主要分布于晚白垩世（K_2）地层。受太平洋板块对大陆板块碰撞挤压的影响，我国东部地块白垩纪多发育有山间盆地和粗大的砾岩（如浙江方岩等地），往西逐渐形成断陷盆地和面积较大的丹霞地貌分布区（如湖南与广西交界处的崀山地区）。从岩性分布看，东部地区如浙江省具有较多火山岩，向西逐渐过渡为较多的砾岩、砂砾岩和砂岩以及与碳酸岩类岩性相交的特点。从丹霞地貌调查看，我国丹霞地貌的发育可能与天体撞击引起的恐龙灭绝和火山岩喷发事件、以及第四纪冰期-间冰期冻融崩塌和构造隆升等地质作用密切相关。因此，解决以上科学问题以及作者在 *Geomorphology* 等杂志上发表的对列入世界自然遗产的“中国丹霞”系列广东丹霞山、浙江江郎山、福建泰宁、江西龙虎山、湖南崀山以及典型丹霞地貌区的福建冠豸山、安徽齐云山、浙江方岩等地的地质构造和岩性的抗压、抗侵蚀、抗冻融实验和偏光显微镜等鉴定，对揭示丹霞地貌区凹槽及穿洞和蜂窝状洞穴等发育的成因，以及对了解我国白垩纪以来丹霞地貌地质构造历史及成因和旅游开发具有十分重要的意义。

本书是课题组多年合作研究的综合成果。朱诚参与所有章节的撰写，课题组以下成员参与部分章节的撰写：马春梅（第1章、第2章、第10章、第11章）、张广胜（第2章、第4章、第5章、第11章）、欧阳杰（第1章、第2章、第4章、第5章、第7章、第8章、第9章、第11章）、吕文（第5章、第7章、第8章、第9章）、陈姝（第7章、第8章、第9章）、吴立（第3章）、唐云松（第10章）、谭艳（第3章）、李兰（第4章、第5章）、李中轩（第4章、第5章）、俞锦标（第6章）、李刚（第6章）、吴承照（第6章）、朱光耀（第4章、第5章）、朱青（第4章、第5章）、郑朝贵（第5章）。采样和实验中还得到了彭华、孙伟、王晓翠、贾天骄、钟宜顺、侯荣丰、胡智农、周日良、胡永起、吕振荣、胡昶、武弘麟、周书勤、李东、朱雨鸣等的支持与协助。全文的统稿由马春梅、张广胜完成，三位硕士生张娜、蔡天赦、杨昊坤协助，朱诚最后审阅校对定稿。

本研究得到国家科技基础性工作专项重点项目（2013FY111900）的资助，野外调研和采样中得到了“中国丹霞”世界自然遗产地风景区管理委员会（广东丹霞山、浙江江郎山、福建泰宁、湖南崀山、江西龙虎山）、浙江方岩风景名胜区、福建冠豸山风景名胜区和安徽齐云山风景名胜区等管理部门的大力协助，研究中得到了黄进、彭华、俞锦标、崔之久、许世远等地貌学专家的支持，郭华东院士在百忙之中抽空审阅全书并作序，作者在此一并深表感谢！

作　者

2015年11月30日

目　录

第1章 绪　　论

1.1　研究背景与研究意义

丹霞地貌是在中国被命名的一种独特地貌类型，其研究历史可以追溯到20世纪20年代。晚白垩世（K_2）的地球可能遭遇过天体撞击，是恐龙灭绝最突出的生物事件时期（宋春青，张振春，1996），也是我国蕴育丹霞地貌的重要时期。丹霞地貌主要是发育在晚白垩世（K_2）红色陆相砂砾岩地层之中，以赤壁丹崖为特征的地貌类型，包括石峰、石堡、石墙、洞穴等一系列造型景观。我国是丹霞地貌分布较广、数量较多、研究较早且较深入的国家。根据黄进（1999，2009a，2009b）等多年来的野外调查研究和统计，截至2015年，在我国发育的丹霞地貌约1000处，其中大多数集中在我国东南部、西南部以及西北部，而东南部丹霞地貌发育尤为典型。广东丹霞山、福建泰宁和江西龙虎山分别在2004、2005和2007年以“丹霞地貌类”入选世界地质公园。2010年8月1日18时（北京时间2010年8月2日5时），在巴西利亚召开的联合国教科文组织世界遗产委员会第34届大会上，中国六处丹霞地貌景区（广东丹霞山、湖南崀山、福建泰宁、贵州赤水、江西龙虎山、浙江江郎山）组成的“中国丹霞”顺利通过评审，列为世界自然遗产，标志着中国丹霞地貌的研究走出国门走向国际。

丹霞地貌因“色泽渥丹，灿若明霞”而闻名于世，是一种具有很高美学价值和科学价值的地貌类型，是一个与其他风景地貌颇为不同而更富于造景功能的自然地理实体和人文地理实体。随着生活水平的逐步提高，人们更多地选择旅游活动作为娱乐方式，而集“雄、奇、险、秀、幽、旷”之大成，美若仙境的丹霞地貌景观也逐渐为大众所喜爱。陈传康1977年[①]对承德丹霞地貌形成的地质基础、地貌演化、地貌特征与类型组合、地貌景观的开发利用等展开研究，实现并指导了我国丹霞地貌的构景效果及旅游开发的研究方向。由于丹霞地貌学科发展迅猛，加上近年来以丹霞地貌为特色的风景名胜区、地质公园甚至世界遗产不断增加，因此不仅游客想了解丹霞地貌的来龙去脉，而且景区管理人员也应当详细了解丹霞地貌的科学成因，需要有关人员尽快掌握丹霞地貌成因的科学理论来指导游客游览及宣传工作。在研究中我们发现以下科学问题值得重视：为什么中国是丹霞地貌发育最多的国家？为什么中国丹霞地貌被评为世界自然遗产？最有特色的丹霞地貌除了6处入选地点外还有别的地方吗？为何中国的丹霞地貌构成其物质基础的岩石层位大多数是白垩世（K_2）时期的？中国东西部丹霞地貌有何区别？浙江又有何特色？福建和江西的丹霞地貌以及安徽和江苏的丹霞地貌又有什么区别？中国的丹霞地貌发育数量及特征与海洋板块和大陆板块碰撞有关吗？今后应如何进一步开展

---

① 陈传康，1977，承德——奇峰异景的由来。引自陈传康教授在全国地理学大会上的报告，北京大学印刷厂印刷

研究和进行旅游开发？对上述科学问题的探索，将有助于我们对丹霞地貌成因的科学认识。另外，尽管丹霞地貌景观令人叹为观止，但也存在着崩塌、滑坡、泥石流等潜在地质安全问题，因此对丹霞地貌开展深入地质调查十分重要，不仅对了解丹霞地貌成因、探讨崩塌与断层和节理的关系是地质灾害防治的重要措施，而且对丹霞地貌景区在暴风雨和积雪等气候环境下的保护和预防有重要意义。同时，了解丹霞地貌景区地质构造和地貌成因，有利于游客对丹霞造景地貌成因的了解，也有利于社会公众和丹霞地貌景区管理部门对世界自然遗产中国丹霞地貌的旅游业开发和保护。

1.2 国内外研究进展

1.2.1 丹霞地貌的国内研究现状分析

黄进1961年首次对丹霞地貌提出定义：“丹霞地貌是由水平或变动很轻微的厚层红色砂岩、砾岩所构成，因岩层呈块状结构和富有易于透水的垂直节理，经流水向下侵蚀及重力崩塌作用形成陡峭的峰林或方山地形”（李见贤，1961）。黄进、陈致均、黄可光、彭华、张林源、周定一等先后对丹霞地貌的定义做过多次探讨与陈述。1992年黄进、陈致均和黄可光把丹霞地貌的定义简化为“由红色砂砾岩和红色碎屑岩形成的丹崖赤壁及其有关地貌称为丹霞地貌”。彭华1993年[①]提出对红色碎屑岩应加上“陆相”的限制，定义为“发育在红色陆相碎屑岩基础上，以赤壁丹崖为特征的一类地貌”，并在1994年再次撰文讨论丹霞地貌的定义；还提出丹霞地貌的“丹崖”高度应大于10m；陡崖坡应在60°以上。刘尚仁（1994）认为，“丹崖赤壁群”的陡崖坡必须高于10m，对丹霞地貌形态进行了尺度上的限定，这些尺度虽然是人为给出的，但有助于为调查实践提供参考。黄进（1995）将定义改为“有丹崖的红色陆相碎屑岩地貌称为丹霞地貌”。黄可光（1996）定义为“由红色陆相碎屑岩组成的、具有陡峻坡面的各种地貌形态”。俞锦标等（1996）分析了我国构造盆地与丹霞地貌发育的联系性。刘尚仁和刘瑞华（1999）又提出丹霞地貌和类丹霞地貌的概念。经过反复讨论，意见逐步趋于统一，“陆相碎屑岩”作为丹霞地貌的物质基础和“赤壁丹崖”或“陡峻坡面”作为形态限定为大部分学者所接受。随着丹霞地貌内涵的不断改进，反映了人们对丹霞地貌概念的认识是在实践中不断完善和升华的。从1983年到2006年，不同的辞书、专家对丹霞地貌的定义有20种以上，仅黄进教授从1988年到2004年就提出了四种。他在1988年的定义：“发育于侏罗纪至第三纪的水平或缓倾斜的厚层紫红色砂砾岩层之上，沿岩层的垂直节理由水流侵蚀及风化剥落和崩塌后退，形成顶平、身陡、麓缓的方山、石墙、石峰、石柱等奇险的丹崖赤壁地貌称为丹霞地貌。”他在1991年的定义：“有陡崖的以砂砾岩为主的红色碎屑岩地貌称为丹霞地貌”，该时期的定义删除了地层的时代、岩层的特征、成因及地貌形态等的限制。而在1992年的定义：“由红色碎屑岩形成的丹崖赤壁及其有关地貌称丹霞地貌”。此定义与1991年的定义基本相同，但强调了与丹崖赤壁相关的地

---

① 彭华，1993，关于召开丹霞地貌旅游开发国际学术讨论会的建议，首届全国旅游地貌学术讨论会（丹霞山）

貌类型。此后，也是在1992年，黄进第四次定义：“有陡崖的陆相红层地貌称为丹霞地貌”。第四种定义更加简单，强调了地层的沉积相，并将丹霞地貌的物质基础——碎屑岩扩大到了整个陆相红层，当然也包括了化学沉积岩如灰岩、盐岩等。黄进认为丹霞地貌是指红层在地壳运动中被抬升并受断裂切割后，以流水侵蚀为主，在风化、溶蚀、重力等外动力共同作用下，塑造成的以陡崖坡为特征的地貌。综上所述，丹霞地貌是一种岩石地貌类型，隶属于红层地貌，它有两个本质属性，即：①由红色陆相碎屑岩（简称红层）组成，这是丹霞地貌的本质属性。红层地貌与其他岩石地貌，如花岗岩地貌、石英岩地貌、石灰岩等地貌有所不同，丹霞地貌的这一本质属性则由红层地貌继承而来；②具有陡直坡面（悬崖）。这是丹霞地貌本身具有的属性，丹霞地貌据此而与红层地貌的另一所属类型红色缓坡丘陵不同。

目前学术界将丹霞地貌的研究历程概括为三个阶段（彭华，2000），初创阶段（20世纪20年代至新中国成立前）：1928年，冯景兰、朱翙声在考察广东曲江、仁化、始兴、南雄的地质矿产时，将形成丹霞地貌的红色砂、砾岩层命名为“丹霞层”，并对丹霞山红色砂、砾岩所形成奇险雄伟的丹霞赤壁地貌做了极为生动的描述；陈国达（Chan Kouta，1938）在考察丹霞山时指出丹霞山有明显平直的天线，是一个抬升的准平原面，提出“丹霞山地形”这一术语；陈国达和刘辉泗（1939）在《江西贡水流域地质》一文中正式提出了“丹霞地形”这一地貌学学术名词；曾昭璇（1943）对丹霞山地貌作了较全面的研究，提出准平原面及垂直节理对丹霞地貌的发育有重要影响；吴尚时和曾昭璇（1946，1948a，1948b）对粤北红色岩系的地质与地形作了全面系统的论述。成型阶段（新中国成立后至20世纪70年代末）：1954年，中国把“地形学”改称为“地貌学”，“丹霞地形”因此改名为“丹霞地貌”，但直到曾昭璇和黄少敏（1978）在《中国东南部红层地貌》一文的后半部分，才开始用“丹霞地貌”一词，开始了丹霞地貌作为一种地貌类型的研究历程。发展阶段（20世纪80年代以来）：1981年，黄进在山西大同召开的第一次构造地貌会议上宣读了《丹霞地貌坡面发育的一种基本方式》，放映了丹霞地貌彩色图片，受到与会者的高度关注（黄进，1982）。至此，“丹霞地貌”这一学术名词开始在全国范围内广泛流传和使用。20世纪80年代随着我国旅游发展对资源深层次开发的要求日益强烈，许多丹霞地貌风景区逐步开发，对丹霞地貌的基础研究和旅游开发研究产生了有力推动，出现前所未有的发展局面。朱诚等（Zhu Cheng，et al.，2010）在*Geomorphology*上发表了第一篇具有国际影响力的丹霞地貌理论研究成果，标志着丹霞地貌的理论研究走进了国际视野。此阶段的丹霞地貌的研究学者主要为陈传康、黄进、彭华、朱诚、刘尚仁、郭福生等，丹霞地貌从基础研究迈向旅游开发研究，从定性研究迈向了定量研究。

国内丹霞地貌基础研究已向纵深发展。截至2015年，丹霞地貌旅游开发研究会已召开了14届学术研讨会，在各类刊物上发表论文400多篇，出版了3部丹霞地貌研究著作，研究内容涉及基本理论、研究方法、开发利用和科普教育等多个方面。2006年1月，丹霞地貌作为一个独立类型第一次以专章的分量被写入“十五”规划教材《现代地貌学》。丹霞地貌作为地貌学的一个分支，成为当代地貌学的一个重要生长点，作为一个独立学科的基本框架已经形成。2013年学术界重新编写的《中国自然地理系列专著》，丹霞地貌也作为一节成为《中国地貌》当中的新修订内容。

国内丹霞地貌的研究，在丹霞地貌演化的定量测算、辉绿岩脉测年、丹霞地貌类型和空间组合以及国际对比研究等方面成果突出。

中山大学黄进教授先后对我国23个省区近1000处丹霞地貌进行了实地考察，各地学者也长期致力于扩大对丹霞地貌的研究区域，对其开展深入研究。在对丹霞地貌的定量研究方面，黄进教授从1990年以来，提出并逐步改进地壳上升速率、地貌年龄、崖壁后退速率及侵蚀速率等地貌发育的定量公式。其中，地壳上升速率计算公式为

$$D_{v升}=h/(t_{安}+t_{升}) \tag{1-1}$$

式中，$D_{v升}$为地壳上升速率（$m/10^4a$）；$t_{安}$为采样那一级阶地的地壳安定历时（10^4a）；$t_{升}$为地壳上升历时（10^4a）；h 为地壳上升幅度（m）。

地貌年龄计算公式为

$$D_{龄}=H/D_{v升} \tag{1-2}$$

式中，$D_{龄}$为地貌年龄（万年（10^4a））；H 为地貌相对高度（m）；$D_{v升}$为地壳上升速率($m/10^4a$)。

根据这一公式，可以计算出丹霞山巴寨的年龄为5.816Ma，同理还可以计算出丹霞山许多山峰及地点的年龄，如阴元石为0.505Ma、阳元石为1.117Ma、天柱石（马卵石、蜡烛石）为1.234Ma等。

崖壁后退速率计算公式为

$$D_{v退}=(B/2)/(H/D_{v升}) \tag{1-3}$$

式中，$D_{v退}$为丹霞地貌崖壁后退速率（$m/10^4a$）；B 为谷地两侧岩壁上缘之间的宽度；H 为岩壁上缘至谷底河流平水期水面的相对高度（m）；$D_{v升}$为地壳上升速率（$m/10^4a$）。

侵蚀速率计算公式为

$$D_{v蚀}=V/(H/D_{v升}) \tag{1-4}$$

式中，$D_{v蚀}$为丹霞地貌区的侵蚀速率（$m^3/10^4a$），V 为丹霞地貌区被侵蚀的体积（m^3）；H 为测算区内的相对高度（m）；$D_{v升}$为当地地壳上升速率（$m/10^4a$）。根据这一公式计算，丹霞山180km^2的丹霞地貌每年被蚀去的物质有9997.2 m^3（黄进和陈致均，2003；黄进，2009a，2009b）。

在形成年代方面，黄进（2004），姜勇彪等（2006），朱诚等（2009a）则采用不同方法计算并测出相关地貌年龄和形成时代。在区域丹霞地貌发育机制研究方面，朱诚等（2009a）还对浙江江郎山的辉绿岩脉进行了测年研究。尽管国内外学者根据野外调查结果推断江郎山属于老年期丹霞地貌类型，而且认为江郎山三爿石在海拔500m左右的大、小弄峡基座上再次抬升是地台活化的重要表征，但这只是定性推测。为获得确凿证据，朱诚等于2007年12月在江郎山小弄峡具有垂直贯穿永康群岩体的辉绿岩脉处采集了两块岩石标本，将此标本交由国家地震局地质研究所K-Ar年龄国家重点实验室用K-Ar法测年，采用常数：$\lambda=5.543\times10^{-10}$（a），$\lambda_e=0.581\times10^{-10}$（a），$\lambda_\beta=4.962\times10^{-10}$（a），$^{40}K/K=1.167\times10^{-4}$（mol/mol），经反复验证，测出的年龄为77.89±2.6 Ma BP（应属于晚白垩世K_2）。

在丹霞地貌类型和空间组合内在的有机联系方面，朱诚等分别对福建冠豸山（朱诚

等，2000）、安徽齐云山（朱诚等，2005）、浙江江郎山（朱诚等，2009a）和方岩（欧阳杰等，2009）等地进行了研究发现，每一处丹霞地貌在空间分布和组合方面都存在着独特而鲜明的特征。例如，通过实地调查发现浙江方岩突出的丹霞地貌类型有凹槽和岩穴、新鲜崩积石、围谷和峰丛以及石鼓和石柱等，它们的空间组合沿着北西—南东方向有规律的排列。其中，西北部五峰书院一带的凹槽和岩穴发育典型；中部鸡鸣峰、桃花峰等处分布有大量的新鲜崩积石；东南部石鼓寮的石鼓、石柱尤为突出，在峰丛与平原交汇的东、南和西三侧被围谷所环绕。这种组合体现了随着构造隆升，在以外力作用为主的不断“雕塑”下，丹霞地貌的发育一般经历了差异风化、重力崩塌、流水侵蚀搬运。在完成地貌循环侵蚀的过程中孕育了绚丽多姿的丹霞地貌。方岩丹霞地貌主要发育于早白垩世晚期的方岩组（K_1f）冲积扇—扇前辫状河相岩层中。其中，岩性的差异风化规律和辫状河相沉积的特点，可以通过对三个样点的实验数据分析加以证实（欧阳杰等，2009）。

在国际对比研究方面，早在20世纪90年代国内学者就开始把丹霞地貌的研究目光投向了世界。彭华、蔡辉（1998）、杨禄华（1999）、尹德涛（2002）、张忍顺等（2003）、刘尚仁（2004）等对美国、澳大利亚、英国、印度、阿富汗等国家的丹霞地貌进行了介绍。欧阳杰等（2011a）定性分析对比了国内外丹霞地貌的研究发现，国内丹霞地貌在基础研究、定量测算、区域丹霞地貌空间研究方面位于国际前沿，而国外学者对红层、砂岩、砾岩等方面的微观、定量研究方面比较深入。彭华等（2013）综合研究评述了国内外红层与丹霞地貌研究现状，指出存在的问题并展望了研究趋势。刘尚仁、彭华（2006a，2006b）在25个国家找到了73处发育较好的丹霞地貌。从整理的研究资料来看，美国、澳大利亚、英国、希腊、埃及、马里等国的丹霞地貌分布较广，发育较典型；他们对这些国家丹霞地貌的地理位置、地层与构造、丹霞地貌特征进行了系统的比较，由刘尚仁收集、彭华编辑制作了国外丹霞地貌景观图片。张忍顺、齐德利（2003）研究了位于英国波伊斯（Powys）郡南端，南威尔士布雷肯-毕肯山国家公园，这里有大量由泥盆系红层发育的丹霞地貌，是英国一处规模大、形态独特、发育较典型的丹霞地貌。

张珂等（2009）从全球的视角下，讨论了红层及其发育的丹霞地貌，发现几乎在各个地质历史时期都有红层发育，但是主要集中在志留纪—泥盆纪、二叠纪—侏罗纪、白垩纪—第三纪，而元古代和寒武纪的红层很少。王颖等（2009）研究了位于科罗拉多（Colorado）高原西南部 Flagstaff 和 Phoenix 之间的北美 Sedona 红层地貌。赵逊（2009）从地质学的角度，对全球丹霞地貌的发育进行总结，认为东亚的燕山运动、北美的内华达-拉拉米运动、南美的安第斯运动、欧洲的阿尔卑斯运动、非洲的阿特拉运动中形成的红色陆相碎屑岩建造，经阿尔卑斯后期或喜马拉雅运动成景，是分布相当普遍的一种特殊地貌类型。与国内的丹霞地貌发育基础相比，欧洲、非洲、澳洲、南美洲以及南亚是成陆时间较早的地区，大部分为老红层，局部或底部有不同程度变质，但均以块状构造为特征，发育的地貌与国内丹霞地貌差别不大。例如，欧洲的红层地貌较著名的有英国泥盆纪老红砂岩，加里东运动之后形成的山前陆相盆地磨拉石建造，红色砾岩、含砾砂岩分布于米德兰（Midland）谷地两侧，夹巨厚火山熔岩、凝灰岩，厚度大、底部和中部有角度不整合面，被断层切出了丹霞赤壁和峡谷。总之，欧洲红色岩层出现时代多，相变大，但延续时间不长，横向延伸不广，难以形成大片丹霞地貌。因加里东、华西和阿尔卑斯构造带由北向南迁移，红层形成的构造带前缘也由北向南迁移，其时代较晚的红层多分布于晚期裂谷、拗陷带等。

在空间对比分析研究中，欧阳杰将齐德利总结的国外 25 个国家加上吉尔吉斯斯坦和中国一共 27 个国家丹霞地貌的数量和空间分布绘制成图（图 1-1）。从图上可以看出，除中国目前发现 1003 处丹霞地貌外（图 1-2），排名第二的澳大利亚仅发现 11 处，说明国外对丹霞地貌的研究还仅仅处在起步阶段，与中国的研究差距还很大（欧阳杰，2010a；齐德利，2005）。由此可以说，目前中国对丹霞地貌的研究处于世界最前沿。欧阳杰（2010b）通过实地考察五处世界自然遗产地，对比分析了各地的凹槽、岩穴、崩积石、丹霞崖壁、峰丛、造型石等丹霞地貌类型特点。陈诗吉（2010）以福建省和甘肃省丹霞地貌为例，对比东南和西北两大区域的丹霞地貌在形态特征、物质结构、形成条件、发育过程上的地域差异，并探讨了造成地域差异的内外营力要素和时间要素。周学军（2003）也从多方面分析了中国丹霞地貌的南北差异及其旅游价值。

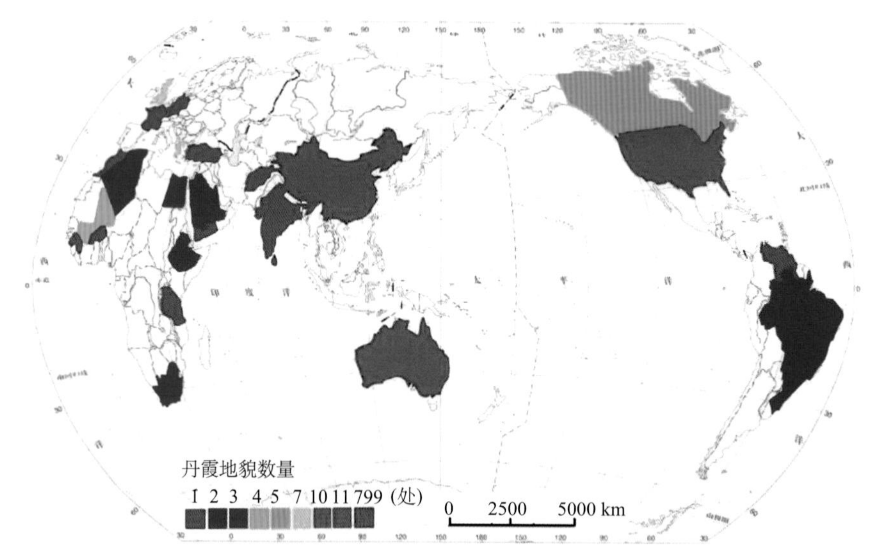

图 1-1　全球丹霞地貌数量分布示意图（欧阳杰，2010b）

1.2.2　丹霞地貌的国外研究现状分析

丹霞地貌在国外主要分布在美国西部、中欧和澳大利亚等地，如美国的大峡谷国家公园，加拿大的落基山脉班夫国家公园、艾伯塔省恐龙公园，澳大利亚的卡卡杜国家公园、北部的乌卢鲁国家公园艾亚斯岩和奥尔加山等均包含有丹霞地貌。由于丹霞地貌是中国特有的名称，国外还没有正式统一使用“丹霞地貌”这个专用名词，故缺少系统的专门论述，但关于红层（red bed）（Saien，et al.，2009；Tan，et al.，2007；Uno，et al.，2005）、砂岩（sandstone）（Turkington，et al.，2005；Wray，1997）和砾岩（conglomerate）（Noda，et al.，2004；Yang，2007）等方面的论述众多，并且以微观

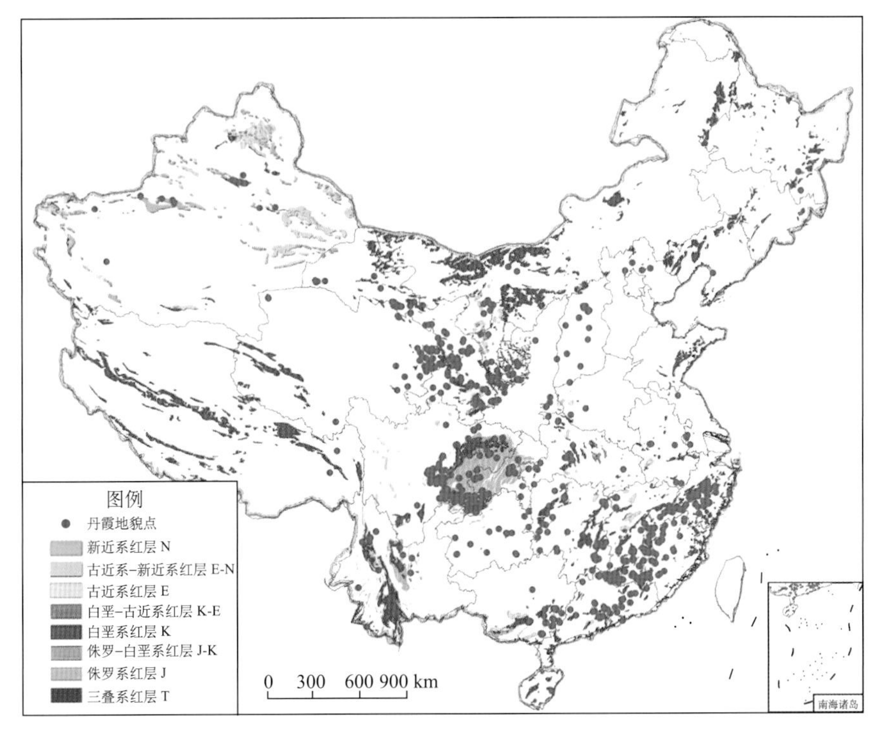

图 1-2 叠加中国红层数据的中国丹霞地貌分布示意图

资料来源：底图由彭华（2007）提供；图中蓝色圆点为丹霞地貌点位置，由欧阳杰（2010b）提供

研究为主，与国内的研究相辅相成。Wilhelmy（1981）把凹槽（tafoni）的发育机制划分了四种类型；Hajpál 和 Török（2004）研究了石英砂岩中矿物随温度升高变化的特点，在扫描电镜下观察矿物受热后结构的变化精度可达 0.001mm（图 1-3）；Kamh（2005a，2005b）利用扫描电镜和 X 射线分析了 Jedburgh 教堂附近 18 个砂岩样品的氧化物含量规律（表 1-1）；Bogatyrev（Bogatyrev and Pochvovedeniye，1961）分析了地中海沿岸红色风化壳的形成条件；Penck（1894）把蜂窝状凹槽命名为“alveoles”（直径＜0.5 m），大于 0.5 m 的凹槽（或岩穴）称为“tafoni”。

Allison 等（1994，1999）在实验室中定量研究了温度升高对岩石风化的破坏作用，McCabe 等（2007）不仅研究了砂岩的抗冻融能力，还在实验室中用 10％的 NaCl 和 $MgSO_4$溶液对砂岩进行了侵蚀实验，结果发现在进行了 20 次盐溶液侵蚀之前，六组样品的质量损耗不大，20 次以后 B 和 E 两组样品质量耗损开始加大，而 A 和 F 两组样品的质量耗损仍然比较低，反映了不同样品抗盐溶液侵蚀的复杂性。Wells 等（2008）研究了澳大利亚亨特谷地砂岩的风化速率；Stanchits 等（2009）定量实验分析了砂岩的压缩带（compaction bands，即“CB”）和砂岩的干、湿单轴抗压强度（axial compression tests）；Magara（1979）利用计算机技术对砂岩进行了分类研究；Schöner 和 Gaupp（2005）对比研究了中欧盆地边缘南、北部红层成岩作用的差异；Cabral 等（2009）研究了加拿大魁北克内陆红层 Cu、Pb、Zn、Ag 等金属的迁移规律。

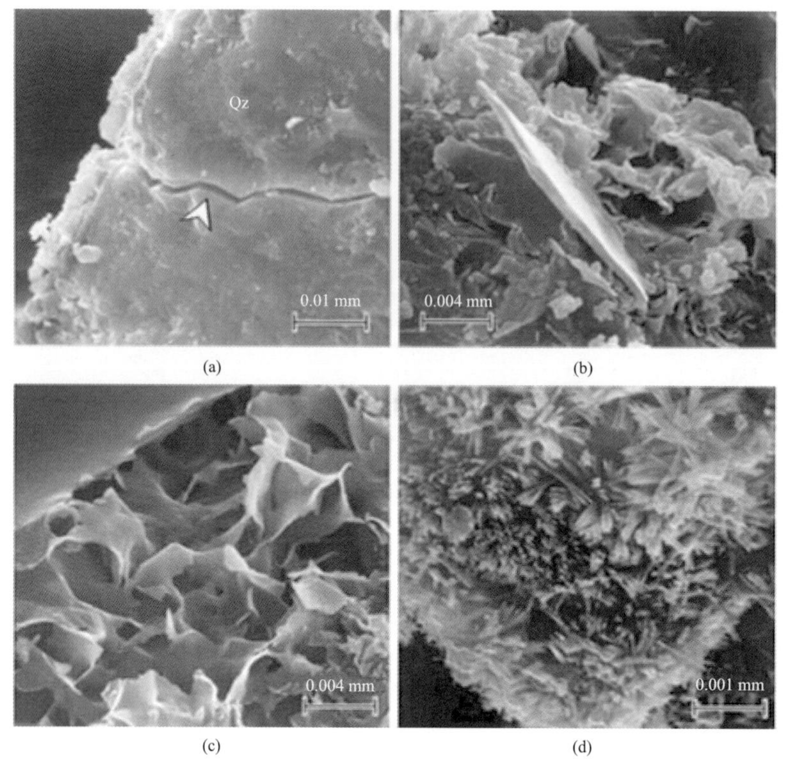

图 1-3　不同温度下（(a)、(b)、(d) 图为 900℃，(c) 图为 20℃）砂岩矿物结构变化扫描电镜照片（Hajpál and Török，2004）

表 1-1　Kamh 选用 18 个砂岩样品氧化物含量数据（2005a，2005b）

样品编号	氧化物中主要成分					示踪元素		
	SiO_2	Al_2O_3	Fe_2O_3	MgO	CaO	K_2O	S	Cl
1	61.00	3.8	1.54	1.9	30.50	0.18	0.17	0.43
2	88.50	1.39	1.81	2.81	6.21	0.12	1.92	1.64
3	86.00	8.70	1.90	0.40	1.40	1.97	0.82	1.92
4	60.91	4.10	1.30	2.00	29.10	2.60	0.19	0.31
5	62.01	4.30	1.41	1.91	30.10	0.30	0.11	0.40
6	85.91	6.10	2.10	0.91	4.80	0.20	0.81	1.91
7	81.17	5.70	2.60	1.01	7.30	2.20	1.01	1.98
8	60.00	3.10	1.21	1.73	33.90	0.10	0.16	1.35
9	61.81	3.61	1.29	1.60	31.10	0.60	0.13	0.40
10	63.21	4.91	1.31	1.69	28.60	0.30	0.15	0.39
11	61.11	4.12	1.38	1.71	31.10	0.60	0.12	0.48
12	30.62	0.81	0.05	0.00	68.50	0.01	3.46	2.12
13	34.16	0.95	0.09	0.01	64.70	0.12	4.11	1.41
14	32.17	0.87	0.06	0.00	66.80	0.09	3.98	2.99
15	90.41	4.60	1.12	1.09	2.80	0.01	0.00	0.02
16	92.11	1.92	0.23	2.01	3.10	0.60	0.01	0.00
17	90.92	2.99	0.76	2.08	3.20	0.10	0.01	0.01
18	91.63	1.82	0.91	2.07	3.46	0.10	0.00	0.01

Eder 和 Wood（2009）从全球视角阐述了中国丹霞地貌的特点与科学地位，说明了中国东南部丹霞景观的重要性，同时提出了中国丹霞在具有全球意义的对比过程中存在的问题。Migon（2009）研究了中东和中欧的砂岩地貌，目的是推动和中国东南部丹霞地貌的全球化对比，通过对这些地区砂岩地貌的岩性和组成的分析，可以发现很多因素影响砂岩地貌的发育，如岩性和结构的差异、岩性的抗侵蚀差异、形成的年代、气候和环境的变化因素等。砂岩地貌往往和当地的文化遗产密切相关，有些甚至具有全球意义，并且为我们提供了探索古人类活动与岩石、地貌等各种关系的机会。

Young R 等（2009）从澳大利亚的红层和砂岩地貌与中国丹霞地貌的比较中认为，在澳大利亚发育的砂岩地貌，在视觉上与中国东南地区的丹霞地貌极为相似，但在岩石的年代、类型、板块运动、侵蚀过程、气候等因素方面，与中国发育的丹霞地貌不同，所以他提出了“类丹霞”地貌的概念。此外，Hill（2009）、Kusky 等（2010）、Highland（2009）、Zellmer（2009）等把美国和德国等红层及砂岩地貌的研究成果与中国丹霞进行了初步对比。

综上所述，中国丹霞地貌在世界上研究最早，在基础研究（尤其在旅游规划方面）、定量测算、区域丹霞地貌空间组合，以及国际对比方面都取得了众多的成果。但是目前存在以下不足：中国丹霞地貌在旅游开发方面研究的多，理论方面研究的少，丹霞地貌的高水平研究论文还不多。本书采用的实验地貌学即是通过实地采样，获取岩芯样品，通过岩体抗压、抗酸、抗冻融实验，分析在不同地质构造运动和冰期间冰期气候下各种丹霞地貌形成的差异原因。与国内丹霞地貌宏观、定性、系统的研究相比，国外学者在砂岩、砾岩等岩石学方面微观、定量、实验的研究比较深入，但缺乏系统的研究思想体系，正好可以和中国丹霞地貌的研究互补，以促进丹霞地貌研究的国际化进程。

1.2.3　丹霞地貌的实验地貌学研究现状分析

黄进自1990年以来，一直在研究丹霞地貌发育的定量测算问题。通过地壳上升历时、采样处的地壳安定历时、地壳上升幅度来定量推算地壳上升速率的定量测算公式，进而采用接近夷平面或者是夷平面残留部分的山峰高度、地壳的上升速率来测算地貌年龄，且实际测量高度与公式计算结果相符。在丹霞山岩壁后退速率的定量测算中，用谷地两壁上缘之间的宽度、谷壁上缘至谷底河流平水期水面的相对高度来测算，在同一丹霞地貌区的不同地点，其岩壁后退速率并不相同，其原因有待进一步的研究。由地貌测算区内的相对高度、当地地壳上升速率及被蚀去的地貌体积求得侵蚀速度，这是地貌学由定性描述向定量研究的一次尝试（黄进，2004）。

在丹霞地貌实验地貌学研究方面，朱诚、彭华、欧阳杰等通过对岩体进行抗压、抗酸和抗冻融实验，研究了丹霞地貌发育的岩性特征、地质构造与地貌成因之间的关系以及丹霞地貌各种风化作用形成的造景地貌问题，总结出丹霞地貌发育的机制是内力与外力共同作用的结果（朱诚等，2000，2005；彭华等，2013，2014；欧阳杰等，2009，2011a，2011b；欧阳杰，2010b；张广胜等，2010；姜勇彪等，2008；吕文等，2009；陈姝等，2010）。朱诚等（2000，2005，2009a）进行岩性特征和岩石实验研究分析其对丹霞地貌发育的影响，还根据对江郎山亚峰垂直贯穿于丹霞地貌岩层永康群中辉绿岩脉标本 K-Ar 法的测年，揭示了当地峡口红层盆地抬升的时代为晚白垩世 77.89±2.6 Ma BP（K_2），这也是我国目前丹霞地貌研究中所测得的可靠年代学数据。姜勇彪等（2006）采用热释光（TL）测年方法对龙虎山丹霞地貌区泸溪河的阶地进行了年代学研究，获得了低阶地沉积物的堆积年代及其阶地面的形成时代。郭国林等（2006）利用偏光显微镜观察、电子探针分析等手段对江西龙虎山丹霞地貌崖壁砂岩的微观化学风化作用的发展过程进行了研究。李德文等（2004）进行了浙江新昌丹霞岩壁风化特征的微观研究。彭华（2000）和彭华等（2014）通过实验地貌学分析了丹霞山软岩夹层的岩性特征，探讨了不同岩性红层存在抗风化能力的强弱差异及其对洞穴发育的影响。邱卓炜（2010）研究了广东丹霞山锦石岩段顺层洞穴的风化特征及发育过程研究。魏勇（2013）介绍了福建冠豸山丹霞洞穴类型并分析其成因，认为洞穴主要发育在砾岩、砂岩、粉砂岩这种软硬互层的岩层中，除了受内力，如岩性、节理及裂隙的控制，还受外动力如风化剥蚀、重力崩塌、大气降水侵蚀等综合作用的制约。梁诗经等（2007）对泰宁洞穴进行了研究，根据其形态、规模归纳了泰宁丹霞洞穴的分类，并指出盆地内节理裂隙和岩层厚度控制其洞穴产出规模，多种外动力综合作用促进了洞穴发育。邱小平（2014）从岩石物理、化学性质方面研究了泰宁多处丹霞洞穴成因与流水侵蚀、岩层的孔隙水和裂隙水密不可分。谭艳等（2015）通过 XRF、ICP-MS 元素地球化学分析及岩石薄片偏光显微镜，鉴定分析了广东丹霞山砂岩蜂窝状洞穴及白斑的成因。朱诚等 2010 年在 *Geomorphology* 上发表的文章对华南地区丹霞地貌（广东丹霞山、湖南崀山、福建泰宁和江西龙虎山）进行了岩体抗压、抗侵蚀和抗冻融差异对丹霞地貌扁平状凹槽发育影响的实验地貌学研究（Zhu et al.，2010）标志着中国丹霞地貌实验地貌学研究得到了国际学术界的高度认可。

研究发现上述四处丹霞地貌申遗地数量众多的扁平凹槽发育在砂岩地层中不是偶然的，它是由于岩体在抗压、抗侵蚀和抗冻融强度等方面与砾岩存在显著差异而形成的。正是丹霞岩层在构造抬升和出现裂隙节理后，砂岩在差异风化中首先顺层面发育成扁平状凹槽，并继而连锁性地引发上方砾岩体的崩塌和山坡的后退及谷地的拓宽，才导致壮观丹霞地貌的形成。今后对丹霞地貌发育阶段的判断和分析，可能更需要将区域构造运动与岩性差异紧密结合起来。丹霞地貌的发育和演变过程比较缓慢，但随着岩体抗压、抗侵蚀和抗冻融等实验地貌学研究方法在该领域的应用和逐步深入，将能获得更多有关丹霞地貌成因和发育过程的可靠证据。

在我国亚热带湿润地区丹霞地貌实验研究中发现：从外动力来看，西北干旱地区的温差变化大、气候干燥、降水少，在这样外动力的作用下，形成的丹霞地貌景观与东南部湿润地区应该有所不同（欧阳杰等，2011a）。所以，中国丹霞地貌的对比研究应该扩大范围，用于对比湿润区与干旱区丹霞地貌的异同。中国丹霞地貌已经研究 80 多年了，但是“丹霞地貌”这个学术名称要想被世界所接受，可能还有一段路程要走。随着中国丹霞地貌联合捆绑申遗的成功，以及第一届丹霞地貌国际研讨会在广东韶关的圆满召开，丹霞地貌已经为越来越多的国外学者所认同，开展中国丹霞地貌与国外丹霞地貌的对比研究时机已经成熟。丹霞岩体在漫长的地质时期，经过沉积和隆起抬升，含有大量古环境变迁的信息，采样的岩性还可以进行微体古生物、微量化学元素（例如铱）等信息的提取，对恢复古环境研究有推动意义。本项研究涉及的干抗压、湿抗压和抗冻融后的抗压强度和岩芯实验分析提供了地质构造运动、火山喷发、第四纪冰期与间冰期以及崩塌和溶蚀作用等第一手岩性分析的基础数据，为丹霞造景地貌成因研究提供了可靠证据。

1.3 研究目标、内容与总体思路

1.3.1 研究目标

中国丹霞地貌理论和成因研究滞后于旅游开发的应用研究，定性研究多、定量研究少。本书主要是针对这一问题开展的深入研究，通过对中国典型丹霞地貌区的实验地貌学研究来分析岩性差异对丹霞地貌发育的影响。中国丹霞地貌从分布和特殊的形态特征看，其发育除受到地质构造、岩性特征影响以外，还可能与特定的自然地理条件有关，它既是构造地貌、岩石地貌，又具有气候地貌的特征。这些深层次理论尚待深入研究，本书主要针对一些具体地点进行深层次研究并提供地质、地貌分析和造景地貌成因的实验地貌学证据。

1.3.2 研究内容

对丹霞地貌的研究除首先要了解地质构造特征和地貌现状外，还需要对岩性特征、成分、颜色、结构、构造、胶结物、胶结类型、特殊矿物等开展研究。探索丹霞地貌成因的实验地貌学主要包括：对丹霞地貌砂岩和砾岩的钻孔取样、丹霞地貌岩性中火山岩的取样及K-Ar法测年、丹霞地貌岩性偏光显微镜鉴定、与造景地貌成因有关的干抗压与湿抗压强度对比分析、酸蚀抗压强度对比分析、冻融抗压强度对比分析、丹霞地貌凹槽—风车岩—蜂窝状洞穴和白斑样品X荧光鉴定分析等。上述研究对揭示丹霞地貌成因具有重要的指导意义。

通过野外实地考察，在宏观总结地理位置、地质构造、断层节理、岩性特征等的基础上，分别对8个地点（广东丹霞山、浙江方岩、浙江江郎山、福建冠豸山、福建泰宁、湖南崀山、江西龙虎山、安徽齐云山）丹霞地貌区进行了详细的实验分析，对砂岩和砾岩的岩性标本进行了岩体抗压强度实验、抗酸侵蚀实验、抗冻融实验、全岩氧化物含量测定、薄片偏光显微镜鉴定，得到了较为理想的第一手实验数据。通过干（湿）抗压强度、酸蚀后抗压强度、冻融后抗压强度等指标，定量分析岩体抗压、抗酸、抗冻融能力对丹霞地貌发育的影响，归纳出丹霞地貌发育变化的一般规律，发现不同事物的个性特征。进而从微观角度研究各地区丹霞地貌的发育过程，对比分析不同地区岩体差异与丹霞地貌发育形态的关系，为科学解释岩体差异对丹霞地貌发育机制的影响提供了可靠的科学依据。

1.3.3 总体思路

研究思路：①地理学综合分析法。对研究地区的气候、河流、地貌、地质、生物等自然地理因素进行调研和综合分析，与组成丹霞地貌岩石的物理、化学等微观特征相结合，综合分析地貌成因，并深入探讨岩性对丹霞地貌成因的影响。②野外实地调查与室内实验分析相结合。在对丹霞地貌现场调研中，测量岩层的产状，采集不同岩性的岩石样品，在室内进行抗压强度实验、抗酸侵蚀实验与抗冻融实验、X荧光光谱分析元素含量及岩石薄片偏光显微镜鉴定，以期对丹霞地貌成因进行深入探究。③综合文献法与数据分析。查阅大量文献，以期对丹霞地貌概念及其空间分布能有较为全面的了解；对丹霞地貌所有调研和采样、测量、实验的第一手资料和第二手资料进行分析，在综合分析资料的基础上全面概括总结出丹霞地貌发育的成因（图 1-4）。

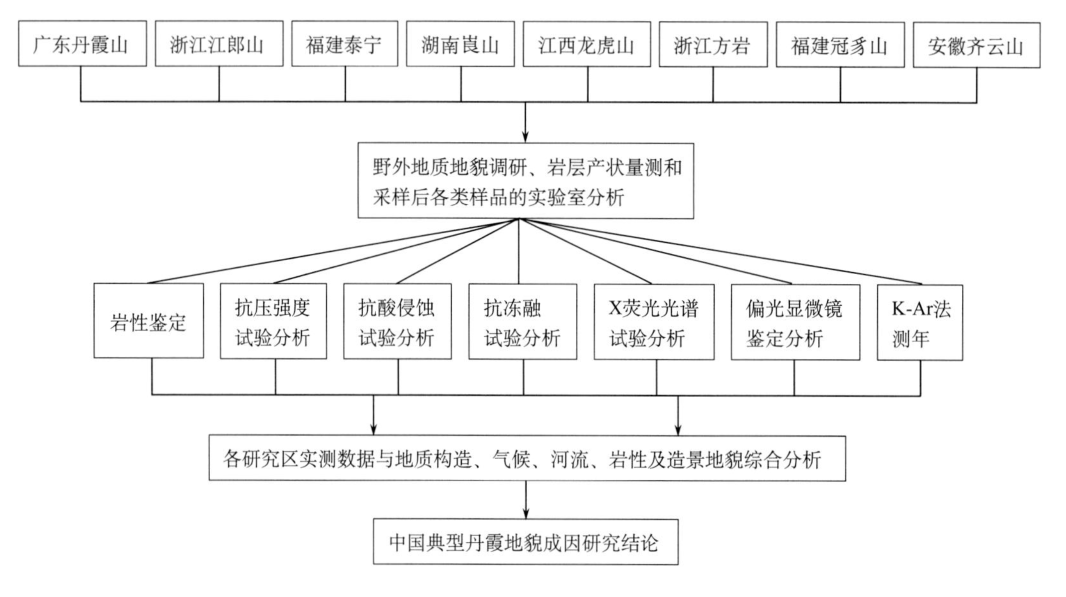

图 1-4　总体研究思路与技术路线

本书共分 11 章，宏观上可分为三个层次：第 1 章介绍丹霞地貌的研究历史，包括概念的延续和发展，丹霞地貌的数量及其在全国的空间分布情况；第 2 章介绍了实验地貌学研究方法；第 3 章至第 10 章对 8 个地点（广东丹霞山、浙江方岩、浙江江郎山、福建冠豸山、福建泰宁、湖南崀山、江西龙虎山、安徽齐云山）丹霞地貌区的自然背景、地层、岩性、类型等方面进行详细的论述和研究，分析研究区丹霞地貌的成因机制；对研究区进行实验地貌学研究，通过对全岩氧化物含量、岩石单轴抗压强度 R、冻融系数 K_f、冻融质量损失率 L_f、酸侵蚀质量损失率等定量化指标，分析岩性特征、岩石力学特征、抗酸侵蚀能力、抗冻融能力对各研究区丹霞地貌发育的影响，进行丹霞地貌定量化研究；在自然环境、地质构造、岩相特征等丹霞地貌发育宏观背景下，进行岩性薄片偏光显微镜鉴定胶结物成分、含量、结构、碎屑成分等性质，进而了解岩性状况对丹霞地貌发育的影响；第 11 章对中国典型丹霞地貌的成因做了总结和对比分析。

第2章　实验过程与实验方法原理

2.1　野外样品采集与加工

20世纪末以来，地貌学的研究已从静态描述走向过程和成因研究。由于中国丹霞地貌理论和成因研究滞后于旅游开发的应用研究，本书主要是针对这一问题，在实地调查的基础上，对中国典型丹霞地貌区开展实验地貌学研究。

由于野外用钻机钻取的岩芯样品长度和尺寸不一，根据实验地貌学的规程，要求所有用于实验的标本都必须达到统一规格和尺寸，因此，野外采集的样品在运到实验室后，首先要做的就是标准化的切割和加工。

丹霞地貌中最常见的是在砂岩地层中发育有数量极多、规模大小不一的扁平状凹槽(图2-1)，这些凹槽随着其加深和拓宽，继而引发上方岩体崩落和山坡后退以及谷地的拓宽，这是丹霞地貌发育的主要机制和过程。岩性差异风化是凹槽形成的主要原因之一，但对其岩性差异细节方面的原因一直未见系统的岩性实验研究成果，这种差异在过去的研究中多停留在定性分析水平上。

(a) 丹霞山锦石岩砂岩凹槽及其上方砾岩

(b) 崀山白面寨砂岩凹槽及其上方砾岩

(c) 泰宁九龙潭砂岩凹槽及其上方砾岩

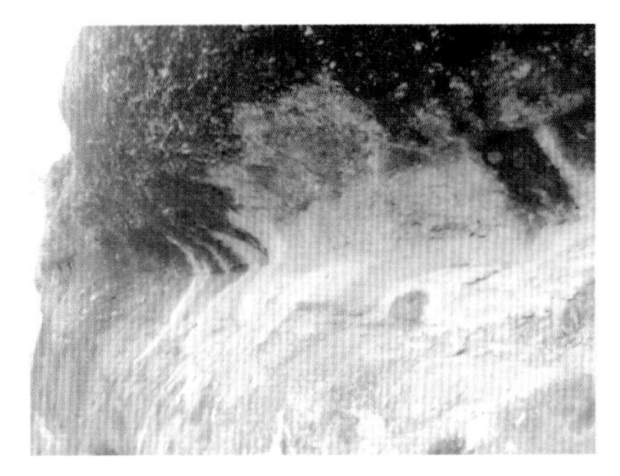

(d) 龙虎山排衙峰麓的砂岩凹槽及其上方砾岩

图2-1　部分丹霞地貌区凹槽特征

考虑到丹霞地貌岩体中砾岩、砂岩和泥岩等不同岩性的抗压强度差异对岩体差异风化有重要影响，且丹霞岩层主要为白垩系山间陆相盆地沉积，在沉积和抬升过程中受板块运动影响，多伴有火山喷发作用，喷发的含硫物质易形成酸雨，对丹霞岩体有强烈侵蚀作用，而且白垩纪以来出露的丹霞地貌岩体经历过第四纪漫长的冰期与间冰期气温变化也会对岩体产生强烈的冻融风化作用。针对这一关键问题，作者通过采集钻孔岩芯标本，用于进行岩体抗压、抗侵蚀和抗冻融等实验，以及磨薄片做岩性偏光显微镜鉴定，以期为科学解释岩体差异对丹霞地貌发育机制的影响提供可靠的科学依据。

在野外，先去除取样点表面 5cm 厚的风化层，再采用 Z1Z-CF-80 便携式工程钻机（功率 1150W，50～60Hz），岩芯管内径 56mm 的岩芯取样钻，配以循环水水钻法钻取岩芯样，钻进深度一般为 15～20cm，野外钻取的岩芯尺寸一般为高径比 3∶1（即 15cm×5cm，图 2-2）。

(a) 在丹霞山锦石岩砂岩凹槽处取样

(b) 在泰宁上清溪砾岩处取样

图 2-2　在丹霞山和泰宁钻取岩芯现场

样品采集结束后，按照材料力学实验规程，将野外采集的岩石标本统一送到南京玉器厂进行规范化制样，即：根据岩性对比研究的需要，分别切割成高径比 2∶1 的 10cm×5cm 的圆柱状试块和高径比 1∶1 的 5cm×5cm 的圆柱状试块，以及边长 5cm 的正方体试块 3 种，切割后的样品如图 2-3 所示。

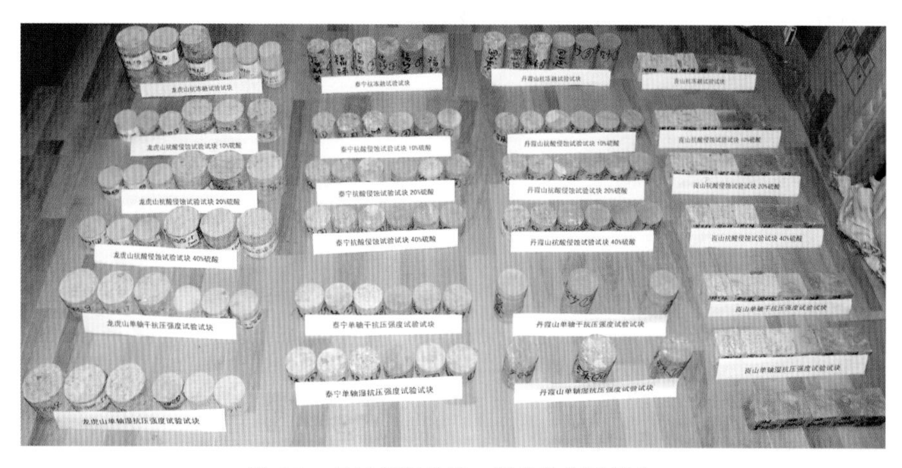

图 2-3　经过切割后统一规格的实验岩块

2.2　实验科学依据和实验过程

岩石样品的抗压、抗酸侵蚀和抗冻融实验规程和步骤按中华人民共和国水利部发布的相关规程进行。

2.2.1　单轴抗压实验

岩石的单轴抗压强度是指岩石试件在无侧限条件下受轴向荷载作用出现压缩破坏时，单位面积所承受的轴向作用力。测定岩石的单轴抗压强度常用于岩石的强度分级和岩石特性的描述，具体的测定方法是将圆柱体岩石试样置于压力机承压板之间轴向加荷，在破坏时的应力值称为岩石的单抗压强度。

关于岩石抗压强度实验时样品的破坏机理，众多学者进行了研究。其中的主要理论是：岩石含有任意方向的网状裂隙，当增大作用在样品上的单轴压缩应力 δ，使其达到一定的应力值 δ_1 时，于最不利的方向出现分枝状的破裂，伴随着应力增加，分枝逐渐增多，这种枝状破裂与加荷方向趋于一致时，破裂最后终止。进一步的破裂仅仅是由于冲击破裂而发生，这种破裂与已被压碎物相比损伤要小得多，此时要提高应力值至 δ_2。所有的分枝状破裂的形成，都是一条条短的破裂扩展，而且它们本身与作用力方向一致，排列成行。这种过程是较为不利的方向上连续不断的定向破裂簇，直到形成足够大的破裂网，产生肉眼可见的破坏为止。

一般地说，岩石的单轴抗压强度取决于其本身的特性，其中岩石的物理性质一定程度地反映了岩石的力学性质。此外，岩石的高径比对岩石的抗压强度实验结果有明显影响。一般来说，对于小高径比，应力分布是三向，而且明显地反映出偏高的抗压强度。用较大的高径比样品实验会由于试件的弹性不稳定而失败。在中间范围内，高径比为2.0～3.0，处于弹性状态，而且样品中的应力分布较为均匀。

在岩石单轴抗压实验研究中，通过试件抗压强度实验破坏模式的分析，岩石的单轴抗压强度实验时的破坏类型可归纳为以下五种情况：

（1）岩样完全由单一断面剪切滑移而破坏。

（2）岩样沿轴向存在相当多的劈裂面，但是有一个贯穿整个岩样的剪切破坏面，某些岩样除主剪切面之外还存在少量的局部剪切破坏面。由于岩石的抗拉强度较低，所以就破坏面而言以张拉为主，有时甚至掩盖了剪切破坏面。

（3）两个相互连接的剪切面共同实现对岩样的贯穿。另外，岩石试件中也存在沿径向的劈裂面。

（4）岩样一端为破裂圆锥面，在锥底产生沿轴向的张裂破坏，这种情况常出现在岩样长径比为1.0～2.0的情况。一般来说，在岩石单轴抗压强度实验中，锥体的形成是由于承压板与岩石端部一定区域内产生侧向约束引起的，而且这种侧向应力阻碍着破裂发展。因此，最初破裂的扩张出现在靠近样品中心，此处轴向应力最大而侧向约束最小。在与承压板接触的岩石端部一定区域的外边，大多数情况下沿轴向产生定向的网状分板，由于径向约束作用，沿这些分支产生的破裂大约与样品的对角线斜交，因而产生了沿斜截面破坏的类型。

（5）岩样出现柱片状碎裂破坏，即平行于加荷方向出现一个或多个主要破裂，并产生一系列柱体，这种破坏类型是由于加荷系统的特性导致的，也称为板状破坏。此类情况往往发生在硬脆的岩石试样上，实验过程中同时伴随着巨大的声音，可能是由于承压反滚动或相对于承压板之间的侧向移动引起的。

本研究中关于单轴抗压实验依据中华人民共和国电力行业标准进行，其中关于岩石单轴抗压实验的规定如下：

本实验适用于能制成规则试件的各类岩石。试件可用钻孔岩芯或岩块制取。试样在采取、运输和制备过程中，应避免产生裂缝。对于各向异性的岩石，应按要求的方向制取试件。

试件尺寸应符合下列要求：

（1）圆柱体直径宜为 48～54 mm；

（2）含大颗粒的岩石，试件的直径应大于岩石中最大颗粒直径的 10 倍；

（3）试件高度与直径之比宜为 2.0～2.5。

主要仪器设备包括下列各项：

（1）钻石机、切石机、磨石机、车床等；

（2）测量平台；

（3）烘箱、干燥器和饱和设备；

（4）材料试验机；

（5）游标卡尺：量程 200 mm，最小分度值 0.02 mm。

实验应按下列步骤进行：

（1）将试件置于试验机承压板中心，调整球形座，使试件两端面与试验机上下压板接触均匀；

（2）以每秒 0.5～1.0MPa 的速率加载直至破坏。

（3）记录加载过程及破坏时出现的现象，并对破坏后的试件进行描述。

实验结果整理应符合下列要求：

（1）按公式计算岩石单轴抗压强度：

$$R = P/A \tag{2-1}$$

式中，R 为岩石单轴抗压强度（MPa）；P 为破坏载荷（N）；A 为试件截面积（mm^2）。

（2）计算值取 3 位有效数字。

此外，岩石的含水状态对其抗压强度的影响程度可用软化系数 K_w 指标来衡量，即岩石水饱和试件与干燥（或自然含水）试件的单向抗压强度的比值。一般地说，当 $K_w > 0.95$，表示岩石受水影响不严重；$K_w = 0.8 \sim 0.95$，岩石受水影响较小；$K_w = 0.65 \sim 0.8$，岩石受水影响中等；$K_w = 0.4 \sim 0.65$，岩石受水影响程度显著；$K_w < 0.4$，岩石受水影响严重。

该项实验在水利部南京水利科学院材料结构研究所用 YE-2000 型液压式试验机进行抗压实验（图 2-4），获取各类丹霞岩体的破坏荷载值 P（kN）和抗压强度值 R（MPa）。

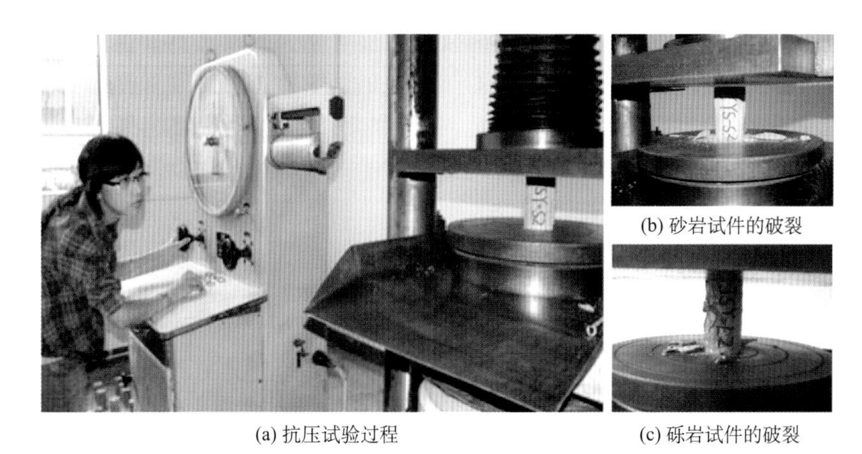

(a) 抗压试验过程　(b) 砂岩试件的破裂　(c) 砾岩试件的破裂

图 2-4　用 YE-2000 型液压式试验机做抗压实验的过程

2.2.2　干抗压实验

按照《水电水利工程岩石实验规程》进行岩石的干单轴抗压强度实验。选择切割后的试块，在自然风干状态下放置两天，描述并记录岩石试块的基本特性，包括颜色、表面颗粒大小和其他特征；同时，用游标卡尺测量各岩块上、下受压面的直径以及高度，并进行称重。之后，在水利部南京水利科学研究院材料结构研究所进行抗压实验，获取试块的破坏荷载值 P（kN）和抗压强度值 R（MPa）。

2.2.3　湿抗压实验

按照《水电水利工程岩石实验规程》进行岩石的湿单轴抗压强度实验。选择切割后的试块，在蒸馏水中放置 24h，保持水温 20～21℃，室内湿度 96.7%～99%。将试块取出，描述并记录岩石试块基本特性，包括颜色、表面颗粒大小和其他特征；同时，用游标卡尺测量各岩块上、下受压面的直径以及高度，并进行称重。之后，在水利部南京水利科学研究院材料结构研究所用 YE-2000 型液压式试验机进行抗压实验，获取试块的破坏荷载值 P（kN）和抗压强度值 R（MPa）。

2.2.4　冻融实验

除满足上述单轴抗压实验外，试件冻融循环次数为 25 次（图 2-5），每进行一次冻融循环，均检查各试件有无出现掉块、裂缝等现象，观察其被破坏过程，试件结束后进行一次总的检查，并做详细的记录。冻融循环结束后，把试件从水中取出，晾干表面水分，称其质量，然后进行单轴抗压强度实验。称量精确至 0.01g。并按下列公式计算岩石样本冻融质量损失率，岩石冻融单轴抗压强度和岩石冻融系数：

$$M=(m_{p}-m_{fm})/m_{s}\times 100 \tag{2-2}$$

$$R_{fm}=P/A \tag{2-3}$$

$$K_{fm}=R_{fm}/R_{w} \tag{2-4}$$

式中，M 为岩石冻融质量损失率（%）；R_{fm} 为岩石冻融单轴抗压强度（MPa）；K_{fm} 为岩石冻融系数；m_p为冻融前饱和试件质量（g）；m_{fm}为冻融后饱和试件质量（g）；m_s为实验前烘干试件质量（g）；R_{fm}为冻融后单轴抗压强度平均值（MPa）；R_w为饱和单轴抗压强度平均值（MPa）。岩石冻融质量损失率和岩石冻融单轴抗压强度计算值取3位有效数字，岩石冻融系数计算值准确至0.01。

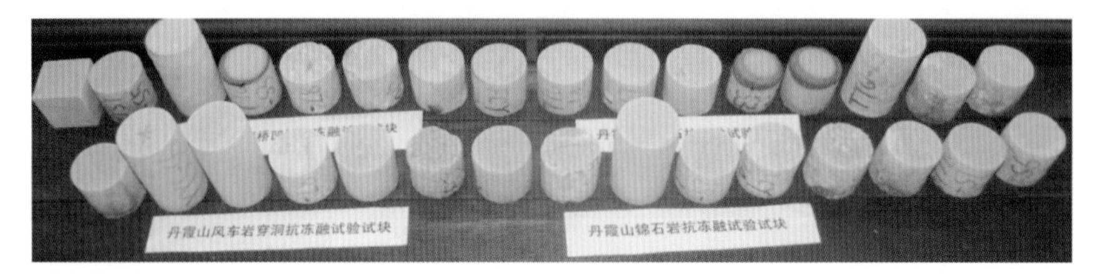

图 2-5　－20℃冻结 4h 后取出的试块表面结霜状况

2.2.5　酸蚀后抗压实验

同样按照《水电水利工程岩石实验规程》进行岩石的湿单轴抗压强度实验。首先在实验室分别配置 pH=2、3、4 的硫酸溶液，用烧杯将各采样地点砂岩和砾岩试块分别置于不同浓度的硫酸溶液中连续跟踪 25d，观测岩块的受侵蚀变化过程（图 2-6）。浸泡25d 后将岩块取出洗净，拭干外表溶液并测量其上、下压面直径及高度再做抗压实验。此实验分别在南京大学地理与海洋科学学院实验室和南京水利科学研究院材料结构研究所分步骤完成。

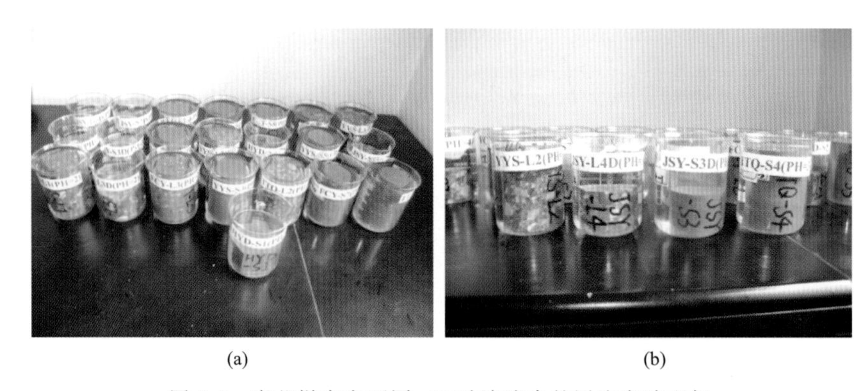

(a)　　　　(b)

图 2-6　岩芯样本在不同 pH 酸溶液中的浸泡实验现场

2.2.6　冻融后抗压实验

抗冻融试验是按中华人民共和国水利部和中华人民共和国交通部分别于 2007 年和2005 年发布的岩石抗冻融实验规程进行，即 $K_{fm}=R_{fm}/R_w$，其中，K_{fm}为岩石冻融系数；R_{fm}为冻融后单轴抗压强度平均值（MPa）；R_w为湿单轴抗压强度平均值（MPa）。分别在自然状态下和饱和含水状态下对试块进行冻融过程模拟。采用各采样点自然状态下的砂岩、砾岩试块以及在蒸馏水中浸泡 24h 后的试块，放入温度为－20℃的冰箱中隔

4h 后取出，置入 20℃恒温水槽，4h 后取出又放入－20℃的冰箱中，循环进行 25 次，观察各试块在冻融过程中的变化。之后，将试块取出做单轴抗压实验。

2.2.7　X 射线荧光光谱分析

X 射线荧光光谱分析（X-ray fluorescence，XRF）是一种根据 X 射线的产生方法及其特征谱线的波长发展出的利用 X 射线进行物质组成、结构和含量的分析方法。由于其分析速度快、制样简单、精密度高等优点，已广泛应用于各个领域。

物质是由原子组成的，每个原子都有一个原子核，原子核周围有若干电子绕其飞行。不同元素由于原子核所含质子数的不同，围绕其飞行的电子层数、每层电子的数目、飞行轨道的形状、轨道半径都不一样，形成了原子核外不同的电子能级。在受到外力作用时，如用 X 光子源照射，打掉其内层轨道上飞行的电子，这时该电子腾出后所形成的空穴，由于原子核引力的作用，需要从其较外电子层上吸引一个电子来补充，这时原子处于激发态，其相邻电子层上电子补充到内层空穴后，本身产生的空穴由其外层上电子再补充，直至最外层上的电子从空间捕获一个自由电子，原子又回到稳定态（基态）。这种电子从外层向内层迁移的现象被称为电子跃迁。由于外层电子所携带的能量要高于内层电子，它在产生跃迁补充到内层空穴时，多余的能量就被释放出来，这些能量是以电磁波的形式被释放的。而这一高频电磁波的频率正好在 X 波段上，因此它是一种 X 射线，称 X 荧光。因为每种元素原子的电子能级是特征的，它受到激发时产生的 X 荧光也是能量和波长的特征。

元素的原子受到高能辐射激发而引起内层电子的跃迁，同时发射出具有一定特殊性波长的 X 射线，根据莫斯莱定律，荧光 X 射线的波长 λ 与元素的原子序数 Z 有关，其数学关系如下：$\sqrt{\frac{1}{\lambda}}=K(Z-S)$，式中 K 和 S 是常数。而根据量子理论，X 射线可以看成由一种量子或光子组成的粒子流，每个光子具有的能量为 $E=h\nu=h\cdot C/\lambda$，其中，E 为 X 射线光子的能量（keV）；h 为普朗克常数；ν 为光波的频率；C 为光速。因此，只要测出荧光 X 射线的波长或者能量，就可以知道元素的种类，这就是荧光 X 射线定性分析的基础。此外，荧光 X 射线的强度与相应元素的含量有一定的关系，据此可以进行元素的定量分析。

利用 X 射线荧光原理，理论上可以测量元素周期表中的每一种元素。在实际应用中，有效的元素测量范围为 11 号元素（Na）到 92 号元素（U）。如广东丹霞山玉女拦江洞采集的 10 个蜂窝状洞穴样品的 X 射线荧光光谱法（XRFS）分析，是利用初级 X 射线轰击样品，使样品中各个元素产生各自的荧光 X 射线，从而进行物质成分的分析。X 射线荧光光谱分析的特点是能对主量、次量、微量组合以及化学性质极为相似的多种元素同时进行分析。野外采集的样品在南京大学区域环境演变研究所前处理过程中选择 50g 左右的岩石研磨成粉末过 200 目筛，送至南京大学现代分析中心采用粉末压片法制备测试样。首先取 5～6g 粉样，放入平板模具上的直径为 35mm 塑料环中，加 30t 压力成型。压出平整、牢固、无裂痕的片，厚度在 2～4mm。然后由孙伟硕士和刘笛高级工程师用瑞士 ARL-9800 型 X 射线荧光光谱仪测定全岩氧化物含量（图 2-7）。

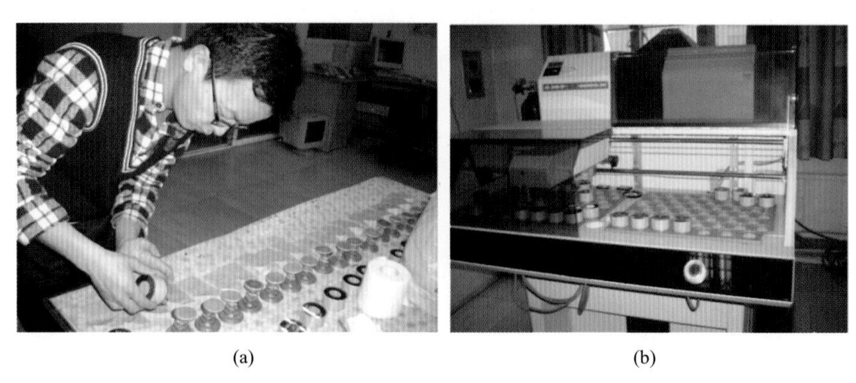

(a)　　(b)

图 2-7　在南京大学现代分析中心用瑞士 ARL-9800 型 X 射线荧光光谱仪（XRF）做元素含量测定

2.2.8　电感耦合等离子体质谱仪（ICP-MS）

电感耦合等离子体质谱仪（ICP-MS）是测定超痕量元素和同位素比值的仪器，由等离子体发生器、雾化室、炬管、四极质谱仪和一个快速通道电子倍增管（称为离子探测器或收集器）组成。其工作原理是：雾化器将溶液样品送入等离子体光源，在高温下汽化，解离出离子化气体，通过铜或镍取样锥收集的离子，在低真空约 133.322Pa 压力下形成分子束，再通过 1～2mm 直径的截取板进入四极质谱分析器，经滤质器质量分离后，到达离子探测器，根据探测器的计数与浓度的比例关系，可测出元素的含量或同位素比值。其优点是具有很低的检出限（达 ng/ml 量级或更低）、基体效应小、谱线简单、能同时测定许多元素、动态线性范围宽且能快速测定同位素比值。

该分析在南京大学现代分析中心进行，仪器为美国 Jarrell-Ash 公司生产的 J-A1100 等离子光谱仪（图 2-8），分析道数为 61 个元素，波长范围为 170～800nm，检测下限为 0.00x～0.x mg/L，精确度为 RSD≤2%，其浓度对应 10mg/L。具有 63 个固定通道。光谱分析法的定性分析和定量分析原理是：不同元素的原子或离子受激发，发射出该元素原子或离子特征谱线，通过检测样品中某元素的特征谱线，便可确定该元素存在与否。光谱测定各元素含量的原理是 Jomakuh-scherbe 经验公式，原子或离子发射的谱线强度不是个别原子或离子发射的结果，而是许多原子或离子发射强度的统计结果。该式表明试样中某元素含量 C 和谱线强度 I 之间的关系：$I=aC^b$，其中 a 和 b 是由元素种类和实验条件而决定的常量。常数 a 与光源类型、仪器电学参数、试样的组织结构有关。常数 b 主要取决于谱线的自吸而背景强度在没有自吸和扣除背景的情况，一般情况下 $b<1$。该仪器除主要用于测定岩石、矿物、包裹体以及地下水中微量、痕量和超痕量的金属元素，某些卤素元素、非金属元素及元素的同位素比值外，还可对各有机、无机类材料、生物样品、土壤、食品、金属、水等其他一切能转变为无机酸溶液试样中的金属元素和部分非金属元素进行微量、痕量定性、定量分析。在本项目岩石样品的前处理中，首先将全岩样品粉碎至 200 目过筛，再准确称取定量的样品至聚四氟乙烯烧杯内，用盐酸、硝酸、氢氟酸、高氯酸加热溶解，溶液蒸干后残渣用盐酸提取，定容后上机测定。

图 2-8　南京大学现代分析中心美国 Jarrell-Ash 公司产的 61 道 ICP 等离子发射光谱仪

2.2.9　偏光显微镜

矿物、颗粒尺寸和孔隙率是控制岩石强度的主要因素。岩石主要是由若干种矿物胶结而成，其中由石英胶结的岩石强度最高，其次是方解石和铁矿物胶结，由黏土质胶结的强度最低。因而，岩石的矿物学鉴定非常重要，从侧面也可了解岩石的力学性能特征。本项目为了研究岩石的矿物成分，将研究区内采集的岩芯样品和蜂窝状洞穴样品在南京大学地球科学系先磨制薄片，并由孔庆友副教授协助做薄片偏光显微镜岩性鉴定。

偏光显微镜（polarizing microscope）是用于研究所谓透明与不透明各向异性材料的一种显微镜。凡具有双折射的物质，在偏光显微镜下就能分辨清楚，双折射性是晶体的基本特性，矿物是由晶体组成的，所以偏光显微镜可以用于鉴定岩石的矿物成分和结构。

利用偏光显微镜判断各向同性（单折射体）和各向异性（双折射体）物质的基本原理是：双折射体在正交情况下，旋转载物台时，双折射晶体的影像在 360°的旋转中有四次明暗变化，每隔 90°变暗一次。变暗的位置是双折射体的两个振动方向与两个偏振镜的振动方向相一致的位置，称为“消光位置”；从消光位置旋转 45°，被检物体变为最亮，这就是“对角位置”，这是因为偏离 45°时，偏振光到达该物体时，分解出部分光线可以通过检偏镜，故而明亮。在正交检偏位情况下，用各种不同波长的混合光线为光源观察双折射体，在旋转载物台时，视场中不仅出现最亮的对角位置，而且还会看到颜色。出现颜色的原因，主要是由干涉色造成的（当然也可能因被检物体本身并非无色透明所致）。干涉色的分布特点决定于双折射体的种类和它的厚度，是由于相应推迟对不同颜色光波长的依赖关系，如果被检物体的某个区域的推迟和另一区域的推迟不同，则透过检偏镜光的颜色也就不同。

第3章　广东丹霞山丹霞地貌研究

3.1　研究区概况

3.1.1　自然地理特征

1. 位置与气候

丹霞山位于广东省韶关市仁化县境内，地理坐标113°36′25″～113°47′53″E、24°51′48″～25°04′12″N（图3-1），面积292km²，是广东省面积最大的以丹霞地貌景观为主的风景区和世界自然遗产地。丹霞山同时又是世界地质公园、国家级风景名胜区、国家AAAAA级旅游景区、国家级自然保护区、国家地质公园所在地。由于该区山群“色如渥丹，灿若明霞”，故称丹霞山。

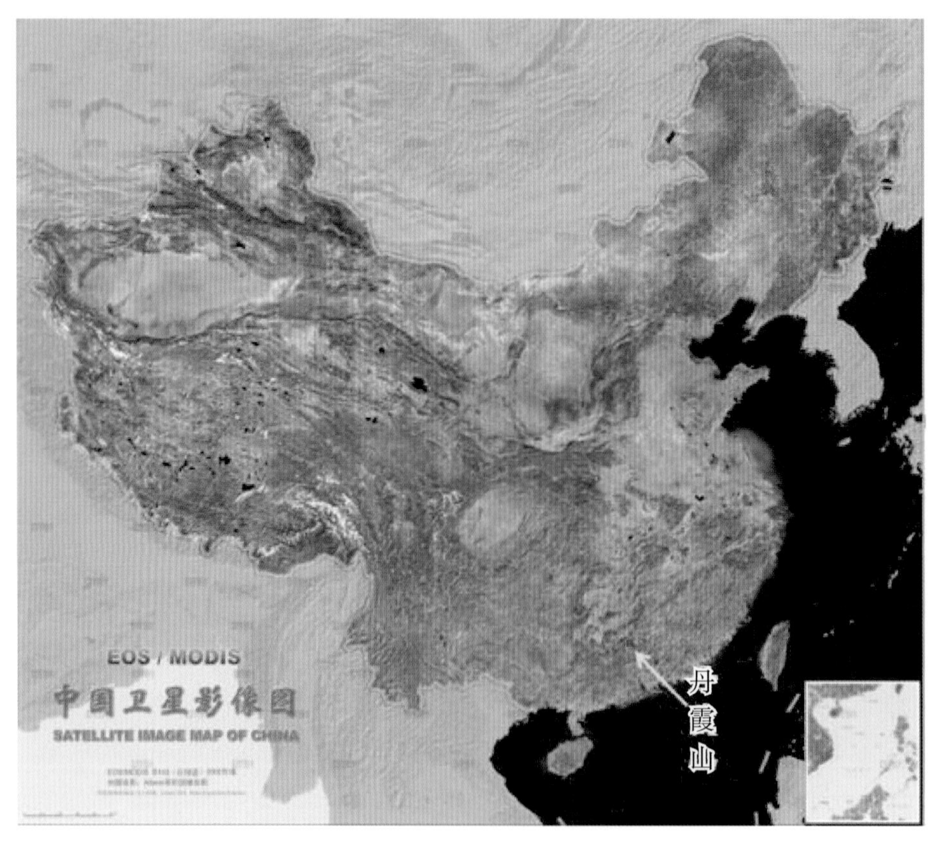

图3-1　丹霞山在中国的位置图

资料来源：数据共享网（ids. ceode. ac. cn）

丹霞山位于中亚热带季风气候区，年均气温19.6℃，1月平均气温9.3℃，7月平均气温28.4℃，年降雨量1660.5mm。在温暖湿润的气候下，该区亚热带常绿阔叶林大面积生长分布，在沟谷处还生长着准南亚热带季雨林。茂密的森林中生长有很多珍稀的植物，目前已经列入《中国物种红色名录》的丹霞山受威胁珍稀濒危植物共有16种。其中，被列为极危珍稀植物的丹霞梧桐是1987年植物学家在丹霞山发现的独有梧桐树新种。丹霞山内还栖息着许多珍稀濒危国家一、二级重点保护哺乳动物、特有种类以及国际公约或是中国物种红色名录的保护种类。其中国家级重点保护动物包括云豹、金猫、林麝、青鼬、大小灵猫、水獭、苏门羚、斑羚、穿山甲等。

2. 丹霞山地质基础

丹霞盆地位于广东省韶关市北侧，南北长约25km，东西宽约20km，面积约500km^2。丹霞盆地处于韶关盆地内，韶关盆地是自晚古生代以来长期活动的大型构造盆地，位于南岭褶皱系中段分水岭之南，受控于北部的九峰东西向构造带和南部的贵东—蕉岭东西向构造带，以及西部的瑶山—石鼓塘南北向构造带和东部的诸广岭—热水南北向构造带，是一个近于方形的构造盆地。

古生代（541～252Ma BP）以前，韶关盆地属于华南地槽系的一部分，地壳活动明显，是一个海进到海退的过程，沉积了一套半深海—浅海相碎屑岩。随后加里东运动开始，地壳上升为陆地，褶皱、断裂、岩浆活动加剧，形成了一系列北东向、东西向、局部北西向的线性褶皱，伴随而来的还有高应力作用下的区域变质作用，形成了北东向的变质带，火山活动使得盆地内沉积了一系列火山岩，下部岩浆侵入形成了侵入岩。

石炭纪（359～299Ma BP）开始，盆地进入准地台发展阶段。地壳缓慢下降，再次经历大规模海侵，沉积了一套海相地层。中三叠世末期，印支运动开始，区域大面积抬升，海水后退，伴随而来的强烈的断层和褶皱运动，形成一系列北东向、局部南北向的褶皱带和北东向的断裂带，使原先沉积的海相地层褶皱变成盖层褶皱，同时应力的加强导致了区域变质作用和岩浆侵入作用。至此，韶关盆地内部构造格局基本形成。

侏罗纪（201.3～145.0Ma BP）以来，地壳上升，盆地进入内陆湖泊沉积阶段。侏罗纪晚期至白垩纪早期的燕山运动使得盆地内部沉积的侏罗系地层发生褶皱、断裂，外围山体强烈隆升，强烈的火山活动使得盆地周围形成了一系列北东向火山岩带，深部岩浆沿断裂上升，形成沿断裂带的侵入岩带。燕山运动发育的北东向和东西向断裂，控制了构造盆地的发育，成为盆地发育的基础。白垩纪中后期，韶关盆地西部抬升，沉降中心东移，接受河流相沉积，形成了巨厚的红色岩系，成为丹霞盆地的基底，自此丹霞盆地成型。

古近纪（66.0～23.03Ma BP）以来，区内地壳普遍呈上升趋势，仅在部分地区接受山间盆地相、河流相、湖泊相沉积，喜马拉雅运动使得区内发生了小规模的火山喷发和岩浆侵入活动。第四纪的构造运动主要表现为地壳间歇式上升，大面积的山地遭受侵蚀和剥蚀，丹霞山山地地貌开始成型：在河谷内形成了河流冲积层，在构造活动带的山前谷地形成冲积、洪积扇，在河口平原形成三角洲相沉积。

根据广东省佛山地质局和广东省地质勘查局七〇六地质大队（2008）对丹霞山区沉积岩的岩性、原生沉积构造和古生物特征的研究，丹霞盆地内可划分出 7 种沉积相——冲积扇相、曲流河相、滨湖相、浅湖相、溢流相、火山碎屑流相和火山喷发-沉积相及 6 种亚相（图 3-2）。

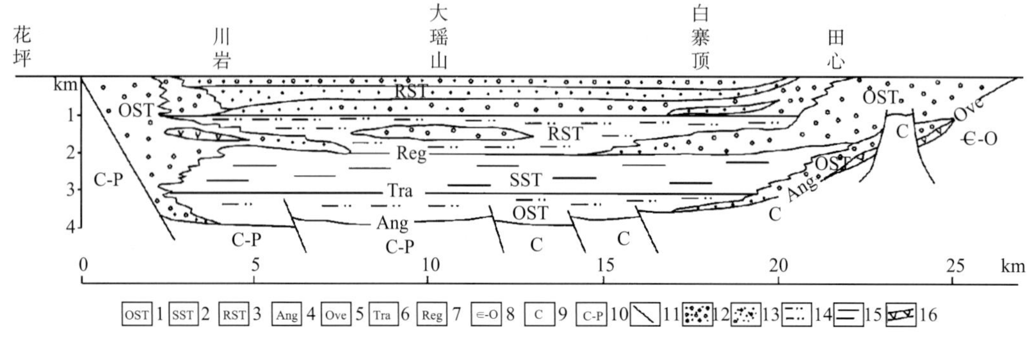

图 3-2　丹霞盆地白垩纪地层长坝组-丹霞组沉积特征

1. 超覆沉积体系域；2. 叠覆沉积体系域；3. 退覆沉积体系域；4. 区域性不整合面；5. 区域性超覆沉积面；6. 区域性水进面；7. 区域性水退面；8. 基底寒武纪—奥陶纪地层；9. 基底石炭纪地层；10. 基底石炭纪—二叠纪地层；11. 基底断裂和盆缘断裂；12. 冲积扇—河流相沉积；13. 河流相沉积；14. 滨湖相沉积；15. 浅湖相沉积；16. 火山喷发相沉积

3.1.2　地质构造

根据广东省佛山地质局和广东省地质勘查局七〇六地质大队的研究，丹霞盆地之下存在一个复式大向斜，长约 30km，宽约 15km，主要由石炭系地层组成，轴向北北东，一般南东翼陡，北西翼缓，轴面倾向北西向。次级褶皱十分发育，为一平缓开阔型的基底盖层褶皱。平缓的大型向斜构造的存在，反映了丹霞盆地形成之前的古地貌应以平缓开阔的低丘陵为主。

丹霞盆地自白垩纪早期发生初始裂陷，白垩纪晚期开始萎缩消亡。所以，丹霞盆地的性质早期为断陷，晚期向拗陷转化。

从盆地中心通过的走向为北北东的韶关—仁化断层基本将丹霞盆地分为东西两侧（图 3-3）。该断层为区域性的大断层，在性质上属于逆断层，从属于吴川—四会断层构造带北带的一部分。这条断层构造带沿北东方向延伸，宽达 10km，具有延伸长、切割深、活动时间长的特点；该断层早期活动于印支期前，晚期活动切割和控制着一系列白垩纪红盆。该断裂带的晚期活动对丹霞盆地的抬升及丹霞山地貌的形成起了主导作用。盆地内最大的水系——锦江的流向也基本与这一断裂走向重合；沿断裂两侧流水侵蚀作用明显，例如两侧山体上明显的河流侵蚀凹槽可证明这一点。同时，断层两侧山体在高度上有明显差异，断层线以西的山体普遍比断层线以东的山体高出 200m，说明在断层活动时期，断裂西侧以隆升为主，而东侧相对下降。

丹霞山景区节理构造极为发育，其分布广，规模大，对丹霞地貌的形成起了主导作用。丹霞地貌的类型与节理的发育密度和强度有密切关系，一般来说，大型节理发育的密集地带，是丹霞山成景地貌类型最为丰富的地段。

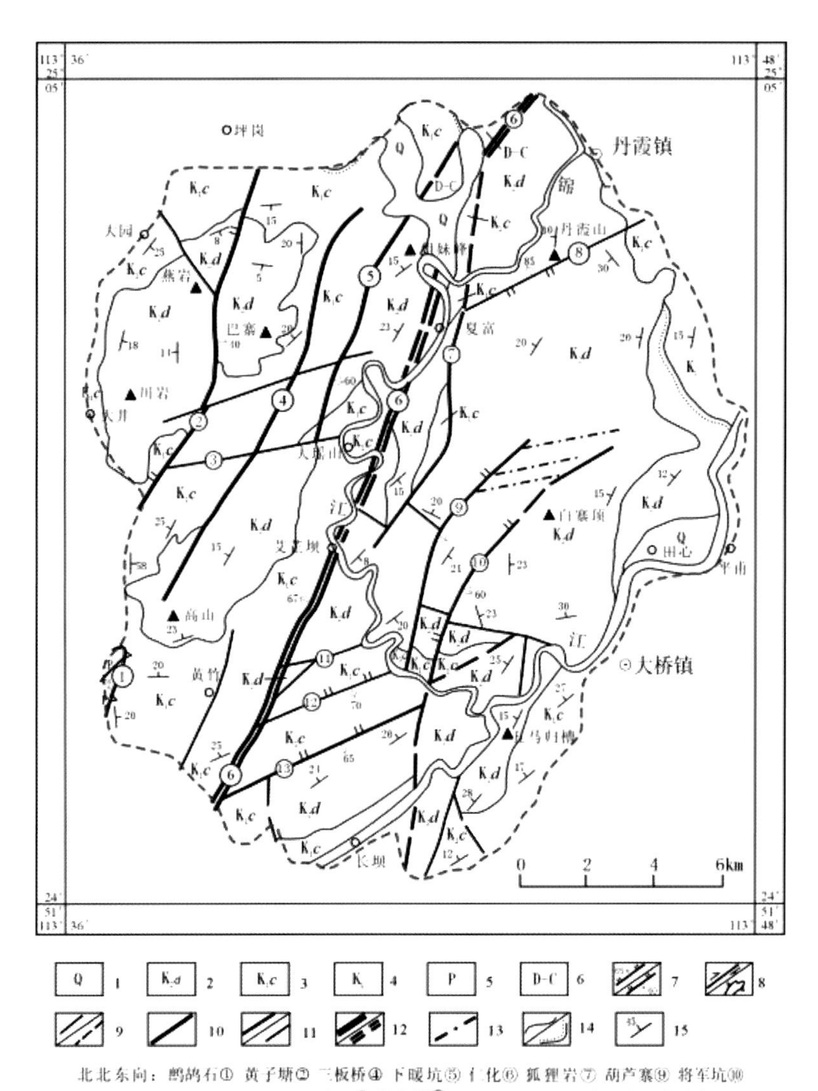

图 3-3　丹霞山地区地质构造纲要图

1. 第四纪地层；2. 晚白垩世丹霞组；3. 早白垩世长坝组；4. 早白垩世地层；5. 二叠纪地层；6. 泥盆—石炭纪地层；7. 正断层/逆断层；8. 平移断层/推覆断层；9. 性质不明断层/推测断层；10. 一级断层；11. 二级/三级断层；12. 实测/推测活动断层；13. 卫照解译断层；14. 地质界线/角度不整合地质界线；15. 岩层倾向倾角

根据广东省佛山地质局和广东省地质勘查局七〇六地质大队在丹霞山景区所测量的 97 组节理（表 3-1）和对节理走向统计的玫瑰花图（图 3-4）的分析，可以看出，丹霞盆地内节理的优选方位主要有三组：①走向 NE20°～30°，倾向北西和南东均有，倾角 55°～80°，该组节理较稀疏但延展长度较大，多具张性；②走向 NE65°～80°，倾向南东为主，倾角 60°～88°；③走向 NW355°～360°，倾向西为主，倾角 70°～80°。其中，①、②两组节理最为发育，这两组节理常把丹霞组地层切割成不同规模的岩块，节理面陡立，常为丹霞赤壁。大多数节理都具有多期活动的特点，其主压应力主要来自北西—南东方向。多组节理的互相切割，使红色碎屑岩形成大小不一的断块，成为丹霞地貌发育的最基本条件。

表 3-1　丹霞山地区节理平均走向统计表

方位间隔	条数	平均走向	方位间隔	条数	平均走向
1°～10°	1	10°	271°～280°	5	275°
11°～20°	3	15°	281°～290°	2	288°
21°～30°	15	25°	291°～300°	5	298°
31°～40°	7	35°	301°～310°	1	307°
41°～50°	3	48°	311°～320°	4	315°
51°～60°	6	57°	321°～330°	3	327°
61°～70°	18	70°	331°～340°	1	337°
71°～80°	10	75°	341°～350°	2	350°
81°～90°	4	90°	351°～360°	6	357°

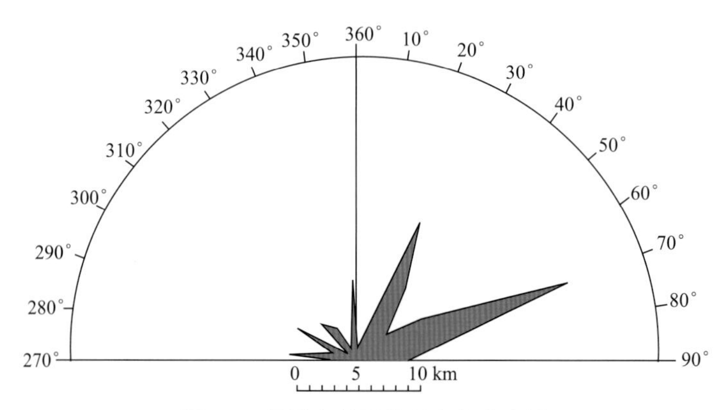

图 3-4　丹霞山景区节理走向玫瑰图

3.1.3　地层与岩性特征

丹霞盆地地层划分始于 1928 年，冯景兰将丹霞盆地红层命名为红色岩系，时代定为第三纪。此后，陈国达对丹霞盆地的地层进行了研究。20 世纪末以来，地质部门对该区做的进一步研究，将丹霞组的时代往前推到晚白垩世（表 3-2 和表 3-3）。

表 3-2　丹霞盆地地层划分沿革

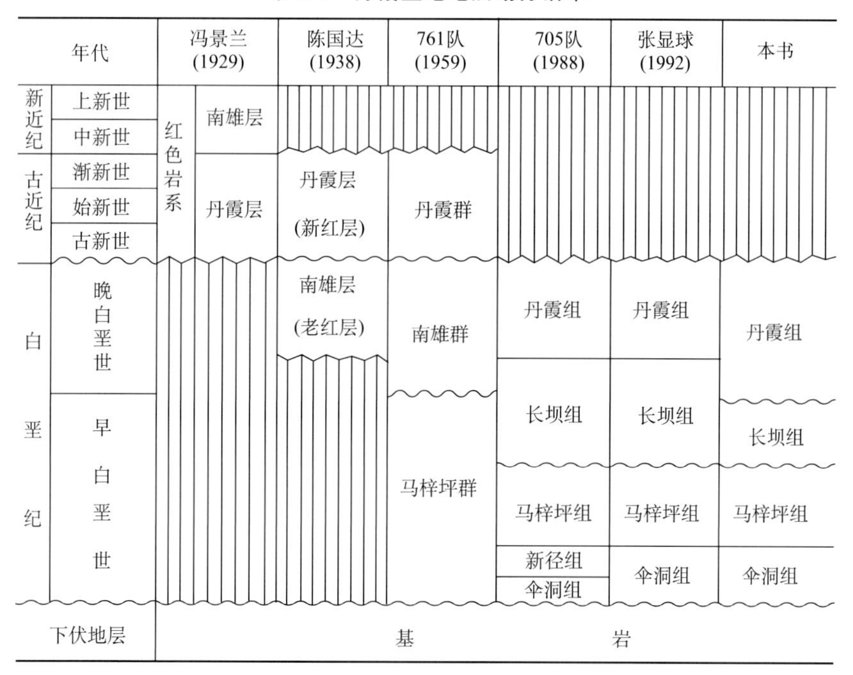

表 3-3　本书采用的丹霞山地区地层划分

年代地层		年代	岩石地层	
系	统			
白垩系	上白垩统	晚白垩世	丹霞组	第三段（K_2d^3）（白寨顶段）
				第二段（K_2d^2）（锦石岩段）
				第一段（K_2d^1）（巴寨段）
	下白垩统	早白垩世	长坝组	第四段（K_1c^4）
				第三段（K_1c^3）
				第二段（K_1c^2）
				第一段（K_1c^1）
			马梓坪组（K_1m）	
			伞洞组（K_1s）	

图 3-5 为丹霞盆地白垩纪红盆简化地质图。丹霞盆地内的地层均为白垩系的红层，根据其岩石组合特征可以分为 4 个组级地层单位。根据古磁性年龄、同位素年龄以及古生物化石鉴定结果，伞洞组、马梓坪组和长坝组属于下白垩统，丹霞组属于上白垩统。

伞洞组：分布于马梓坪盆地边缘和丹霞盆地东北边缘黄坑、仁化县城一带。岩性为暗紫红色火山岩和火山碎屑沉积岩，下部为流纹质凝灰岩、安山岩、玄武岩，上部为凝灰岩、凝灰质砂岩、粉砂岩。

马梓坪组：分布于马梓坪盆地中心和丹霞盆地东北边缘黄坑、仁化县城、周田一

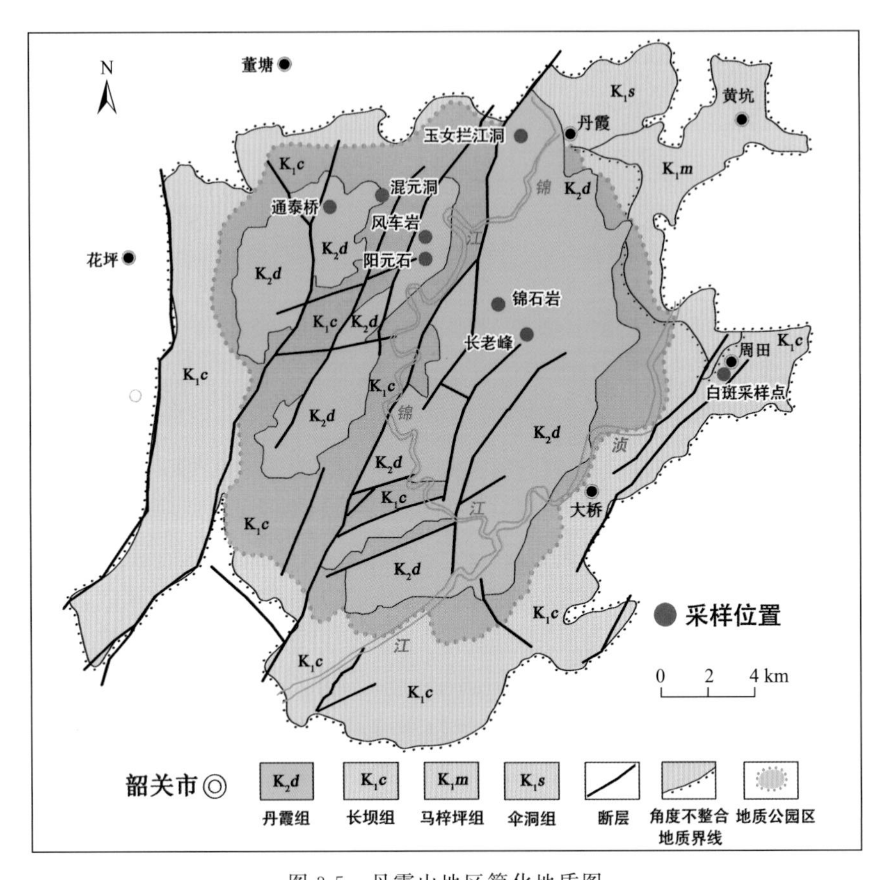

图 3-5　丹霞山地区简化地质图

1. 丹霞组地层；2. 长坝组地层；3. 马梓坪组地层；4. 伞洞组地层；5. 断层；
6. 角度不整合地质界线；7. 地质公园区

带。岩性为杂色碎屑岩，由暗紫红色砂岩及粉砂岩和浅黄、黄绿、灰绿、灰黑色泥岩组成。以岩性较细、泥岩发育且颜色带黄绿和灰绿为主要特征。底部以含砾砂岩或砾岩为标志，与下伏伞洞组呈整合接触，顶界不明。

长坝组：分布于丹霞盆地边缘及盆地中央地势较低的地方。按岩性组合可划分为4个非正式段，即长坝组第一段、第二段、第三段及第四段。第一段岩性主要为砾岩、砂砾岩；第二段为一套紫红色厚层状—薄层状粉砂质泥岩、泥质粉砂岩中夹薄层状细砂岩、粉砂岩；第三段为灰褐、黄褐、紫红色砾岩、砂砾岩，偶见火山岩夹层；第四段为紫红色粉砂质泥岩、泥质粉砂岩夹少量薄层细砂岩，顶部为棕红、砖红、肉红色厚层不等粒长石砂岩与褐红色砂质砾岩、砾岩、复成分砾岩互层，与下伏地层不整合接触。

丹霞组：丹霞组源于冯景兰和朱翙声（1928）以仁化丹霞山剖面命名的丹霞层，指仁化丹霞山和南雄苍石寨、杨历岩、大玢岭等地的一套较粗的岩系。岩性由砾岩、砂砾岩、长石石英砂岩组成，以其岩性粗、坚硬、形成奇峰和悬崖峭壁的丹霞地貌为主要特征。广东七〇六队称丹霞群。广东省地矿局（1996）厘定该组为位于大凤组之上的一套由紫红—砖红色厚层—巨厚层状砾岩、砂砾岩、含砾砂岩、不等粒长石石英砂岩，夹杂砂质长石

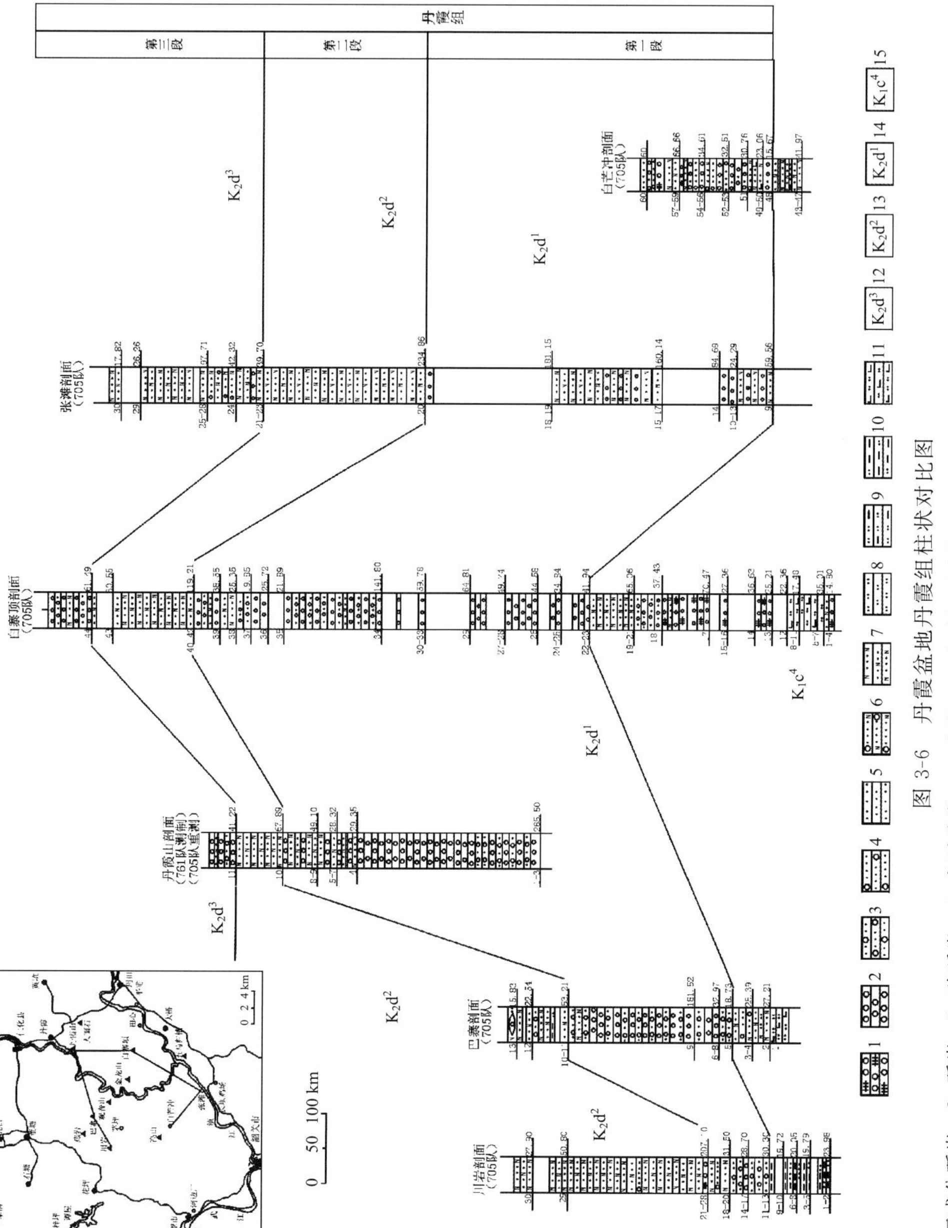

图 3-6　丹霞盆地丹霞组柱状对比图

1. 复成分砾岩；2. 砾岩；3. 砂砾岩；4. 含砾砂岩；5. 砂岩；6. 含砾长石砂岩；7. 长石砂岩；8. 粉砂岩；9. 泥质粉砂岩；10. 粉砂泥岩；11. 钙质粉砂岩；12. 丹霞组第三段；13. 丹霞组第二段；14. 丹霞组第一段；15. 长坝组第四段

石英粉砂岩、粉砂质泥岩组成的岩层，以平行层理和大型交错层理发育为特征；底部以厚—巨厚层状砾岩和砂砾岩为标志与下伏地层呈不整合或平行不整合接触于长坝组之上，顶界不明。

丹霞组广泛分布于盆地中部地势较高的地区，如锦江之东的丹霞山、人面石、金龟岩、白寨顶、朝石顶、金龙山、葫芦寨、五马归槽，锦江之西的燕岩、平头寨、川岩、巴寨、茶壶峰、观音山、高山、风火岭等。丹霞组平行不整合于长坝组之上，主要由砾岩、砂砾岩、砂岩和长石砂岩组成。丹霞组按岩性组合可划分为三个非正式段，即丹霞组第一段、第二段和第三段。丹霞组第一段岩性为褐红色块状砾岩、砂砾岩、含砾砂岩，局部夹紫红色薄层状粉砂质泥岩；第二段为棕红、褐红色厚层—块状长石砂岩，具大型板状交错层理，夹少量粉砂质泥岩、细砾岩和含砾砂岩；第三段为棕红色砾岩、砂砾岩、中—粗砂岩夹粉—细砂岩。

本研究的主要研究区是丹霞组所在的丹霞山景区。从广东省佛山地质局和广东省地质勘查局七〇六地质大队对丹霞组所做的丹霞组柱状对比图的分析结果可知，丹霞组厚约 1000m（图 3-6）。

丹霞组第一段厚度 194～570m，一般 300～500m。纵向上，不同地点其岩性组合变化较大，如丹霞山中下部为砾岩、砂砾岩，上部为长石砂岩与砾岩互层，而巴寨下部为长石砂岩，中上部为砾岩、砂砾岩；横向上，盆地东南部发育长石砂岩透镜体。这是由于不同时期冲积扇相互叠覆造成的。丹霞组第二段厚度 92～300m。横向上，其岩石特征、厚度有较大的变化，如沿丹霞山—巴寨—川岩方向，丹霞山一带砂岩中含有较多较大的砾石，且常和砂岩互层产出（图 3-7 和图 3-8），大型板状交错层理发育，厚度较薄，仅 68m，倾向西—西南；至巴寨—观音山一带砾石含量少，仍可见到砾岩透镜体，产状为水平，厚度大于 92m；至川岩一带，较少见到砾石，板状交错层理不太发育，钙质含量高，常形成球状风化，倾向向东，厚度大于 286m。丹霞组第三段顶部被剥蚀，残留厚度一般 40～60m，最厚可达 224m。横向上，从北往南（丹霞山—白寨顶—张滩）岩石粒度具有变细的趋势。

图 3-7　丹霞山锦石岩丹霞组砾岩与砂岩

图 3-8　丹霞山锦石岩丹霞组砂岩顶部冲刷构造

3.2　野外调查和采样过程

野外调查是研究丹霞地貌成因和获取科学依据的重要手段，通过对典型丹霞地貌区独特地貌现状的调查，描述和记录丹霞地貌特征及其自然地理状况，是获得丹霞地貌宏观特征的第一手资料的重要途径。2011 年 6 月，南京大学区域环境演变研究所朱诚研究团队，对丹霞山主要景区进行了连续十天的自然地理和地质地貌详细调查，搜集了与丹霞造景地貌有关的丹霞山地区地质、地貌、水文等相关资料，系统采集了大量用于实验地貌学研究的岩石样本，并在丹霞山丹霞组（K_2d）风车岩、阳元石、通泰桥、锦石岩、混元洞、长老峰等景点采集了大量用于抗压实验、抗冻融实验、抗酸侵蚀实验、白斑成因和龙鳞石成分鉴定所用的岩石标本。

3.2.1　阳元山-巴寨地貌区

阳元山景区（图 3-9）处于丹霞盆地的北部，韶关—仁化断层从景区的西侧通过。巴寨岩堡高约 200m，长约 600m，宽 100～300m，总体呈北东东向展布。巴寨岩堡的南北两侧岩壁陡立，而陡壁本身就是节理面，所以沿陡壁方向的节理极为发育。同时，陡壁上发育有大量的风化沟槽，基本沿岩层面平行发育，风化沟槽深度一般深 35～40cm，长度可达几百米。另外，在巴寨与茶壶峰之间发育的北东东向断裂也是巴寨岩堡地貌形成的主要构造因素。由于长期的崩塌和风化侵蚀，受北东东向大型节理和断裂控制的长条状的巴寨山体上岩块不断崩落，山体面积后撤缩小，逐步形成目前独特的岩堡形态。后期的风化侵蚀作用，在相对坚硬和软弱互层的岩层面间发育大量的风化沟槽。此外，在巴寨还发现非常多的小孔洞（图 3-10）。

图 3-9　巴寨岩堡全貌

图 3-10　从巴寨侧视茶壶峰

3.2.2　风车岩穿洞

风车岩穿洞位于阳元山景区，属丹霞地貌中的地貌类型，穿洞的跨度为 15.4m，洞高 2.1m，大洞口宽约 13m，中间约 6m，小洞口宽约 5m（图 3-11）。GPS 位置

25°02′38.7″N，113°43′32.7″E。该洞由层面倾向 NW278°、倾角 29°的红色砂岩构成，呈近南北向展布。该红色砂岩下部具有两层薄砾岩，砾岩厚 25～30cm，粒径 2～5cm 为主，磨圆度差，呈分选性差的次棱角状。风车岩发育于丹霞组第二段中，岩性以长石砂岩为主，次为粉砂岩、砂砾岩，岩层中厚层状、块状，层理清晰。

图 3-11　风车岩穿洞近景

风车岩有两组小节理发育，产状一为倾向 NW288°、倾角 55°，另一组为倾向 SE105°、倾角 48°，控制着风车岩的东西两壁，而其上壁则为平缓的岩层面，南北两侧洞口均为同一层位的长石砂岩夹粉砂岩，均发育为扁平凹槽洞穴。为从岩性差异和实验地貌学角度弄清风车岩穿洞的成因，研究团队于 2011 年 6 月 11 日至 12 日对风车岩穿洞进行了砂岩和砾岩的取样工作。岩石样本的取样主要在野外用钻机在岩体上直接钻取。由于岩体一般十分坚硬，故使用浙江永康金都工贸有限公司生产的功率为 1150W，56～60Hz 的 ZIZ-CF-80 便携式工程钻机与内径 55mm 的岩石取样钻，配以循环水水钻法钻取岩石样品。去除岩体表面风化层后，钻取的深度一般为 15～30cm（图 3-12 和表 3-4）。野外钻取的高径比分为 2∶1 和 1∶1 两种，在风车岩共采集红色砂岩岩芯样品 8 个、砾岩岩芯样品 7 个，总计 15 个。

(a)

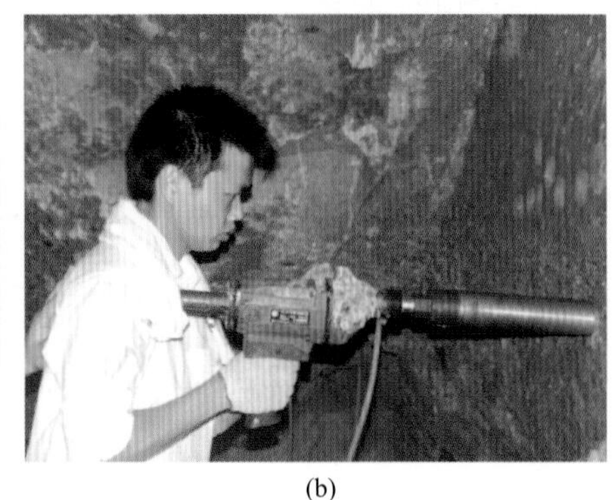

(b)

图 3-12　丹霞山采样现场照片

表 3-4　风车岩地区采样记录

时间：2011年6月11～12日	地点：阳元山风车岩穿洞	天气：阴、阵雨
岩层产状：NW278°∠29°	位置：25°02′38.7″N，113°43′32.7″E；海拔：160m	
样　品　编　号		
砂岩	砾岩	
FCY-S1	FCY-L1	
FCY-S2	FCY-L2	
FCY-S3	FCY-L3	
FCY-S4	FCY-L4	
FCY-S5	FCY-L5	
FCY-S6	FCY-L6	
FCY-S7	FCY-L7	
FCY-S8	—	

3.2.3　阳元石石柱下方

图 3-13　阳元石全貌

阳元石是一个形态奇特的柱状岩石造型地貌（图 3-13），位于断石村西侧的阳元山东侧，外形酷似男根，高 28m，直径 7m，雄伟壮观，直指长空。沿石柱的上部发育小型沟槽，这些小沟槽总体顺岩层面平行发育，边界不规则，并有较多钙华渗出。阳元石是阳元山景区内主体的旅游造景地貌，它发育于丹霞组第一、二段中，其中丹霞组第一段岩性以砾岩为主，块状，层理不清晰。丹霞组第二段岩性以长石砂岩为主，夹泥岩、泥质粉砂岩和砂砾岩，厚层状、块状，层理清晰，产状为倾向 SW260°、倾角 10°。阳元石目前虽为丹霞石柱景观，但原先它和阳元山大石墙同是一个山体。阳元石一带两组大型节理极为发育，其产状为倾向 NE5°～10°和倾向 NW295°、倾角 75°～85°和倾角 76°，控制着阳元石的边界。由于长期的流水侵蚀和风化侵蚀，受两组大型节理控制的近方形石块后撤缩小，逐渐与阳元山石墙分离，并逐步形成目前独特的石柱形态。

为进一步研究阳元石造景地貌的成因，研究团队于 2011 年 6 月 12 日至 13 日对阳元石下方进行了砂岩和砾岩的取样工作（图 3-14），共采集红色砂岩岩芯样品 7 个、砾岩岩芯样品 11 个，总计 18 个（表 3-5）。

图 3-14　在阳元石下部钻取岩体标本的现场照片

表 3-5　阳元石底部采样记录

时间：2011 年 6 月 12～13 日	地点：阳元石石柱底部	天气：阵雨、阴
岩层产状：SW260°∠10°	位置：25°02′35.52″N，113°43′54.06″E；海拔：139 m	
样　品　编　号		
砂岩	砾岩	
YYS-S1	YYS-L1	
YYS-S2	YYS-L2	
YYS-S3	YYS-L3	
YYS-S4（不规则）	YYS-L4	
YYS-S5	YYS-L5	
YYS-S6	YYS-L6	
YYS-S7	YYS-L7	
	YYS-L8＼9＼10（备用）	
	YYS-L11（磨片用）	

3.2.4　锦石岩-长老峰

锦石岩（图 3-15，图 3-16）是发育在丹霞组锦石岩段下部红色砂岩层中的大型侵蚀-风化型水平洞穴群，由 4 个大型洞穴和若干小洞穴及顺岩层发育的浅洞构成。这些洞穴是由河流等沿砂岩侧蚀后外侧的岩块被河流侵蚀而崩塌形成的。这些洞穴成为悬挂在高崖上的悬洞，并继续接受进一步的风化作用改造。在锦石岩附近，发育如图 3-15（b）所示的洞穴微地貌——小型穿洞；在锦石岩下方还可见本区显著的危岩以及岩壁表面的片状风化（图 3-16）。

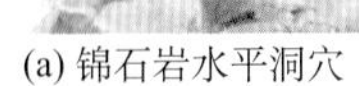

(a) 锦石岩水平洞穴

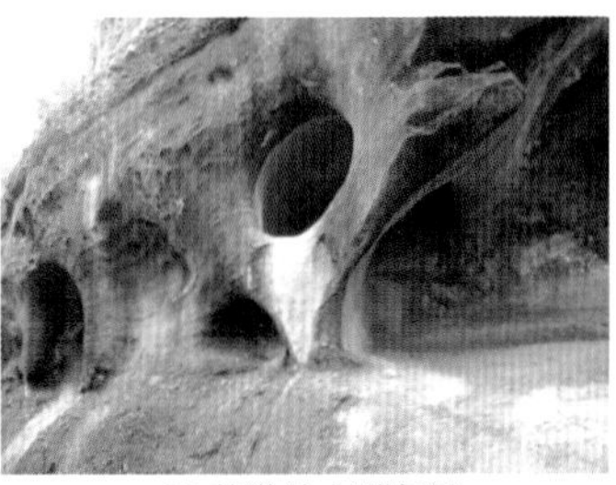

(b) 梦觉关小型穿洞

(c) 丹霞崖壁上的蜂窝状洞穴

图 3-15　锦石岩水平洞穴及附近的微地貌

(a) 危岩

(b) 岩壁表面片状风化

图 3-16　锦石岩风化地貌

在长老峰上远眺可观察到丹霞山地质公园东部群山（图 3-17），可看到僧帽峰、宝塔峰、大塘寨、蜡烛石、穿窟石、火烧石、大石岩、金城寨等。可见区域明显呈现岭谷相间的地形，山岭上山峰或石柱耸立，山体上发育有大量水平凹槽，山岭之间有“V”字形峡谷发育，但并不深邃。区内山峰大多向西倾斜，指向盆地中心。三个石柱位于僧帽峰的西面，按照蜡烛石、穿窟石、火烧石由北向南排列，穿窟石上明显可见一竖洞，应为节理裂隙经风化作用形成。

图 3-17　登长老峰顶所见僧帽峰全貌

3.2.5　锦石岩凹槽

在锦石岩大赤壁上常见较多水平洞穴，其中锦石岩大型水平凹槽最具代表性(图 3-18)。该水平凹槽位于锦石岩寺的大赤壁丹崖中，凹槽沿 NE20°方向延伸，与赤壁丹崖走向近于平行。该水平凹槽长 200m，高 3～15m，深 4～5m，底部平缓，基本沿层面发育。

(a)　(b)

图 3-18　建在锦石岩水平凹槽处的锦石岩寺

锦石岩大型水平凹槽发育于丹霞组第二段中，岩层产状为倾向 NE20°、倾角 10°，岩性为长石石英砂岩、长石砂岩为主，夹砾岩、钙质粉砂岩及钙质泥质岩，岩层厚度变化较大，砂岩多为块状，而粉砂岩以中厚层状为主，泥岩则以薄或中薄层状为主，层理清晰，多发育水平层理。

锦石岩大型水平洞穴一带垂向的穿层节理发育，一组北北东向的节理基本上控制了洞穴的长度和方向，在长期的流水和风化的共同作用下，使夹在砂岩中的钙质粉砂岩和钙质泥岩不断侵蚀凹进，最终形成水平洞穴。锦石岩大型水平洞穴的上壁发育有小型的蜂窝状洞穴（龙鳞片石），是后期风化的产物，其成因尚不清楚。总体上，锦石岩大型水平洞穴由于遭后期人为破坏（建筑寺庙），其地貌结构面特征大多已不清晰。

为探明锦石岩大型水平洞穴的成因，调查组于 2011 年 6 月 14 日至 15 日在该洞穴西侧边缘进行砂岩和砾岩样品取样工作，共钻取红色砂岩岩芯样品 7 个、砾岩岩芯样品 7 个，总计 14 个（图 3-19 和表 3-6）。

(a) 砂岩处取样

(b) 砾岩处取样

图 3-19　在锦石岩凹槽处取样

表 3-6　锦石岩水平洞穴采样记录

时间：2011 年 6 月 14～15 日	锦石岩往百丈峡方向凹槽处	天气：多云、阵雨
岩层产状：NE20°∠10°	位置：25°01′42.6″N，113°44′14.88″E；海拔：160m	
样品编号		
砂岩	砾岩	
JSY-S1	JSY-L1	
JSY-S2	JSY-L2	
JSY-S3	JSY-L3（备用）	
JSY-S4	JSY-L4（备用）	
JSY-S5	JSY-L5（备用）	
JSY-S6（不规则）	JSY-L6（备用）	
JSY-S7（磨片用）	JSY-L7（磨片用）	

3.2.6　玉女拦江洞蜂窝状洞穴

玉女拦江洞为一竖向洞穴，延伸方向为 NW310°，岩层产状为倾向 SE130°、倾角 4°～5°，主洞宽约 4m，高约 6m，深未见底。该洞全部由红色砂岩组成，未见有砾岩或砂砾岩。洞西南侧壁上大量发育小型蜂窝状洞穴（类似龙鳞片石），东北侧壁则在上部发育大量小型蜂窝状洞穴（图 3-20），洞穴下部有一沟谷并有流水痕迹，现无水流，有大量红色堆积物充填其间，从洞东北侧看，自下而上可分为四层。

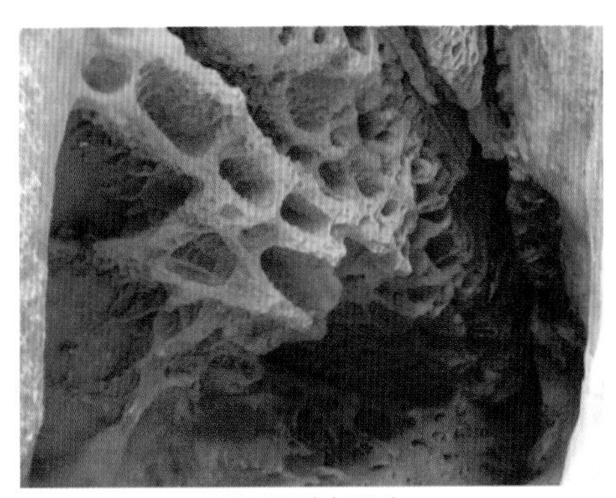
(a) 无闪光灯照片

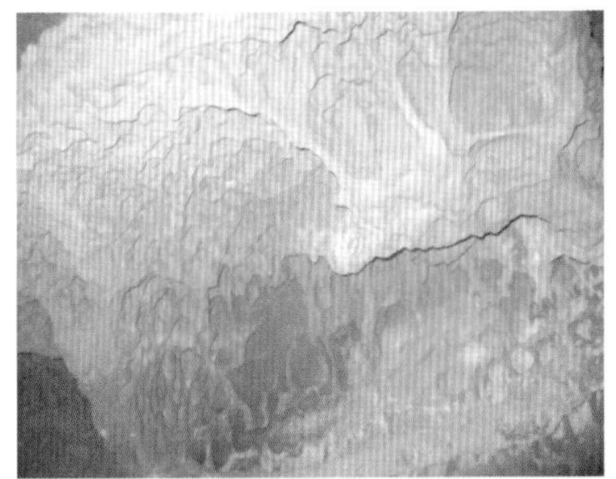
(b) 有闪光灯照片

图 3-20　玉女拦江洞内的蜂窝状洞穴

第一层：红色砂岩，为最下部层，比沟谷底面高 16cm，发育有小型蜂窝状洞穴，相对较松软；

第二层：红色砂岩，比第一层略硬，表面有大量风化结皮，多数结皮较大；

第三层：红色砂岩，硬度比第二层软，也有大量风化结皮，但结皮较小；

第四层：红色砂岩，大量发育小型蜂窝状洞穴，规模大小不一。

洞顶上部也有大量小型蜂窝状洞穴发育，但西南侧居多。在洞西南侧发育有一条贯穿整个洞壁的竖向节理，切割了众多小型蜂窝状洞穴，当时未见渗水现象。该洞洞口同样有丹霞地貌区普遍发现的土鳖虫孔洞，洞东北侧壁上第二至第三层有人工开凿的柱洞，靠洞口西南侧有类似条纹的层状沉积，靠洞口西南侧同样有人工开凿的痕迹。洞中有蝙蝠，洞外为绝壁，对面可以望见海豹石（图 3-21）。

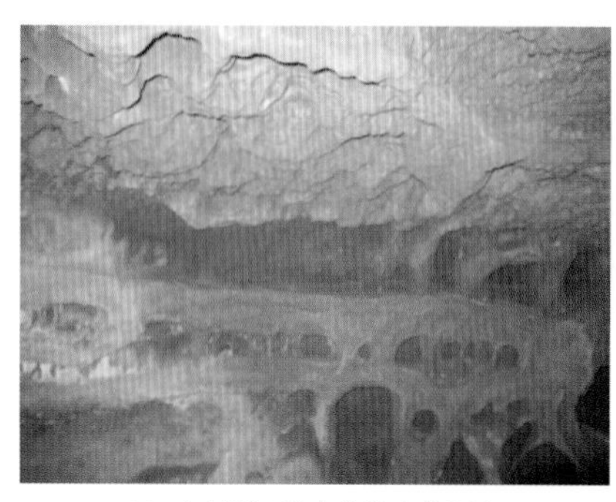

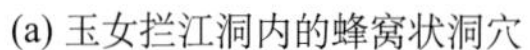

(a) 玉女拦江洞内的蜂窝状洞穴

(b) 从洞口看见的海豹石

图 3-21　玉女拦江洞及周边地貌

为了探究该砂岩微地貌的成因，首先从化学成分的角度去展开工作，故在该洞穴采集不同层次各类砂岩样品共 12 个，样品编号及具体说明如表 3-7 所示，并在南京大学现代分析中心做了 X 荧光法（XRF）元素地球化学成分测试。

表 3-7　玉女拦江洞采样记录

时间：2011 年 6 月 15 日	地点：玉女拦江洞内	天气：多云、阵雨
岩层产状：SE130°∠4°～5°	位置：25°02′8.55″N，113°43′56.8″E；海拔：167m	洞穴延伸方向 NW310°
样品编号	采样部位	
YNLJD1-1	第一层红色砂岩样品	
YNLJD2-1	第二层红色砂岩样品	
YNLJD2-B	第二层表层结皮风化物样品	
YNLJD3-1	第三层红色砂岩样品	
YNLJD3-B	第三层表层结皮风化物样品	
YNLJD4-1	第四层龙鳞片石 1 号样品	
YNLJD4-2	第四层龙鳞片石 2 号样品	
YNLJD4-3	第四层龙鳞片石 3 号样品	
YNLJD4-S4	第四层红色砂岩样品（基岩）	
YNLJD4-S5	第四层红色砂岩样品（基岩）	
YNLJD4-S6	第四层龙鳞片石凹坑中松散残留物	
YNLJD0-1	洞穴中沟谷中的堆积物（可能含有蝙蝠粪）	

3.2.7　通泰桥

通泰桥位于阳元山北侧半山坡处，是阳元山景区内最好的造景地貌旅游景点之一（图 3-22）。通泰桥属侵蚀和天然崩塌的石拱桥（也称天生桥），它发育于丹霞组第一段和第二段的交汇处，其中丹霞组第一段岩性以砾岩和砂砾岩为主，丹霞组第二段岩性以长石砂岩为主，呈中厚层状、块状，层理清晰，产状为倾向 NW290°、倾角 15°。通泰桥桥面物质主要由长石砂岩组成，桥墩则由砾岩构成，该石拱桥总体呈北东东向展布，长 50m，跨度 38m，拱高 15m，桥面宽 6～8m，桥面最薄处仅 3m。桥面下部较光滑，呈波浪状，个别还保留有水流冲刷和风化—剥落的痕迹。

(a) 通泰桥侧面观

(b) 从通泰桥下仰视观

图 3-22　通泰桥地貌景观

通泰桥西侧发育有一组大型节理，产状为倾向 SE160°、倾角 70°，走向与通泰桥基本平行，节理面曾发生明显的滑移，节理缝发育，宽 40～60cm，有较多的砂和粉砂质充填。桥的西侧为陡壁，倾向于天生桥方向，陡壁与桥面间距 5～10m，陡壁本身就是节理面。因此，该处的天生桥明显受节理制约。岩块内平行崖壁发育节理，坡上流水沿节理渗入岩体内，使节理外侧下部的岩体被侵蚀，溶蚀形成穿洞，再经崩塌、风化，穿洞扩大，节理外侧上部的岩层悬空成为天生桥。

为进一步探讨通泰桥的成因，同时考虑不对景观产生破坏，选择与其岩层位相对应的该桥以北 150m 处扁平状凹槽作为采样点，该凹槽上部为砾岩，底部为砂岩层，中部凹槽处上部为砂岩，下部为砾岩，该凹槽朝向正南，岩层产状为倾向 NE10°、倾角 6°。本次共采集红色砂岩岩芯样品 7 个、砾岩岩芯样品 8 个（表 3-8 和图 3-23），另外还采集了该凹槽中上部泥岩样品 1 个，洞顶和西侧洞壁小型蜂窝状洞穴外沿砂岩样品各 1 个，总计 18 个。

表 3-8　通泰桥旁凹槽采样记录

时间：2011 年 6 月 16 日	地点：通泰桥以北 150m 处扁平凹槽	天气：多云
岩层产状：NE10°∠6°	位置：25°02′54.04″N，113°43′41.08″E；海拔：197m	洞穴朝向：正南
样　品　编　号		
砂岩	砾岩	
TTQ-S1	TTQ-L1	

续表

样　品　编　号	
砂岩	砾岩
TTQ-S2	TTQ-L2
TTQ-S3	TTQ-L3
TTQ-S4	TTQ-L4
TTQ-S5	TTQ-L5
TTQ-S6	TTQ-L6
TTQ-S7	TTQ-L7
	TTQ-L8

(a) 通泰桥旁凹槽采样

(b) 采出的砂岩岩芯

图 3-23　通泰桥旁凹槽采样现场

由于最为典型的龙鳞石出现在锦石岩寺内，但该处龙鳞石受到寺庙保护，不宜采样，故为研究之便，对通泰桥旁凹槽内的洞顶和西侧洞壁发育的小型蜂窝状洞穴（类似龙鳞石）进行了采样（图 3-24 和表 3-9）。

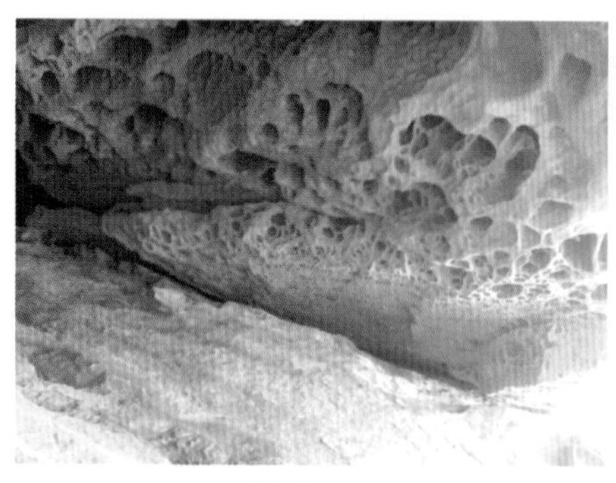

(a) 丹霞山锦石岩寺龙鳞石

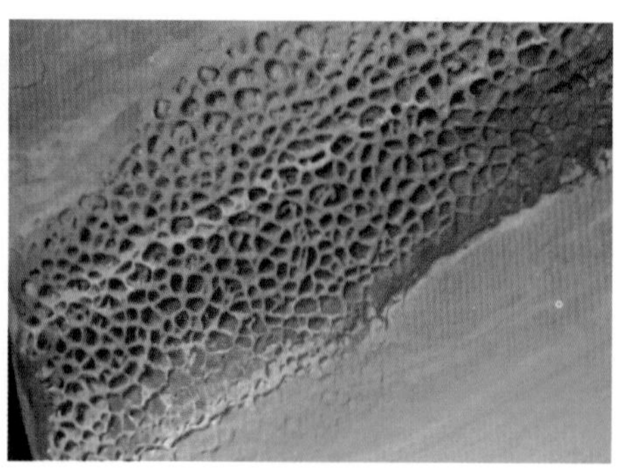

(b) 玉女拦江洞内蜂窝状洞穴

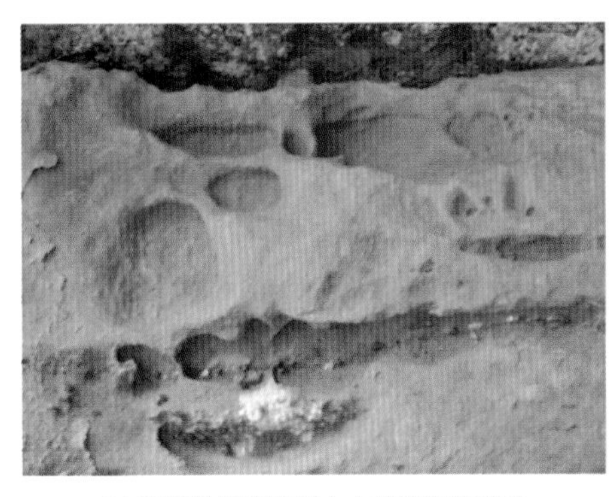

(c) 通泰桥侧壁凹槽内小型蜂窝状洞穴

(d) 通泰桥洞顶凹槽内小型蜂窝状洞穴

图 3-24　丹霞山的龙鳞石和蜂窝状洞穴照片

表 3-9　通泰桥上部凹槽蜂窝状洞穴样品记录

<table>
<tr><td>时间：2011 年 6 月 16 日</td><td colspan="2">地点：通泰桥以北 150m 处扁平凹槽</td><td>天气：多云</td></tr>
<tr><td>岩层产状：NE10°∠6°</td><td colspan="2">位置：25°02′9.06″N，113°43′6.96″E；海拔：197m</td><td>洞穴朝向：正南</td></tr>
<tr><td colspan="2">样品编号</td><td colspan="2">采样部位</td></tr>
<tr><td colspan="2">TTQ-N</td><td colspan="2">通泰桥桥体泥岩</td></tr>
<tr><td colspan="2">TTQ-FW</td><td colspan="2">通泰桥西侧洞壁蜂窝状洞穴外沿</td></tr>
<tr><td colspan="2">TTQ-DD</td><td colspan="2">通泰桥桥体洞顶蜂窝状洞穴外沿</td></tr>
</table>

3.2.8　混元洞

混元洞位于狮子岩西端上方（图 3-25），由上白垩统丹霞组红色砂砾岩、砂岩及薄层泥岩构成，海拔约 223m。该洞洞口朝向正北，洞宽约 50m，洞深 11m，洞口高 4.5～5.0m，洞内缘高 1.5～2.0m。该洞岩层产状为倾向 NE62°、倾角 5°，洞内原有泥砖房等构建，但早已崩塌荒废，现只残存一些崩塌泥砖及墙基。

图 3-25　混元洞现状

混元洞的内缘，特别是洞的西墙内缘及进口洞内缘及洞顶，可清晰观察到四层紫红色湖相泥岩干裂充填层（图 3-26）。黄进教授曾对上述四层干裂充填沉积层中一部分剖面进行记录，自上而下可分为十层，分别由⑩～①表示。

图 3-26　混元洞内岩壁上紫红色湖相泥岩干裂填充层

⑩ 洞顶紫红色砾岩层，厚度数米以上；

⑨ 紫红色湖相泥岩及干裂填充岩楔，厚度 12cm；

⑧ 红色砂岩，厚度 4cm；

⑦ 紫红色湖相泥岩及干裂填充岩楔，厚度 10cm；

⑥ 红色砂岩，厚度 6cm；

⑤ 紫红色湖相泥岩及干裂填充岩楔，厚度 4.5cm；

④ 红色砂岩，厚度 1cm；

③ 紫红色湖相泥岩及干裂填充岩楔，厚度 6～10cm；

② 红色砂岩，厚度 18cm；

① 红色湖相泥岩，厚度 20cm 以上。

黄进教授根据对上述剖面的研究，将其解释为晚白垩世某一时期在丹霞山狮子岩西端一带干热氧化的环境下，曾发生过五次湖泊沉积过程，其中有四次湖水变干，湖底发生干裂，以后又为水浸漫。干涸的裂隙被水流带来的泥沙充填，后在其上沉积泥砂层，再形成湖泊。这些古地理环境变化，对研究晚白垩世丹霞山地区古地理环境及其变迁具有重要意义。

为了更进一步探究混元洞的形成过程，研究团队对混元洞凹槽采集了袋装样共计 8 个（表 3-10），其中砂岩 3 个、泥岩 4 个、砂泥岩 1 个。

以上在丹霞山 K_2d 丹霞组风车岩、阳元石、通泰桥、锦石岩、混元洞采集 40 块基岩抗压实验标本、30 块基岩抗冻融实验标本、22 块基岩抗酸侵蚀实验标本、3 块白斑成因研究标本均进行了偏光镜和龙鳞石成分鉴定。表 3-11 是单轴抗压试验、抗酸侵蚀试验、抗冻融实验和成分鉴定岩石样品的统计表。

表 3-10　混元洞采样记录

时间：2011 年 6 月 16 日	地点：混元洞凹槽	天气：多云
岩层产状：NE62°∠5°	位置：25°02′9.00″N，113°43′7.17″E；海拔：350m	洞口朝向：正北
样　品　编　号		
砂岩	泥岩	砂泥岩
HYD-S1	HYD-N1	HYD-SN
HYD-S2	HYD-N2	
HYD-S3	HYD-N3	
	HYD-N4（备用）	

表 3-11　丹霞山各类实验样品的数量分布

采样点	经纬度	岩性	单轴抗压实验/块	抗酸侵蚀实验/块	抗冻融实验/块	偏光鉴定薄片/片
通泰桥桥体	25°02.906′N 113°43.696′E	砂岩	6	3	4	1
		砾岩	4	2	5	1
风车岩穿洞	25°02.645′N 113°43.545′E	砂岩	4	2	3	1
		砾岩	4	2	3	1
阳元石基部	25°02.592′N 113°43.901′E	砂岩	6	2	5	1
		砾岩	4	3	4	1
锦石岩凹槽	25°01.710′N 113°44.248′E	砂岩	6	3	3	1
		砾岩	2	3	2	1
混元洞凹槽	25°02.900′N 113°43.717′E	砂岩	4	2	1	1
		砾岩	—	—	—	—

图 3-27～图 3-34 是 K_1c 长坝组砂岩白斑岩块标本磨薄片后偏光显微镜鉴定的结果。

1）薄片 1：泥质钙质不等粒砂岩

不等粒砂状结构，碎屑物分选差，明显分为两个不同的粒级，粒径 0.1～0.25mm 的碎屑物（细砂）约占 60%，0.3～0.6mm 的碎屑物（中粗粒砂）约占 40%，磨圆度多为次圆状。碎屑物：约 75%，主要成分有石英（单晶石英）50%，长石约 20%，长石种类主要有正长石（较强泥化）、微斜长石（具格状双晶）、条纹长石和少量斜长石等，灰岩岩屑（微晶灰岩）5%，偶见重矿物电气石。填隙物：约 25%，以钙质胶结物为主，少量（约 2%）泥质物。钙质胶结物为它形细晶粒状结构的方解石，晶粒大小为 0.1～0.3mm。泥质填隙物具有环边（或薄膜状）结构，环绕颗粒边缘分布，泥质环边的厚度不足 0.01mm（图 3-27，图 3-28）。

(a) 正交偏光，不等粒砂状结构

(b) 正交偏光，泥质物环绕碎屑颗粒边缘分布，构成环边结构

图 3-27　白斑样品的偏光显微镜鉴定结果 1

图 3-28　白斑样品的偏光显微镜鉴定结果 2

正交偏光，不等粒砂状结构，碎屑物主要为石英、长石碎屑，填隙物以钙质胶结物为主

2）薄片 2：泥质钙质不等粒砂岩

不等粒砂状结构，碎屑物分选差，明显分为两个不同的粒级，粒径 0.15～0.25mm 的碎屑物（细砂）约占 70%，0.3～0.6mm 的碎屑物（中粗粒砂）约占 30%，磨圆度多为次圆状。碎屑物：约 75%，主要成分有石英（单晶石英）50%，长石约 20%，长石种类主要有正长石（较强泥化）、条纹长石、微斜长石（具格状双晶）和少量斜长石等，灰岩岩屑（微晶灰岩）5%，有少量多晶石英（主要为脉石英）。填隙物：约 25%，以钙质胶结物为主，少量（约 2%）泥质物。钙质胶结物为它形细晶粒状结构的方解石。泥质填隙物具有环边（或薄膜状）结构，环绕颗粒边缘分布（图 3-29，图 3-30）。

3）薄片 3：泥质钙质不等粒砂岩

不等粒砂状结构，碎屑物分选差，粒径 0.15～0.60mm，磨圆度多为次圆状。碎屑物：约 75%，主要成分有石英（单晶石英）47%，长石约 20%，长石种类主要有正长石（较强泥化）、条纹长石、微斜长石（具格状双晶）和少量斜长石等，灰岩岩屑（微晶灰岩）5%，多晶石英（主要为燧石）约 3%，偶见重矿物电气石。填隙物：约 25%，

(a) 正交偏光，泥质物环绕碎屑颗粒边缘分布，构成环边结构

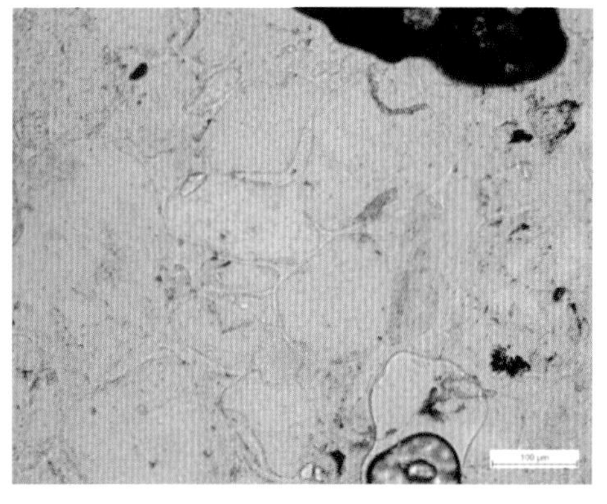

(b) 单偏光，泥质物环绕碎屑颗粒边缘分布，构成环边结构

图 3-29　白斑样品的偏光显微镜鉴定结果 3

(a)、(b) 两图为同一个视域

图 3-30　白斑样品的偏光显微镜鉴定结果 4

正交偏光，不等粒砂状结构，碎屑物主要为石英、长石碎屑，填隙物以钙质胶结物为主

以钙质胶结物为主，少量（约 3%）泥质物。钙质胶结物为它形细晶粒状结构的方解石。泥质填隙物具有环边（或薄膜状）结构，环绕颗粒边缘分布。钙质和泥质填隙物的分布不均匀，钙质填隙物较多时，则颗粒边缘的泥质薄膜较少；泥质环边填隙物较多时，则钙质填隙物较少（图 3-31，图 3-32）。

4）薄片 4：泥质钙质不等粒砂岩

不等粒砂状结构，碎屑物分选差，粒径 0.15～0.70mm，磨圆度多为次圆状。碎屑物：约 70%，主要成分有石英（单晶石英）45%，长石约 20%，长石种类主要有正长石、条纹长石、微斜长石（具格状双晶）、斜长石等，灰岩岩屑（微晶灰岩）4%，有多晶石英（主要为燧石，由它形粒状细晶石英紧密镶嵌而成）约 1%，偶见重矿物锆石和火山岩岩屑。填隙物：约 30%，以钙质胶结物为主，少量（约 2%）泥质物。钙质胶结物为它形细晶粒状结构的方解石（图 3-33，图 3-34）。

(a) 正交偏光，不等粒砂状结构

(b) 单偏光，不等粒砂状结构

图 3-31　白斑样品的偏光显微镜鉴定结果 5

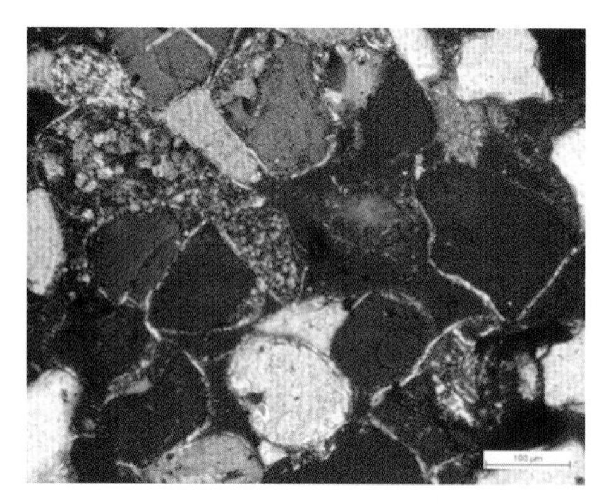

(a) 正交偏光，泥质物环绕燧石碎屑颗粒边缘分布，构成清晰的环边结构

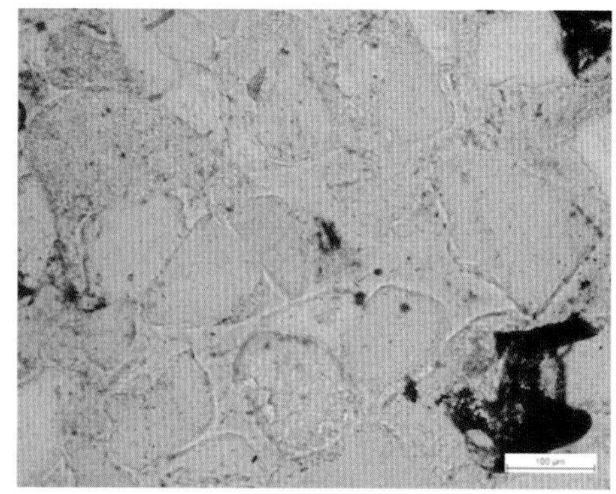

(b) 单偏光，泥质物环绕碎屑颗粒边缘分布，构成环边结构

图 3-32　白斑样品的偏光显微镜鉴定结果 6

(a)、(b) 两图为同一个视域

(a) 正交偏光，岩石中含火山岩岩屑、条纹长石

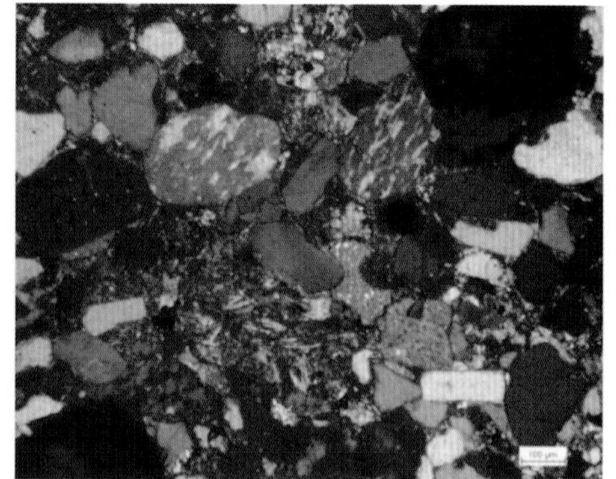

(b) 正交偏光，岩石中含火山岩岩屑、条纹长石

图 3-33　白斑样品的偏光显微镜鉴定结果 7

(a)、(b) 两图为同一个视域，(a) 图比 (b) 图放大一倍

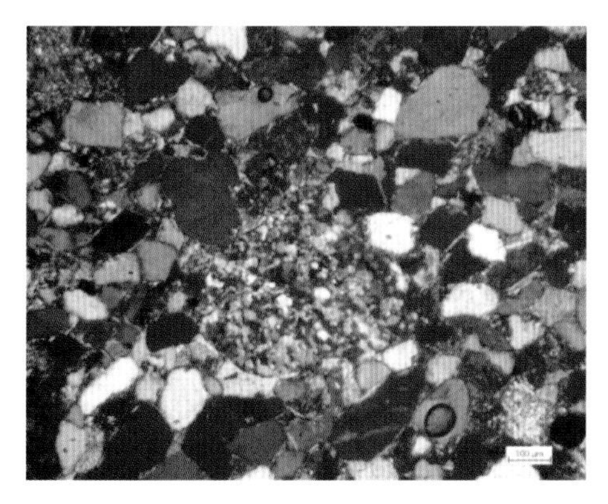

(a) 正交偏光，岩石中含燧石碎屑，填隙物以钙质胶结物为主，不等粒砂状结构

(b) 正交偏光，岩石具不等粒砂状结构，填隙物以钙质胶结物为主

图 3-34　白斑样品的偏光显微镜鉴定结果 8

图 3-35～图 3-46 是风车岩、阳元石、锦石岩、通泰桥、玉女拦江洞和混元洞等处砾岩和砂岩岩体的标本磨薄片后偏光显微镜鉴定后的结果及照片。

结合标本将图 3-35 定名为钙质砾岩。

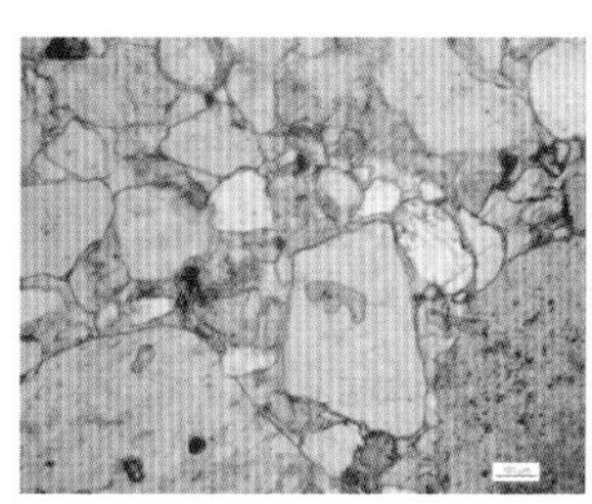

(a) 单偏光/×10

(b) 正交/×10

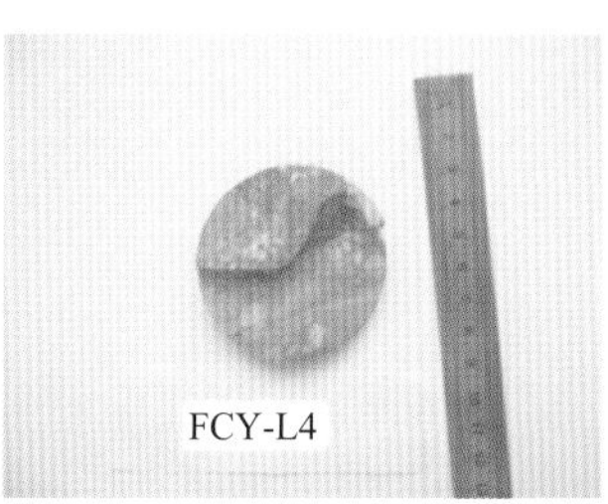

(c) 岩块标本

图 3-35　风车岩砾岩 FCY-L4

图 3-36 为细粒砂岩。

(a) 正交/×10

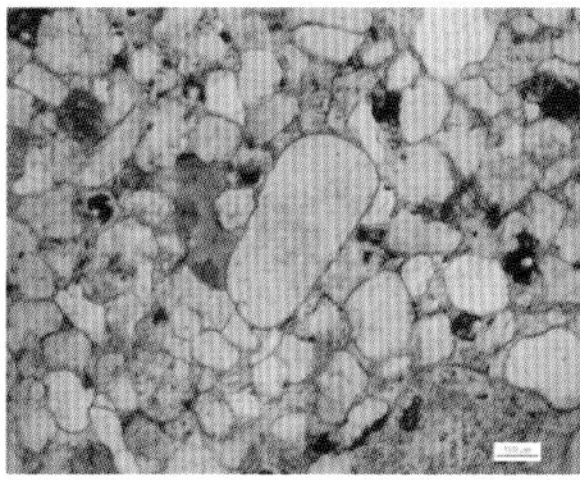

(b) 单偏光/×10

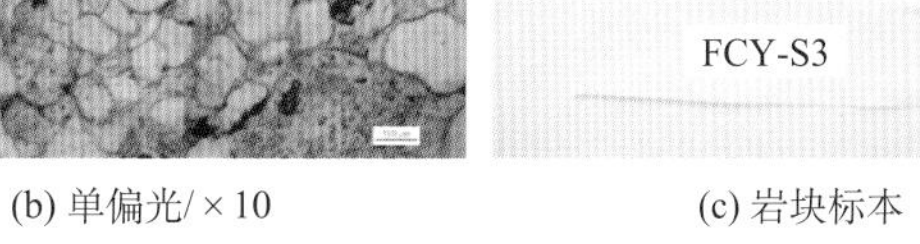

(c) 岩块标本

图 3-36　风车岩砂岩 FCY-S3

图 3-37 为砾岩。

(a) 正交/×10

(b) 正交/×10

(c) 岩块标本

图 3-37　阳元石砾岩 YYS-L2

图 3-38 为中细粒砂岩。

(a) 正交/×10

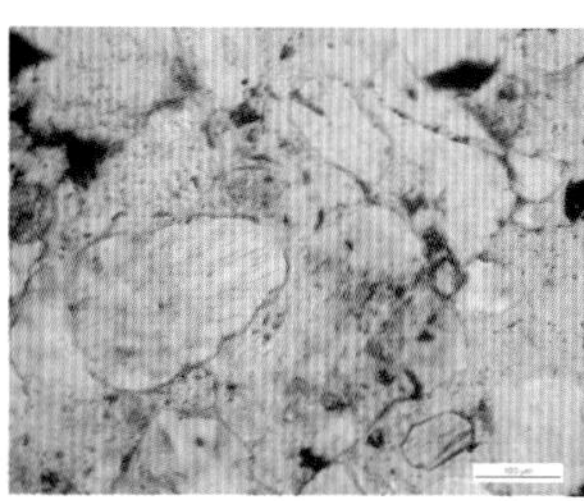
(b) 单偏光/×20

(c) 岩体标本

图 3-38　阳元石砂岩 YYS-S4

图 3-39 为砾岩、碳酸岩砾石、砾石之间钙质胶结。

(a) 正交/×10

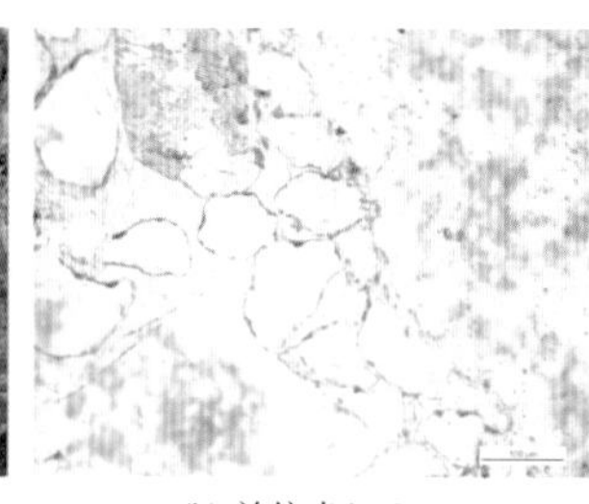
(b) 单偏光/×20

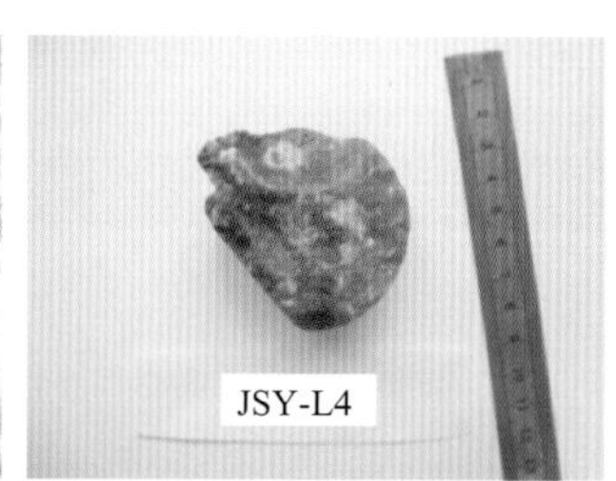

(c) 岩块标本

图 3-39　锦石岩砾岩 JSY-L4

图 3-40 为钙质细砂岩。

(a) 正交/×10

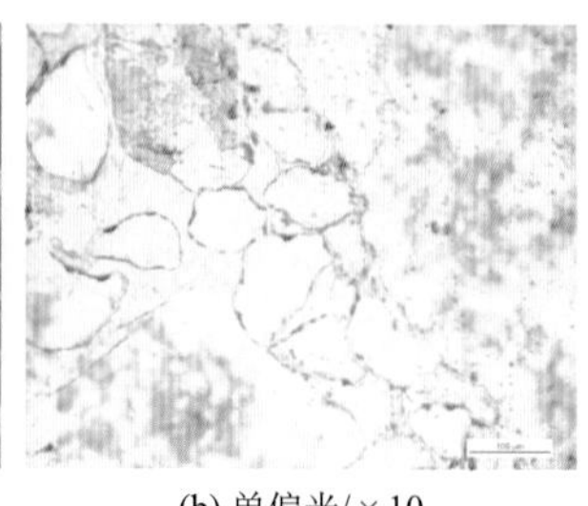
(b) 单偏光/×10

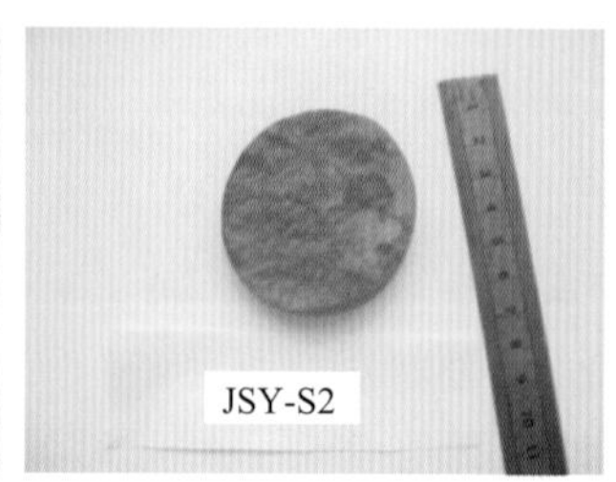

(c) 岩块标本

图 3-40　锦石岩砂岩 JSY-S2

结合标本将图 3-41 定名为钙质砾岩。

(a) 正交/×10　(b) 正交/×10　(c) 岩块标本

图 3-41　通泰桥旁凹槽砾岩 TTQ-L8

图 3-42 为钙质中细粒砂岩。

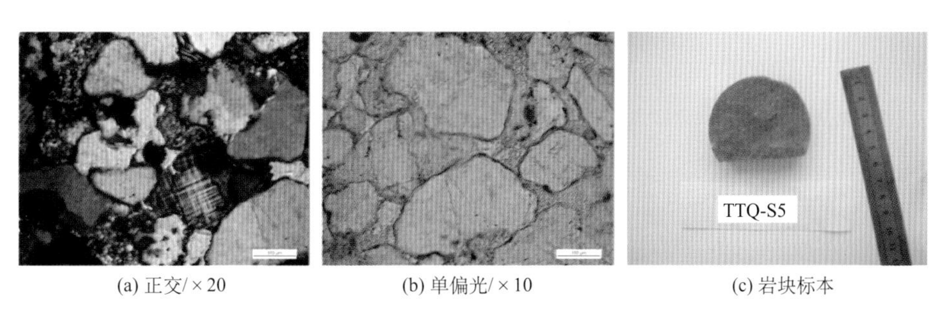

(a) 正交/×20　(b) 单偏光/×10　(c) 岩块标本

图 3-42　通泰桥旁凹槽砂岩 TTQ-S5

图 3-43 为中细粒砂岩。

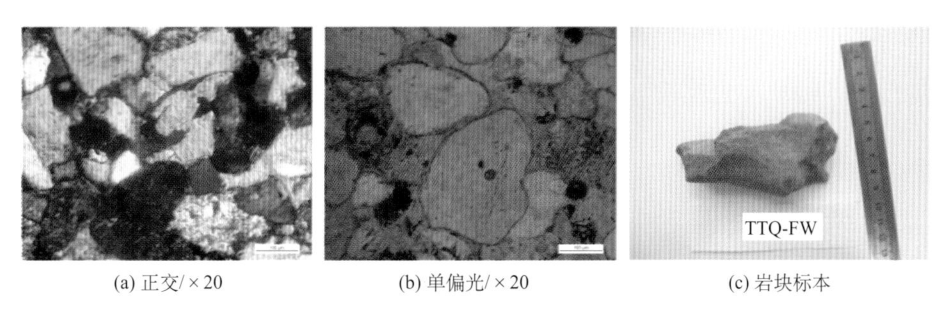

(a) 正交/×20　(b) 单偏光/×20　(c) 岩块标本

图 3-43　通泰桥旁凹槽蜂窝状砂岩 TTQ-FW

图 3-44 为中细粒砂岩。

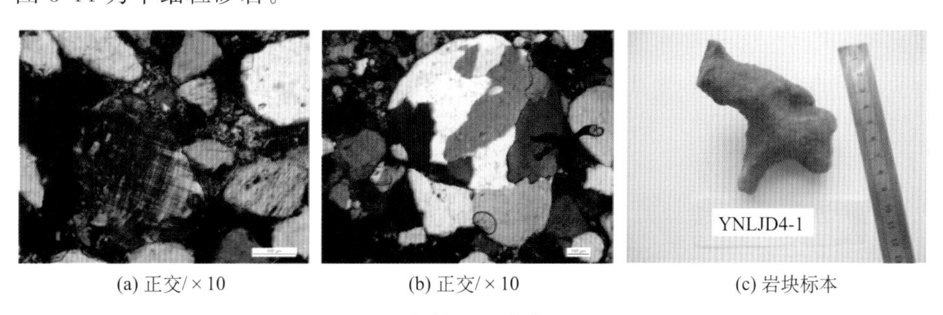

(a) 正交/×10　(b) 正交/×10　(c) 岩块标本

图 3-44　玉女拦江洞砂岩 YNLJD4-1

图 3-45 为砾岩、碳酸岩砾石、砾石之间钙质胶结。

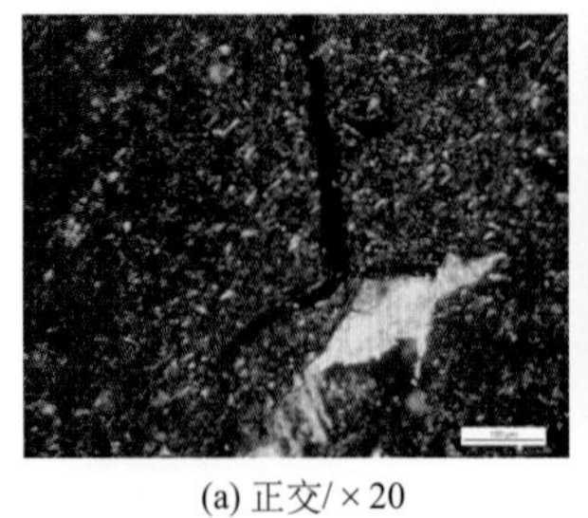

(a) 正交/×20

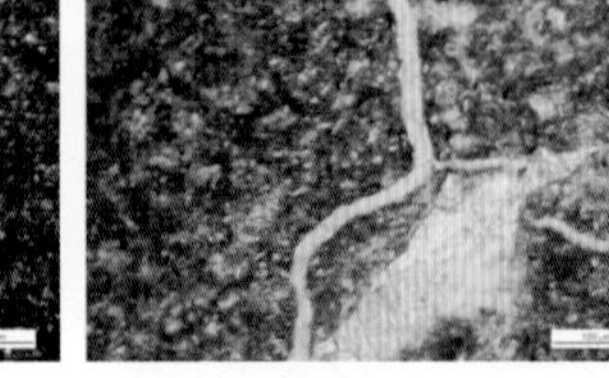

(b) 单偏光/×20

(c) 岩块标本

图 3-45　混元洞砾岩 HYD-N2

图 3-46 为钙质中细粒砂岩。

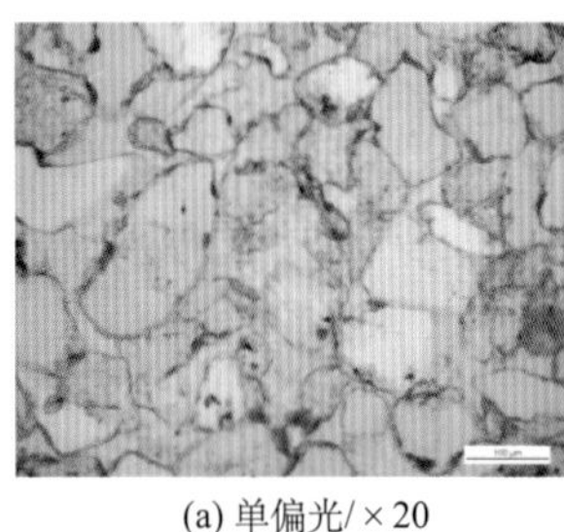

(a) 单偏光/×20

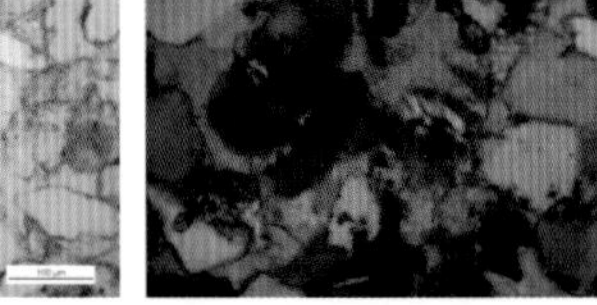

(b) 正交/×20

(c) 岩块标本

图 3-46　混元洞砂岩 HYD-S2

表 3-12 为丹霞山岩石标本摩薄片后偏光显微镜鉴定结果。

表 3-13～表 3-18 为各类样品抗压、抗冻融、抗酸侵蚀和各类仪器测定的结果。

3.3　实验数据分析

3.3.1　干抗压与湿抗压强度对比分析

在干抗压与湿抗压强度试验中，风车岩、阳元石、锦石岩及通泰桥地区的砂岩和砾岩均为高径比 2∶1 的试块，混元洞地区试块则为边长 5cm 的正方体。

从表 3-12 可以看出以下特征：对同一丹霞地貌景点同一采样点而言，无论是砂岩还是砾岩，其干抗压强度总是大于其湿抗压强度。如风车岩穿洞砂岩的干抗压（9.74～11.80MPa）＞湿抗压（3.66～3.92MPa）；其砾岩干抗压（36.65～41.14MPa）＞湿抗压（30.35～32.76MPa）；阳元石石柱砂岩的干抗压（28.52～49.30MPa）＞湿抗压（22.75～25.56MPa）；阳元石石柱处的砾岩干抗压（45.82～59.61MPa）＞湿抗压（48.94～52.91MPa）；锦石岩凹槽处的砂岩干抗压（56.35～62.46MPa）＞湿抗压（43.17～47.92MPa）；其砾岩干抗压（41.54MPa）＞湿抗压（29.01MPa）；通泰桥旁凹槽的砂岩干抗压（17.17～35.75MPa）＞湿抗压（8.76～25.00MPa），其砾岩干抗压（34.34～45.47MPa）＞湿抗压（20.38～33.94MPa）；混元洞凹槽内的砂岩干抗压（65.03～69.13MPa）＞湿抗压（61.28～66.56MPa）。

表 3-12 丹霞山岩石标本磨薄片后偏光显微镜鉴定表

样品编号	地点	经纬度	海拔/m	岩性	显微镜下岩性特征
FCY-S3	风车岩穿洞	25°02.645′N 113°43.545′E	160	细粒砂岩	粒径多数 0.1～0.2 mm，个别达 0.5～0.8 mm，分选好，磨圆度为次圆状，粒间孔隙度发育，用手触摸会有松散的砂散落，胶结程度低，只有铁质胶结物。颗粒成分以石英为主、长石、硅质岩屑（燧石），铁质胶结物呈薄膜状环绕碎屑分布，长石以微斜长石为主，无明显孔洞，可能孔洞较小
FCY-L4	风车岩穿洞	25°02.645′N 113°43.545′E	160	钙质砾岩	砾石粒径 3～30mm，分选性差，磨圆度从次圆至次棱角状，砾石含量为 50%，砾石间充填中至细粒砂质碎屑物，碎屑成分较杂含泥岩、细砂岩岩屑及石灰岩岩屑、多晶石英，属于就近堆积碎屑，填隙物以中细粒砂质和钙质胶结物为主。有少量铁质胶结物分布于碎屑颗粒边缘，呈非常薄的薄膜分布
YYS-S4	阳元石底部	25°02.592′N 113°43.901′E	139	中细粒砂岩	磨圆度差，次棱角状为主。填隙物较少，少量铁质胶结物环绕碎屑边缘分布，泥质填隙物含量 5%。砾间孔隙发育，有电气石（含量<1%）等重矿物。长石含量为 15%，见微斜长石。少量硅质岩岩屑（含量占 2%），泥质岩屑占 5%，无方解石胶结物
YYS-L2	阳元石底部	25°02.592′N 113°43.901′E	139	砾岩	砾石粒径多数 5～25mm，砾石含量 60%，次圆至次棱角状，含铁质胶结物。填隙物占 40%，主要有中细砂和方解石胶结物。碎屑成分为长石、多晶石英、石灰岩岩屑、泥质岩屑
JSY-S2	锦石岩	25°01.710′N 113°44.248′E	307	钙质细砂岩	粒径 0.06～0.25mm，分选性好，磨圆度中等，次圆至次棱角状，孔隙式胶结。碎屑物含量约 75%，其中重矿物（电气石、锆石）含量约 1%，胶结物含量约 25%。碎屑物成分以石英为主，长石约 4%，白云母小于 1%。填隙物为他形粒状方解石胶结物，呈高级白干涉色，闪突起明显，方解石胶结物含量约 25%，局部达 30%，夹少量泥质条带。铁质胶结物分布于碎屑颗粒边缘，呈非常薄的薄膜分布
JSY-L4	锦石岩	25°01.710′N 113°44.248′E	307	砾岩	碳酸岩砾岩，砾石之间钙质胶结。含生物化石的石灰岩中海百合多。砾石主要成分为生物屑微晶灰岩、多晶石英、长石、细砂岩岩屑，含黑云母斑晶酸性熔岩屑，填隙物主要为方解石胶结物和粉砂。属于就近堆积、远距离搬运，方解石易溶于弱酸。铁质氧化物环绕碎屑边缘分布
TTQ-S5	通泰桥	25°02.906′ N 113°43.696′E	197	钙质中细粒砂岩	粒径多数 0.2～0.4mm，中细粒以中粒为主。长石约 5%，灰岩岩屑 3%，硅质岩岩屑（燧石）占2%～3%，胶结物含量 25%，主要为他形粒状方解石，铁质胶结物（氧化铁）环绕碎屑边缘分布

续表

样品编号	地点	经纬度	海拔/m	岩性	显微镜下岩性特征
TTQ-L8	通泰桥	25°02.906′N 113°43.696′E	197	钙质砾岩	砾石含量为65%，多数3～10mm，磨圆以次棱角状为主。砾石成分为灰岩、多晶石英、细砂岩，灰岩的长宽比大，长8mm，宽1mm，据此判断物源为就近堆积物。填隙物含量为35%。偶见具斑状结构的火山岩岩屑
HYD-S2	混元洞	25°02.900′N 113°43.717′E	350	钙质中细粒砂岩	磨圆度次棱角至次圆状。方解石胶结物含量为35%～40%，是这批样品中钙质含量最高的一个。碎屑颗粒含量为60%～65%，其中长石含量3%～4%，有重矿物电气石，少量硅质岩岩屑（细晶燧石），铁质氧化物和少量黏土混杂。少量铁质胶结环绕碎屑边缘分布
HYD-N2	混元洞	25°02.900′ N 113°43.717′E	350	泥岩	主要由细小毛发至鳞片状黏土矿物组成，少量褐红色铁质氧化物，沿裂隙孔洞填充少量方解石。细粉砂2%～5%
YNLJD4-1	玉女拦江洞内	25°02.855′N 113°43.568′E	307	中粗粒砂岩	粒径0.15～1.2mm，不等粒结构，粗颗粒磨圆度以次圆状为主，中粒砂磨圆度以次棱角至次圆状为主。成分成熟度较低。碎屑主要成分为石英、长石、泥岩岩屑。石英以单晶石英为主及少量多晶石英(1mm)。长石以微斜长石为主，间有酸性斜长石，偶见条纹长石，长石总含量约占20%，泥质岩屑含量为2%，含钙质胶结、细粉砂及少量黏土，钙质胶结物占5%，胶结物总含量约占20%
TTQ-FW	通泰桥	25°02.906′N 113°43.696′E	197	中细粒砂岩	粒径多数为0.15～0.4mm，次棱角至次圆状，分选中等，碎屑成分以石英、长石、硅质岩岩屑为主。方解石胶结物质被溶蚀呈孔洞。胶结物主要为钙质，含量为30%，少量铁质胶结环绕碎屑边缘分布

表 3-13　丹霞山造景地貌岩体单轴抗压强度实验记录表

采样地点岩组及发育的地貌部位		试块岩性及编号	破坏荷载/kN	抗压强度/MPa	采样地点岩组及发育的地貌部位		试块岩性及编号	破坏荷载/kN	抗压强度/MPa
风车岩穿洞 K_2d 丹霞组	穿洞岩层处的砂岩	砂岩 FCY-S2	26.10	干抗压 11.80	锦石岩凹槽 K_2d 丹霞组	锦石岩凹槽处的砂岩	砂岩 JSY-S6	143.50	干抗压 60.14
		砂岩 FCY-S5	21.10	干抗压 9.74			砂岩 JSY-S1	114.20	湿抗压 46.92
		砂岩 FCY-S3	8.10	湿抗压 3.92			砂岩 JSY-S3	115.00	湿抗压 47.92
		砂岩 FCY-S5	7.10	湿抗压 3.66			砂岩 JSY-S4	102.50	湿抗压 43.17
	穿洞下方岩层处的砾岩	砾岩 FCY-L1	88.40	干抗压 36.65		锦石岩凹槽处的砾岩	砾岩 JSY-L2	98.90	干抗压 41.54
		砾岩 FCY-L5	99.50	干抗压 41.14			砾岩 JSY-L1	68.50	湿抗压 29.01
		砾岩 FCY-L2	73.60	湿抗压 30.35	通泰桥旁凹槽 K_2d 丹霞组	通泰桥旁凹槽内的砂岩	砂岩 TTQ-S2	84.00	干抗压 34.91
		砾岩 FCY-L7	79.80	湿抗压 32.76			砂岩 TTQ-S6	39.20	干抗压 17.17
阳元石石柱 K_2d 丹霞组	阳元石石柱处的砂岩	砂岩 YYS-S1	70.90	干抗压 28.52			砂岩 TTQ-S7	86.90	干抗压 35.75
		砂岩 YYS-S2	120.00	干抗压 49.30			砂岩 TTQ-S2	20.20	湿抗压 8.76
		砂岩 YYS-S3	99.40	干抗压 40.75			砂岩 TTQ-S6	60.20	湿抗压 25.00
		砂岩 YYS-S1	62.20	湿抗压 25.56			砂岩 TTQ-S7	33.10	湿抗压 13.76
		砂岩 YYS-S2	55.10	湿抗压 22.75		通泰桥旁凹槽内的砾岩	砾岩 TTQ-L1	109.40	干抗压 45.47
		砂岩 YYS-S3	60.00	湿抗压 24.67			砾岩 TTQ-L5	82.10	干抗压 34.34
	阳元石石柱处的砾岩	砾岩 YYS-L4	112.20	干抗压 45.82			砾岩 TTQ-L6	82.00	湿抗压 33.94
		砾岩 YYS-L7	146.60	干抗压 59.61			砾岩 TTQ-L7	48.80	湿抗压 20.38
		砾岩 YYS-L5	119.90	湿抗压 48.94	混元洞凹槽 K_2d 丹霞组	混元洞凹槽内的砂岩	砂岩 HYD-S1	167.00	干抗压 69.13
		砾岩 YYS-L6	129.10	湿抗压 52.91			砂岩 HYD-S2	143.50	干抗压 65.03
锦石岩凹槽 K_2d 丹霞组	锦石岩凹槽处的砂岩	砂岩 JSY-S2	131.80	干抗压 56.35			砂岩 HYD-S1	160.00	湿抗压 66.56
		砂岩 JSY-S5	149.00	干抗压 62.46			砂岩 HYD-S2	151.00	湿抗压 61.28

表 3-14　丹霞山造景地貌岩体抗冻融实验记录表

采样地点岩组及发育的地貌部位	试块岩性及编号	冻结温度/℃	融解温度/℃	冻融后试件破坏荷载 P_f/kN	冻融后试件抗压强度 R/MPa	冻融后抗压平均值 R/MPa
风车岩穿洞 K_2d 丹霞组	砂岩 FCY-S1D	−20℃	20℃	8.00	4.22	18.02
	砂岩 FCY-S2D			26.50	12.21	
	砂岩 FCY-S3D			13.50	6.94	
	砂岩 FCY-S8D			118.00	48.72	
	砾岩 FCY-L2D			52.80	22.16	31.58
	砾岩 FCY-L4D			104.50	42.89	
	砾岩 FCY-L6D			72.40	29.69	
阳元石石柱 K_2d 丹霞组	砂岩 YYS-S6A	−20℃	20℃	91.50	37.83	33.33
	砂岩 YYS-S6B			102.00	41.82	
	砂岩 YYS-S7			84.00	34.49	
	砂岩 YYS-S5D			40.50	16.89	
	砂岩 YYS-S7D			86.50	35.63	
	砾岩 YYS-L3D			132.00	55.86	59.41
	砾岩 YYS-L8D			146.20	59.60	
	砾岩 YYS-L9D			150.00	61.07	
	砾岩 YYS-L10D			149.20	61.10	

采样地点岩组及发育的地貌部位	试块岩性及编号	冻结温度/℃	融解温度/℃	冻融后试件破坏荷载 P_f/kN	冻融后试件抗压强度 R/MPa	冻融后抗压平均值 R/MPa
锦石岩凹槽 K_2d 丹霞组	砂岩 JSY-S4D	−20℃	20℃	122.20	50.39	57.47
	砂岩 JSY-S5D			123.00	49.89	
	砂岩 JSY-S6D			165.00	72.12	
	砾岩 JSY-L5D			85.00	35.77	39.05
	砾岩 JSY-L7D			101.00	42.33	
通泰桥旁凹槽 K_2d 丹霞组	砂岩 TTQ-S1	−20℃	20℃	68.50	28.70	22.76
	砂岩 TTQ-S1D			52.00	21.78	
	砂岩 TTQ-S3D			43.00	17.78	
	砂岩 TTQ-S4D			55.30	22.77	
	砾岩 TTQ-L3			64.50	26.75	32.96
	砾岩 TTQ-L3D			56.00	23.30	
	砾岩 TTQ-L4D			69.80	28.90	
	砾岩 TTQ-L7D			87.50	36.11	
	砾岩 TTQ-L8D			120.20	49.76	
混元洞凹槽 K_2d 丹霞组	砂岩 HYD-S3	−20℃	20℃	151.80	61.06	61.06

表 3-15　丹霞山造景地貌岩体抗酸侵蚀实验记录表

采样地点岩组及发育的地貌部位	试块岩性及编号	试块外观描述	试块浸泡酸溶液之前的平均抗压强度/MPa	浸泡试块的酸溶液 pH	试块浸泡酸溶液 25d 之后的抗压强度/MPa
风车岩穿洞 K_2d 丹霞组	砂岩 FCY-S7	红色粗粒砂岩，质地松散、较脆，有少量风化白斑	10.77	pH=2	3.71
	砂岩 FCY-S8	浅红色中砂岩，含少量砾石，粒径 2～8mm，砾石成分以灰岩为主		pH=4	27.36
	砾岩 FCY-L3	灰红色砾岩，砾石粒径 2～8mm，砾石成分为灰岩、铁硅质岩屑	38.90	pH=2	27.69
	砾岩 FCY-L6	浅红色含砂砾岩，粒径 1～6mm，砾石成分以灰岩、长石、硅质岩屑为主，有白斑现象		pH=4	22.55
阳元石石柱 K_2d 丹霞组	砂岩 YYS-S4	浅红色中粒砂岩，质地均一，无包含物	39.52	pH=2	26.52
	砂岩 YYS-S5	浅红色中粒砂岩，质地均一，无包含物		pH=4	24.61
	砾岩 YYS-L1	灰红色砾岩，粒径 1mm～1cm，砾石成分以灰岩、石英、长石、硅质岩屑为主	51.82	pH=2	29.79
	砾岩 YYS-L2	灰红色砾岩，粒径较大，粒径 2mm～5cm，砾石成分以灰岩、石英、长石、硅质岩屑、石英岩屑为主		pH=3	37.13
	砾岩 YYS-L3	灰红色砾岩，粒径 2～20mm，砾石成分以灰岩、石英、长石、硅质岩屑为主		pH=4	58.43
锦石岩凹槽 K_2d 丹霞组	砂岩 JSY-S2D	浅红色长石硬质细砂岩，较致密	59.65	pH=2	53.57
	砂岩 JSY-S3D	浅红色致密硬质细砂岩，有白斑		pH=3	34.36
	砂岩 JSY-S7D	浅红色较致密硬质细砂岩，有白色网纹	41.54	pH=4	42.93
	砾岩 JSY-L3D	灰红色砾岩，砾石粒径差别大，2mm～3cm，成分为灰岩、长石、石英、硅质岩屑及钙质碎屑		pH=2	40.79
	砾岩 JSY-L4D	灰红色砾岩，粒径 2mm～3cm，成分为灰岩、长石、石英、硅质岩屑		pH=3	53.41
	砾岩 JSY-L6D	灰红色砾岩，砾石粒径差别大，2mm～3cm，成分为灰岩、长石、石英、硅质岩屑及钙质碎屑，含一块粒径 3cm 左右的棕黄色矿物		pH=4	46.40

续表

采样地点岩组及发育的地貌部位	试块岩性及编号	试块外观描述	试块浸泡酸溶液之前的平均抗压强度/MPa	浸泡试块的酸溶液 pH	试块浸泡酸溶液 25d 之后的抗压强度/MPa
通泰桥旁凹槽 K_2d 丹霞组	砂岩 TTQ-S3	浅红色，含砾中砂岩，砾石成分以灰岩为主，含长石、石英	29.28	pH=2	23.42
	砂岩 TTQ-S4	浅红色，中砂岩，含少量砾石，砾石粒径较小，砾石成分以灰岩为主，并有少量二氧化硅成分		pH=3	20.84
	砂岩 TTQ-S5	浅红色中砂岩，含砾较多，粒径 2mm～3cm 不等，砾石成分有长石、灰岩、硅质矿物		pH=4	23.12
	砾岩 TTQ-L2	灰红色砾岩，砾石粒径 1mm～1cm 不等，砾石成分以灰岩为主，还有长石、硅质岩屑	39.91	pH=2	31.98
	砾岩 TTQ-L4	灰红色砾岩，砾石粒径总体较小，1～5mm，砾石成分以灰岩为主，还有长石、硅质岩屑		pH=4	28.73
混元洞凹槽 K_2d 丹霞组	砂岩 HYD-S1	浅红色含泥岩的砂岩	67.08	pH=2	51.68
	砂岩 HYD-S2	浅红色细砂岩，致密，质地均一		pH=4	40.90

表 3-16　K_2d 长丹霞组中玉女拦江洞内及通泰桥旁凹槽壁上似龙鳞石元素成分的 X 荧光光谱（XRF）分析结果　（单位：%）

采样地点	样品编号	SiO_2	Al_2O_3	CaO	K_2O	SO_3	P_2O_5	MgO	Fe_2O_3	Na_2O	TiO_2	BaO	Cl	MnO	Rb_2O	ZrO_2	SrO	ZnO	Cr_2O_3	V_2O_5	LOI
玉女拦江洞内	YNLJD0-1	66.8	11.6	5.66	3.28	1.83	1.20	1.15	0.91	0.19	0.18	0.095	0.043	0.038	0.020	0.014	0.0095	0.0080	0.0046	0.0009	7.00
	YNLJD1-1	72.3	13.1	3.86	4.29	0.09	—	1.19	0.72	0.37	0.12	0.062	0.023	0.020	0.026	0.003	0.0078	—	0.0025	0.0015	3.82
	YNLJD2-1	57.2	12.8	0.71	3.53	0.06	0.33	1.21	0.52	0.26	0.11	0.048	—	0.005	0.003	0.000	0.0006	0.0005	0.0023	—	23.16
	YNLJD2-B	38.0	7.69	30.1	2.03	1.88	0.73	0.81	0.73	0.11	0.11	0.224	0.056	0.020	0.018	0.002	0.0082	0.0037	0.0027	0.0054	17.50
	YNLJD3-1	74.4	12.7	1.24	3.84	0.75	0.25	1.38	0.99	0.31	0.20	0.044	0.029	0.010	0.021	0.018	0.0070	0.0043	0.0065	—	3.79
	YNLJD3-B	50.0	8.65	22.2	2.60	1.35	0.06	0.93	0.70	0.22	0.15	—	0.035	0.014	0.014	0.010	0.0064	—	0.0045	0.0012	13.00
	YNLJD4-1	74.7	13.3	1.60	3.98	0.22	—	1.40	0.77	0.37	0.14	0.072	0.041	0.008	0.020	0.006	0.0055	—	0.0029	—	3.32
	YNLJD4-2	71.7	13.7	3.52	4.04	0.21	—	1.32	0.81	0.36	0.13	—	0.031	0.012	0.020	0.005	0.0070	—	0.0036	0.0085	4.07
	YNLJD4-3	74.5	13.9	0.82	4.18	0.19	0.16	1.59	0.97	0.42	0.21	0.054	0.034	0.013	0.022	0.019	0.0065	—	0.0065	0.0019	2.90
	YNLJD4-S4	66.6	14.0	11.8	3.57	0.26	—	1.68	1.16	0.41	0.25	0.206	0.028	0.020	0.025	0.022	0.0122	—	—	0.0050	—
	YNLJD4-S5	74.6	13.2	1.72	4.35	0.19	0.09	1.14	0.72	0.29	0.09	—	0.007	0.015	0.027	0.005	0.0075	0.0040	0.0039	0.0012	3.47
	YNLJD4-S6	71.3	13.1	4.59	4.02	0.21	—	1.08	0.71	0.36	0.14	0.100	—	0.011	0.019	0.002	0.0077	—	0.0038	0.0028	4.35
通泰桥旁凹槽壁上	TTQ-DD	57.9	11.1	15.4	3.49	0.49	—	1.30	1.06	0.07	0.17	0.136	0.006	0.041	0.024	0.010	0.0128	—	—	0.0037	8.88
	TTQ-XF	59.4	12.2	13.3	3.12	0.21	—	1.65	0.88	0.09	0.15	0.191	0.081	0.028	0.017	0.005	0.0070	—	0.0032	0.0059	8.60

注：YNLJD2-B 和 YNLJD3-B 样品为洞内表层结皮风化物，其余为突起的龙鳞石状物质；“—”为未检出

表 3-17　K_1c 长坝组中白斑样品中元素成分的 X 荧光光谱（XRF）分析结果

样品编号	SiO_2	Al_2O_3	CaO	K_2O	MgO	Fe_2O_3	Na_2O	TiO_2	BaO	MnO	Rb_2O	ZrO_2	SrO	V_2O_5	LOI	Cr_2O_3	ZnO	NiO	Rb※	Sr※	Ti※
白斑 B-1	65.0	12.7	10.3	3.06	1.20	0.88	0.52	0.24	0.106	0.098	0.029	0.024	0.012	0.0012	5.73	—	—	—	131	58	1219
白斑 B-2	64.2	12.6	11.2	2.91	1.23	0.87	0.54	0.29	0.096	0.090	0.030	0.020	0.010	0.0055	5.89	0.0074	0.0003	—	129	60	1377
白斑周围的红色砂岩 H-1	64.2	12.6	11.1	2.97	1.32	1.09	0.37	0.23	0.054	0.079	0.027	0.019	0.009	0.0017	5.86	0.0079	—	0.0034	135	59	1198
白斑周围的红色砂岩 H-2	64.3	12.7	10.4	3.10	1.21	1.12	0.52	0.21	0.052	0.057	0.036	0.018	0.009	0.0018	6.21	0.0069	—	—	139	59	1096

注：标注“※”的元素单位为μg/g，其余为%

表 3-18　K_1c 长坝组岩体中白斑样品电感耦合等离子体原子发射光谱仪（ICP）元素含量测试结果

样品编号	Al※	Ba	Ca※	Co	Cr	Cu	Fe※	K※	Li	Mg※	Mn	Na※	Ni	P	Pb	Sr	Ti	V	Zn
白斑 B-1	3.79	574	3.4	2.48	7.88	7.29	0.37	2.36	21.5	0.28	143	0.53	6.5	98.2	43.3	56.9	923	12.2	17.2
白斑 B-2	3.84	479	3.39	2.64	9.57	7.37	0.40	2.41	23.3	0.29	157	0.56	5.86	110	41.6	55.1	978	12.9	23.7
白斑周围的红色砂岩 H-1	3.69	611	3.52	2.57	8.41	5.92	0.54	2.28	22.6	0.29	160	0.50	6.11	87.7	48.5	54.4	854	14.7	16.0
白斑周围的红色砂岩 H-2	3.84	656	3.94	2.94	9.23	4.72	0.61	2.28	23	0.30	196	0.53	6.27	92.1	54.6	57.8	1067	14.5	13.7

注：标注“※”的元素单位为μg/g，其余为%

从表3-12还可看出，在此次采样研究的景点中，砂岩干抗压的强度从大到小依次为混元洞凹槽内砂岩（65.03～69.13MPa）、锦石岩凹槽内砂岩（56.35～62.46MPa）、阳元石石柱砂岩（28.52～49.30MPa）、通泰桥旁凹槽砂岩（17.17～35.75MPa）、风车岩穿洞砂岩（9.74～11.80MPa）。砾岩的干抗压强度从大到小依次为阳元石石柱处的砾岩（45.82～59.61MPa）、锦石岩凹槽处的砾岩（41.54MPa）、通泰桥旁凹槽的砾岩（34.34～45.47MPa）、风车岩穿洞处的砾岩（36.65～41.14MPa）。风车岩穿洞处砂岩和砾岩的抗压强度均是此次研究景点中砂岩和砾岩中最低的，而阳元石石柱处的砾岩则是所研究各景点中抗压强度最高的。

由表3-19可以看出，风车岩穿洞发育处的岩石的岩性差异很大。砂岩的干抗压强度平均值为10.77MPa，而砾岩的则为38.90MPa，后者约为前者的四倍，表明在相同的自然条件下，砂岩较砾岩更易受到各种外力的侵蚀。同样的，砂岩的湿抗压强度平均为3.79MPa，砾岩的为31.56MPa，此时二者的差异显著增大，后者约为前者的十倍，可见在雨后岩石含水状态时，砂岩较砾岩的侵蚀速率也将显著增大。此外，风车岩穿洞处砂岩的干抗压与湿抗压强度差别较大，且软化系数较低，为0.35，即岩石受水影响严重。同时，砾岩的软化系数为0.81，表明此处砾岩受水影响较小。砂岩和砾岩的诸种差异在地貌中则表现为以砂岩为主岩体的快速侵蚀后退，砾岩层相对凸出。

表3-19　风车岩试块干抗压、湿抗压强度表

采样点岩组及发育的地貌部位	试验类型	试块编号	上压面直径 F/cm	下压面直径 F/cm	破坏荷载 P/kN	抗压强度 R/MPa	平均值/MPa	软化系数 K_w
风车岩 K_2d 丹霞组穿洞	砂岩干抗压	FCY-S2	5.32	5.307	26.1	11.8	10.77	0.35
		FCY-S5	5.251	5.287	21.1	9.74		
	砂岩湿抗压	FCY-S3	5.203	5.128	8.1	3.92	3.79	
		FCY-S5	4.97	5.205	7.1	3.66		
	砾岩干抗压	FCY-L1	5.549	5.542	88.4	36.65	38.90	0.81
		FCY-L5	5.549	5.566	99.5	41.14		
	砾岩湿抗压	FCY-L2	5.557	5.565	73.6	30.35	31.56	
		FCY-L7	5.569	5.572	79.8	32.76		

表3-20显示阳元石砂岩的干抗压强度与砾岩的干抗压强度分别为39.86MPa和52.72MPa，二者差异较风车岩砂岩、砾岩的小，但仍表现为砂岩抗压强度小于砾岩。砂岩和砾岩的湿抗压强度分别为24.33MPa和50.93MPa，后者是前者的两倍。可见，阳元石基部岩石在被雨水浸润后，砂岩、砾岩的差异更加明显。同时，砂岩的干抗压为39.86 MPa，湿抗压则为24.33MPa，软化系数为0.61，说明此处砂岩受水影响情况显著。相应的，砾岩的软化系数为0.97，显示阳元石的砾岩不易受水影响，即雨水浸润对砾石层的软化作用很小。软化系数的这一差距进一步说明，雨水浸润后会使得原本岩性差异较小的岩层之间的差异扩大，地貌上则表现为砂岩凹槽进一步凹进。

表 3-20　阳元石试块干抗压、湿抗压强度表

采样点岩组及发育的地貌部位	试验类型	试块编号	上压面直径 F/cm	下压面直径 F/cm	破坏荷载 P/kN	抗压强度 R/MPa	平均值/MPa	软化系数 K_w
阳元石 K_2d 丹霞组石柱基部	砂岩干抗压	YYS-S1	5.567	5.53	70.9	29.52	39.86	0.61
		YYS-S2	5.567	5.576	120	49.3		
		YYS-S3	5.573	5.577	99.4	40.75		
	砂岩湿抗压	YYS-S1	5.566	5.571	62.2	25.56	24.33	
		YYS-S2	5.571	5.553	55.1	22.75		
		YYS-S3	5.568	5.565	60	24.67		
	砾岩干抗压	YYS-L4	5.584	5.59	112.2	45.82	52.72	0.97
		YYS-L7	5.599	5.596	146.6	59.61		
	砾岩湿抗压	YYS-L5	5.585	5.589	119.9	48.94	50.93	
		YYS-L6	5.574	5.59	129.1	52.91		

表 3-21 显示，锦石岩地区的砂岩和砾岩之间的差异与风车岩、阳元石处的相反，主要表现为砂岩不论干抗压还是湿抗压，其强度均大于砾岩；另一方面，砂岩和砾岩的干抗压明显大于湿抗压，前者为 59.65MPa 和 46.00MPa，后者为 41.54MPa 和 29.01MPa。锦石岩地区与风车岩、阳元石岩性的主要差异在于软化系数，此处的软化系数相近，均表现为受水影响中等。可以推测，砂岩和砾岩同时被雨水浸润时，其侵蚀速率的差异并不会扩大，即雨水浸润的过程并不会使得砂岩凹槽相对砾岩凸出层快速凹进。

表 3-21　锦石岩试块干抗压、湿抗压强度表

采样点岩组及发育的地貌部位	试验类型	试块编号	上压面直径 F/cm	下压面直径 F/cm	破坏荷载 P/kN	抗压强度 R/MPa	平均值/MPa	软化系数 K_w
锦石岩 K_2d 丹霞组凹槽	砂岩干抗压	JSY-S2	5.564	5.457	131.8	56.35	59.65	0.79
		JSY-S5	5.511	5.603	149	62.46		
		JSY-S6	5.512	5.586	143.5	60.14		
	砂岩湿抗压	JSY-S1	5.567	5.619	114.2	46.92	46.00	
		JSY-S3	5.528	5.555	115	47.92		
		JSY-S4	5.498	5.585	102.5	43.17		
	砾岩干抗压	JSY-L2	5.506	5.51	98.9	41.54	41.54	0.70
	砾岩湿抗压	JSY-L1	5.524	5.483	68.5	29.01	29.01	

将表 3-22 的数据对比表 3-20 和表 3-21，可以发现，通泰桥地区的砂岩、砾岩的干抗压和湿抗压强度均显著小于阳元石地区和锦石岩地区，通泰桥地区砂岩干抗压强度为 29.28MPa，后两者则分别为 39.86MPa 和 59.65MPa；砂岩湿抗压为 15.84MPa，后两者为 24.33MPa 和 46.00MPa；砾岩干抗压为 39.91MPa，后两者为 52.72MPa 和 41.54MPa；而砾岩湿抗压为 27.16MPa，后两者为 50.93MPa 和 29.01MPa。上述差异

表明通泰桥地区的物质组成较阳元石地区和锦石岩地区的质软，即在同样自然条件下，通泰桥地区的岩石受侵蚀速率大于阳元石和锦石岩地区，在地貌上则表现为凹槽更大和更深。但同样的，在砂岩和砾岩的差异方面表现相同，干抗压强度大于湿抗压强度，砂岩抗压强度小于砾岩抗压强度。通泰桥地区的砂岩软化系数为0.54，即受水影响程度显著，而砾岩为0.68，即受水影响程度中等。二者差异虽不显著，但仍表明雨水浸润是此处凹槽的凹进的一个影响因素。

表3-22　通泰桥试块干抗压、湿抗压强度表

采样点岩组及发育的地貌部位	试验类型	试块编号	上压面直径 F/cm	下压面直径 F/cm	破坏荷载 P/kN	抗压强度 R/MPa	平均值/MPa	软化系数 K_w
通泰桥 K_2d 丹霞组凹槽	砂岩干抗压	TTQ-S2	5.535	5.543	84	34.91	29.28	0.54
		TTQ-S6	5.551	5.391	39.2	17.17		
		TTQ-S7	5.566	5.563	86.9	35.75		
	砂岩湿抗压	TTQ-S2	5.42	5.569	20.2	8.76	15.84	
		TTQ-S6	5.537	5.544	60.2	25.00		
		TTQ-S7	5.547	5.534	33.1	13.76		
	砾岩干抗压	TTQ-L1	5.55	5.535	109.4	45.47	39.91	0.68
		TTQ-L5	5.517	5.538	82.1	34.34		
	砾岩湿抗压	TTQ-L6	5.553	5.546	82	33.94	27.16	
		TTQ-L7	5.537	5.521	48.8	20.38		

混元洞是通泰桥上部的一个凹槽，其组成主要为砂岩。表3-23的结果表明，此处砂岩的干抗压和湿抗压强度分别为67.08MPa和63.92MPa，仍旧表现为湿抗压小于干抗压。此处砂岩的最大特征为其干抗压和湿抗压强度均显著大于其他四个地区。混元洞砂岩的软化系数为0.95，即受水影响十分不显著，表明雨水的浸润作用并不会导致岩石的抗侵蚀力显著降低。

表3-23　混元洞试块干抗压、湿抗压强度表

采样点岩组及发育的地貌部位	试验类型	试块编号	上压面直径 F/cm	下压面直径 F/cm	破坏荷载 P/kN	抗压强度 R/MPa	平均值/MPa	软化系数 K_w
混元洞 K_2d 丹霞组凹槽	砂岩干抗压	HYD-S1	4.89	4.94	167	69.13	67.08	0.95
		HYD-S2	4.63	4.766	143.5	65.03		
	砂岩湿抗压	HYD-S1	4.902	4.904	160	66.56	63.92	
		HYD-S2	4.918	5.01	151	61.28		

3.3.2　酸蚀抗压强度对比分析

从表3-15可见，丹霞山若干造景地貌岩体在试块浸泡稀硫酸溶液25天之后，其抗压强度普遍下降。其中，混元洞凹槽砂岩抗压强度在泡酸溶液之前为 67.08MPa，经酸蚀后，抗压强度平均降至 46.29MPa；锦石岩凹槽砂岩由 59.65MPa 平均下降至 43.62MPa；阳元石砂岩由 39.52MPa 平均下降至 25.57MPa；通泰桥凹槽砂岩由 29.28MPa 平均降至 22.46MPa；风车岩砂岩的 FCY-S7 试块由原来的 10.77MPa 平均降至 3.71MPa。唯独只有风车岩 FCY-S8 试块经历酸蚀后抗压强度平均增加至 27.36MPa。此种情况在砾岩试块的实验中得到进一步证实，如通泰桥旁凹槽砾岩经酸蚀后抗压强度由原来的 39.91MPa 平均降至 30.36MPa，阳元石石柱处的砾岩由原来的 51.82MPa 平均降至 41.78MPa，风车岩的砾岩由原来的 38.90MPa 平均降至 25.12MPa，而锦石岩凹槽砾岩抗压强度在经历酸蚀后反而由原来的 41.54MPa 平均增大至 46.87MPa。以上现象是此次试验中的一个新发现。这与该处砾岩中含大量灰岩岩屑有关，灰岩岩屑被酸蚀后形成 $CaCO_3$胶结物反而会增大岩样的抗压强度。

从表 3-24 看，在风车岩的抗压试验中，砂岩经 pH＝4 的酸酸蚀后，其抗压强度为 27.36MPa，经 pH＝2 的酸酸蚀后，抗压强度仅为 3.71MPa。前者为后者的 9 倍，可见侵蚀介质的浓度对砂岩的抗侵蚀力的影响很大。同样的，砾岩在 pH＝4 的硫酸中浸泡后的抗压强度的 22.55MPa，而在 pH＝2 的硫酸溶液中浸泡后其抗压强度则为 27.69MPa，二者差距不大。所以，酸介质浓度的增大对风车岩地区岩石的侵蚀作用主要表现为降低砂岩的抗侵蚀力。对比表 3-19，风车岩砂岩的干抗压和湿抗压分别为 10.77MPa 和 3.79MPa，试块 FCY-S8 的酸蚀（pH＝4）后的抗压强度为 27.36MPa，显著高于其他砂岩试块的抗压强度，这也许与采样地点及其岩石内部结构有关。同时，砂岩湿抗压和酸蚀后（pH＝2）抗压强度相近，造成此种现象的原因也许是酸介质和水介质对岩性结构的破坏作用是相似的。另外，砾岩在 pH＝4 和 pH＝2 的酸溶液侵蚀后的抗压强度分别为 22.55MPa 和 27.69MPa，而此处砾岩的干抗压和湿抗压则分别为 38.90MPa 和 31.56MPa，酸蚀后的砾岩的抗压强度较小，表明酸介质对砾岩结构的破坏作用比水介质大。

表 3-24　丹霞山岩体抗酸侵蚀试验记录表

采样点岩组及发育的地貌部位	试块岩性及编号	侵蚀介质	上压面直径 F/cm	下压面直径 F/cm	破坏荷载 P/kN	抗压强度 R/MPa
风车岩 K_2d 丹霞组穿洞	砂岩 FCY-S7	pH＝2 硫酸溶液约 400 ml	5.206	5.254	7.9	3.71
	砾岩 FCY-L3		5.55	5.558	67	27.69
	砂岩 FCY-S8	pH＝4 硫酸溶液约 400 ml	5.552	5.55	66.2	27.36
	砾岩 FCY-L6		5.568	5.57	54.9	22.55
阳元石 K_2d 丹霞组石柱基部	砂岩 YYS-S4	pH＝2 硫酸溶液约 400ml	5.412	5.558	61	26.52
	砾岩 YYS-L1		5.59	5.608	73.1	29.79
	砾岩 YYS-L2	pH＝3 硫酸溶液约 400ml	5.58	5.59	90.8	37.13
	砂岩 YYS-S5	pH＝4 硫酸溶液约 400ml	5.572	5.58	60	24.61
	砾岩 YYS-L3		5.44	5.55	135.8	58.43

续表

采样点岩组及发育的地貌部位	试块岩性及编号	侵蚀介质	上压面直径 F/cm	下压面直径 F/cm	破坏荷载 P/kN	抗压强度 R/MPa
锦石岩 K_2d 丹霞组凹槽	砂岩 JSY-S2D	pH＝2 硫酸溶液约 300 ml	5.56	5.638	136.9	53.57
	砾岩 JSY-L3D		5.51	5.526	102.4	40.79
	砂岩 JSY-S3D	pH＝3 硫酸溶液约 300 ml	5.534	5.58	87	34.36
	砾岩 JSY-L4D		5.55	5.55	136	53.41
	砂岩 JSY-S7D	pH＝4 硫酸溶液约 300 ml	5.572	5.6	111.3	42.93
	砾岩 JSY-L6D		5.518	5.528	116.8	46.4
通泰桥 K_2d 丹霞组凹槽	砂岩 TTQ-S3	pH＝2 硫酸溶液约 400 ml	5.508	5.534	55.8	23.42
	砾岩 TTQ-L2		5.354	5.55	72	31.98
	砂岩 TTQ-S4	pH＝3 硫酸溶液约 400 ml	5.554	5.56	50.5	20.84
	砂岩 TTQ-S5	pH＝4 硫酸溶液约 400 ml	5.532	5.528	55.5	23.12
	砾岩 TTQ-L4		5.538	5.542	69.2	28.73
混元洞 K_2d 丹霞组凹槽（立方体）	砂岩 HYD-S1	pH＝2 硫酸溶液约 300 ml	4.828	4.962	123.8	51.68
	砂岩 HYD-S2	pH＝4 硫酸溶液约 300 ml	5.556	5.51	125.2	40.9

对阳元石试块的酸蚀抗压结果分析显示，砂岩试块 S4 和 S5 分别在 pH＝2 和 pH＝4 的硫酸溶液中浸泡后的抗压强度为 26.52MPa 和 24.61MPa，这也许是因为样品的选取不具典型性。而砾岩试块酸蚀后的抗压结果显示，在 pH 为 2、3、4 的硫酸溶液中浸泡后其抗压强度分别为 29.79MPa、37.13MPa 和 58.43MPa，酸的浓度越大，抗压强度越小；在表 2-20 中，砾岩的干抗压和湿抗压分别为 52.72MPa 和 50.93MPa，在 pH＝2 和 pH＝3 的溶液中浸泡后的强度均小于其干抗压和湿抗压的结果，说明强酸雨会使得此处岩石的抗侵蚀力显著降低。

在锦石岩试块的酸蚀抗压结果中，砂岩在 pH 为 2、3、4 的酸中浸泡后，抗压强度分别为 53.57MPa、34.36MPa 以及 42.93MPa。酸的浓度与抗压强度之间并没有显著的关系，这也许是由实验的误差或者样品的特殊性造成的。在砾岩中，pH 为 2、3、4 的酸中浸泡后，抗压强度分别为 40.79MPa、53.41MPa 以及 46.40MPa，同样表现为酸的浓度与抗压强度之间的无关联。在表 2-21 中，砂岩的干抗压和湿抗压分别为 59.65MPa 和 46.00MPa。尽管砂岩的抗压强度与酸蚀浓度没有很强的关联性，但仍可看出酸蚀可以降低砂岩的抗侵蚀力。表 2-21 中，砾岩的干抗压和湿抗压分别为 41.54MPa 和 29.01MPa，小于其在酸蚀后的抗压强度，这是由锦石岩砾岩的结构决定的。锦石岩地区砾岩中砾石颗粒大小不均且结构松散，干抗压和湿抗压试验中高径比为 2∶1，而酸蚀抗压试验中高径比为 1∶1，这两个原因造成锦石岩砾岩在酸蚀后抗压中的这一特殊结果。

在通泰桥试块的酸蚀抗压结果中，砂岩在 pH 为 2、3、4 的酸中浸泡后，抗压强度分别为 23.42MPa、20.84MPa 以及 23.12MPa。酸的浓度与抗压强度之间同样没有关系，但结合通泰桥地区砂岩的干抗压 29.28MPa，发现酸蚀可以造成自然状态下通泰桥砂岩的弱化。通泰桥地区的砾岩在 pH=2 和 pH=4 的酸溶液中浸泡后的抗压强度为 31.98MPa 和 28.73MPa，而其干抗压为 39.91MPa，故酸蚀也可以造成自然状态下通泰桥砾岩的弱化。通泰桥地区砂岩的湿抗压和砾岩的湿抗压分别为 15.84MPa 和 27.16MPa，均介于干抗压和酸蚀后的抗压结果，表明水对通泰桥地区岩石的弱化作用大于酸。

混元洞的砂岩在 pH=2 和 pH=4 的酸溶液中浸泡后的抗压强度分别为 51.68MPa 和 40.90MPa，均小于其干抗压的 67.08MPa 和湿抗压的 63.92MPa，说明酸蚀对减小混元洞砂岩的抗侵蚀力起到了一定的作用。

3.3.3　冻融抗压强度对比分析

从表 3-14 可见，丹霞山 31 块钻取的岩体标本在经历－20℃和＋20℃每 4 小时冻融交替一次连续 25 天的实验后，各景点砂岩试块平均抗压强度从大到小依次为：混元洞（61.06MPa）、锦石岩凹槽（57.47MPa）、阳元石石柱（33.33MPa）、通泰桥旁凹槽（22.76MPa）、风车岩穿洞（18.02MPa）。各景点砾岩试块平均抗压强度从大到小依次为阳元石石柱（59.41MPa）、锦石岩凹槽（39.05MPa）、通泰桥旁凹槽（32.96MPa）、风车岩穿洞（31.58MPa）。

由表 3-25 可以看出，风车岩处的砂岩表现明显的是其剥落现象显著。此外，风车岩地区砂岩和砾岩的干冻融抗压强度均大于湿冻融。干冻融和湿冻融抗压试验中，砾岩的抗压强度大于砂岩。但是在 FCY-S8D 中，其抗压强度达到了 51.29MPa，这应该是由于采样地点的特殊性造成的。说明在风车岩中，岩性和含水率是控制冻融抗压强度的重要因素。

表 3-25　风车岩试块冻融抗压强度表

采样点部位	试验类型	试块岩性及编号	冻融后试块变化情况	破坏荷载 P/kN	抗压强度 R/MPa	抗压强度平均值/MPa
风车岩 K_2d 丹霞组穿洞	干冻融	砂岩 FCY-S2D	有剥落现象	26.5	12.85	23.82
		砂岩 FCY-S3D	剥落显著	13.5	7.31	
		砂岩 FCY-S8D	变化不大	118	51.29	
		砾岩 FCY-L4D	变化不大	104.5	45.14	38.2
		砾岩 FCY-L6D	变化不大	72.4	31.25	
	湿冻融	砂岩 FCY-S1D	剥落最显著	8	4.44	4.44
		砾岩 FCY-L2D	变化不大	52.8	23.33	23.33

由表 3-26 可以发现，阳元石地区砂岩在干冻融抗压试验过程中最明显的表现即为瞬间爆裂。在干冻融抗压和湿冻融抗压的对比中可以发现，砂岩的干、湿抗压冻融均小

于砾岩，且干、湿冻融抗压试验中，砾岩的抗压强度显著高于砂岩，前者分别为 63.78MPa 和 58.80MPa，后者分别为 37.91MPa 和 17.78MPa。说明岩性和含水率是控制冻融抗压强度的重要因素。

表 3-26　阳元石试块冻融抗压强度表

<table>
<tr><th>采样点部位</th><th>试验类型</th><th>试块岩性及编号</th><th>冻融后试块变化及抗压时试块情况</th><th>破坏荷载 P/kN</th><th>抗压强度 R/MPa</th><th>抗压强度平均值 /MPa</th></tr>
<tr><td rowspan="9">阳元石 K_2d 丹霞组 石柱基部</td><td rowspan="7">干冻融</td><td>砂岩 YYS-S6A</td><td>变化不大</td><td>91.5</td><td>37.83</td><td rowspan="4">37.91</td></tr>
<tr><td>砂岩 YYS-S6B</td><td>变化不大，抗压时瞬间爆裂</td><td>102</td><td>41.82</td></tr>
<tr><td>砂岩 YYS-S7</td><td>变化不大，抗压时瞬间爆裂</td><td>84</td><td>34.49</td></tr>
<tr><td>砂岩 YYS-S7D</td><td>变化不大</td><td>86.5</td><td>37.51</td></tr>
<tr><td>砾岩 YYS-L8D</td><td>变化不大</td><td>146.2</td><td>62.74</td><td rowspan="3">63.78</td></tr>
<tr><td>砾岩 YYS-L9D</td><td>变化不大</td><td>150</td><td>64.29</td></tr>
<tr><td>砾岩 YYS-L10D</td><td>变化不大</td><td>149.2</td><td>64.32</td></tr>
<tr><td rowspan="2">湿冻融</td><td>砂岩 YYS-S5D</td><td>变化不大</td><td>40.5</td><td>17.78</td><td>17.78</td></tr>
<tr><td>砾岩 YYS-L3D</td><td>变化不大</td><td>132</td><td>58.80</td><td>58.80</td></tr>
</table>

表 3-27 中数据结果与风车岩和阳元石的相反，砾岩的干、湿冻融抗压试验强度均小于砂岩，且砂岩在抗压试验中表现为瞬间爆裂，砾岩在冻融过程中表现为剥落明显。砾岩的这一特殊表现是由于锦石岩地区砾岩的特殊结构造成的。

表 3-27　锦石岩试块冻融抗压强度表

<table>
<tr><th>采样点部位</th><th>试验类型</th><th>试块岩性及编号</th><th>冻融后试块变化及抗压时试块情况</th><th>破坏荷载 P/kN</th><th>抗压强度 R/MPa</th><th>抗压强度平均值 /MPa</th></tr>
<tr><td rowspan="5">锦石岩 K_2d 丹霞组凹槽</td><td rowspan="3">干冻融</td><td>砂岩 JSY-S5D</td><td>变化不大，抗压时瞬间爆裂</td><td>123</td><td>52.51</td><td rowspan="2">64.21</td></tr>
<tr><td>砂岩 JSY-S6D</td><td>变化不大，抗压时瞬间爆裂</td><td>165</td><td>75.91</td></tr>
<tr><td>砾岩 JSY-L5D</td><td>剥落明显</td><td>85</td><td>37.65</td><td>37.65</td></tr>
<tr><td rowspan="2">湿冻融</td><td>砂岩 JSY-S4D</td><td>变化不大，抗压时瞬间爆裂</td><td>122.2</td><td>53.04</td><td>53.04</td></tr>
<tr><td>砾岩 JSY-L7D</td><td>剥落明显</td><td>101</td><td>44.56</td><td>44.56</td></tr>
</table>

从表 3-28 可知，在通泰桥冻融抗压试验中，试块本身在冻融和抗压过程中均没有发现显著变化。与风车岩、阳元石的冻融抗压结果相似，砂岩的干、湿抗压冻融均小于砾岩，且干、湿冻融抗压试验中，砾岩的抗压强度高于砂岩，但这两种差异并不明显。

砾岩的干冻融抗压强度为 34.31MPa，而湿冻融抗压强度为 24.53MPa，而砂岩的这一对比结果相近，表明干湿冻融过程对通泰桥地区砾岩的影响较大。

表 3-28 通泰桥试块冻融抗压强度表

采样点部位	试验类型	试块岩性及编号	冻融后试块变化情况	破坏荷载 P/kN	抗压强度 R/MPa	抗压强度平均值/MPa
通泰桥 K_2d 丹霞组凹槽	干冻融	砂岩 TTQ-S1	变化不大	68.5	28.7	23.71
		砂岩 TTQ-S3D	变化不大	43	18.72	
		砾岩 TTQ-L3	变化不大	64.5	26.75	34.31
		砂岩 TTQ-S4D	变化不大	55.3	23.97	
		砾岩 TTQ-L4D	变化不大	69.8	30.43	
		砾岩 TTQ-L7D	变化不大	87.5	38.02	
		砾岩 TTQ-L8D	变化不大	120.2	52.38	
	湿冻融	砂岩 TTQ-S1D	变化不大	52	22.93	22.93
		砾岩 TTQ-L3D	变化不大	56	24.53	24.53

如表 3-29 所示，仅对混元洞中的砂岩试块做了干冻融试验，其结果略小于干抗压和湿抗压强度。表明冻融虽会减小混元洞中砂岩的抗侵蚀力，但其影响并不明显。

表 3-29 混元洞试块干、湿、冻融抗压强度对比表

采样点部位	试验类型	试块岩性及编号	破坏荷载 P/kN	抗压强度 R/MPa	抗压强度平均值/MPa
混元洞 K_2d 丹霞组凹槽	砂岩干抗压	HYD-S1	167	69.13	67.08
		HYD-S2	143.5	65.03	
	砂岩湿抗压	HYD-S1	160	66.56	63.92
		HYD-S2	151	61.28	
	砂岩干冻融	HYD-S3	151.8	61.06	61.06

3.3.4 蜂窝状洞穴样品 XRF 分析

将在玉女拦江洞采集的 10 个蜂窝状洞穴样品经过初处理后送至南京大学现代分析中心，由刘笛高工用瑞士 ARL-9800 型 X 射线进行 X 荧光光谱测定全岩氧化物含量。

由表 3-16 可知，在 K_2d 丹霞组岩体构成的玉女拦江洞内表层结皮风化物 YNLJD2-B 和 YNLJD3-B 两块样品中的 CaO 是该洞内 12 个样品中含量最高的，分别为 30.1 μg/g 和 22.2 μg/g。此 CaO 含量远高于其他样品 0.71～5.66 μg/g 的含量值。但有趣的是，其他样品的 SiO_2 含量（66.60～74.70 μg/g）却普遍高于结皮风化物这两个样品的含量（38.00 μg/g、50.00 μg/g），在 CaO 与 SiO_2 两元素之间似乎存在反相关关系：CaO 高值对应于 SiO_2 低值，反之亦然。这表明虽然所有样品均来自相同的 K_2d 丹霞组岩层，但可能与岩层中 CaO 和 $CaCO_3$ 元素的富集析出有关。结皮风化物是大量 $CaCO_3$ 和 CaO

富集作用的结果。而在非结皮风化物所在的部位，岩体中 $CaCO_3$ 和 CaO 流失，但 SiO_2 的硅质富集作用反而得以加强。通泰桥旁凹槽壁上所采集的 TTQ-DD 和 TTQ-XF 两样品的 $CaCO_3$ 和 CaO 含量相对也较高，亦与 $CaCO_3$ 的富集和析出有关。

由表 3-30 可以看出玉女拦江洞基岩的 CaO 含量并不是很高，平均值仅有 2.54%，故钙质溶解析出不是蜂窝状洞穴形成的主要原因。而洞中的两个结皮风化物样品的元素氧化物成分明显与基岩不同，主要表现在 SiO_2、Al_2O_3、MgO、K_2O 和 Na_2O 五种元素氧化物均低于基岩。其中样品 2-B 和 3-B 表层结皮风化物 CaO 的含量分别为 21.5% 和 15.86%，而洞内的其他样品 CaO 含量则在 0.5%～8%。同时，通泰桥样品中的钙质含量也较高，其平均值为 10.25%。对于 SiO_2 而言，结皮风化物中 SiO_2 的含量为 17.7%和 23.3%，洞内样品 SiO_2 含量为 30%以上，通泰桥的较低，约为 27%。同样的结果在分析曲线上也可以得出，可以发现 12 个样品中，烧失量（LOI）与 CaO 元素含量之间有很好的相关性，基本可以用烧失量替代为 $CaCO_3$ 的含量。同样，从图 3-47 中可以发现 CaO 的含量和 SiO_2 的含量呈现明显的负相关。

表 3-30　玉女拦江洞全岩氧化物百分比　（单位：%）

样品编号	SiO_2	Al_2O_3	Fe_2O_3	MgO	CaO	K_2O	SO_3	Cl	Na_2O	LOI
0-1	66.8	11.6	0.91	1.15	5.66	3.28	1.83	0.043	0.19	7
1-1	72.3	13.1	0.72	1.19	3.86	4.29	0.09	0.023	0.37	3.82
2-1	57.2	12.8	0.52	1.21	0.71	3.53	0.06	—	0.26	23.16
2-B	38	7.69	0.73	0.81	30.1	2.03	1.88	0.056	0.11	17.5
3-1	74.4	12.7	0.99	1.38	1.24	3.84	0.75	0.029	0.31	3.79
3-B	50	8.65	0.7	0.93	22.2	2.6	1.35	0.035	0.22	13
4-1	74.7	13.3	0.77	1.4	1.6	3.98	0.22	0.041	0.37	3.32
4-2	71.7	13.7	0.81	1.32	3.52	4.04	0.21	0.031	0.36	4.07
4-3	74.5	13.9	0.97	1.59	0.82	4.18	0.19	0.034	0.42	2.9
4-S4	66.6	14	1.16	1.68	11.8	3.57	0.26	0.028	0.41	—
4-S5	74.6	13.2	0.72	1.14	1.72	4.35	0.19	0.007	0.29	3.47
4-S6	71.3	13.1	0.71	1.08	4.59	4.02	0.21	—	0.36	4.35
平均值	66.008	12.312	0.809	1.240	7.318	3.643	0.603	0.033	0.306	7.853
克拉克值	78.857	4.770	1.070	1.160	5.500	1.310	0.060	0.001	0.450	—

3.3.5　白斑样品成分和成因分析

在丹霞山地区的红色砂岩中常见一种灰白色斑点出现于岩石表面，将其暂称为“白斑”，这些斑点大小不一，多为直径 2～20cm 的圆形或椭圆形（图 3-48）。

在对这些立方体岩块的观察中发现，白斑不是只存在于表面，而是呈圆柱状贯穿于整个岩块。对采自仁化县周田镇月岭村鸭麻岩附近的 K_1c 长坝组砂岩 4 块白斑岩石标本采用电感耦合等离子体质谱仪以及 X 射线荧光光谱仪对元素含量分别进行测定，其结

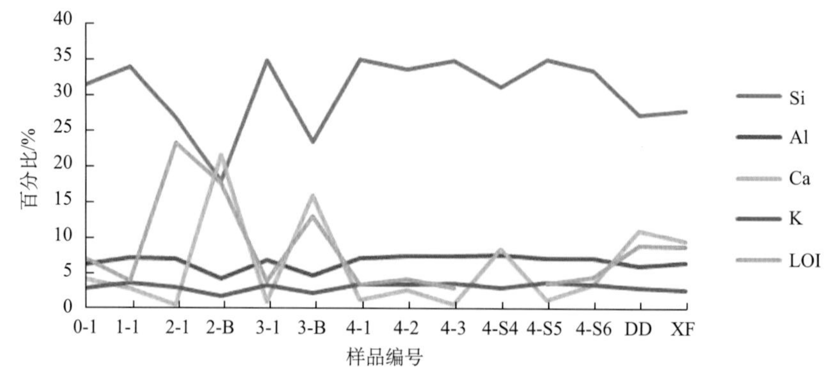

图 3-47　玉女拦江洞样品元素含量曲线图

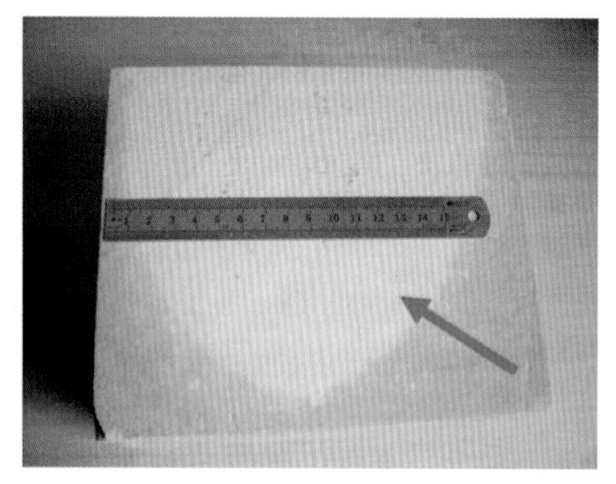
(a) 采自仁化县鸭麻岩附近的白斑标本

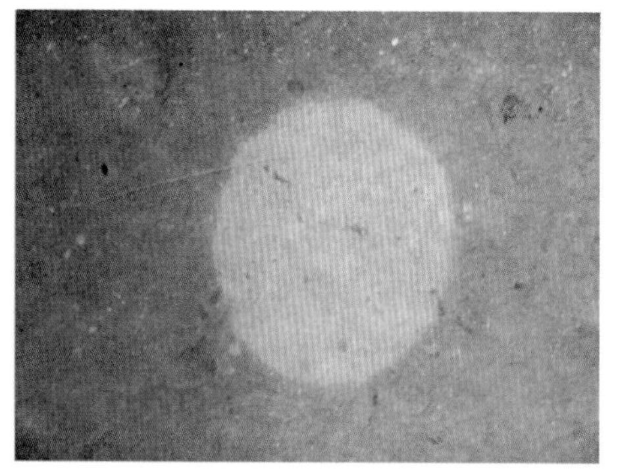
(b) 丹霞山铺路石采用的K_1c长坝组砂岩白斑岩体

图 3-48　"白斑"标本/岩块

果见表 3-17 和表 3-18。其中，B-1、B-2 是白斑样品，H-1、H-2 是包围着白斑的红色基岩样品。

从 XRF 和 ICP-MS 分析中（表 3-17 和表 3-18），发现两种元素在白斑样品和基岩样品之间的差异较大，即 Fe^{3+} 和 S。Fe^{3+} 表现为红色基岩样品含量高于白斑样品，而 S 则表现为白斑样品高于基岩样品。陈国达（1941）在他的研究中也发现了相同结果，即白斑样品中 Fe^{3+} 的含量显著低于红色基岩。因此，陈先生的推测也是可信的：红层中三价铁被还原成了二价铁，原有的红色随之褪去，成为白色斑点；而 S 则可能是还原作用中积累在白斑中的。白斑 B-1 和 B-2 两个样品中 TiO_2 和 Cu 的含量均高于白斑周围的红色砂岩，表明白斑形成时是以还原为主的环境。这种现象可能与 K_1c 长坝组砂岩沉积过程中局部坑洼部位地势相对较低，水分多于周边沉积物有关。此种相对于周边还原性更强的环境，不仅造成 Ti 和 Cu 元素易向低洼处富集，也使得白斑低洼还原环境与周围地势较高的氧化环境差异增大，最终造成低洼处白斑的形成和周边 Fe^{3+} 富集的红色砂岩的形成（图 3-49）。从表 2-17 看，Cu、Ti、P、Zn 和 K 元素在白斑 B-1 和 B-2 处含量较高，而在周边红色砂岩处含量较低，亦可进一步证明这一推论。总而言之，白斑的形成是 K_1c 长坝组砂岩沉积时氧化还原的差异形成的。

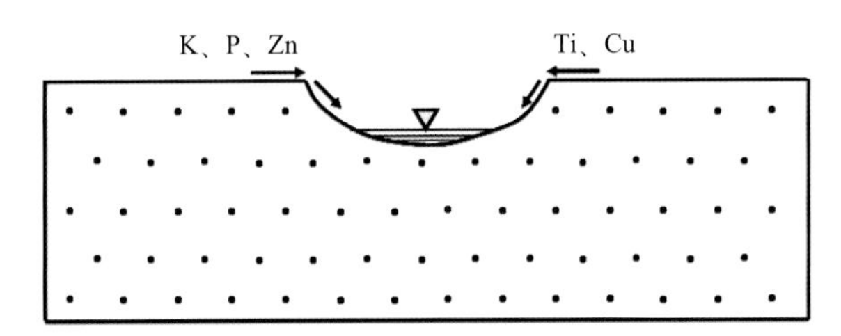

图 3-49　白斑形成过程中 K、P、Zn、Ti 和 Cu 等元素富集与还原环境示意图

另一种解释是，从偏光显微镜鉴定结果看，由于白斑和周边红色砂岩在沉积物组成的粒度、磨圆度、沉积结构、沉积物产状等方面都高度相似，因此分析认为白斑更可能是后期次生作用形成的。原先白斑处也为红色砂岩，但由于丹霞地貌区的红色砂岩是一种透水岩体，当其接收来自上方地表的降水后，受地心重力作用影响，下渗的水体会在砂岩体内形成多处呈圆形或椭圆形管状和柱状的渗水带（图 3-50）。在砂岩内部，这些渗水带相对于干燥的未渗水区而言是还原环境区。因此，K、P、Zn、Ti 和 Cu 等活跃元素的离子易往渗水的还原区流动和富集，渗水区岩层中原有的红色 Fe^{3+} 也因还原淋滤作用而流失，从而导致岩层被漂白；而岩层中未渗水的干燥处则相对处于氧化环境，红色 Fe^{3+} 在氧化环境中易于富集保存，所以导致渗水部位白斑的形成和周边氧化作用强的部位红色砂岩的继续保存。从野外和偏光镜鉴定的结果看，第二种解释似乎应更为合理。

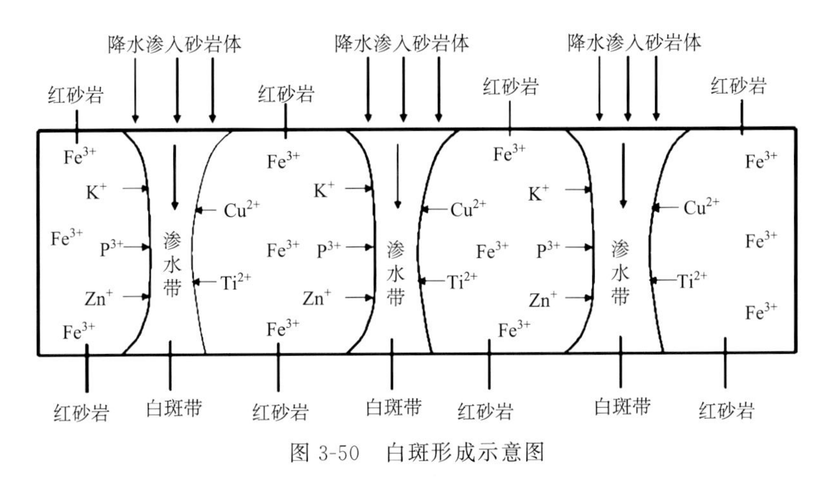

图 3-50　白斑形成示意图

从 XRF 和 ICP-MS 的实验结果中可以发现，金属元素 Ba、Fe、Mn、Pb、V 五种金属元素均表现为白斑样品含量小于红色基岩样品，例如白斑 B-1 和 B-2 样品的 Fe_2O_3 含量仅为 0.87%～0.88%，但白斑周围红色砂岩的 Fe_2O_3 含量就高达 1.09%～1.12%；而金属元素 Cu、Zn 和非金属元素 P 的含量表现为白斑样品含量大于红色基岩样品，红色基岩和白斑的成岩过程是存在差异的。丹霞山红色砂岩形成于高温高湿的氧化环境中，含铁矿物多被氧化成为赤铁矿包围着石英和方解石，从而使岩层呈现红色。同时，具有氧化性的金属元素 Ba、Fe、Mn、Pb、V 含量也较高。白斑则形成于还原环境中，

主要表现为还原性元素 S、P 和 Cu 显著高于红色基岩，Zn 在还原条件下表现出亲硫性，因此白斑中 Zn 含量较高。

砂岩中还原性的孔隙溶液是白斑形成的重要原因。溶液中所含物质会与岩石发生反应，赤铁矿（Fe_2O_3）逐渐被溶解成为亚铁离子，当亚铁离子饱和时会形成菱铁矿（$FeCO_3$），岩体即由红色转变为白色。砂岩的形变过程以还原作用为主导，同时形变会使得孔隙流体流动强度增大，赤铁矿溶解加剧，因此在发生形变的部位常可见一些白色或褐色的斑点。此外，砂岩成岩过程中发生的一些化学反应会释放出 CO_2，CO_2溶解在孔隙溶液中使其呈现弱酸性，加强了溶液对铁的运移，这也是白斑中铁元素含量小于红色基岩中铁含量的原因。含碳物质和岩体内的矿物成分发生反应最终会形成碳酸盐，也是白斑形成的原因之一。白斑之所以呈现圆形或椭圆形，是由孔隙溶液扩散过程的各向异性造成的。

3.3.6 偏光显微镜下样品的鉴定分析

从图 3-27～图 3-46 的偏光显微镜鉴定照片看，可以进一步分析出各景点岩性矿物成分和岩性结构与各景点岩体抗压、抗酸侵蚀等抗风化作用差异之间的关系。例如，图 3-35和图 3-36 的照片揭示，风车岩砂岩为细粒砂岩，粒间孔隙发育，胶结程度低，用手触摸都会有松散的砂散落。风车岩的砾岩虽有钙质胶结物，但砾石含量占 50%，碎屑成分复杂，仅有少量铁屑胶结物分布于碎屑颗粒边缘，呈非常薄的薄膜分布。以上成分和结构上的缺陷，是风车岩砂岩和砾岩抗压强度在丹霞山景区处于最弱一级的根本原因所在。而阳元石石柱处的砾岩不仅有方解石胶结物和铁质胶结物，而且碎屑成分中含多晶石英、石灰岩岩屑以及长石，所以其抗压强度最高，其砂岩（图 3-30）虽有电气石等重矿物和少量硅质岩屑，但无方解石胶结物，故其砂岩抗压强度中等。这是阳元石能发育为擎天一柱奇特景观地貌的原因。

值得注意的是，锦石岩凹槽处的砾岩，不仅砾石间有钙质胶结，而且含有海百合等生物石灰岩岩屑，还含有黑云母斑晶的酸性熔岩岩屑，表明当时在丹霞山盆地中沉积的 K_2d 丹霞组岩屑物质中有来自四周高地的熔岩岩屑，这是锦石岩砾岩较坚硬且难以钻取岩体标本的原因之一。锦石岩凹槽处的砂岩中除含有 25%～30%的方解石胶结物外，其碎屑含量占 75%，其中以石英为主、长石为辅，还有电气石和锆石等重矿物，这些也是该处砂岩标本较坚硬、取样困难的原因。

从图 3-43 看，通泰桥旁凹槽蜂窝状砂岩突起部分的胶结物为含量占 30%的钙质，表明部分钙质含量高的原因可能与 Ca 离子向渗水处富集有关。

从表 3-12 中可以发现风车岩的砂岩颗粒虽以石英为主，但其中的胶结物含量较低，仅有铁质胶结物呈薄膜状环绕，而砾岩的砾石含量达 50%，且胶结程度高。虽然砾石在结构和组成上体现了很强的抗侵蚀性，但构成风车岩穿洞的主要岩性是类似 FCY-S3 的砂岩。这种细粒砂岩有很好的持水性，从而很容易遭受侵蚀，正是由于这种独特的岩性，风车岩地区才会形成穿洞。

类似的，阳元石及通泰桥凹槽的砂岩和砾岩也存在很大的差异，阳元石上的环形凹槽及通泰桥处的扁平凹槽均是由于这种岩性差异形成的。阳元石的砂岩和砾岩中的胶结物均为铁质，但砾岩中存在胶结作用较强的方解石胶结物，而砂岩中没有。通泰桥砾岩的胶结物含量大于砂岩，同时砾石含量高且分选较好。

锦石岩凹槽处的砂岩、砾岩与其他采样地点的有很大差异。锦石岩处的砂岩从结构上看十分致密，且胶结物含量较高，偶见泥岩条带；砾岩中砾石为碳酸盐砾石，含有生物化石，分选差，结构较松散，流水极易渗透。

混元洞位于狮子岩西端上方，洞宽约50m，洞深11m，是一个泥岩和砂岩夹层发育的风化扁平凹槽，泥岩是地质时期的湖相沉积，砂岩夹层是在湖泊干涸后的龟裂充填作用中形成的。泥岩中黏土矿物含量高易于风化，砂岩的风化速率小于泥岩，故而在洞内形成大量不规则形状的岩穴，洞壁为砂岩，壁内为泥岩。

此外，还对玉女拦江洞和通泰桥凹槽内的蜂窝状洞穴岩石样品进行了偏光显微镜鉴定。结果显示，玉女拦江洞内的蜂窝状洞穴发育的基岩岩性为中粗粒砂岩，粒径大小0.15～1.2mm，不等粒结构，粗颗粒磨圆度以次圆状为主，中粒砂磨圆度以次棱角至次圆状为主。碎屑主要成分为石英、长石、泥岩岩屑。石英以单晶石英为主，长石以微斜长石为主，泥质岩屑含量为2%。胶结物以钙质为主。在通泰桥顶部也同样发育了蜂窝状洞穴，对其所作的偏光显微镜鉴定结果显示其中的胶结物以钙质为主，含量为30%，但方解石胶结物质被溶蚀呈孔洞。

3.4　造景地貌成因分析

3.4.1　风车岩穿洞成因分析

风车岩穿洞是丹霞山景区典型的穿洞地貌，对风车岩穿洞的研究一定程度上可以解决类似穿洞的成因。关于风车岩穿洞的成因，较为可信的解释为：南北两侧早期形成对称扁平洞穴，后期风力、流水作用沿层理面和节理面向内部长期侵蚀且不排除有崩塌作用的影响。在钻孔取样的过程中也发现风车岩穿洞四壁的砂岩抗压力较小，且透水性较好，所取岩芯样品较脆易折，软弱的基岩加之外力作用，使得扁平凹槽不断向内向两侧扩大延伸，从而形成穿洞。

在对穿洞的考察过程中发现，穿洞四周的基岩主要是砂岩，在砂岩中偶见砾岩层，在风车岩未露出的部位可见较厚的砾岩层，故猜测其成因与砂岩和砾岩之间岩性的差异有关。在丹霞山形成后的漫长历史时期中，山体经历了各种外力的侵蚀作用。所做的各种试验即模拟各种外力作用，以观察其对岩性影响的大小。为此，对在风车岩地区采集的砂岩和砾岩样品做了抗压强度试验及偏光显微镜鉴定，以确定岩性差异的大小及其影响。

试验的结果证实了原先的假设。首先，砾岩的各种抗压强度均大于砂岩，表明岩性是控制穿洞形成的一个重要的因素。其次，在各种抗压试验中，无论是砂岩还是砾岩的干抗压强度均大于湿抗压、酸蚀后抗压及冻融后抗压强度。干抗压试验与湿抗压试验的结果表明：风车岩穿洞处砂岩的干抗压与湿抗压强度差别较大，且软化系数较低，为0.35，即岩石受水影响严重。同时砾岩的软化系数为0.81，表明此处砾岩受水影响较小。而酸蚀后抗压试验表明：砂岩经pH＝4的酸蚀后，其抗压强度为27.36MPa，经

pH＝2 的酸蚀后，抗压强度仅为 3.71MPa，前者为后者的 9 倍，可见侵蚀介质的浓度对砂岩的抗侵蚀力的影响很大；同样的，砾岩在 pH＝4 的硫酸中浸泡后的抗压强度为 22.55MPa，而在 pH＝2 的硫酸溶液中浸泡后其抗压强度则为 27.69MPa，两者差距不大。所以，酸介质的浓度的增大对风车岩地区岩石的侵蚀作用主要表现为降低砂岩的抗侵蚀力。冻融后抗压试验的结果表明：风车岩穿洞的砂岩在冻融过程中有明显的剥落现象；此外，砂岩和砾岩的干冻融抗压强度均大于湿冻融，但砂岩的干冻融抗压结果大于砂岩的湿抗压结果，表明冻融作用对风车岩地区砂岩的影响不如水的浸润作用。最后，根据偏光显微镜的鉴定结果，发现风车岩砂岩的胶结程度很低，这是其容易受到侵蚀作用最主要的原因。

综上所述，水的浸润、酸蚀以及冻融作用对风车岩砂岩、砾岩的影响中，水的浸润作用的影响高于其他两个因素。而在丹霞山漫长的历史过程中，水的浸润作用在这三种因素中所占的比例也是最大的。水的浸润使得砂岩和砾岩之间岩性的差异进一步扩大，即以砂岩为主的较软的岩层在这一影响下会快速的风化后退，而砾岩则以相对较慢的速度风化，这种明显地差异使得原先两侧发育的凹槽快速后退相通，形成穿洞。

穿洞的朝向正是丹霞山地区夏季的主要风向 SW195°，因此在夏季，穿洞可以明显感觉到凉爽的风。鉴于主要构成穿洞侧壁的基岩是试验中岩性最弱、最易受到侵蚀的砂岩，且丹霞山地区较多的降水及此处较强的风力侵蚀，可以预测风车岩穿洞在风力侵蚀和流水侵蚀的共同作用下会进一步扩大。

3.4.2 阳元石成因分析

阳元石原先与阳元山大石墙同是一处山体，后期发育两组大型节理，其产状分别为倾向 NE5°～10°、倾角 75°～85°和倾向 NW295°、倾角 76°。由于长期的流水侵蚀和风化侵蚀，受二组大型节理控制的近方形岩体后退缩小，逐渐与阳元山石墙分离，逐步形成目前独特的石柱形态。所以阳元石的形成是构造作用与后期外力侵蚀作用的共同结果。

为了研究岩性差异对阳元石的影响，在阳元石基部采集了砂岩和砾岩样品，并进行了各种抗压试验和偏光显微镜鉴定。在各种抗压试验中，同样表现为砾岩的抗压强度高于砂岩，但其差异并没有风车岩的大。湿抗压结果显示砂岩的软化系数为 0.61，受水影响显著；而砾岩的为 0.97，几乎不会受水影响。在酸蚀后抗压试验显示，砾岩在 pH＝2、pH＝3 和 pH＝4 的硫酸溶液中浸泡后其抗压强度分别为 29.79MPa、37.13MPa 和 58.43MPa。酸的浓度越大，抗压强度越小。而冻融抗压结果则显示冻融作用会减小岩石的抗压强度，且对砂岩的影响较大。上述结果显示，阳元石砂岩的抗压强度在同种环境下显著小于砾岩，且在外力因素作用下，其抗压强度的减弱程度也显著高于砾岩。在偏光显微镜的鉴定中，发现阳元石的砂岩和砾岩中的胶结物均为铁质，但砾岩中存在胶结作用较强的方解石胶结物而砂岩中没有，这是造成阳元石砂岩和砾岩之间岩性差异的一个重要因素。

阳元石是在节理构造下外力作用的结果。之所以会形成这样的一个石柱，是因为在节理所在位置主要是丹霞组这种较软的砂岩，即使有砾岩夹层，也在构造作用中被破坏了。砂岩在外力的作用下以较快的速度被侵蚀剥落，形成裂隙，使得石柱被剥离阳元山岩体。在实地观察中发现，分离处的裂隙朝向与风车岩穿洞的朝向基本一致，即与夏季风向 SW195°一致，这无疑中加大了对裂隙的风力侵蚀作用。所以，阳元石在这样的物质条件及自然风化作用下，柱体会逐渐变细，顶部的小型凹槽也会逐渐加深。

3.4.3　锦石岩凹槽成因分析

锦石岩的水平凹槽是丹霞山水平凹槽中较为典型的。此处的水平凹槽处在历史上被用于建造了锦石岩寺（图 3-18），可见其凹槽规模之大。在实地考察发现，锦石岩凹槽岩性差异尤其突出，凹槽内部为砂岩间或有泥岩，凹槽上部则为砾岩。此处的砾岩与其他地点的不同在于其砾石颗粒很大，且结构松散。

对锦石岩所采集岩块进行的抗压试验表明：一方面，砂岩不论干抗压还是湿抗压，其强度均大于砾岩；另一方面，砂岩和砾岩的干抗压明显大于湿抗压，前者平均为 59.65MPa 和 46.00MPa，后者平均为 41.54MPa 和 29.01MPa，但此处的软化系数相近，均表现为受水蚀影响中等。在锦石岩试块的酸蚀抗压结果中，尽管砂岩的抗压强度与酸蚀浓度没有很强的关联性，但仍可看出酸蚀可以降低砂岩的抗侵蚀力，而砾岩在酸蚀后表现为抗压强度增大。这是由于干抗压和湿抗压试验中高径比为 2∶1，而酸蚀抗压试验中高径比为 1∶1，造成锦石岩砾岩在酸蚀后抗压后的这一特殊结果。在冻融后的抗压试验中砾岩的干、湿冻融抗压试验强度均小于砂岩，且砂岩在抗压试验中表现为瞬间爆裂，砾岩在冻融过程中表现为剥落明显。总的来看，锦石岩的砂岩比砾岩对外力的抗侵蚀力大。

锦石岩凹槽处的抗压结果出现了与风车岩和阳元石相反的结果，即在抗酸和抗冻融试验中出现了砾岩抗压强度小于砂岩的情况。这种特殊现象在偏光显微镜下砾岩的结构中可以得到很好的解答。锦石岩处的砂岩从结构上看十分致密，且胶结物含量较高，偶见泥岩条带；砾岩中砾石为碳酸盐砾石，含有生物化石，分选差，结构较松散，流水极易渗透。所以，结构的差异使得砾岩和砂岩之间在外力作用下的表现不同。

砂岩和砾岩岩性的差异并不能解释此处凹槽的成因。但结合实地考察可以发现，此处凹槽的形成可能有两种原因：其一是由于岩性造成的（见 3.4.4 节），其二是在构造抬升之前就形成了这样的凹槽，主要原因是河流的弯道螺旋环流侧蚀造成的。在构造抬升前，有一条河流流经这一地区，并且锦石岩凹槽所在的位置在当时处于河流的凹岸。根据河流的运动特征，河流在弯道处会产生横向环流，即水流质点的运动受地球自转偏向力和惯性离心力的作用，压向凹岸，使凹岸水面有所抬高，产生壅水现象；凸岸则水位较低，从而产生横比降，出现水位差，使凹岸处产生下降水流，凸岸处出现上升水流，形成一个近封闭的横向环流。一旦形成横向环流，侧蚀作用更加明显。这种侧蚀作用在丹霞组相对较弱的砂岩岩体上易被逐渐侵蚀出一条水平延伸的凹槽，构造抬升后便随着山体抬升，原本在水下的凹槽便出现在世人面前。此种现象在我国其他丹霞地貌区亦普遍存在，如浙江省缙云县丹霞地貌龙耕路景区存在三层不同高度的水平凹槽，最长的凹槽水平延伸长达约 70m（图 3-51），现场调查发现，龙耕路凹槽应是缙云当地丹霞地貌景区河流——好溪河凹岸水流侧向侵蚀的结果。在河水流动过程中，表层水流从凸岸流向凹岸，底层水流从凹岸流向凸岸。在此过程中，河流弯道螺旋环流作用力不断对河床凹岸侧壁进行侵蚀。河床凹岸侧壁岩石由于岩性差异，较软的部分先被侵蚀冲刷掉，留下一个小的凹穴，然后流水在凹穴处继续螺旋式掏蚀和侧蚀，使得凹穴越来越大。如果多处掏蚀同时进行，最后连成整体，就变成更大的凹槽。后期的地质构造抬升，使得原先凹岸处的崖壁凹槽相应抬升，露出水面。

(a) 浙江缙云县长约70m的龙耕路

(b) 龙耕路3处海拔不同的水平凹槽

图 3-51　浙江缙云县龙耕路地貌

浙江缙云县另一处丹霞地貌景点是孔雀浴溪（图 3-52）。从侧面望去，这块巨大的流纹岩岩体就像一只临溪沐浴的孔雀，高仰着头，尾巴垂于溪水之中，故取名为“孔雀浴溪”。该景点的发育主要受两组节理控制，节理走向分别是 SW210°和 SE105°。岩层层面倾向为倾向 SW250°、倾角 24°。该孔雀尾巴目前因处于河流凹岸弯道环流处，已受侧蚀作用影响形成水下的大型凹槽。这就是上述河流作用导致凹槽形成的最好解释旁证。

图 3-52　浙江缙云县孔雀浴溪景点

箭头处为河流凹岸弯道螺旋环流侧蚀形成的凹槽

3.4.4　丹霞山大型密集水平凹槽成因

丹霞山景区的山体还有一个显著的特征，即山体表面存在密集的水平凹槽，有的凹槽很深，如僧帽峰和茶壶峰景区的凹槽（图 3-53），这些水平凹槽的形成应该分别讨论。其中较深的凹槽可能是地壳未抬升时，河流侵蚀的结果。从图 3-57 可见，锦江是丹霞山景区一条重要的河流，这条河流目前分布于发育有大型水平凹槽的长老峰。

(a) 僧帽峰景区的大型水平凹槽　(b) 茶壶峰的大型水平凹槽

图 3-53　僧帽峰和茶壶峰凹槽

在长老峰景区，除了前述锦石岩凹槽外，还可见其上方的混元洞凹槽（图 3-55）；而在锦江的西边，亦有大型水平凹槽发育的茶壶峰和巴寨（图 3-53）。从河流地貌和构造抬升角度看，长老峰、僧帽峰、茶壶峰和巴寨等大型水平凹槽的发育均与早期锦江河流弯道螺旋环流的侧旁侵蚀及区域构造抬升作用是分不开的。上述大型水平凹槽的发育过程大致如图 3-59 所示，以僧帽峰凹槽为例：该处山体最高处的凹槽是早期形成的第一处凹槽，后来构造抬升，河曲凹岸也摆动至西侧；此后构造稳定，凹岸再次移至东侧对基岩山体产生侧旁侵蚀，从上往下第二道凹槽形成；此后构造再次经历抬升和河曲的摆动，随后构造再次处于稳定，凹岸复又移至东侧对基岩山体产生侧旁侵蚀，从上往下第三条凹槽形成。此过程循环往复，目前可见十余道凹槽，表明该区至少经历过十余次构造抬升和稳定交替的周期（图 3-56）。按照此观点，河流弯道的半径越大，对丹霞岩体侵蚀出的凹槽延伸就越长。今天，我们从长老峰福音峡凹槽朝西南方向所见锦江河流在丹霞山谷中蜿蜒穿流，便是河流侧旁侵蚀与构造抬升切割作用留下的证据（图 3-54 和图 3-57）。

有关凹槽成因的另一种假说则是由于岩性造成的。丹霞山地区雨水丰沛，由于锦石岩凹槽上部砾岩层十分厚，且砾石颗粒较大，不易被侵蚀，而其中较大的节理裂隙和岩石间隙为流水的下渗创造了条件。流水在流经砾岩层，进入砂岩层后，削弱了砂岩的抗侵蚀力，使得砂岩层在外力作用下侵蚀后退，形成凹槽。此外，这两种作用还可以同时存在，即由于河流侧蚀先形成凹槽，后期外力作用使得凹槽进一步扩大。

还需要指出，2011 年 10 月丹霞山举办国际地貌会议期间，在对丹霞山进行现场考察时，国际地貌协会副主席 Pitro Migon 教授在与朱诚教授对通泰桥旁凹槽成因进行现场讨论时，Migon 教授提出了凹槽成因的第三种解释，即丹霞山的大型水平凹槽也可能

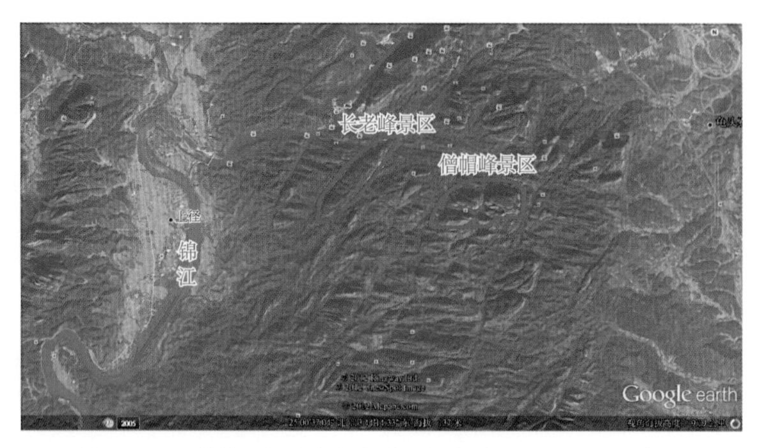

图 3-54　目前锦江河流与长老峰和僧帽峰景区的位置分布图

(a) 混元洞凹槽

(b) 巴寨上部的水平凹槽

图 3-55　混元洞和巴寨上部凹槽

是在凹槽尚未出露地表之前，丹霞岩体在地下土壤中受差异侵蚀风化作用形成的，由于砂岩岩性较软，所以凹槽多沿砂岩层面水平延伸。这一观点与崔之久教授当年针对喀斯特地貌发育提出的“气下喀斯特地貌发育”观点有相似之处，但由于丹霞地貌与喀斯特地貌的发育还有很多在岩性和化学侵蚀作用方面的区别，因此，Pitro Migon 教授的观点尚需进一步研究确证。

以上三种观点可以用于解释丹霞山地区其他的凹槽成因。第一种假说也许可以采用宇宙核素测年结果来验证，但由于这一结果还没有出来，故不在此进行相关的论证。后期的外力作用是主要原因还是辅助凹槽成长的原因也要依赖于前一结果。

所以，如果能测量整个丹霞山山体上深槽的分布及高程，就可以还原丹霞盆地的古河流分布以及区域抬升过程。凹槽的测量工作是一个十分艰巨的工作，一是丹霞山山体陡峻，深槽的直接测量存在困难，要借助仪器；二是丹霞盆地内的山体较多，要想获得准确的数据，就需要进行大量的调查工作。除深槽之外其余的小型水平凹槽应该是差异风化的作用，因为这类凹槽多发育在砂岩层中。

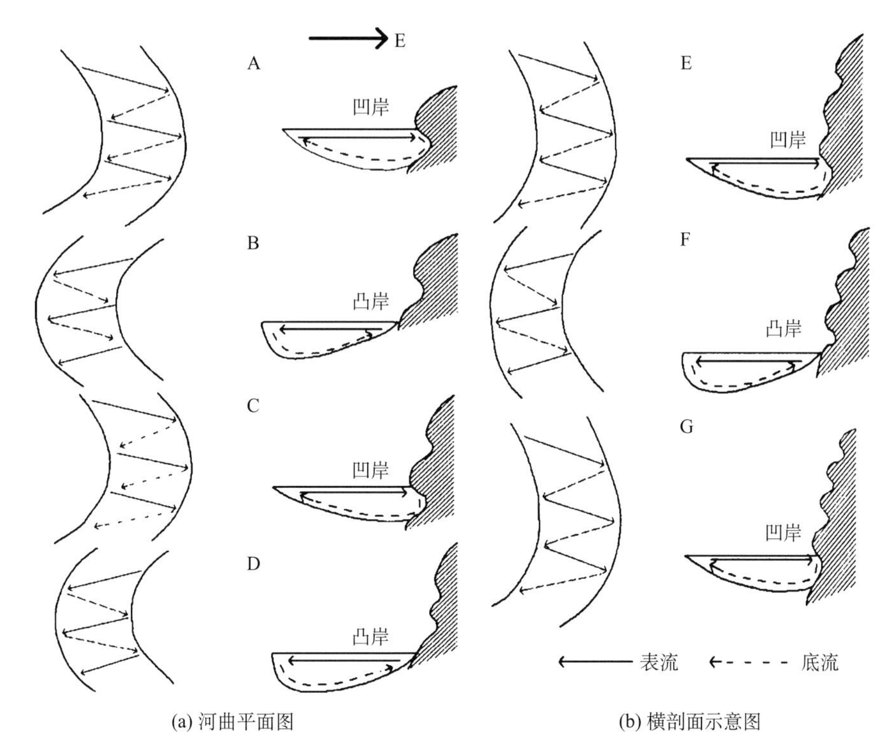

(a) 河曲平面图　　(b) 横剖面示意图

图 3-56　丹霞山长老峰西侧受河流侧蚀作用形成多道不同海拔高度凹槽的过程示意图

A. 构造稳定，凹岸位于东侧基岩山体处，河流侧旁侵蚀显著，从上往下第一道凹槽形成；B. 山体随构造抬升，河曲凹岸也摆动至西侧；C. 构造稳定，凹岸再次移至东侧，并对基岩山体产生侧旁侵蚀，从上往下第二道凹槽形成；D. 构造抬升，河曲凹岸再次摆动至西侧；E. 构造再次稳定，凹岸复又移至东侧基岩山体处，河流侧旁侵蚀使得从上往下第三道凹槽形成；F. 构造再次抬升，河曲凹岸再次摆动至西侧；G. 构造再次稳定，凹岸复又移至东侧基岩山体处，河流侧旁侵蚀使得从上往下第四道凹槽形成

(a)　　(b)

图 3-57　从长老峰福音峡凹槽朝西南方向所见锦江河流在丹霞山谷中蜿蜒穿流的景观

3.4.5 通泰桥成因分析

通泰桥是一个天生桥，也是区域内最为典型的一个，所以对通泰桥的成因分析可以用于解释其他天生桥的成因。为了研究岩性差异对通泰桥成因的影响，选择在其附近150m处的凹槽中采样。

对样品的抗压试验结果进行分析发现：通泰桥地区的砂岩、砾岩的干抗压和湿抗压强度均显著小于阳元石地区和锦石岩地区。上述差异表明通泰桥地区的物质组成较阳元石地区和锦石岩地区的质软，即在同样自然条件下，通泰桥地区的岩石受侵蚀速率大于阳元石和锦石岩地区。但同样的，在砂岩和砾岩的差异方面表现相同，干抗压强度大于湿抗压强度，砂岩抗压强度小于砾岩抗压强度。通泰桥地区的砂岩软化系数为0.54，即受水影响程度显著，而砾岩为0.68，即受水影响程度中等。两者差异虽不显著，但仍表明雨水浸润是此处凹槽向内凹蚀的一个影响因素。在通泰桥试块的酸蚀抗压结果中，酸蚀可以造成自然状态下通泰桥砂岩和砾岩的弱化。冻融抗压试验中，试块本身在冻融和抗压过程中均没有发生显著变化。与风车岩、阳元石的冻融抗压结果相似，砂岩的干、湿抗压冻融均小于砾岩，且干、湿冻融抗压试验中，砾岩的抗压强度高于砂岩，但这两种差异并不明显。同时砂岩与砾岩间干抗压与冻融抗压对比结果表明，干湿冻融过程对通泰桥地区砾岩的影响较大。在偏光显微镜下，砂岩表现为铁质胶结，胶结程度不好，这也是此处砂岩抗侵蚀力小于阳元石和锦石岩的原因。而砾岩在结构上表现为颗粒磨圆次棱角状，即磨圆度不高，据此判断物源为就近堆积物。近源的堆积其间隙较大，后期胶结程度也不高，成岩过程中其抗侵蚀力也不会很好。

上述对于通泰桥岩性差异的分析显示，通泰桥地区岩性差异存在，但不明显，其砂岩和砾岩在各种外力作用下的抗侵蚀力并没有差异改变。故采样点凹槽的成因中岩性的差异应该不是主要因素，可以推测这是前期河流作用和后期构造抬升的结果。据此分析通泰桥的成因，岩性也不应该是主要的控制因素。在地质调查中发现，通泰桥西侧发育有一组大型节理，产状为倾向SE160°、倾角70°，走向与通泰桥基本平行。节理面曾发生明显的滑移，节理缝隙发育，节理宽40～60cm，有较多的砂、粉砂土充填。桥的西侧为陡壁，倾向于天生桥方向，陡壁与桥面间距5～10m，陡壁本身就是节理面。因此，该处的天生桥明显受节理制约。此处天生桥的形成是岩块内平行崖壁的节理，坡上流水沿节理渗入岩体内，使节理外侧下部的岩体被侵蚀、溶蚀形成穿洞，再经崩塌、风化，穿洞扩大，节理外侧上部的岩层悬空成为天生桥。所以，通泰桥的成因是构造作用加之外力侵蚀作用的结果。

3.4.6 丹霞洞穴内蜂窝状洞穴及结皮风化物成因分析

玉女拦江洞中大量发育蜂窝状洞穴。但在对其岩壁采样中，根据所分层位，仅有一、四层中发育有蜂窝状洞穴，而在二、三层中仅有大量结皮风化物发育。以下分析这两种微地貌现象的成因。

1. 丹霞洞穴内的蜂窝状洞穴

丹霞洞穴内的蜂窝状洞穴发育在第一层和第四层中，第一层仅采集了一个基岩样品，其中的元素含量与第四层的基岩样品 YNLJD4-S5 基本一致，这两层的蜂窝状洞穴发育的物质基础是相同的。而第四层的基岩样品中 YNLJD4-S4 与其他的基岩样品元素含量有较为显著的差异，分析认为可能是采样部位靠近第三层，而在采样过程中混入了大量结皮风化物，导致其元素含量与第二、第三层的结皮风化物相似。

在第四层所采集的蜂窝状洞穴样品中，三组样品元素含量基本一致，且与第四层中基岩和蜂窝状洞穴凹坑中松散堆积物的元素含量相近。CaO 的含量略有不同，但总体含量较低，均低于克拉克值。这也许是所采集样品紧实度不同，后期随水浸入，其中的钙质不均导致的。MgO 的含量差异较为显著，主要表现为蜂窝状洞穴样品的 MgO 含量高于基岩样品，但具体导致这一现象的机制还不甚清楚，需进一步实验分析。总的来看，蜂窝状洞穴凹坑内部和边缘的样品元素含量一致，蜂窝状洞穴的形成与岩石的矿物组成没有关系，应该是外力作用下的结果。

蜂窝状洞穴在世界各地均可见，干旱地区和海岸较为常见，这是盐风化的结果。盐风化是一种特殊的风化作用类型，是岩石中的盐类矿物在水分的参与下水化和再结晶的过程。含有盐分的溶液渗入岩石裂隙后，水分蒸发，留下盐的结晶体，晶体受热膨胀对岩体施压，使得岩石破碎，这是一种介于物理风化和化学风化的过程。在干旱地区，日温度较高，岩石内盐类矿物如硫酸钠或碳酸钠在强烈的蒸发作用下结晶膨胀，使得岩石剥落，呈现为蜂窝状洞穴。在海边，含有盐分的水极易渗透入岩石内部，在强风力的蒸发作用下，盐类结晶破坏岩体形成蜂窝状洞穴（图 3-58）。

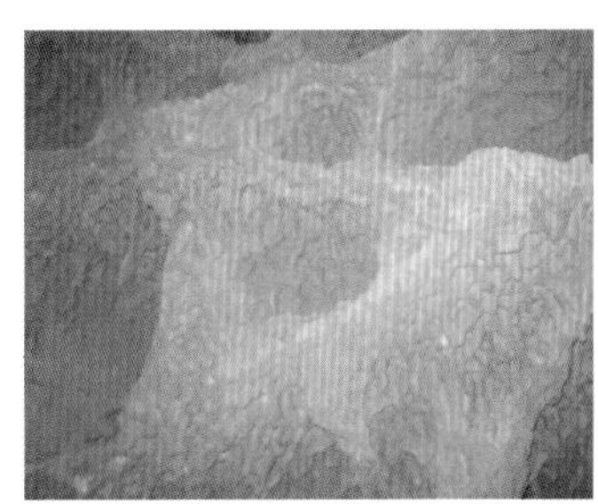
(a) 丹霞山玉女拦江洞

(b) 马耳他戈佐岛

(c) 台湾野柳

图 3-58　蜂窝状洞穴

而在丹霞山玉女拦江洞砂岩蜂窝状洞穴样品中，可能的盐类矿物，如硫酸钠，硫酸镁和氯化钙，其含量都十分小，因此这种蜂窝状洞穴的主因不是盐风化。所以，把寻找这种现象形成原因的焦点放到物理风化作用中。很多人认为蜂窝状洞穴容易发育在颗粒状构造的硅酸岩壁上，而丹霞山的红色砂岩正属于这一类。Ewald Hejl 提出，蜂窝状洞穴的形成需要四个方面的因素，包括岩石的矿物组成及结构、洞穴所在的地形条件、气候因素和蜂窝状洞穴所形成的微气候。岩石内部如果是颗粒状的构造，水的渗透率会较高，利于蜂窝状洞穴的形成。而降水丰富且高温的气候条件加之洞穴发育的地点湿润

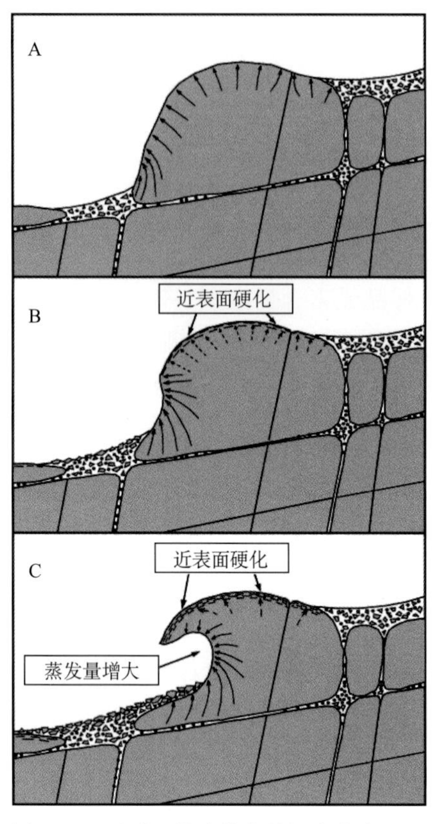

图 3-59　丹霞凹槽内蜂窝状洞穴发育过程
（改绘自 Ewald Hejl，2005）

且透风良好，雨水渗入后，表层水在高温和强烈的风力作用下蒸发，内部含水量仍然很高，利于蜂窝状洞穴的发展（图 3-59）。而洞穴的凹进处气温的日变化较小，但蒸发率较高，故夜晚凹进处是温暖但干燥的，会使得表层硬化作用加强，蜂窝状洞穴不断扩大。

丹霞洞穴内蜂窝状洞穴的形成过程可以分为三个阶段：第一阶段，降水过后岩体表层水蒸发后，在岩层突起处，毛细管水会在砂岩颗粒之间流动；第二阶段，当岩壁已经呈干燥状态，而内部仍为湿润状态时，岩层近表层会发生硬化作用使得毛细血管水流向同一个地方，这时水流的侵蚀能力会增强；第三阶段，水流使得凹坑增大之后，会在洞穴边缘凹入处形成一种特殊的微气候，该处的蒸发量会加大。这样的一个过程在下次降水过程中会重复出现，这样的循环会使得蜂窝状洞穴不断加深加大。Ewald Hejl 提出的这一过程可以较好地解释丹霞山砂岩中蜂窝状洞穴的形成，但由于缺少更多的气温、湿度数据的支持，目前仅能作为一个假说。

丹霞山砂岩内部的颗粒状构造增加了岩石的孔隙度，而丰富降水且高温的气候条件为蜂窝状洞穴的形成提供了有利条件。Riedl 等对希腊蒂诺岛上花岗岩表层发育的蜂窝状洞穴进行了野外观测，结果发现蜂窝状洞穴发育处会形成一种微气候，使得其内外气温、湿度和岩体存在显著差异（表 3-31）。丹霞山蜂窝状洞穴多发育在潮湿的岩壁上，雨水渗入后，表层水在高温和强烈的风力作用下蒸发，而内部含水量仍然很高，利于蜂窝状洞穴的发展。蜂窝状洞穴内部气温的日变化较小，夜晚温度较表面高，会使得岩石表面硬化作用（即物体受力作用后内部发生变化而引起的脆化或老化的现象）加强，蜂窝状洞穴不断发育扩大。

表 3-31　蜂窝状洞穴内外部温度、相对湿度测量结果

测试内容	蜂窝状洞穴外部	蜂窝状洞穴内部
空气温度	25.5～27.4℃	23.7～24.9℃
空气相对湿度	56.4%～62.5%	65.0%～66.8%
岩体温度	26.6～27.9℃	24.2～24.3℃

注：数据测量时间为 8 月，11：00～14：00

根据砂岩的特性及上述分析，作者提出丹霞山玉女拦江洞中砂岩蜂窝状洞穴（图3-15（b））的形成过程。第一阶段（图3-60A），由于蜂窝状洞穴多发育在像锦石岩和玉女拦江洞内有一定坡度的砂岩体中，砂岩颗粒间具有大小不一的孔隙，不同大小孔隙的含水量不同，孔隙大的区域内水对岩石表层的侵蚀力最大；第二阶段（图3-60B），在孔隙水的侵蚀作用下，孔隙发育的区域逐渐凹进；在岩壁已经呈干燥，其内部仍为湿润状态时，岩石近表层会发生硬化作用使得水流向同一个地方，使得侵蚀能力增强、凹坑扩大；第三阶段（图3-60C），凹坑增大后会在洞穴边缘凹入处形成一种特殊的微气候，岩壁温度高于岩体内部温度，该处的蒸发量会加大，硬化作用使得蜂窝状洞穴的脊尖端宽度减小，突出更加明显；第四阶段（图3-60D），这种突出的脊在水、重力、风力的作用下脱落，使得蜂窝状洞穴的凹坑加大，此时，扩大的凹坑内部会再次按照这一过程发育蜂窝状洞穴，即大的蜂窝状洞穴内部会再次发育小型的蜂窝状洞穴，据观察证实这种现象在玉女拦江洞中是普遍存在的（图3-24）。

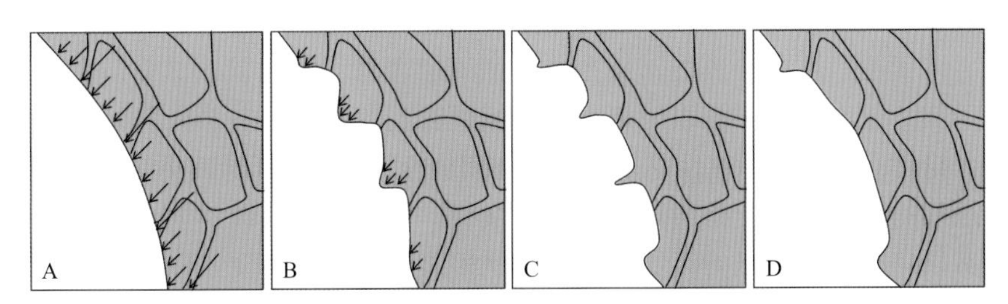

图3-60　丹霞山玉女拦江蜂窝状坑穴形成过程

2. 结皮风化物

在表3-30中可明显看出，结皮风化物样品2-B和3-B的氧化物含量与基岩含量存在显著差异，主要表现为Si、Al、Mg、K和Na五种元素的氧化物含量均低于基岩。其中2-B和3-B表层结皮风化物CaO的含量分别为30.1%和22.2%，而基岩（样品2-1和样品3-1）中CaO含量仅为0.71%和1.24%。对于SiO_2而言，结皮风化物中SiO_2的含量为38%和50%，而基岩样品SiO_2含量为57.2%和74.4%。

由于丹霞凹槽内蜂窝状洞穴样品的元素含量和洞内其他基岩样品基本一致，因此可以认为偏光显微镜鉴定的这一结果同样适用于洞内其他的基岩。从YNLJD4-1磨片样品的偏光显微镜鉴定结果中，YNLJD4-1样品岩性为中粗粒砂岩，其矿物组成主要为石英、长石和泥岩碎屑，胶结物主要为钙质和黏土矿物。其中含有20%左右的长石，主要以微斜长石K（$AlSi_3O_8$）为主，而微斜长石多含有Na_2O。

在湿热条件下，钾长石会逐渐风化呈现黏土化，形成高岭石等黏土矿物。在这一过程中，会出现K、Si流失和Al富集。这是因为K易溶于水而随水迁移，析出的SiO_2呈胶体状态流失，硅酸铝则形成高岭石留于原地。高岭石的另一来源是黏土矿物中的伊利石，这一过程还会伴随着K、Na、Ca、Mg、Fe的流失和SO_4^{2-}的生成。而高岭石在流水作用下会发生分解，使得其中的Al以离子形式流走，同时析出SiO_2的胶体。这一系列的岩性变化过程使得基岩与结皮风化物中的物质含量不断变化，Si、Al、Mg、K 和 Na 不断流失，故而结皮风化物中这些元素的含量均小于基岩。

在丹霞凹槽内蜂窝状洞穴发育的部位可常见一些结皮状风化现象，对这种现象的原因黄进教授在著作中提出是由于藻类等低等植物在岩石表面附着，分泌的有机酸逐渐分解岩石颗粒，同时其分泌物中存在具有黏性的物质会使这些分解的颗粒再次黏合在一起，形成生物结皮，结皮经过一段时间会脱落，使岩壁后退，脱落的部位接受正常的风化侵蚀，之后藻类附着再循环这样的过程。但在本次采样的地点，并未见到藻类在岩壁表面的富集，故笔者猜测这可能有另一种原因。

在表 3-30 中，二、三层结皮风化物中 S 的含量显著高于克拉克值，作者认为这也许是盐风化的结果，而其中的盐类矿物主要为 $CaSO_4$。岩石中的胶结物方解石会与 SO_4^{2-} 反应生成 $CaSO_4$。$CaSO_4$ 的作用十分显著，尽管 $CaSO_4$ 的含量不是很高，结晶膨胀也不足以有足够的力量造成岩体的破坏，但在长期的干湿循环过程中，这种不断收缩膨胀的力量便会使岩体产生崩落。因此，干湿的循环是这一作用产生的外因。盐风化过程会使得岩体崩裂，后续的风力、流水的侵蚀更加容易。盐元素一部分是岩石本身所具有的，另一部分可能来源于洞内的蝙蝠粪，蝙蝠粪在流水作用下渗入岩体，使得岩石中这类元素含量增大。$CaSO_4$ 在结晶膨胀后，留于表面，使得结皮风化物中 Ca 的含量增高。这一过程的不断循环使得结皮风化作用加强，而风化物表面钙质含量显著增加。结皮风化之所以只产生在特定的区域内，可能原因是岩体本身盐元素以及后期渗入其中的盐元素含量在岩体的不同部位是不同的。同时，盐元素会随着岩体内部毛细管水发生迁移，使得毛细管水丰富的区域内容易富集盐元素，进而发生结皮风化。

结皮风化物发育过程中的主要反应方程式：

（1）$K(AlSi_3O_8)$（钾长石）$+4.5H_2O+H^+ \rightarrow 0.5Al_2Si_2O_5(OH)_4$（高岭石）$+K^+ + 2H_4SiO_4$

（2）$K_mNa_nCa_oMg_pFe_qAl_rSi_sO_{10}(OH)_2$（伊利石）$+H_2O+H^+ \rightarrow K^+ + Na^+ + Ca^{2+} + Mg^{2+} + Fe^{3+} + Al_2Si_2O_5(OH)_4$（高岭石）$+H_2SO_4$

（3）$Al_2Si_2O_5(OH)_4$（高岭石）$+6H^+ \rightarrow 2Al^{3+} + 2H_4SiO_4(aq) + H_2O$

（4）$CaCO_3$（方解石）$+2H^+ + SO_4^{2-} + 2H_2O \rightarrow CaSO_4 \cdot 2H_2O$（石膏）$+CO_2$

3. 丹霞崖壁上的小型穿洞和蜂窝状洞穴成因

在丹霞山锦石岩梦觉关附近和巴寨地区均可见许多小型穿洞和蜂窝状洞穴（图 3-15）。根据对上述白斑成因和玉女拦江洞内蜂窝状洞穴成分和结构的分析，我们认为，丹霞山崖壁上的小型穿洞和蜂窝状洞穴与白斑的发育有一定的相似之处。其区别仅在于，白斑主要沿砂岩体内上下贯通的柱状渗水带发育，而当砂岩体内渗水带向侧向渗流并溢出崖壁时，这些渗水带内的活跃离子 K^+、Zn^+、Ti^{2+}、Cu^{2+} 和 P^{3+} 等亦容易随渗水作用大量流失，最终导致小型穿洞和蜂窝状洞穴的形成（图 3-61）。当横向侧流向同一岩体的两侧崖壁渗流并溢出后，由于岩体内矿物质朝两侧崖壁的流失，则逐渐形成穿洞景观（图 3-62 和图 3-63，请见 Zhu et al.，2015）。而非渗水带因处于相对干燥的氧化带，因此含大量 Fe^{3+} 的红色砂岩组成物质易于保存下来，洞穴边缘及出口处的白斑是这一解释的有力证明。

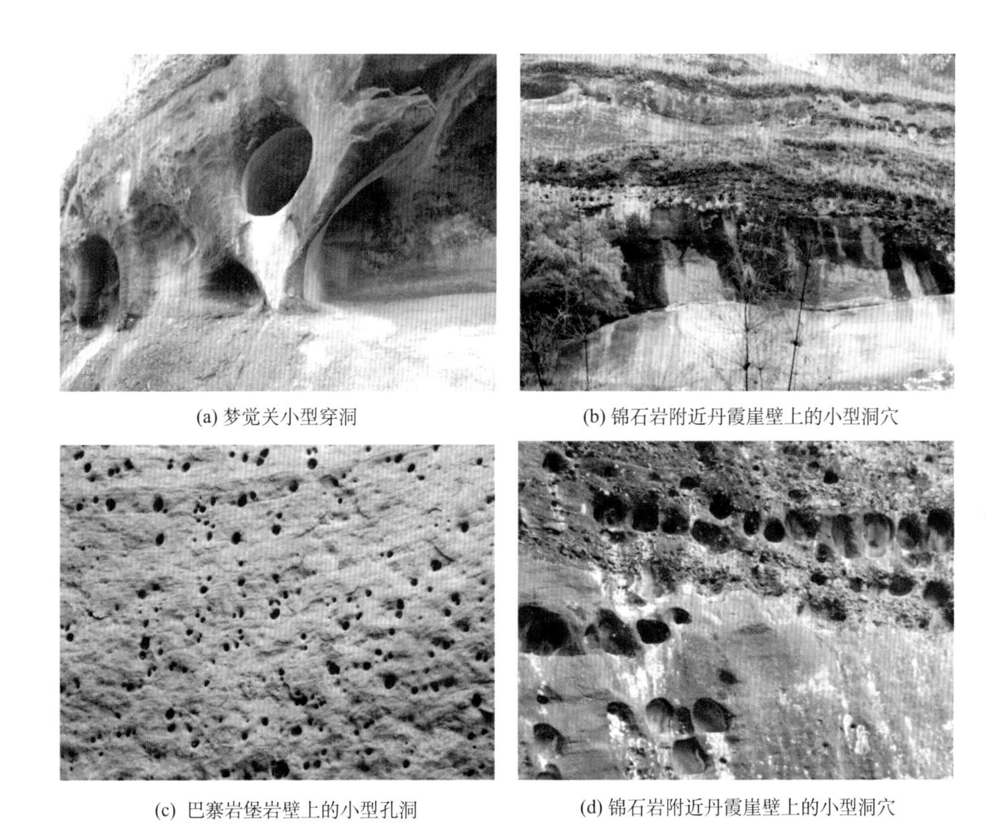

(a) 梦觉关小型穿洞　(b) 锦石岩附近丹霞崖壁上的小型洞穴

(c) 巴寨岩堡岩壁上的小型孔洞　(d) 锦石岩附近丹霞崖壁上的小型洞穴

图 3-61　锦石岩梦觉关附近和巴寨岩堡崖壁上的小型穿洞和洞穴

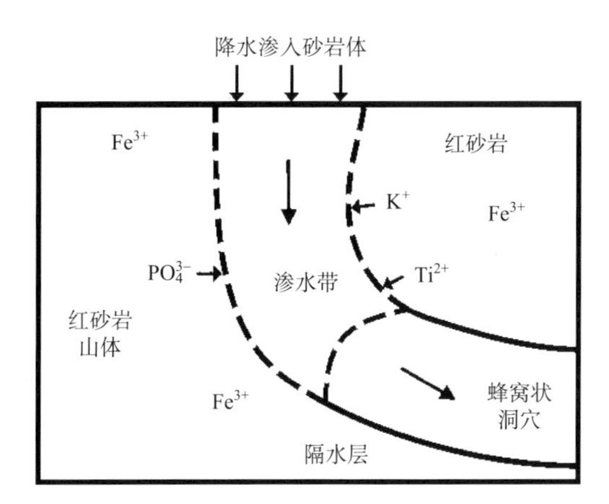

图 3-62　丹霞山锦石岩附近丹霞崖壁上蜂窝状洞穴形成示意图

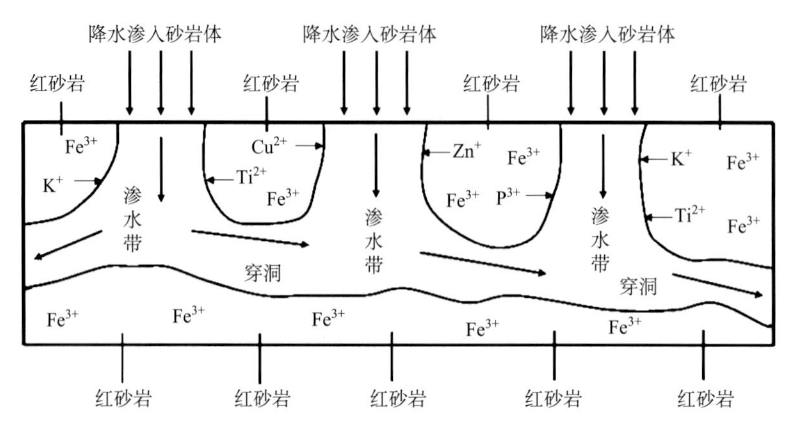

图 3-63 丹霞山梦觉关及其附近崖壁处小型穿洞和蜂窝状洞穴形成示意图

3.5 研究结论

通过上述实验和分析，可以获得以下研究结论：

(1) 从本次研究的丹霞山 5 个景区来看，砾岩抗压强度从大到小依次为阳元石石柱 (59.61MPa)、通泰桥旁凹槽 (45.47MPa)、锦石岩凹槽 (41.54MPa)、风车岩穿洞 (41.14MPa)；砂岩抗压强度从大到小依次为混元洞 (69.13MPa)、锦石岩凹槽 (62.46MPa)、阳元石石柱 (49.30MPa)、风车岩穿洞 (11.80MPa)。砾岩抗冻融力从大到小依次为阳元石石柱 (61.10MPa)、通泰桥旁凹槽 (49.76MPa)、风车岩穿洞 (42.89MPa)、锦石岩凹槽 (42.33MPa)；砂岩抗冻融力从大到小依次为锦石岩凹槽 (72.12MPa)、混元洞凹槽 (61.06MPa)、风车岩穿洞 (48.72MPa)、阳元石石柱 (41.82MPa)、通泰桥旁凹槽 (28.70MPa)。实验证明，在同一丹霞地貌景区，无论是砂岩还是砾岩，其干抗压强度总是大于湿抗压强度。这表明在多雨和饱水的季节，丹霞岩体更易发生破裂和崩塌。阳元石石柱其砾岩抗压强度和抗冻融强度是所研究各景点中强度最高的，这是阳元石能发育为擎天一柱奇特景观地貌的原因所在。而风车岩穿洞处的砾岩和砂岩在所有景点的岩体抗压实验中是抗压强度最低的，表明此处的砾岩和砂岩体抗风化强度最低，这是风车岩之所以能发育为穿洞地貌景观的岩性原因所在。

(2) 丹霞山景区岩体对酸侵蚀作用有高度敏感性。此次采集的若干造景地貌岩体在试块浸泡稀硫酸溶液 25 天之后，其抗压强度普遍下降。其中，混元洞凹槽砂岩抗压强度在泡酸溶液之前平均为 67.08MPa，经酸蚀后抗压强度平均降至 46.29MPa；锦石岩凹槽砂岩由 59.65MPa 平均降至 43.62MPa；阳元石石柱砂岩由 39.52MPa 平均降至 25.57MPa；通泰桥凹槽砂岩由 29.28MPa 平均降至 22.46MPa；风车岩穿洞砂岩由原来的 10.77MPa 平均降至 3.71MPa。此实验结果证明，就白垩纪晚期我国东南部多火山喷发易形成酸雨的环境而言，这对丹霞地貌的侵蚀以及大量扁平状凹槽和洞穴的发育均有极大的促进作用。

(3) 冻融实验表明，在干冻融抗压实验过程中，最明显的表现即为瞬间爆裂。锦石岩的冻融强度与风车岩和阳元石的相反，砾岩的干湿抗压强度均小于砂岩，且砂岩在抗压实验中表现为瞬间爆裂，砾岩在冻融过程中表现为剥落明显。在通泰桥旁凹槽砂岩岩体标本的冻融抗压实验中，试块本身在冻融和抗压过程中均没有发生显著变化，而砾岩在干湿冻融后的抗压强度下降明显，表明干湿冻融过程对通泰桥景区砾岩的影响较大。考虑到丹霞山地区经历过第四纪冰期与间冰期多次强烈冻融交替作用的环境，以及现代冬季日气温在0℃上下波动的准冰缘作用，对丹霞山扁平凹槽的发育和风化崩塌曾产生过重要的促进影响。

（4）丹霞山岩体抗压、抗侵蚀和抗冻融强度的差异与岩体的物质组成及岩体结构密切相关。风车岩砂岩为细粒砂岩，粒间孔隙度发育，胶结程度低，用手触摸都会有松散的砂散落，风车岩的砾岩虽有钙质胶结物，但砾石含量占50%，成分复杂，仅有少量铁屑胶结物分布于碎屑颗粒边缘，呈非常薄的薄膜分布，以上表明了成分和结构上的缺陷，这是风车岩砂岩和砾岩抗压强度在丹霞山景区处于最弱一级的根本原因所在。而阳元石石柱处的砾岩不仅有方解石胶结物和铁质胶结物，而且含多晶石英，所以其抗压强度最高。

（5）根据对玉女拦江洞蜂窝状洞穴样品的X荧光光谱和ICP等离子发射光谱元素含量测定可知，洞内表层结皮风化物样品中的CaO是12个样品中最高的。但有趣的是，其他样品的SiO_2含量普遍高于表层结皮风化物的含量，在CaO与SiO_2两元素之间似乎存在反相关，表明结皮风化物是大量$CaCO_3$和CaO富集作用的结果。而在非结皮风化物所在的部位，岩体中$CaCO_3$和CaO流失，但SiO_2的硅质富集作用反而得以加强。

（6）根据对仁化县周田镇月岭村浈江左岸一级支流灵溪水左岸鸭麻岩附近K_1c长坝组砂岩白斑岩石标本的磨薄片偏光显微镜鉴定，和样品磨至200目后的X荧光光谱及等离子发射光谱的测定分析，发现白斑和周边红色砂岩在沉积物粒度、磨圆度、沉积结构、沉积产状等方面都高度相似。因此，分析认为白斑可能是后期次生作用形成的。原先白斑处也为红色砂岩，但由于丹霞地貌区的红色砂岩是一种透水岩体，当其接受来自上方地表的降水后，受地心重力作用影响，下渗的水体会在砂岩体内形成多处呈圆形或椭圆形管状和柱状的渗水带。在砂岩内部，这些渗水带相对于干燥的未渗水区而言是还原环境区。因此，K^+、Zn^+、Ti^{2+}、Cu^{2+}和P^{3+}等活跃元素的离子易往渗水的还原区流动和富集，渗水区岩层中原有的红色Fe^{3+}也因还原淋滤作用而流失，从而导致岩层被漂白；而岩层中未渗水的干燥处则因相对处于氧化环境，红色Fe^{3+}在氧化环境中易于富集保存，所以导致渗水部位白斑的形成和周边氧化作用强的部位红色砂岩的继续保存。

（7）根据对上述白斑成因和玉女拦江洞内蜂窝状洞穴成分和结构的分析，我们认为，在丹霞山锦石岩梦觉关附近和巴寨地区所见的小型穿洞和许多蜂窝状洞穴与白斑的发育有一定的相似之处。其区别仅在于，白斑主要沿砂岩体内上下贯通的柱状渗水带发育，而当砂岩体内渗水带向侧向渗流并溢出崖壁时，这些渗水带内的活跃离子K^+、Zn^+、Ti^{2+}、Cu^{2+}和P^{3+}等亦容易随渗水作用大量流失，最终导致小型穿洞和蜂窝状洞穴的形成；而非渗水带因处于相对干燥的氧化带，因此含大量Fe^{3+}的红色砂岩组成物质易于保存下来。洞穴边缘及出口处的白斑是这一解释的有力证明。

（8）根据对野外地貌调查及与浙江缙云龙耕路丹霞地貌水平凹槽发育的对比研究发现，丹霞山锦石岩凹槽和僧帽峰、茶壶峰等处的大型水平凹槽发育可能经历了以下过程：这些凹槽主要是在构造抬升之前位于河流弯道处，因处于河流的凹岸，河流弯道螺旋环流作用力不断对河床凹岸侧壁进行侧蚀所成。后期的地质构造抬升，使得原先位于凹岸处的丹霞岩壁凹槽相应抬升，露出水面。此后构造稳定，河流凹岸再次移至丹霞崖壁处对丹霞崖体产生侧旁侵蚀，从上往下形成第二道凹槽，此后构造再次抬升、河曲再次摆动并侧蚀，从上往下第三道凹槽形成。此过程周而复始，形成的凹槽不断增多。按此观点，河流弯道半径越大，对丹霞岩体侧蚀出的凹槽延伸就越长。浙江缙云县龙耕路及孔雀浴溪景点下部凹槽目前位于好溪河流凹岸处是以上解释最有力的旁证之一。对 Pitro Migon 教授有关丹霞地貌中水平凹槽是在未出露地表之前，丹霞岩体在地下土壤中受差异侵蚀风化作用而形成的观点，尚需作进一步研究后才能得到确认和证实。

（9）需要指出，除白斑采样来自 K_1c 长坝组外，本次研究的造景地貌均为 K_2d 丹霞组地层，K_2d 丹霞组厚约 1000m，该岩层的形成经历了从距今 96Ma 至距今 65Ma，时间长达 31Ma 的晚白垩世。在这 31Ma 漫长地质时代，不仅遭遇了恐龙灭绝事件，而且遭遇了我国地质史上火山喷发的高发期，酸雨事件、气候的干湿冷暖变化和沉积物的粗细分选结构差异巨大。该地层成岩后还经历了第四纪新构造运动和冻融交替的冰期、间冰期，复杂的沉积和成岩环境、多变的气候、频繁的地质构造运动以及风霜雨雪、日晒雨淋和河流的切割与侧旁侵蚀，这些大自然的内外力作用是真正的雕塑大师，在它们的塑造下，最终造就了我们今天所见的丹霞山绚丽多彩、千姿百态的奇特丹霞地貌景观。

第 4 章　浙江方岩丹霞地貌研究

4.1　研究区概况

4.1.1　自然地理特征

1. 地理位置概况

浙江方岩位于 120°05′55″～120°14′02″E，28°50′25″～29°06′04″N。总面积 232.2km^2，核心景区面积 152.8km^2，缓冲区面积 79.4km^2。方岩在行政区划上隶属于浙江省永康市（图 4-1），距永康市区约 23km，距义乌机场约 70km，西北与义乌市毗连，东北与东阳市、磐安县交界，东南与缙云县接壤，西南与武义县相邻，交通十分便利。

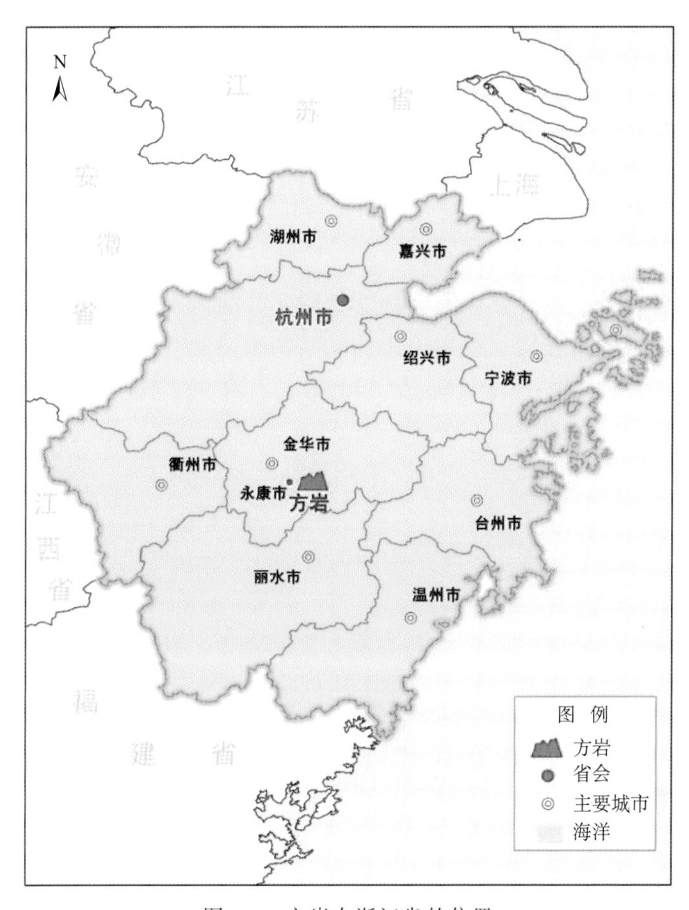

图 4-1　方岩在浙江省的位置

方岩属于典型的亚热带季风气候，年平均气温和降雨量分别在15～18℃和1500mm左右；植被类型属于中亚热带常绿阔叶林北部亚地带；流经风景区的溪流均属于钱塘江水系。本区的主要地形有低山、丘陵和河谷平原，绝大部分山峰如方岩山(图4-2)、鸡鸣峰、桃花峰、瀑布峰等山峰的海拔全部在300～400m，典型的地貌类型是丹霞地貌。

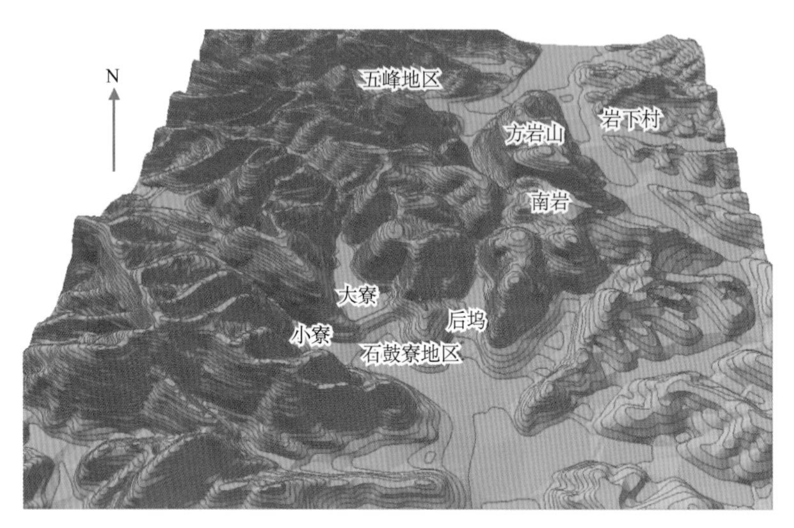

图4-2 方岩地区立体地貌图

2. 方岩的气候特征

方岩属于亚热带季风型气候。具有四季分明、气温适中、光照充足、雨量充沛、冬短夏长、夏热冬凉、春夏多雨、秋冬干燥的气候特点：

(1) 气温：方岩多年平均气温为17.9℃，1月平均气温为5.3℃，7月平均为29.2℃。

(2) 日照：年均日照总时数1909h，平均每日日照仅5.23h，7～9月较多，2～4月较少。

(3) 降水：本区降水丰富，多年平均降雨量为1513mm，但分配不均，主要集中于4～10月，占全年降雨量的72%。

(4) 湿度：年平均相对湿度77%，春季和夏初较大，秋冬较小。

(5) 风速：年平均风速1.35m/s，年主导风向为东北—东风，夏季为东南风，静风频率30.05%。

(6) 四季：以平均气温来划四季，表现出冬短夏长、春长于秋的特点。

3. 方岩的水文特征

水文与水资源概况：流经方岩的永康市河流属钱塘江水系。河流源于东南低山丘陵，属山溪性河流，其主要特性为：源短流急，水位落差大，洪水涨落快，持续时间短，年内洪、枯水位变化大。流经城区的主要有永康江、南溪、华溪、苏溪、小北溪和西北溪等（图 4-3）。永康江是永康境内最大的河流，自城区华溪、南溪汇合至武义交界处桐琴大桥段，干流全长 11km，流域面积 965km^2。

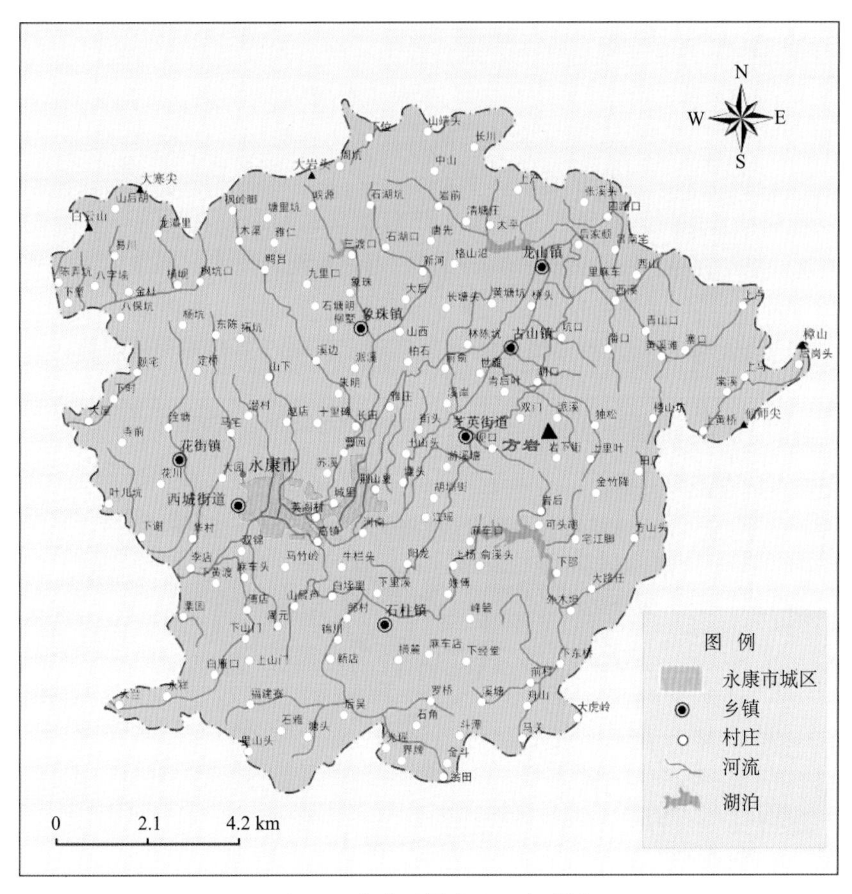

图 4-3　方岩及周边地区水系图

（1）流量：永康江水量丰富，多年平均流量为 15m^3/s，径流总量达 14.4×10^8 m^3。年际变化较大，最大流量 6 月达到 43.6m^3/s，最小流量一月仅 5.61m^3/s，大旱年枯季要断流。

（2）洪水与自然灾害：永康地区自然灾害主要有滑坡、崩塌、泥石流、地面塌陷等。在凝灰岩地区，山坡虽陡，但岩层稳定性较好，发育的地质灾害主要是人为开挖坡脚形成的岩块崩塌；而在砂岩出露地区，风化层厚度较大，地质灾害相对容易发生，出现的灾害主要是滑坡。地面塌陷的形成主要是人工开挖萤石矿，造成地面坍塌或地面不均匀沉降。

（3）水质：永康城用水主要取自永康江河谷砂砾石层孔隙潜水，水质良好。

（4）地下水：根据浙江省 1984 年区域水文地质调查，永康枯季地下径流模数 1.03 L/(s·km^2)，枯季地下径流量 0.238743×10^8 t/a。含水层位置在地面以下 5～

70m，水位埋藏浅，一般 0～2m。砂砾石层厚 6.5～7.5m，潜水位深 2m 左右，水质良好。此外，红层多有孔隙和裂隙水，富水性中等。

4.1.2　地质构造

方岩丹霞地貌区位于永康盆地内，地处江山—绍兴深断裂的东南侧，它在大地构造上隶属于华南褶皱系构造单元（图 4-4）。该单元在前震旦纪晋宁旋回时成为不典型优地槽，加里东和震旦旋回则成为冒地槽，印支和华力西旋回，回返成为地台；该单元在燕山运动时期，由于太平洋板块俯冲入欧亚板块之下，促使大陆边缘地壳重新活动，白垩纪早期受断裂拉张作用影响导致永康中生代断坳盆地的形成和早白垩系馆头组(K_1g)、朝川组（K_1c）和方岩组（K_1f）地层的沉积；中生代末期受北西—南东向挤压构造应力影响（竺国强等，1997），盆地东北部发生推隆和挤压，方岩地区遂逐渐隆升，并在隆升过程中产生众多断裂和节理，为丹霞地貌的发育奠定了基础（宋春青和张振春，1996）。

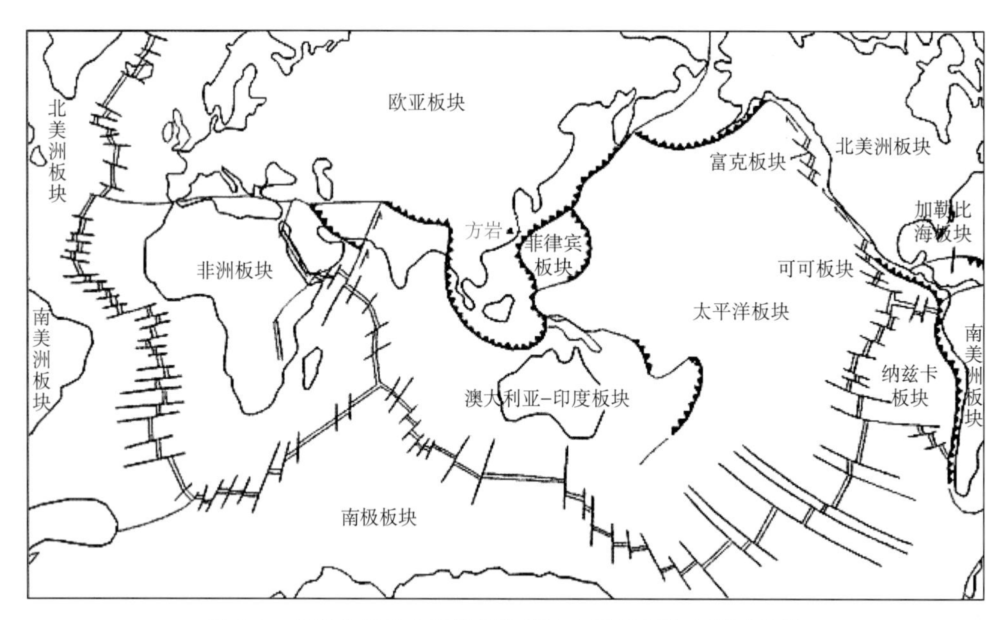

图 4-4　方岩位置及太平洋板块俯冲入欧亚板块之下示意图

本区除有上述宏观大地构造背景外，还有以下褶皱构造：

1. *永康向斜*

大致位于永康盆地的中心部位，其轴线自永康市东呈 NE20°～25°方向延伸，长约 15km，宽约 8km，南东翼馆头组、朝川组均有出露，北西翼仅为朝川组分布，两翼倾角一般 5°～20°，为一宽缓不对称向斜构造，该向斜中尚发育次一级的小型褶曲。

2. *石柱—方岩向斜*

位于永康市南东，轴线北东 20°方向，自石柱往北东延至方岩附近（图 4-5），长约

20km，宽 4～5km。除西南端翘起而出露部分馆头组和朝川组外，绝大部分为方岩组砂砾岩、砾岩所分布，近核部两翼倾角均甚平缓，在 10°～15°，远离核部皆被走向断裂所截，倾角变陡，在方岩村之东，受北西向张裂截切之后再未出现（黄进，1982）。

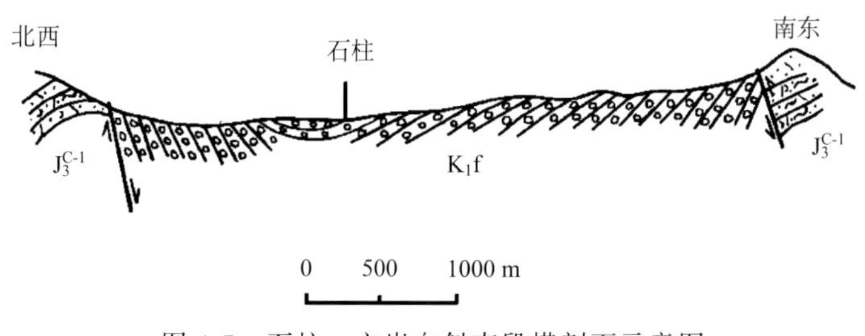

图 4-5 石柱—方岩向斜南段横剖面示意图

4.1.3 地层与岩性特征

方岩所在的永康地区出露的地层属华南地层区，区内地层单元较为简单，以下白垩统永康群广泛出露为特色，其次尚有部分上侏罗统磨石山群和上白垩统天台群分布（图 4-6）。根据岩石地层单位划分原则，区内可划分为 8 个岩组和 4 个岩性段，共计 10 个岩石地层单位（表 4-1 和图 4-7）（彭华和吴志才，2003）。

表 4-1 永康幅地质划分简表

年代地层单位			岩石地层单位			地层厚度/m
界	系	统	群	组	段	
新生界	第四系	全新统	—	鄞江桥组Q_hy	—	>10
中生界	白垩系	上统	天台群	赖家组K_2l	—	>50
				塘上组$K_{1\text{-}2}t$	—	>160
		下统	永康群	方岩组K_1f	—	>300
				朝川组K_1c	—	822.7
				馆头组K_1g	二段K_1g^2	536.1
					一段K_1g^1	252.8
	侏罗系	上统	磨石山群	九里坪组J_3j		>150
				西山头组J_3x	三段J_3x^3	>120
					二段J_3x^2	>250

1. 上侏罗统磨石山群

本群主要分布于永康盆地的北西部和东南部，组成白垩系盆地的基底。主要由一套中酸性火山碎屑岩和熔岩组成。根据地层层序及岩性岩相组合特征，自下而上可划分为西山头组和九里坪组。

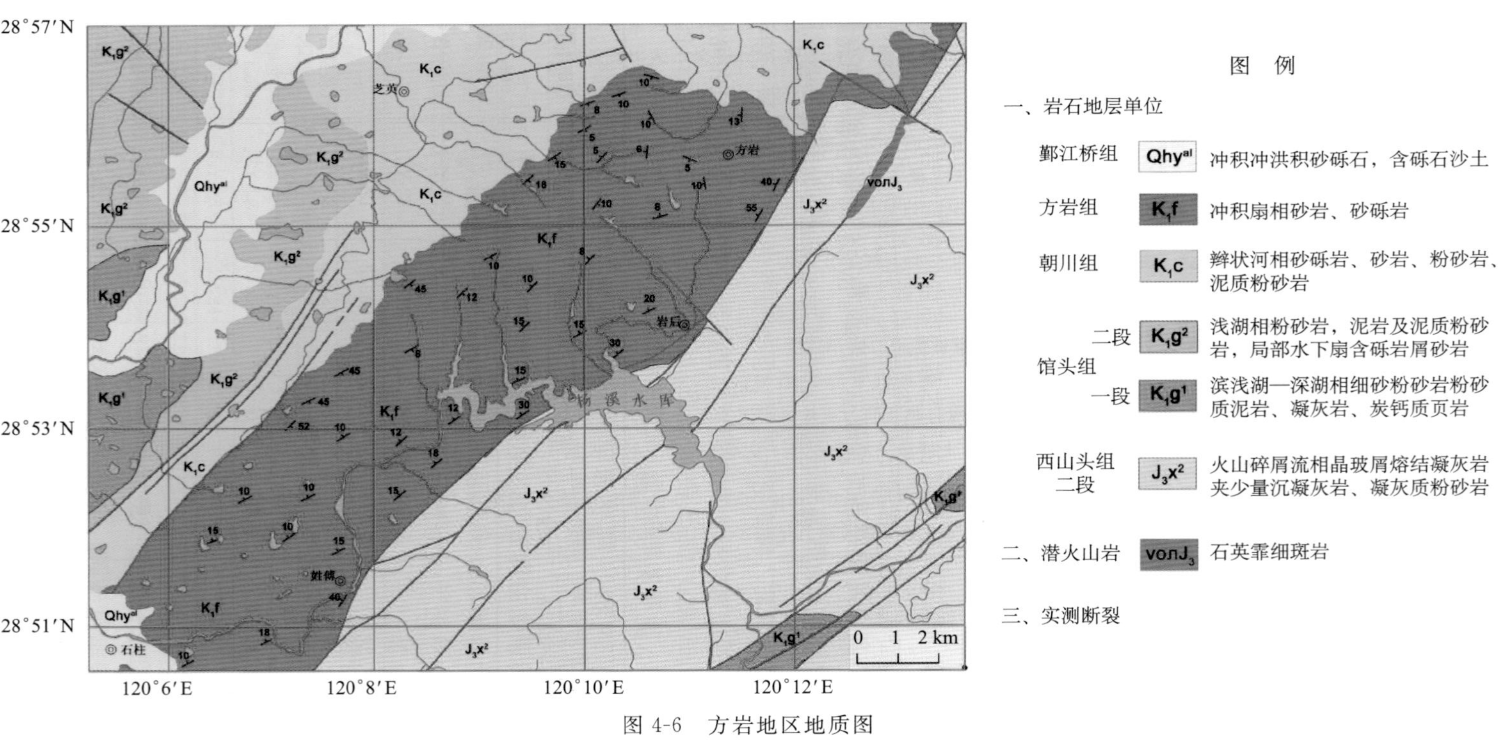

图 4-6　方岩地区地质图

据 1995 年中华人民共和国浙江省地质矿产厅 1：50000 永康市幅地质图 H-51-109-A 图幅转绘

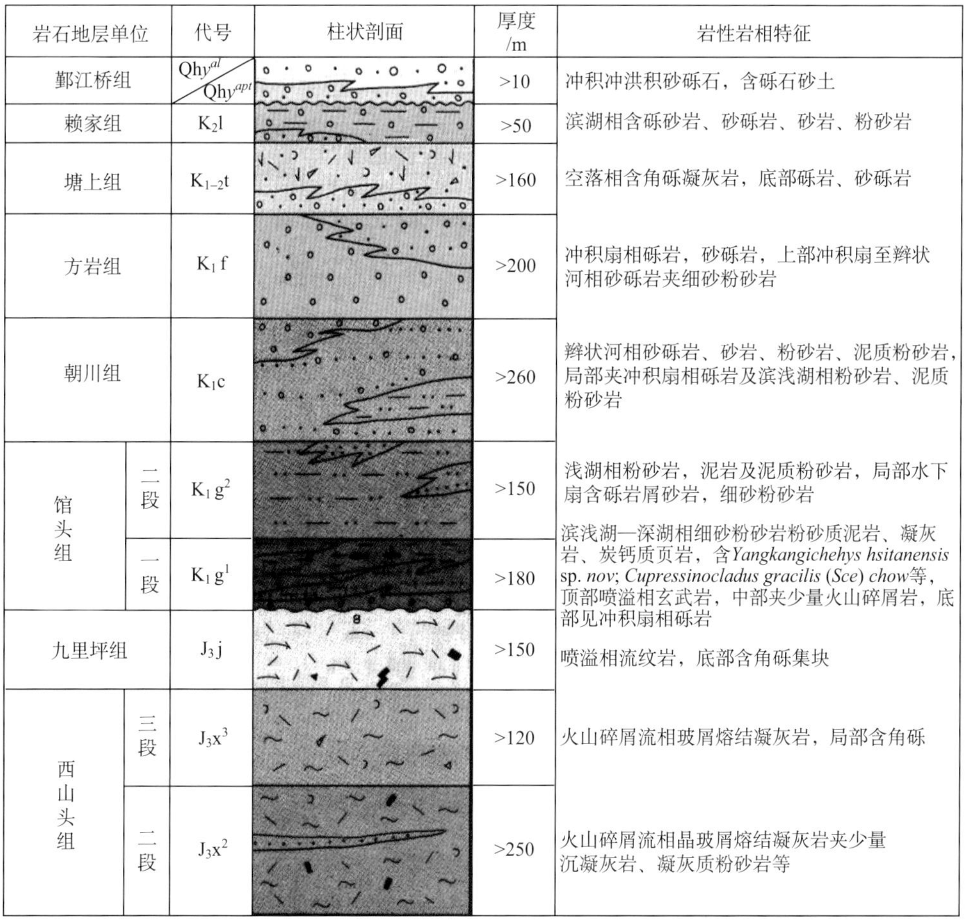

岩石地层单位		代号	柱状剖面	厚度/m	岩性岩相特征
鄞江桥组		Qhy^{al}/Qhy^{apl}		>10	冲积冲洪积砂砾石，含砾石砂土
赖家组		K_2l		>50	滨湖相含砾砂岩、砂砾岩、砂岩、粉砂岩
塘上组		$K_{1-2}t$		>160	空落相含角砾凝灰岩，底部砾岩、砂砾岩
方岩组		K_1f		>200	冲积扇相砾岩，砂砾岩，上部冲积扇至辫状河相砂砾岩夹细砂粉砂岩
朝川组		K_1c		>260	辫状河相砂砾岩、砂岩、粉砂岩、泥质粉砂岩，局部夹冲积扇相砾岩及滨浅湖相粉砂岩、泥质粉砂岩
馆头组	二段	K_1g^2		>150	浅湖相粉砂岩，泥岩及泥质粉砂岩，局部水下扇含砾岩屑砂岩，细砂粉砂岩
	一段	K_1g^1		>180	滨浅湖—深湖相细砂粉砂岩粉砂质泥岩、凝灰岩、炭钙质页岩，含*Yangkangichehys hsitanensis* sp. *nov*; *Cupressinocladus gracilis* (*Sce*) *chow*等，顶部喷溢相玄武岩，中部夹少量火山碎屑岩，底部见冲积扇相砾岩
九里坪组		J_3j		>150	喷溢相流纹岩，底部含角砾集块
西山头组	三段	J_3x^3		>120	火山碎屑流相玻屑熔结凝灰岩，局部含角砾
	二段	J_3x^2		>250	火山碎屑流相晶玻屑熔结凝灰岩夹少量沉凝灰岩、凝灰质粉砂岩等

图 4-7　方岩所在的永康地区综合地层柱状图

1）西山头组

分布于永康盆地东南部的杨溪水库—派塘施一带及西北部童宅等地。本组主要由火山碎屑流相熔结凝灰岩组成，依据岩性组合及火山活动特征的差异，可划分为二个岩性段，其岩性组合为：

西山头组二段：主要由流纹质（含）晶屑玻屑熔结凝灰岩组成，岩石中常含有数量不等的岩屑角砾，局部角砾含量较高，可过渡为流纹质角砾玻屑熔结凝灰岩。本段地层的中上部常夹有不稳定的沉凝灰岩、凝灰质粉砂岩等沉积层，厚度大于 250m。西山头组三段：以英安流纹质（角砾）玻屑熔结凝灰岩为主，夹有流纹质角砾玻屑凝灰岩、流纹质玻屑熔结凝灰岩等，岩石的假流纹构造普遍较发育，厚度大于 120m。

2）九里坪组

主要分布于下里溪一带。本组下部为流纹质角砾熔岩；中部为流纹岩夹凝灰角砾岩、流纹质角砾玻屑凝灰岩；上部则为一套岩性较为单一的流纹岩、球泡流纹岩，局部岩石中斑晶含量较高，可过渡为流纹斑岩，地层厚度大于 150m。

2. 白垩系

白垩系地层是区内的主要地层单元，广泛分布于永康盆地的中部及东南角，出露面积达 255km^2，约占本区总面积的 56.7%。本区白垩系地层可划分为永康群馆头组、朝川组、方岩组及天台群塘上组和赖家组，其中永康群构成了永康盆地的主体；上白垩统天台群仅在东南角盆缘和壶镇盆地北缘有少量分布（郝诒纯等，1986）。

1）永康群

（1）馆头组（K_1g）

主要分布于永康、清渭街一带，另在李宅等地亦有零星分布，与下伏上侏罗统西山头组、九里坪组呈不整合接触，由一套内陆湖泊相沉积岩及少量中基性、基性熔岩、酸性火山碎屑岩组成，岩相类型较为复杂，岩性组合多变。据前人地质调查及钻孔资料，本组可进一步划分为二个岩性段。

馆头组一段：主要分布于永康盆地边缘及盆地下部，以深湖沉积为主体。岩性组合为：底部为冲积扇—辫状河相砾岩、砂砾岩、粗砂岩、细砂—粉砂岩；盆缘为滨浅湖相含砾砂岩、粉砂岩及湖三角洲相钙质页岩、砂岩、砾岩，局部见冲积扇相沉积物叠加；盆内以深湖相灰黑—黑色泥岩、含钙、炭质页岩为主，间夹水下河道相含砾细砂岩、粉砂岩及少量砂砾岩。

馆头组二段：主要分布于永康市区东北部，总体具浅湖沉积的特征。岩性组合为：盆缘为滨浅湖相和水下扇相沉积，主要由含砾中粗砂岩、岩屑砂岩、细砂粉砂岩、粉砂质泥岩及少量砂砾岩组成；盆内下部以浅湖相沉积为主，由不稳定细砂岩及粉砂岩、粉砂质泥岩组成，间夹水下河道相中细砂岩、喷溢相玄武岩—玄武安山岩、空落相酸性火山碎屑岩；盆内上部以浅湖相、水下扇相、水下河道相沉积为主，主要由含砾砂岩、岩屑砂岩、中细粒砂岩、粉砂岩、粉砂质泥岩组成，常含钙质结核，地层厚度大于 536.1m。

馆头组古生物化石较为丰富，主要有：介形类，cf. *Encypris*（真星介相似种）、*Eucypris* sp.（真星介未定种）、*Damonella yongkangensis* Ye（永康达蒙介）等；腹足类，*Brotlopsis kobayshii sinsyuensis* Suzuki（小林氏布罗螺晋州亚种）、*Galba yangkungensis*（永康土蜗）等；瓣鳃类，*Viviparus* sp.（田螺未定种）、*Nakamuranaia* sp.（中村蚌未定种）、*N. chingshanesisl Grabau*（青山中村蚌）、cf. *N. chingshanensis Grabau*（青山中村蚌相似种）、*Plicatotunio* sp.（褶珠蚌、未定种）、*P. latiplicatus* Gu et Yu（宽褶褶珠蚌新种）、*P. multipicatus*（多褶珠蚌）；鱼类，*Chetungichthys brevicephalus* sp. nov. Chang et Chou（短头浙东鱼新种）、*Yungkangichthys bsitanensis* sp. nov. Chang et Chou（滨坦永康鱼新种）、*Paralycotera wui* sp. nov. Chang et Chou（伍氏副狼鳍鱼新种）等；植物有 *Cladophlebis* cf. *browniana* Dunker（布朗枝脉蕨相似种）。

1995 年 11 月 7 日《浙江日报》曾报道，在永康市古丽镇西发现一块保存完整的恐龙股骨化石。经初步分析，该化石是恐龙死后经河流冲刷，异地埋葬而形成的。据化石骨壁较薄的特征推断，可能是肉食类恐龙，其埋葬层位属馆头二段，此化石现为省自然博物馆收藏。另据方岩风景区管理委员会提供的资料（图 4-8 和图 4-9），方岩西山头（老婆塘山）1996 年 1 月 18 日曾出土恐龙蛋化石，方岩城内城西路 2000 年 9 月曾出土恐龙腿骨化石（长度为 1.5m）。从恐龙蛋所在层位的岩性特征上看，亦类似于馆头组二段。

图 4-8　方岩西山头（老婆塘山）1996 年 1 月 18 日出土的恐龙蛋化石

图 4-9　方岩城内城西路 2000 年 9 月出土的恐龙腿骨化石（长度为 1.5m）

（2）朝川组（K_1c）

为永康盆地的主要地层单元之一，广泛分布于清渭街—古山—坑里一带，出露面积 84km^2。本组以辫状河相沉积为主体，由多个辫状河相基本层序组成，每个基本层序下部为砾岩，顶部为不稳定紫红色粉砂岩，在盆缘附近，见有冲积扇相砾岩、砂砾岩。在莲屋西侧，见有浅湖（或滨浅湖）相细砂岩、含砾砂岩、粉砂岩、粉砂质泥岩沉积。

(3) 方岩组 (K_1f)

分布于盆地南东缘石柱—方岩—莲屋一带，出露面积55km²，主要分布在永康—南马盆地中的石柱—方岩、永康俞溪头等地，以冲积扇相为主体，岩性为块状砾岩、砂砾岩及透镜体、似层状含砾粗砂岩。在方岩山一带（图 4-10），过渡为冲积扇—扇前辫状河相沉积，岩性为中厚层状中细粒砂岩、细砂粉砂岩，冲积扇—扇前辫状河相沉积物常形成典型的丹霞地貌，构成了永康方岩国家自然遗产地主要地貌景观，本组地层厚度大于 300m（朱诚等，2009b）。

图 4-10　方岩山方岩组岩层

2) 天台群

天台群主要见于永康盆地东南部新楼以南一带，出露面积小，可分为塘上组、赖家组。

(1) 塘上组

分布于永康盆地东南角新楼南侧，出露面积 8km²。与下伏西山头组呈角度不整合接触，厚度大于 150m。

本组底部见砾岩，其上见一层凝灰质集块角砾岩，厚度约 10～20m。中上部岩性为空落相灰—灰紫色流纹质角砾凝灰岩、流纹质角砾玻屑熔结凝灰岩、玻屑凝灰岩、夹凝灰质砂砾岩、凝灰质细砂粉砂岩。

(2) 赖家组

仅在本区新楼南侧见有少量分布，面积约 1km²，厚度大于 50m，本组为滨浅湖相沉积。岩性为紫红色细砂岩、粉砂岩、粉砂质泥岩，及少量砂砾岩、岩屑砂岩，发育平行层理及水平层理等。

3. 第四系

分布于永康、清渭街、古山等地，出露面积为 87.8km²，本区第四系仅出露鄞江桥组，主要为冲积、冲洪积成因。厚 2～10m，局部大于 15m。

冲积物分布于永康、古山一带，其岩性下部为灰黄色砾石层、砂砾石层，常发育交错层理、水平层理，上部为含砾砂层、亚砂土、亚黏土、黏土等。现代河流河床为砾石层、砂砾层及中细砂层；河漫滩具二元结构，下部为砾石层，上部为含砾砂土层、亚黏土层，透镜状粉砂层。

冲洪积物分布于清渭街一带，其岩性为：下部灰黑色砂砾石层；中部灰黄色含砾亚黏土层；上部砂砾石层；顶部亚砂土、亚黏土及腐殖土层。

4.2　野外调查和采样过程

2007 年 12 月至 2008 年 4 月，南京大学朱诚团队承担了浙江省江郎山和方岩两地丹霞地貌申报世界自然遗产的前期地质地貌野外调查和部分申遗的文本编制工作。通过对方岩丹霞地貌的实地考察，课题组认为，从丹霞地貌的宏观发育阶段来看，方岩丹霞地貌属于“青年期”类型的突出代表，符合申报世界自然遗产中具有突出、普遍的美学和科学价值的理由（黄进，1992；彭华，2002）。

野外调查和采样过程中对婆岩、寿星岩和螺狮岩三地 99 块砾石的 *AB* 面倾向和倾角以及砾石的 *A*、*B*、*C* 轴长度进行了现场量测；对砾石的磨圆度和抗风化程度也进行了现场观测描述。此外，还采集岩石标本 63 块，如表 4-2 所示。

表 4-2　方岩岩层标本采集情况记载

编号	采集地点	位置		海拔/m	野外判定岩性	备注
		纬度	经度			
1	方岩飞桥	28°53.964′N	120°11.381′E	339	砾岩	采集标本
2	方岩飞桥	28°55.080′N	120°10.282′E	339	砂岩	采集标本
3	方岩天门	28°55.540′N	120°11.237′E	320	细砂岩	
4	方岩蛟龙泉	28°55.512′N	120°11.269′E	320	粗砂岩	
5	方岩蛟龙泉	28°55.512′N	120°11.269′E	320	砾岩	
6	方岩山顶	28°55.785′N	120°11.231′E	381	沙砾岩	西南坡
7	方岩东侧	28°55.707′N	120°11.381′E	288	砾岩	采集标本
8	方岩东侧	28°55.707′N	120°11.381′E	288	细砂岩	采集标本
9	方岩西侧	28°56.388′N	120°07.986′E	296	细砾岩	有数十条砂岩与砾岩的夹层，差异侵蚀显著，砂岩侵蚀快于砾岩，采样点距谷底约 30m
10	方岩西侧	28°56.388′N	120°10.282′E	290	粉砂岩	采集标本
11	南岩南侧	28°55.337′N	120°10.860′E	225	砂岩	胡公山
12	南岩南侧	28°56.319′N	120°10.256′E	243	砾岩	胡公山
13	灵岩寺南侧	28°53.964′N	120°10.351′E	227	砾岩	采样点位于洞穴西侧 20 米

续表

编号	采集地点	位置		海拔/m	野外判定岩性	备注
		纬度	经度			
14	羊角天后洞	28°54.338′N	120°10.387′E	159	粗砂岩	采集标本
15	羊角天后洞	28°54.338′N	120°10.387′E	159	砾岩	
16	应孟明墓西100米处	28°53.914′N	120°10.305′E	167	砾岩	采集标本
17	五峰书院东侧	28°53.964′N	120°10.351′E	238	砾岩	陈亮洞
18	五峰书院东侧	28°56.388′N	120°10.282′E	238	细砂岩	陈亮洞
19	天墨瀑下侧	28°55.512′N	120°11.269′E	244	砂砾岩	上层
20	天墨瀑下侧				细砂岩	中层
21	天墨瀑下侧				粗砾岩	下层
22	龙湫瀑下侧				粉砂岩	夹层厚 60～170cm
23	瀑布峰山腰				混杂砾岩	采集标本
24	鸡鸣峰山腰	28°55.935′N	120°11.068′E	206	细砂岩	崩塌穴
25	鸡鸣峰山腰	28°56.319′N	120°10.256′E	211	粗砾岩	崩塌穴
26	寿山村水库旁	28°56.388′N	120°10.282′E	168	砂砾岩	东北侧岩穴
27	杨溪水库	28°53.903′N	120°10.305′E	144	粗砂岩	西南岸
28	寿星岩	28°55.361′N	120°10.860′E	200	砾岩	上侧
29	寿星岩	28°55.361′N	120°10.860′E	200	砾岩	中侧
30	大寮寿星谷地	28°55.707′N	120°11.381′E		砾石	德清寺左侧
31	后坞坑底	28°55.337′N	120°11.129′E	200	紫红色粉砂岩	内含青灰色火山岩结核
32	后坞坑底	28°55.337′N	120°11.129′E	200	砂砾岩	采集标本
33	纱帽峰北侧	28°54.181′N	120°11.560′E	256	混杂泥岩	采集标本
34	纱帽峰北侧				砂岩 粗砾岩	山腰岩穴，砂岩过渡层
35	金竹降	28°56.319′N	120°10.256′E	186	角砾凝灰岩	公路旁
36	金竹降				角砾凝灰岩	公路旁
37	婆峰山顶岩穴	28°56.319′N	120°10.256′E	440	砂砾岩	采集标本
38	婆峰山顶岩穴	28°56.319′N	120°10.256′E	440	砂岩	采集标本
39	婆峰山腰	28°56.319′N	120°10.256′E	387	砂砾岩	采集标本
40	婆峰山腰	28°56.319′N	120°10.256′E	387	粗砂岩	采集标本
41	公峰山顶	28°56.388′N	120°10.282′E	469	紫红色砂岩	采集标本
42	公峰山顶	28°56.388′N	120°10.282′E	469	粗砾岩	采集标本
43	洪福寺东北	28°52.576′N	120°07.986′E	247	砂岩	上层
44	洪福寺东北	28°52.576′N	120°07.986′E	247	砂砾岩	下层
45	天表村南	28°53.903′N	120°10.305′E	122	火山凝灰岩	采集标本
46	天表村南	28°53.903′N	120°10.305′E	122	火山凝灰岩	

续表

编号	采集地点	位置		海拔/m	野外判定岩性	备注
		纬度	经度			
47	小寮岩穴上壁	28°55.707′N	120°11.381′E	302	砾岩	采集标本
48A	五指岩山腰	29°04.671′N	120°06.758′E	375	火山岩	
48B	五指岩山脚	29°04.671′N	120°06.758′E	317	火山岩	采集标本
49	狮峰	28°55.935′N	120°11.479′E	377	砂岩	
50	狮峰山脚	28°55.975′N	120°10.905′E	234	砾岩	采集标本
51	大山头山腰	28°55.022′N	120°11.801′E	290	砾岩	
52	大山头山脚	28°55.080′N	120°11.560′E	212	火山岩	采集标本
53	大山头山脚	28°55.080′N	120°11.560′E	212	细砂岩	
54	小坑深处	28°55.699′N	120°11.068′E	183	砾岩	
55	小坑深处	28°55.699′N	120°11.068′E	183	砂岩	采集标本
56	龙湫瀑下岩穴	28°53.903′N	120°10.305′E	188	粗砂岩	采集标本
57	龙湫瀑下岩穴	28°55.361′N	120°10.860′E	188	砾岩	采集标本
58	螺蛳峰	28°55.975′N	120°10.905′E	181	砂岩	采集标本
59	螺蛳峰	28°55.975′N	120°10.905′E	181	砾岩	采集标本
60	城西路 47 号西侧	28°54.181′N	120°0.420′E	105	细砂岩	上层
61	城西路 47 号西侧	28°54.181′N	120°0.420′E	105	砾岩	中层
62	城西路 47 号西侧	28°54.181′N	120°0.420′E	105	粗砂岩	下层
63	城西路 47 号西侧	28°54.181′N	120°0.420′E	105	疑似恐龙化石	细砂岩层

4.3　实验研究过程

在南京大学现代分析中心对方岩组（K_1f）重要地貌部位（五峰书院东侧陈亮洞和南岩南侧扁平洞穴）的部分岩石标本进行了 X 荧光光谱测定、磨薄片后偏光显微镜鉴定，结果发现岩穴中凹进部分的成分主要是细砂质粉砂岩，其碎屑物含量一般高达 60%～70%，填隙物占 30%～40%，主要成分为钙质胶结物、泥质物和铁质氧化物等，相对较易风化；而岩穴上部凸出部分以砾岩为主，砾石的含量约占 55%左右，填隙物的含量有所降低，一般在 20%～30%左右，铁质氧化物胶结物和杂基的比重有所增大，石英碎屑含量约 10%左右，有的石英可见高温熔蚀边呈角砾状，构成的岩体较坚固，抗风化能力相对较强，具体实验数据如表 4-3 和表 4-4((a) 表和（b）表）所示。

图 4-11 为方岩方岩组（K_1f）岩石标本薄片偏光显微镜鉴定照片（分页显示）。

表 4-3　方岩岩石标本 X 荧光光谱测定结果

序号	SiO_2 /%	Al_2O /%	Fe_2O_3 /%	CaO /%	MgO /%	K_2O /%	Na_2O /%	TiO_2 /%	P_2O_5 /(μg/g)	SO_3 /(μg/g)	MnO /(μg/g)	BaO /(μg/g)	SrO /(μg/g)	V_2O_5 /(μg/g)	ZrO_2 /(μg/g)	Rb_2O /(μg/g)	ZnO /(μg/g)	Y_2O_3 /(μg/g)	LOI/%
1	68.0	16.6	1.71	2.76	0.842	4.58	1.90	0.246	610	180	700	1070	390	8	190	170	77	3	3.100
2	67.3	17.2	2.56	1.22	1.21	4.96	1.80	0.436	1190	1380	600	910	310	22	230	120	96	16	3.03
3	69.1	16.8	3.16	0.309	1.16	3.96	0.948	0.559	600	310	320	640	150	68	350	140	96	26	3.290
4	67.3	16.5	2.90	1.80	1.62	3.81	1.81	0.571	1340	340	1190	710	180	100	370	130	85	18	3.760
5	67.9	18.0	1.76	0.352	0.510	6.03	2.60	0.233	600	190	190	0.117	210	73	240	160	67	17	2.350
6	68.7	17.5	2.37	0.470	0.708	4.78	1.99	0.392	780	640	990	820	200	150	250	140	100	—	2.720
7	58.8	14.9	2.29	9.99	0.974	3.92	1.81	0.393	880	850	1450	740	460	24	190	130	90	—	6.440
8	60.3	17.6	3.68	4.84	1.73	3.96	0.800	0.631	0.127	980	960	570	200	220	310	140	100	12	6.500
9	62.9	13.3	2.60	8.50	0.954	3.70	1.69	0.365	940	760	1100	820	340	—	210	130	59	11	5.590
10	63.1	15.8	2.98	15.8	1.97	3.93	0.745	0.527	890	0.171	710	630	180	32	300	160	59	22	5.950
11	63.3	16.1	2.98	4.09	2.01	3.77	1.01	0.550	1380	1400	700	460	250	10	380	150	96	17	5.780
12	70.6	15.9	2.08	0.506	0.974	4.97	2.01	0.378	1040	61	330	1100	190	8	190	150	77	—	2.190
13	70.8	16.2	1.79	0.434	1.13	4.72	1.87	0.270	990	1250	360	860	120	33	180	130	81	42	2.310
14	62.8	19.5	2.43	1.65	3.31	4.36	1.44	0.462	0.101	0.102	870	840	510	21	210	130	97	13	3.550
15	68.7	15.8	2.20	1.56	1.09	4.85	1.91	0.357	1990	920	620	830	220	—	190	130	70	17	2.980
16	68.6	16.8	1.90	1.50	0.615	5.09	1.79	0.335	1420	440	540	870	130	120	180	170	78	7	2.92
17	68.3	15.7	2.07	2.13	1.24	4.62	1.88	0.319	1470	0.531	950	640	380	—	240	170	42	39	2.80
18	61.9	17.0	3.18	3.25	2.27	4.63	0.898	0.541	1480	660	830	350	510	83	250	180	49	30	5085
19	61.7	16.2	2.76	6.27	0.957	4.48	2.33	0.449	1350	890	720	610	340	35	260	150	59	15	4.470
20	63.8	15.2	3.34	3.05	2.46	3.94	0.738	0.577	0.134	0.181	930	—	610	—	280	180	130	15	6.280
21	67.2	14.0	2.02	4.62	0.934	4.98	2.11	0.330	710	1980	730	630	210	—	280	170	74	10	3.260

续表

序号	SiO_2 /%	Al_2O /%	Fe_2O_3 /%	CaO /%	MgO /%	K_2O /%	Na_2O /%	TiO_2 /%	P_2O_5 /(μg/g)	SO_3 /(μg/g)	MnO /(μg/g)	BaO /(μg/g)	SrO /(μg/g)	V_2O_5 /(μg/g)	ZrO_2 /(μg/g)	Rb_2O /(μg/g)	ZnO /(μg/g)	Y_2O_3 /(μg/g)	LOI/%
36	73.1	13.6	1.70	0.486	0.154	4.58	3.25	0.211	0.062	400	490	840	410	—	490	230	79	71	2.230
37	65.6	14.7	2.65	4.49	0.928	4.77	1.92	0.401	0.162	1410	1210	1110	470	—	360	210	110	11	3.94
43	68.0	16.7	1.64	0.552	0.334	6.91	3.43	0.382	0.047	420	620	1290	190	36	360	190	40	6	1.660
45	66.0	18.6	2.25	0.168	0.301	5.36	3.87	0.434	0.016	210	290	2270	400	39	340	170	55	21	2.640
48A	68.5	17.3	1.19	0.862	0.064	6.95	2.64	0.175	—	390	560	580	48	—	220	180	38	20	2.480
51	69.4	16.3	1.80	0.387	0.527	5.72	3.13	0.449	0.126	1600	750	1330	210	23	310	210	140	4	1.630
53	68.0	16.3	2.19	1.43	0.904	6.11	1.93	0.365	0.08	900	480	760	310	44	460	260	78	15	2.360
63	25.2	5.45	1.35	36.0	0.651	1.25	0.235	0.281	0.070	960	0.236	—	230	130	55	40	66	33	29.14

注："—"栏为空，表示未检测到样品含该氧化物

表 4-4 (a) 方岩方岩组 (K_1f) 岩石标本薄片偏光显微镜鉴定结果

编号	地点	纬度	经度	海拔/m	岩性	光性倍数	显微镜下岩性特征	图片编号
1	方岩飞桥	28°52.576′N	120°07.986′E	339	细砾岩	正交×4 正交×10	砾状结构，砾石之间为砂状结构，砾石约占 50%，砂粒含量约 30%，填隙物约 20%，碎屑物分选差，磨圆度中等—差，次圆状—次棱角状，一般地粗碎屑比细碎屑磨圆度好，岩屑比矿物碎屑磨圆度好。碎屑物（砾石和砂，80%）：其中砾石直径 2～15mm，砂粒为 0.2～1.5mm，主要成分为火山岩岩屑，少量石英和长石。火山岩岩屑约占 65%，主要有酸性火山岩（流纹质凝灰岩、流纹岩和熔结凝灰岩等）岩屑，偶见泥质岩屑（很可能是火山岩岩屑蚀变而成的泥岩岩屑）。有的流纹岩具球粒结构。凝灰岩主要由晶屑和玻屑组成。粗大的碎屑（砾石和粗砂）几乎都是火山岩岩屑。火山岩岩屑蚀变（泥化）普遍较强烈。石英晶屑约 10%，有的可见高温熔蚀现象。长石占 5%，为斜长石和条纹长石。填隙物约占 20%，为方解石胶结物（约 10%，为它形粒状）和杂基（约 10%，为黏土和细粉砂等）	40 41 42 43
2	方岩飞桥	28°55.975′N	120°10.905′E	339	砂岩	单偏×4 正交×4 正交×10	砂状结构。碎屑颗粒分选较好，颗粒粒径以 0.2～0.4mm 为主，少数达 0.5～1.0mm，磨圆度中等—差，次棱角状—次圆状，不同成分磨圆度差别较大，其中岩屑磨圆度相对较好，石英碎屑则磨圆度差。碎屑颗粒：约占 70%，主要成分是酸性火山岩岩屑 30%、石英 25%、长石 15%，偶见黑云母碎屑。有些火山岩岩屑具很强烈的蚀变，含大量蚀变黏土矿物。长石为斜长石和条纹长石，具中等程度的蚀变（泥化、绢云母化，个别具碳酸盐化）。填隙物 30%，主要为黏土和很细小的碎屑构成的杂基，约占 22%。方解石胶结物约 3%，呈不规则它形粒状，分布很不均匀。铁质氧化物胶结物约 5%	44 45 46 47

续表

编号	地点	纬度	经度	海拔/m	岩性	光性倍数	显微镜下岩性特征	图片编号
3	方岩天门	28°55.540′N	120°11.237′E	320	泥质粉砂岩	正交×10 正交×20	泥质粉砂结构。碎屑物占 55%，分选好，粒径多为 0.03～0.05mm，少量（<5%）粒径为 0.2～0.5mm 的较大碎屑，磨圆度差，为棱角状，主要成分是石英（40%）、白云母（10%）、少量长石（5%），偶见火山岩岩屑（薄片中仅仅见到一个岩屑颗粒，粒径约 0.3mm）填隙物 45%，主要成分是泥质物（40%），少量铁质氧化物（5%）。整个岩石中成分分布不均匀，不同成分相对富集构成纹理构造，有的纹理泥质物和铁质氧化物较多，颜色略深，有的纹理粉砂含量较高，颜色略浅	48 49
4	方岩蛟龙泉	28°55.512′N	120°11.269′E	320	岩屑砂岩	单偏×10 正交×10 正交×20	不等粒砂状结构（细—粗砂结构，部分粉砂结构）。碎屑物占 75%，分选很差，粒径 0.04～2.0mm 不等，磨圆度不等，粗碎屑物磨圆度从中等到较好，次圆状到圆状，细碎屑物（粒径<0.15mm）磨圆度很差多为棱角状。碎屑物主要成分有石英 45%，岩屑 20%、长石 10%。岩屑为酸性火山岩（流纹岩、凝灰岩等）岩屑，有的具有球粒结构。有些火山岩岩屑具很强烈的蚀变，含大量蚀变黏土矿物。长石为斜长石和条纹长石，有的长石具很强的碳酸盐化（方解石交代长石）。填隙物 25%，主要为黏土和很细小的碎屑构成的杂基，约占 15%。方解石胶结物约 5%，呈不规则它形粒状，分布很不均匀。铁质氧化物胶结物约 5%。岩石中含泥质粉砂岩团块、条带	50 51 52 53 54 55
5	方岩蛟龙泉	28°55.512′N	120°11.269′E	320	砾岩	正交×4 正交×10	砾状结构，砾石之间为砂状结构，砾石约占 40%，砂粒含量约 35%，填隙物约 25%，碎屑物分选差，磨圆度中等—差，次圆状—次棱角状，岩屑以次圆状为主，矿物碎屑多为次棱角状。碎屑物（砾石和砂，75%）：其中砾石直径 5～22mm，砂粒为 0.2～1.8mm，主要成分为火山岩岩屑，少量石英和长石。石英晶屑约 10%，有的可见高温熔蚀现象。长石占 5%，为酸性斜长石和正长石。火山岩岩屑约占 65%，为酸性和中性火山岩（熔结凝灰岩、流纹岩和安山岩等）岩屑，有的流纹岩岩屑具斑状结构，基质具霏细结构，斑晶主要为酸性斜长石和石英。安山岩岩屑具安山结构（玻晶交织结构），含大量半定向排列的斜长石微晶。有的流纹岩岩屑可见球粒结构。熔结凝灰岩岩屑具假流纹构造，主要由晶屑（长石、石英和黑云母晶屑）、浆屑、安山岩岩屑（仅见一颗，它是熔结凝灰岩的组成部分，处在熔结凝灰岩内部）和细小的充填物组成。在薄片中熔结凝灰岩岩屑粒径粗大，最大的粒径约 22mm。熔结凝灰岩蚀变中等—很强。蚀变最强的熔结凝灰岩，主要（约 90%）由蚀变黏土矿物组成，已蚀变为黏土岩岩屑，但仍残留着假流纹构造和塑变玻屑、浆屑的形态特征。填隙物约占 25%，为细粉砂和黏土构成的杂基，其中黏土矿物约占 15%	56 57 58 59 60

续表

编号	地点	纬度	经度	海拔/m	岩性	光性倍数	显微镜下岩性特征	图片编号
6	方岩山顶	28°55.785′N	120°11.231′E	381	砾岩	单偏×10 正交×20 正交×10 正交×4	砾状结构，砾石之间为砂状结构，砾石约占45%，砂粒含量约30%，填隙物约25%，碎屑物分选差，磨圆度中等—差，次圆状—次棱角状，岩屑以次圆状为主，矿物碎屑多为次棱角状。碎屑物（砾石和砂，75%）：其中砾石直径多2～6mm，砂粒为0.1～1.5mm，主要成分为火山岩岩屑，少量石英和长石，偶见硅质岩岩屑和白云母碎屑。石英晶屑约10%，长石占5%，以酸性斜长石为主少量条纹长石。火山岩岩屑约占65%，以酸性火山碎屑岩（熔结凝灰岩、凝灰岩）岩屑为主，少量中性和酸性熔岩（安山岩、流纹岩等）岩屑。凝灰岩具玻屑、晶屑凝灰结构。熔结凝灰岩岩屑具假流纹构造，由晶屑、塑变玻屑和浆屑组成。安山岩岩屑具安山结构（玻晶交织结构），含大量半定向排列的斜长石微晶。流纹岩岩屑具斑状结构，斑晶可见黑云母和斜长石，基质具霏细结构。有的熔结凝灰岩蚀变中等—很强，含大量蚀变黏土矿物。砾石主要为火山岩岩屑和少量粗大的石英。填隙物约占25%，主要为细粉砂和黏土构成的杂基，约20%，少量铁质氧化物胶结物，约5%	66 67 68 69 70 71 72 73 74
7	方岩东侧	28°55.707′N	120°11.381′E	288	砾岩	单偏×4 单偏×20 正交×4 正交×10 正交×20	砾状结构，砾石之间为砂状结构，砾石约占30%，砂粒含量约40%，填隙物约30%，碎屑物分选差，磨圆度中等—差，次圆状—次棱角状，岩屑以次圆状为主，矿物碎屑多为次棱角状。碎屑物（砾石和砂，70%）：其中砾石直径多2～8mm，砂粒为0.2～1.2mm，主要成分为岩屑、石英和长石。石英碎屑约20%，可见高温熔蚀边，多为砂状，个别较粗大粒径达2～3mm为角砾状。长石占8%，为酸性斜长石和条纹长石，具有中等—很强的碳酸盐化。岩屑约占42%，主要为酸性和中性火山岩（流纹质凝灰岩、流纹岩和安山岩等），偶见石灰岩岩屑。流纹质凝灰岩主要由弓形—弧面多角形玻屑（占65%）、晶屑（5%）及其填隙物（为火山尘，约30%）组成，玻屑粒径0.1～0.3mm，玻屑有微弱的变形和定向。有的流纹岩具球粒结构。安山岩岩屑具安山结构（玻晶交织结构），含大量半定向排列的斜长石微晶。填隙物约占30%，主要为方解石胶结物（约23%，为它形粒状，晶体较粗大），少量铁质氧化物胶结物（2%），少量杂基（约5%，为黏土和细粉砂等）	75 76 77 78 79 80 81 82 83 84

续表

编号	地点	纬度	经度	海拔/m	岩性	光性倍数	显微镜下岩性特征	图片编号
8	方岩东侧	28°55.707′N	120°11.381′E	288	钙质粉砂岩	正交×10 正交×20	粉砂状结构。碎屑物：占65%，分选较好，粒径以0.03～0.07mm为主，少数（<5%）粒径为0.1～0.15mm磨圆度差，以棱角状为主。主要成分是石英（55%）、白云母（5%）、长石（2%）、岩屑（3%），偶见蚀变黑云母。填隙物：35%，主要为方解石胶结物，约25%和铁质氧化物胶结物，约10%	85 86 87
9	方岩西侧	28°55.785′N	120°10.305′E	296	岩屑砂岩	单偏×4 单偏×10 正交×10 正交×20	中粗粒砂状结构。碎屑颗粒：约占70%，分选中等，颗粒粒径约0.3～1.8mm，多数0.5～1.0mm。磨圆度中等，以次圆状—次棱角状。主要成分是岩屑约40%、石英25%、长石5%。长石以酸性斜长石为主，具有细而密集的聚片双晶。岩屑主要为酸性和中性火山岩（流纹质熔结凝灰岩、流纹岩和安山岩等）。流纹质熔结凝灰岩具假流纹构造，主要有浆屑和塑变玻屑组成。有的流纹岩具球粒结构，含黑云母斑晶，基质具霏细结构。安山岩岩屑具安山结构，含大量半定向排列的斜长石微晶。填隙物约占30%，为方解石胶结物（约10%，为它形粒状，晶体粗大），铁质氧化物胶结物（10%），杂基（约10%，为黏土和粉砂等）	88 89 90 91 92 93
10	方岩西侧	28°56.319′N	120°10.256′E	244	钙质粉砂岩	单偏×10 正交×10 正交×20	粉砂状结构。碎屑物：占65%，分选较好，粒径以0.02～0.06mm为主，少数（<5%）粒径为0.1～0.15mm，磨圆度差，以棱角状为主。主要成分是石英（56%）、白云母（5%）、长石（2%）、岩屑（2%）。岩屑为酸性火山岩岩屑。填隙物：35%，主要为方解石胶结物，约25%和铁质氧化物胶结物，约10%	94 95 96
11	南岩南侧	28°56.319′N	120°10.256′E	264	细砂质粉砂岩	单偏×4 正交×4 正交×10	细砂—粉砂结构（不等粒细碎屑结构）。碎屑物约70%，分选差，粒径为0.02～0.12mm，个别达0.5mm。粉砂（粒径0.02～0.06mm的碎屑）占碎屑总量的70%；砂（粒径>0.06mm的碎屑）占碎屑总量的30%。碎屑物磨圆度差，以棱角状为主。碎屑物成分以石英为主，约53%，岩屑约10%，长石约5%，白云母约2%。岩屑多为粒径较大的颗粒，主要成分为酸性火山岩岩屑。长石为斜长石和正长石。填隙物占30%，为钙质胶结物、泥质物和铁质氧化物，三者含量大致相同，均为10%	97 98 99

续表

编号	地点	纬度	经度	海拔/m	岩性	光性倍数	显微镜下岩性特征	图片编号
12	南岩南侧	28°56.319′N	120°10.256′E	264	砾岩	单偏×4 单偏×10 正交×4 正交×10	砾状结构，砾石之间为砂状结构，砾石约占55%，砂粒含量约25%，填隙物约20%，碎屑物分选差，磨圆度中等—差，次圆状—次棱角状，多数岩屑以次圆状为主，矿物碎屑多为次棱角状。碎屑物（砾石和砂，80%）：其中砾石直径多为4～10mm，砂粒为0.2～1.2mm，主要成分为岩屑、石英和长石。石英碎屑约15%，长石占5%，为酸性斜长石和条纹长石。岩屑约占60%，主要为酸性和中性火山岩（流纹质凝灰岩、流纹质熔结凝灰岩、流纹岩和安山岩等）岩屑，以酸性火山碎屑岩（流纹质凝灰岩、流纹质熔结凝灰岩）岩屑为主。流纹质凝灰岩主要由弓形—弧面多角形玻屑（占55%）、晶屑（5%）、流纹岩岩屑（10%）及其填隙物（为火山尘，约30%）组成，玻屑粒径0.1～0.15mm。流纹质熔结凝灰岩具假流纹构造，主要有塑变玻屑组成，少量浆屑和晶屑。有的流纹岩具球粒结构。有的流纹岩，具斑状结构，基质为霏细结构。安山岩岩屑具安山结构（玻晶交织结构），含大量半定向排列的斜长石微晶。填隙物约占20%，铁质氧化物胶结物（10%）和杂基（约10%，主要为黏土，少量细粉砂）	100 101 102 103 104
13	灵岩寺南侧	28°53.964′N	120°10.351′E	227	砾岩	正交×4	砾状结构，砾石之间为砂状结构，砾石约占40%，砂粒含量约40%，填隙物约20%，碎屑物分选差，磨圆度中等—差，次圆状—次棱角状，多数岩屑以次圆状为主，矿物碎屑多为次棱角状。碎屑物（砾石和砂，85%）：其中砾石直径多为3～18mm，砂粒为0.2～1.8mm，主要成分为岩屑、石英和长石。石英碎屑约13%，有的石英具高温熔蚀边。长石占2%，为酸性斜长石和条纹长石。岩屑约占70%，主要为酸性火山碎屑岩（流纹质熔结凝灰岩）岩屑为主，少量流纹岩、凝灰岩和（次生）石英岩岩屑。薄片中最大的一个砾石，成分为典型的流纹质熔结凝灰岩岩屑，含量占整个岩石的30%，该岩屑具假流纹构造，主要有塑变玻屑组成，少量正长石和石英晶屑。有些火山岩岩屑蚀变很强，含较多蚀变黏土矿物。填隙物约占15%，铁质氧化物胶结物（3%）和杂基（约12%，主要为黏土，少量细粉砂）。岩石中含约25%次生石英，它形粒状，散布于火山岩岩屑内部，或填隙物中，是岩石硅化作用的产物	105 106

续表

编号	地点	纬度	经度	海拔/m	岩性	光性倍数	显微镜下岩性特征	图片编号
14	羊角天后洞	28°54.338′N	120°10.387′E	159	砂岩	正交×4 正交×10	砂状结构。碎屑颗粒分选较好，颗粒粒径以 0.15～0.3mm 为主，少数(<5%)达 0.5～1.0mm，磨圆度中等—差，以次棱角状—次圆状。碎屑颗粒：约占 70%，主要成分是石英 45%、酸性火山岩岩屑 15%、长石 10%，偶见黑云母碎屑。有些火山岩岩屑具很强烈的蚀变，含大量蚀变黏土矿物，已变为黏土岩岩屑，但隐约还可见到残留的火山岩的结构。长石主要为斜长石，较新鲜，蚀变微弱。填隙物 30%，主要为黏土和很细小的碎屑构成的杂基，约占 28%。铁质氧化物胶结物约 2%	107 108
15	羊角天后洞	28°54.338′N	120°10.387′E	159	凝灰质砾岩	单偏×4 单偏×10 正交×4 正交×10	砾状结构，砾石之间为砂状结构，砂砾之间可见凝灰结构，砾石约 65%，砂粒含量约 15%，填隙物约 20%，碎屑物分选差，磨圆度中等—差，次圆状—次棱角状，多数岩屑以次圆状为主，矿物碎屑多为次棱角状。碎屑物(砾石和砂，80%)：其中砾石直径多为 3～18mm，砂粒为 0.4～1.5mm，主要成分为岩屑、石英和长石。石英碎屑约 10%，有的石英具高温熔蚀边，有的石英碎屑较粗大，粒径约 3mm，呈角砾状。长石占 2%，主要为酸性斜长石。岩屑约占 68%，见有酸性火山碎屑岩（流纹质熔结凝灰岩）岩屑、流纹岩岩屑和安山岩岩屑。有些火山岩岩屑蚀变很强，含较多蚀变黏土矿物。熔结凝灰岩岩屑具假流纹构造，主要有塑变玻屑组成，少量晶屑。流纹岩岩屑具流纹构造，斑状结构，斑晶可见黑云母，基质霏细结构。安山岩屑具斑状结构，安山结构，斑晶为斜长石。填隙物约占 20%，其中细粒火山碎屑物约 10%，为玻屑和晶屑（见薄片圆圈中），铁质氧化物胶结物（2%）和黏土杂基（约 8%）	109 110 111 112

续表

编号	地点	纬度	经度	海拔/m	岩性	光性倍数	显微镜下岩性特征	图片编号
16	应孟明墓西100米处	28°53.914′N	120°10.305′E	167	砾岩	正交×4 正交×10	砾状结构，砾石之间为砂状结构，砾石约占60%，砂粒含量约20%，填隙物约20%，碎屑物分选差，磨圆度中等—差，次圆状—次棱角状，多数粒径较大的岩屑以次圆状为主，矿物碎屑和粒径较小的岩屑多为次棱角状。碎屑物（砾石和砂，80%）：其中砾石直径多为3～19mm，砂粒多为0.3～1.2mm，主要成分为岩屑、石英和长石，偶见黑云母碎屑。石英碎屑约10%，有的石英具高温熔蚀边，有的石英碎屑较粗大，粒径大于2mm，呈角砾状。长石占1%，为条纹长石。岩屑约占68%，主要为酸性火山碎屑岩（凝灰岩）岩屑、酸性熔岩（流纹岩）岩屑。凝灰岩岩屑主要由弓形弧面多角形玻屑和晶屑及其填隙物组成，玻屑粒径0.3～0.6mm。有些凝灰岩岩屑蚀变很强，含较多蚀变黏土矿物。流纹岩岩屑具流纹构造，少量气孔构造（气孔长椭圆形，长0.1～0.4mm），球粒结构，斑状结构，斑晶可见正长石。填隙物约占20%，主要为黏土和很细小的碎屑构成的杂基，约占15%。铁质氧化物胶结物约2%，方解石胶结物约3%	113 114 115 116 117 118
17	五峰书院东侧	28°55.337′N	120°11.129′E	238	砾岩	单偏×20 正交×4 正交×20	砾状结构，砾石之间为砂状结构，砾石约占55%，砂粒含量约15%，填隙物约30%，碎屑物分选差，磨圆度中等—差，次圆状—次棱角状，多数粒径较大的岩屑以次圆状为主，矿物碎屑和粒径较小的岩屑多为次棱角状。碎屑物（砾石和砂，70%）：其中砾石直径多为3～20mm，砂粒为0.2～2.0mm，主要成分为岩屑、石英和长石。石英碎屑约10%，有的石英具高温熔蚀边，有的石英碎屑较粗大，粒径约3mm，呈角砾状。长石占2%，主要为酸性斜长石。岩屑约占58%，见有酸性火山碎屑岩（流纹质熔结凝灰岩）岩屑、流纹岩岩屑、安山岩岩屑和石灰岩岩屑。熔结凝灰岩岩屑具假流纹构造，主要有塑变玻屑组成，少量浆屑和晶屑。流纹岩岩屑具流纹构造，球粒结构，斑状结构，斑晶可见黑云母、正长石和斜长石，基质霏细结构。安山岩屑具斑状结构，斑晶为强烈蚀变的斜长石，有的可见气孔构造，气孔很规则，切面呈圆形，直径0.1～0.15mm。石灰岩岩屑，粒径约2.5mm，微晶结构，由它形粒状微晶方解石紧密镶嵌而成（照片17-124）填隙物约占30%，主要为黏土和很细小的碎屑构成的杂基，约占25%。铁质氧化物胶结物约2%，方解石胶结物约3%	119 120 121 122 123 124

续表

编号	地点	纬度	经度	海拔/m	岩性	光性倍数	显微镜下岩性特征	图片编号
18	五峰书院东侧	28°53.964′N	120°10.351′E	238	细砂质粉砂岩	单偏×10 正交×4 正交×20	细砂—粉砂结构（不等粒细碎屑结构）。碎屑物约 60%，分选差，粒径为 0.02～1.0mm，个别达 2.0mm。粉砂（粒径 0.02～0.06mm 的碎屑）占碎屑总量的 65%；砂（粒径＞0.06mm 的碎屑）占碎屑总量的 35%。碎屑物磨圆度差，以棱角状为主。碎屑物成分以石英为主，约 40%，岩屑约 20%，长石约 8%，白云母约 1%，黑云母约 1%。岩屑多为粒径较大的颗粒，主要成分为酸性火山岩（流纹岩、凝灰岩等）岩屑，流纹岩岩屑具斑状结构，斑晶为斜长石，基质具霏细结构。少量石灰岩岩屑（2%），硅质岩（细晶燧石）岩屑（约 2%）。长石多为斜长石。填隙物占 40%，主要为黏土和很细小的碎屑构成的杂基，约占 27%。铁质氧化物胶结物约 3%，方解石胶结物约 10%	125 126 127 128
19	天墨瀑下侧	28°55.512′N	120°11.269′E	244	砾岩	单偏×4 单偏×10 正交×4 正交×10	砾状结构，砾石之间为砂状结构，砾石约占 40%，砂粒含量约 30%，填隙物约 30%，碎屑物分选差，磨圆度中等—差，次圆状—次棱角状，多数粒径较大的岩屑以次圆状为主，矿物碎屑和粒径较小的岩屑多为次棱角状。碎屑物（砾石和砂，70%）：其中砾石直径多为 2～8mm，砂粒为 0.1～2.0mm（以 0.2～0.8mm 为主），主要成分为岩屑、石英和长石。石英碎屑约 20%，有的石英具高温熔蚀边。长石占 2%，主要为酸性斜长石，偶见强烈泥化的正长石。岩屑约占 48%，主要为酸性火山岩（主要为流纹岩和熔结凝灰岩，少量凝灰岩）岩屑。流纹岩岩屑具球粒结构，球粒粒径较大，约 0.8mm，斑状结构，斑晶可见黑云母和斜长石，基质霏细结构。熔结凝灰岩岩屑具假流纹构造，含较多塑变玻屑。填隙物约占 30%，主要为硅质胶结物（约 15%，见薄片圆圈中）和方解石胶结物（约 13%），少量铁质氧化物胶结物（约 2%）。硅质胶结物它形粒状，都具有波状消光。方解石胶结物，晶体粗大，分布不均匀	129 130 131 132 133 134 135

续表

编号	地点	纬度	经度	海拔/m	岩性	光性倍数	显微镜下岩性特征	图片编号
20	天墨瀑下侧	28°55.512′N	120°11.269′E	244	粉砂岩	单偏×4 正交×10 正交×20	粉砂状结构为主，少量细砂结构，碎屑物中粉砂占95%，细砂约5%。碎屑物：占65%，分选较好，粒径以0.03～0.05mm为主，少数（约5%）粒径为0.1～0.5mm，磨圆度差，以棱角状为主。成分以石英为主（55%），少量斜长石（5%）、火山岩岩屑（3%）、白云母（1%）和黑云母（1%），偶见磷灰石。岩屑（3%），偶见蚀变黑云母。填隙物：35%，方解石胶结物，约15%，微晶—细晶它形粒状，分布很不均匀，局部富集呈斑块状。黏土杂基约17%，铁质氧化物胶结物约3%。岩石中含微晶方解石聚集而成的斑块，最大斑块，长6mm，宽4mm，很像一个小砾石，但局部边界很模糊，与周围的粉砂岩逐渐过渡	40 41 42
21	天墨瀑下侧	28°55.512′N	120°11.269′E	244	流纹岩	正交×4 正交×10	具流纹构造，多数流纹由纤维状长石、石英小晶体组成，纤维状晶体大致垂直流纹定向排列。不同流纹中纤维状晶体的长度等略有差异。有的流纹则具球粒结构。还有些流纹具霏细结构。岩石具有强烈的碳酸盐化现象，碳酸盐化形成的方解石约10%。岩石中含少量正长石斑晶	43 44
36	金竹降	28°56.319′N	120°10.256′E	210	凝灰岩	单偏×10 正交×10	晶屑玻屑凝灰结构。主要由玻屑、晶屑和很细小的火山尘组成。玻屑：占55%，主要为弓形弧面多角形和不规则状，大小0.15～0.25mm，已强烈蚀变（泥化）。由于蚀变很强，大多数的玻屑形态已遭受破坏而模糊不清。晶屑：占25%，主要为酸性斜长石，少量正长石。粒径较粗大，为0.5～5.0mm。斜长石具中等碳酸盐化，正长石多泥化。有的长石内部含柱状磷灰石矿物包体。长石分布很不均匀，有些长石聚集在一起。许多长石具有晶屑的特点，呈棱角状，具阶梯状断口。但少数长石，形态较完整，不像晶屑，而可能是斑晶。火山尘，约20%，为很细小的火山碎屑物，充填于晶屑、玻屑之间	45 46

续表

编号	地点	纬度	经度	海拔/m	岩性	光性倍数	显微镜下岩性特征	图片编号
37	婆峰山顶岩穴	28°56.152′N	120°10.311′E	440	砾岩	单偏×4 单偏×10	砾状结构，砾石之间为砂状结构，砾石约占 55%，砂粒含量约 25%，填隙物约 20%，碎屑物分选差，磨圆度中等—差，次圆状—次棱角状，多数粒径较大的岩屑以次圆状为主，矿物碎屑和粒径较小的岩屑多为次棱角状。碎屑物（砾石和砂，80%）：其中砾石直径多为 3～12mm，砂粒为 0.1～2.0mm（以 0.3～1.0mm 为主），成分为岩屑、石英和长石。石英碎屑约 15%。长石占 2%，主要为酸性斜长石。岩屑约占 63%，主要为酸性火山岩（熔结凝灰岩、凝灰岩、流纹岩等）岩屑，少量安山岩岩屑。填隙物约占 20%，其中方解石胶结物（约 10%），铁质氧化物胶结物（约 3%）。黏土和很细小的碎屑构成的杂基，约占 7%	47 48 49
43	洪福寺东北	28°52.576′N	120°07.986′E	247	岩屑砂岩	正交×4	碎屑颗粒分选较好，颗粒粒径 0.15～1.2mm，多数为 0.2～0.4mm，磨圆度中等—差，为次棱角状—次圆状。碎屑颗粒：约占 70%，主要成分是石英 25%、酸性火山岩岩屑 40%、长石 5%，偶见黑云母碎屑。酸性火山岩岩屑大多具霏细结构，部分具球粒结构，主要由很细小的石英、长石晶体组成。长石有斜长石、正长石和条纹长石，具中等—很强的碳酸盐化，有的长石 90%转变成了方解石，但仍具有长石的形态特征。填隙物 30%，主要为黏土和很细小的碎屑构成的杂基，约占 25%。方解石胶结物约 5%	50 51
45	天表村南	29°04.671′N	120°06.758′E	263	凝灰岩	单偏×10 单偏×20 正交×4	晶屑玻屑凝灰结构。主要由玻屑、晶屑和很细小的火山尘组成。玻屑：占 50%，主要为弓形弧面多角形，肋骨状等，大小 0.05～0.10mm，已强烈蚀变（泥化）。由于蚀变很强，大多数的玻屑形态已遭受破坏而模糊不清。晶屑：占 35%，主要为酸性斜长石和正长石。粒径较粗大，为 0.5～2.2mm，具中等—微弱的泥化和绢云母化。火山尘：约 20%，为很细小的火山碎屑物，充填于晶屑、玻屑之间	52 53 54

续表

编号	地点	纬度	经度	海拔/m	岩性	光性倍数	显微镜下岩性特征	图片编号
48	五指岩山腰	29°04.671′N	120°06.758′E	五指岩山腰	熔结凝灰岩	单偏×4 单偏×10 正交×4	假流纹构造，玻屑塑变结构。主要由塑变玻屑、晶屑组成。塑变玻屑：约65%，细长条带状，长1～3mm不等，局部可见“燕尾分叉”现象，断续相连，平行排列。塑变玻屑长宽比很大，反映变形作用很强，因此该岩石属于强熔结凝灰岩。晶屑：占35%，主要成分为酸性斜长石、正长石和黑云母。长石具弱—中等的泥化和绢云母化。晶屑较粗大，粒径0.5～3.0mm	55 56 57 58
51	大山头山腰	28°55.022′N	120°11.801′E	290	熔结凝灰岩	单偏×10 正交×4	岩石重结晶作用强，原岩结构、构造已被严重破坏。隐约可见假流纹构造。岩石主要由晶屑和晶屑之间的充填物组成。晶屑：占35%，主要成分为酸性斜长石、正长石。长石具微弱泥化。晶屑较粗大，粒径0.5～3.5mm。有的长石具阶梯状断口。晶屑之间的充填物：约65%，主要由它形粒状石英和长石小晶体组成，少量（约10%）为细小毛发状—鳞片状黏土矿物组成。在单偏光镜下，隐约可见假流纹构造（由断续分布，大致平行排列的塑变玻屑组成）。由此可见，晶屑之间的原始成分主要为塑变玻屑，但由于重结晶作用很强，其形态、结构已被严重破坏	59 60
53	大山头山脚	28°55.080′N	120°11.560′E	212	粉砂质细砂岩	单偏×10 正交×10 正交×20	碎屑物约65%，分选差，粒径多为0.06～0.50mm，个别达2～3mm。粉砂（粒径0.03～0.06mm的碎屑）占碎屑总量的35%；砂（粒径0.06～0.5mm的碎屑）占碎屑总量的60%，细砾石（粒径2～3mm的碎屑）占碎屑总量的5%。碎屑物磨圆度差，以棱角状为主，个别粗碎屑（砾石）磨圆度好为次圆状。碎屑物成分以石英为主，约40%，岩屑约20%，长石约3%，白云母约2%，偶见黑云母。岩屑多为粒径较大的颗粒，主要成分为酸性火山岩（流纹岩）岩屑，流纹岩岩屑球粒结构和具霏细结构或斑状结构。长石多为斜长石。填隙物占35%，其中方解石胶结物约17%，呈细晶微晶它形粒状结构；黏土和很细小的碎屑构成的杂基，约占15%，铁质氧化物胶结物约3%	61 62 63

续表

编号	地点	纬度	经度	海拔/m	岩性	光性倍数	显微镜下岩性特征	图片编号
62	城西路47号西侧	28°54.181′N	120°0.420′E	105	砾岩	正交×4 正交×10	砾状结构，砾石之间为砂状结构，砾石约占40%，砂粒含量约35%，填隙物约25%，碎屑物分选差，磨圆度中等—差，次圆状—次棱角状，岩屑以次圆状为主，大的岩屑可达圆状。矿物碎屑多为次棱角状。碎屑物（砾石和砂，75%）：其中砾石直径2～14mm，砂粒为0.2～1.5mm，主要成分为火山岩岩屑，少量石英和长石，偶见硅质岩岩屑（细晶燧石）。石英晶屑约10%，有的可见高温熔蚀现象。长石占3%，为酸性斜长石和正长石。火山岩岩屑约占67%，为酸性和中性火山岩（熔结凝灰岩、凝灰岩、流纹岩和安山岩等）岩屑，数量上以酸性火山碎屑岩为主。熔结凝灰岩岩屑具假流纹构造。凝灰岩具晶屑玻屑凝灰结构，有的玻屑呈典型的弓形弧面多角形的形态，玻屑很细小为0.05～0.1mm（见薄片圈中）。流纹岩隐约可见球粒结构。安山岩岩屑具安山结构（玻晶交织结构），含大量半定向排列的斜长石微晶。填隙物约占25%，主要为细粉砂和黏土构成的杂基，约20%，少量铁质氧化物胶结物，约5%	61 62 63 64 65
63	城西路47号西侧	28°54.181′N	120°0.420′E	105	微晶灰岩	正交×20	微晶结构，整个岩石结构、成分很均匀。岩石由方解石微晶和少量粉砂组成。方解石微晶占90%，呈它形粒状紧密镶嵌，晶粒粒径大多为0.005mm左右。粉砂约占10%，呈棱角状，均匀散布于方解石微晶之间，主要成分为石英碎屑，偶见白云母碎屑	64 65 66

注："—"表示无填充项

表 4-4（b）　方岩方岩组（K_1f）岩石标本薄片偏光显微镜补充鉴定结果

编号	地点	纬度	经度	海拔/m	岩性	光性倍数	显微镜下岩性特征	图片编号
24	鸡鸣峰山腰	28°56.319′N	120°10.256′E	211	粉砂岩	正交×4 正交×10 正交×20	粉砂状结构为主，少量细砂结构，碎屑物中粉砂占95%，细砂占5%。碎屑物：占60%，分选较好，粒径以0.03～0.05mm为主，少数（约5%）粒径为0.1～1.2mm，磨圆度差，以棱角状为主。成分以石英为主（46%），少量长石（3%）、岩屑（6%）、白云母（4%）和黑云母（1%），偶见重矿物蓝色电气石。黑云母片长度的较大，约0.3mm。岩屑多数是岩石中较粗的颗粒，成分为酸性火山岩岩屑。最粗的岩屑，粒径约1.2mm，含有较多塑变玻屑，为熔结凝灰岩岩屑。长石种类为斜长石和条纹长石。填隙物：40%，其中黏土杂基约36%，铁质氧化物胶结物约4%。岩石中夹泥岩条带，条带宽度0.1～2.0mm	40 41 42 43
25	鸡鸣峰山腰	28°56.319′N	120°10.256′E	211	砾岩	单偏×4 单偏×10 正交×10	砾状结构，砾石之间为砂状结构，砾石约占60%，砂粒含量约25%，填隙物约15%，碎屑物分选差，磨圆度中等—差，次圆状—次棱角状，多数粒径较大的岩屑以次圆状为主，矿物碎屑和粒径较小的岩屑多为次棱角状。碎屑物（砾石和砂，85%）：其中砾石直径多为2～9mm，以4～8mm为主，砂粒为0.1～1.8mm。碎屑物主要成分为岩屑，少量石英和长石。石英碎屑约13%，有的石英具高温熔蚀边。长石占2%，为酸性斜长石和正长石。岩屑约占70%，主要为酸性火山岩（流纹质熔结凝灰岩，凝灰岩和流纹岩）岩屑。凝灰岩岩屑，具弓形弧面多角形玻屑、石英晶屑和正长石晶屑。熔结凝灰岩岩屑具假流纹构造，含较多塑变玻屑。流纹岩岩屑具流纹构造，球粒结构，斑状结构，斑晶可见黑云母，黑云母斑晶具暗化边。填隙物约占15%，主要为很细小的碎屑和少量黏土构成的杂基	44 45 46 47 48 50

续表

编号	地点	纬度	经度	海拔/m	岩性	光性倍数	显微镜下岩性特征	图片编号
31	后坞坑底	28°55.337′N	120°11.129′E	200	铁质钙质粉砂岩	单偏×10 正交×20 正交×50	粉砂状结构为主，少量细砂结构，碎屑物中粉砂占 95%，砂粒占 5%。砂质物分布不均，局部聚集成不规则团块。碎屑物：占 65%，分选较好，粒径以 0.03～0.05mm 为主，少数（约 5%）粒径为 0.1～1.0mm，磨圆度差，以棱角状（无论颗粒粗细均为棱角状）为主。成分以石英为主（56%），少量长石（3%）、岩屑（4%）、白云母（2%）和黑云母（1%）。岩屑成分主要为酸性火山岩岩屑，可见霏细结构。长石种类为斜长石和正长石。较大的长石具强烈的碳酸盐化（被方解石交代）。填隙物：35%，其中方解石胶结物为 20%，它形粒状，微晶—细晶结构。铁质氧化物胶结物 10%。黏土杂基约 5%。岩石中含微晶—细晶方解石聚集而成的斑块，多数形态不规则。个别斑块很规则，薄片中的切面形态大致呈圆形，直径约 0.2mm，具有较规则的微晶方解石构成的边缘，可能为生物作用的产物	51 52 53 54 55
32	后坞坑底	28°55.337′N	120°11.129′E	200	砾岩	单偏×4 单偏×10 正交×4 正交×10	砾状结构，砾石之间为砂状结构，砾石约占 60%，砂粒含量约 25%，填隙物约 15%，碎屑物分选差，磨圆度中等—差，次圆状—次棱角状，多数粒径较大的岩屑以次圆状为主，矿物碎屑和粒径较小的岩屑多为次棱角状。碎屑物（砾石和砂，85%）：其中砾石直径多为 2～20mm，直径为 20mm 的一颗砾石占薄片面积的 40%。砂粒为 0.1～1.0mm。碎屑物主要成分为岩屑，少量石英和长石。石英碎屑约 15%，有的石英具高温熔蚀边。长石占 3%，主要为酸性斜长石，少量正长石。岩屑约占 67%，主要为流纹质熔结凝灰岩岩屑，少量安山岩和流纹岩岩屑。熔结凝灰岩岩屑具假流纹构造，主要由塑变玻屑和浆屑组成，少量晶屑。浆屑具明显的双层结构。晶屑以正常条纹长石为主少量石英。正长条纹长石同时具有卡双晶和条纹结构。有的岩屑特别是岩屑中的长石具有很强烈的碳酸盐化。填隙物约占 15%，为方解石胶结物，它形粒状，中—粗晶结构	56 57 58 59 60 61 62 63 64

续表

编号	地点	纬度	经度	海拔/m	岩性	光性倍数	显微镜下岩性特征	图片编号
38	婆峰山顶岩穴	28°56.319′N	120°10.256′E	440	粉砂质细砂岩	正交×10 正交×20	砂—细砂结构（不等粒细碎屑结构）。碎屑物约 65%，分选差，粒径为 0.04～0.4mm，个别（约 5%）粒度较大，为 0.5～2.2mm。粉砂（粒径 0.04～0.06mm 的碎屑）占碎屑总量的 40%；砂质物（粒径>0.06mm 的碎屑）占碎屑总量的 60%。碎屑物磨圆度差，以棱角状为主。碎屑物成分有石英（约 50%），岩屑约 10%，长石约 4%，白云母约 1%，偶见黑云母。岩屑多为粒径较大的颗粒，主要成分为酸性火山岩（流纹岩和熔结凝灰岩等）岩屑。熔结凝灰岩岩屑主要由塑变玻屑组成，有的可见假流纹构造。流纹岩岩屑具霏细结构和球粒结构。长石多为酸性斜长石，很新鲜。填隙物占 35%，其中方解石胶结物约 17%，它形粒状，微晶—细晶结构。黏土杂基约 14%，铁质氧化物胶结物 4%。岩石中含微晶—细晶方解石聚集而成的斑块，多数形态不规则。斑块直径 0.1～2mm 有的斑块全部由微晶方解石组成，似微晶灰岩岩屑	61 62 63 64 65 66 67 68 69 70 71 72
39	婆峰山腰	28°56.319′N	120°10.256′E	387	砾岩	单偏×4 单偏×10 正交×4 正交×10 正交×20	砾状结构，砾石之间为砂状结构，砾石约占 65%，砂粒含量约 20%，填隙物约 15%，碎屑物分选差，磨圆度中等—差，次圆状—次棱角状，多数粒径较大的岩屑以次圆状为主，矿物碎屑和粒径较小的岩屑多为次棱角状。碎屑物（砾石和砂，85%）：其中砾石直径多为 2～15mm，砂质物为 0.2～1.5mm，成分为岩屑，少量石英和长石，偶见黑云母碎屑。石英碎屑约 10%。长石占 2%，主要为酸性斜长石。岩屑约占 73%，主要为火山岩（熔结凝灰岩、流纹岩、安山岩等）岩屑，少量微晶灰岩岩屑，偶见硅质岩岩屑（细晶燧石）。熔结凝灰岩岩屑，具假流纹构造，主要由塑变玻屑和浆屑组成，少量长石晶屑。不同的熔结凝灰岩岩屑，塑变玻屑的变形程度和定向性差别较大，反映它们的熔结程度不同。流纹岩岩屑具流纹构造，球粒结构，霏细结构。微晶灰岩岩屑粒径约 1.6mm，主要由它形粒状微晶方解石组成。安山岩岩屑含较多的板条状斜长石微晶。岩石中的火山岩岩屑具有不同程度的碳酸盐化。填隙物约占 15%，主要为方解石胶结物，呈中粗粒它形粒状结构	73 74 75 76 77 78 79 80 81 82

续表

编号	地点	纬度	经度	海拔/m	岩性	光性倍数	显微镜下岩性特征	图片编号
40	婆峰山腰	28°56.319′N	120°10.256′E	387	含砾砂岩	单偏×4 正交×10	砂状结构为主，少量砾状结构。砂质物含量约55%，砾石约占15%，填隙物约30%，碎屑物分选很差，磨圆度中等—差，次圆状—次棱角状，粒径较大的岩屑以次圆状为主，矿物碎屑和粒径较小的岩屑多为次棱角状。碎屑物（砾石和砂，70%）中砾石直径多为2～5mm，砂质物为0.05～1.5mm，碎屑物成分为石英、岩屑和长石，少量黑云母、白云母碎屑，偶见重矿物电气石碎屑。石英碎屑约32%。长石占5%，主要为酸性斜长石。黑云母约2%，白云母约1%。岩屑约占30%，主要为火山岩（熔结凝灰岩、流纹岩和少量安山岩等）岩屑，少量砂岩岩屑。熔结凝灰岩岩屑含塑变玻屑，具假流纹构造。流纹岩岩屑具球粒结构，霏细结构。安山岩岩屑含较多的板条状斜长石微晶。有的火山岩岩屑具有较强的碳酸盐化。填隙物约占30%，其中方解石胶结物（呈微晶—细晶结构，约10%），铁质氧化物胶结物（约3%）。黏土和很细小的碎屑构成的杂基，约占17%	83 84 85 86 87
44	洪福寺东北	28°52.576′N	120°07.986′E	247	砾岩	正交×4 正交×10 正交×20	砾状结构，砾石之间为砂状结构，砾石约占70%，砂粒含量约15%，填隙物约10%，碎屑物分选差，磨圆度中等，次圆状—次棱角状，多数粒径较大的岩屑以次圆状为主，矿物碎屑多为次棱角状。碎屑物（砾石和砂，85%）中砾石直径多为3～30mm，砂质物为0.2～1.5mm，成分为岩屑，少量石英和长石。石英碎屑约7%，常见高温熔蚀边，是火山作用的产物。长石占3%，为斜长石和正长石，具较强烈的碳酸盐化。岩屑约占75%，主要为火山岩（熔结凝灰岩、流纹岩和少量安山岩等）岩屑。最大的一个岩屑颗粒，占薄片面积的65%，其成分为熔结凝灰岩岩屑，具假流纹构造，主要由塑变玻屑和长石、黑云母晶屑组成，含少量正长石斑晶，长石晶屑和斑晶具有中等—强烈的碳酸盐化。由于熔结程度很强，假流纹构造很像流纹构造。流纹岩岩屑具球粒结构（球粒的直径很小），霏细结构。安山岩岩屑含较多的板条状斜长石微晶。有的球粒流纹岩具有强烈的碳酸盐化。填隙物约占15%，主要为方解石胶结物，呈中粗粒它形粒状结构	88 89 90 91

续表

编号	地点	纬度	经度	海拔/m	岩性	光性倍数	显微镜下岩性特征	图片编号
54	小坑深处	28°55.699′N	120°11.068′E	183	砾岩	单偏×4 正交×4 正交×10	砾状结构，砾石之间为砂状结构，砾石约占60%，砂粒含量约25%，填隙物约15%，碎屑物分选差，磨圆度中等—差，次圆状—次棱角状，多数粒径较大的岩屑以次圆状为主，矿物碎屑和粒径较小的岩屑多为次棱角状。碎屑物（砾石和砂，85%）中砾石直径多为3～10mm，砂粒为0.1～1.2mm。碎屑物主要成分为岩屑，少量石英和长石。石英碎屑约10%。长石占2%。岩屑约占73%，主要为熔结凝灰岩岩屑、凝灰岩岩屑。熔结凝灰岩岩屑具假流纹构造，主要由塑变玻屑组成，少量晶屑。凝灰岩岩屑含较多弓形弧面多角形玻屑。填隙物约占15%，其中方解石胶结物6%，它形粒状，中—粗晶结构。黏土和很细小的碎屑构成的杂基，约占8%。铁质氧化物胶结物约1%	92 93 94 95
55	小坑深处	28°55.699′N	120°11.068′E	183	砂岩	正交×4 正交×20	砂状结构，少量砾状结构。砂质物含量约70%，砾石约占5%，填隙物约25%，碎屑物分选差，磨圆度中等—差，次圆状—次棱角状，粒径较大的岩屑以次圆状为主，矿物碎屑多为次棱角状。碎屑物（砾石和砂，75%）中砾石直径多为2～4mm，砂粒为0.2～1.5mm。碎屑物主要成分为岩屑、石英和长石，少量黑云母碎屑。石英碎屑约30%。长石占5%，长石种类以斜长石为主少量条纹长石，长石碎屑具有较强烈的碳酸盐化（长石被方解石交代）。岩屑约占40%，主要火山岩岩屑（熔结凝灰岩岩屑和流纹岩岩屑）。填隙物约占25%，其中黏土和很细小的碎屑构成的杂基，约占19%。方解石胶结物3%，它形粒状，中—粗晶结构为主，局部微晶结构。铁质氧化物胶结物约3%	96 97 98

续表

编号	地点	纬度	经度	海拔/m	岩性	光性倍数	显微镜下岩性特征	图片编号
56	龙湫瀑下岩穴	28°56.319′N	120°10.256′E	234	砂岩	正交×4 正交×10	砂状结构。碎屑颗粒分选中等，颗粒粒径0.2～1.5mm，多数为0.3～0.8mm，磨圆度中等—差，以次棱角状—次圆状。碎屑颗粒约占65%，主要成分是石英30%、酸性火山岩岩屑40%、长石5%。长石主要为正长石和酸性斜长石。酸性火山岩岩屑的成分主要为熔结凝灰岩和流纹岩。熔结凝灰岩岩屑具假流纹构造，主要由塑变玻屑组成。流纹岩岩屑可见球粒结构和霏细结构。有的流纹岩可见清晰的流纹构造。填隙物35%，主要为黏土和很细小的碎屑构成的杂基。其中黏土杂基约占20%。该岩石的最大特点是黏土杂基含量高	99 100 101
57	龙湫瀑下岩穴	28°56.319′N	120°10.256′E	234	凝灰岩	单偏×4 正交×4	晶屑玻屑凝灰结构，岩石主要由晶屑、玻屑和少量岩屑组成。晶屑约占15%，以长石为主，少量石英晶屑。棱角状。一般0.4～1.0mm。玻屑约占82%，由于脱玻化和重结晶作用较强，其形态很模糊，隐约可见弓形弧面多角形的形态，粒径约0.08～0.35mm。岩屑3%仅见一颗，颗粒粒径约10mm，成分为熔结凝灰岩岩屑。由长石晶屑和塑变玻屑组成。具假流纹构造，玻屑塑变结构	102 103 104

注：“—”表示无填充项

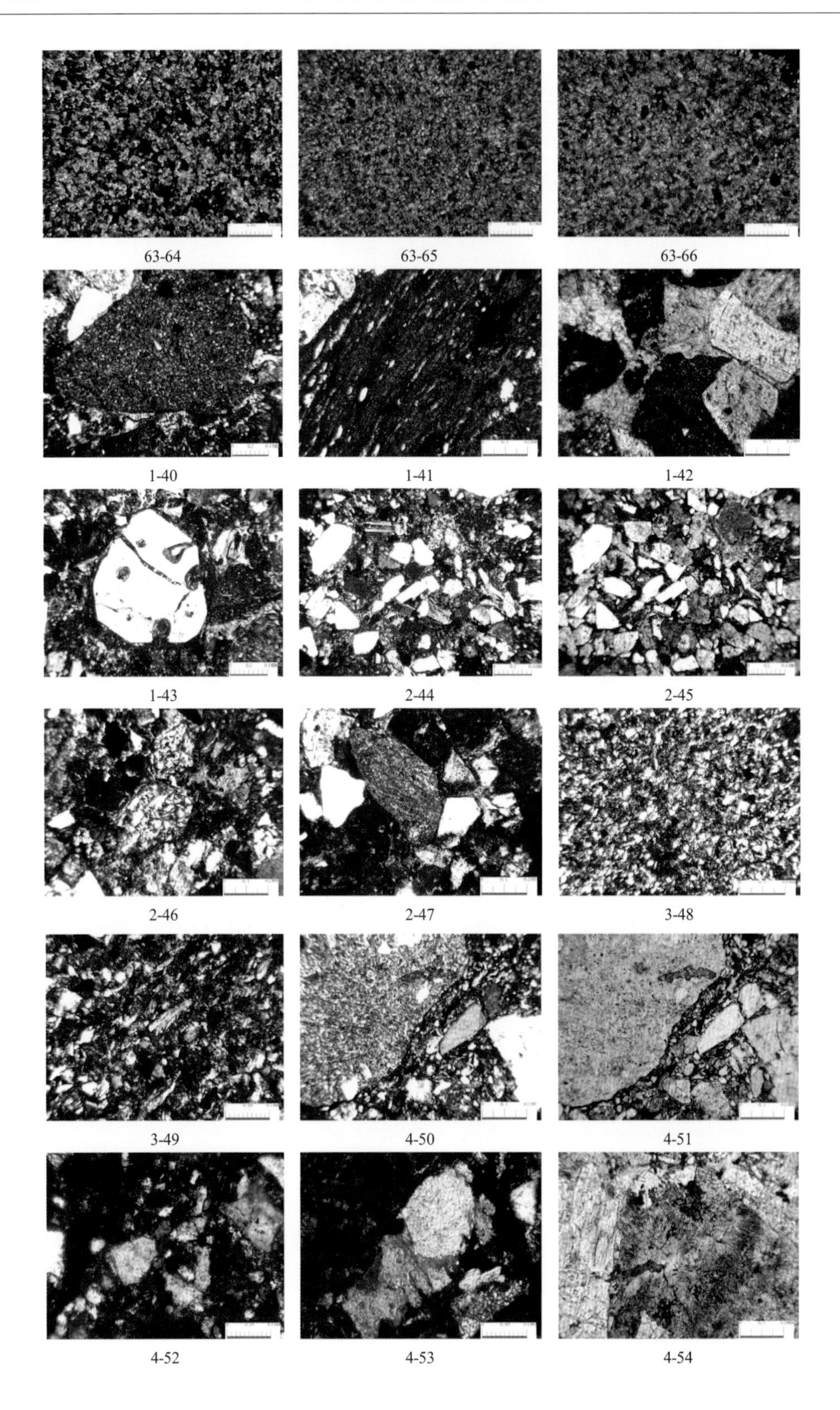

63-64 63-65 63-66

1-40 1-41 1-42

1-43 2-44 2-45

2-46 2-47 3-48

3-49 4-50 4-51

4-52 4-53 4-54

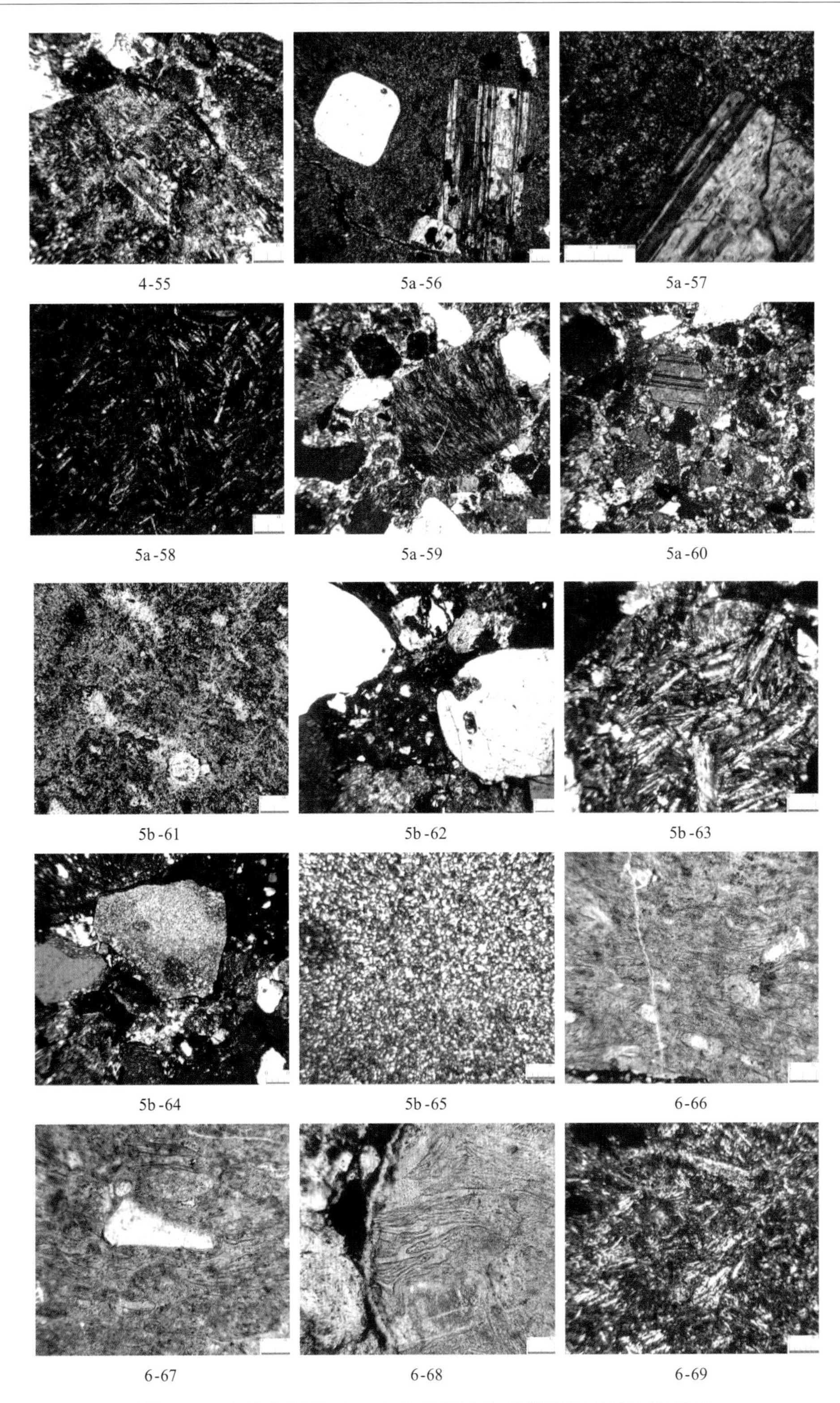

图 4-11　方岩方岩组（K_1f）岩石标本薄片偏光显微镜鉴定结果

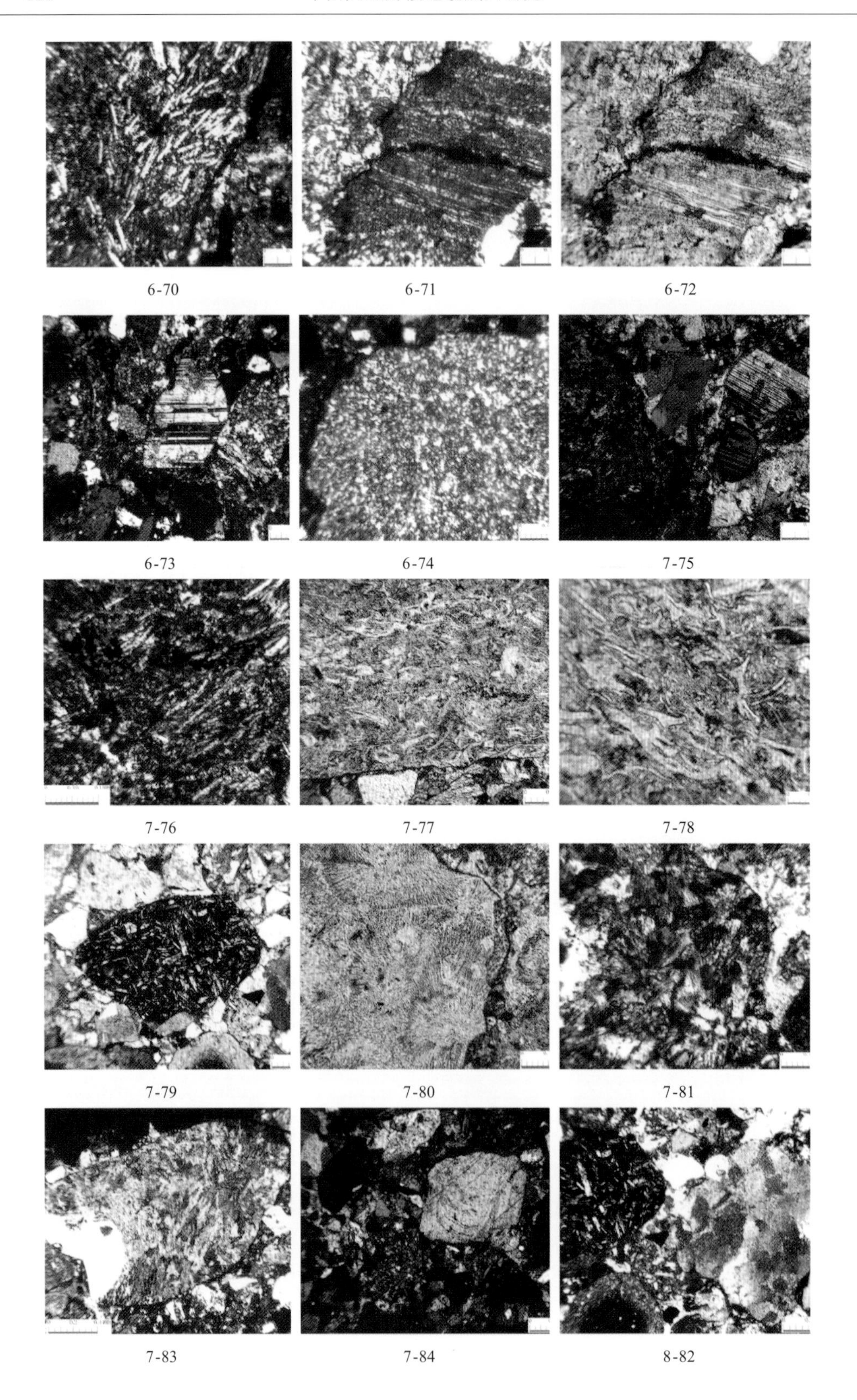

6-70　6-71　6-72

6-73　6-74　7-75

7-76　7-77　7-78

7-79　7-80　7-81

7-83　7-84　8-82

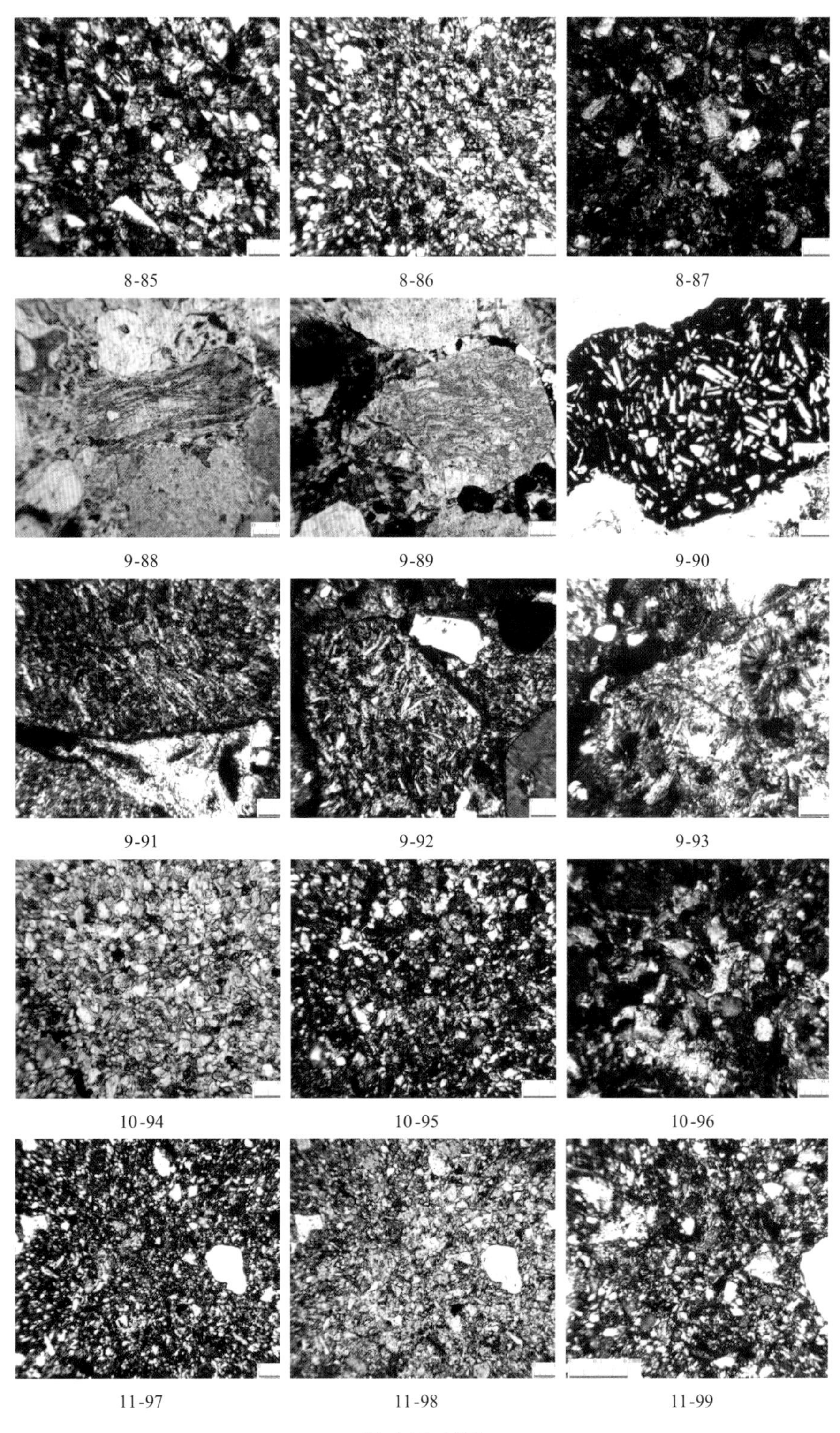
8-85
8-86
8-87
9-88
9-89
9-90
9-91
9-92
9-93
10-94
10-95
10-96
11-97
11-98
11-99

图 4-11（续）

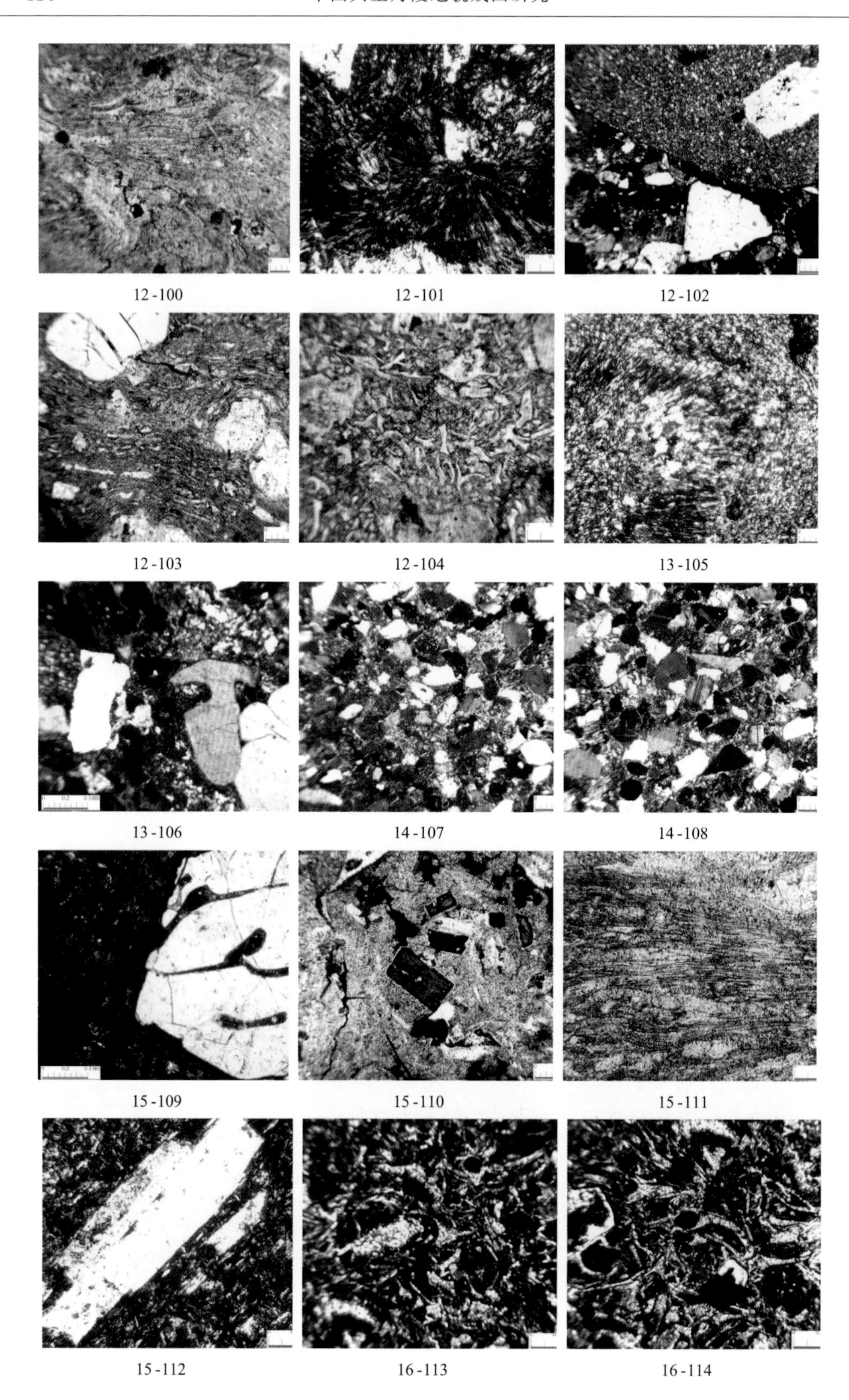

12-100 12-101 12-102

12-103 12-104 13-105

13-106 14-107 14-108

15-109 15-110 15-111

15-112 16-113 16-114

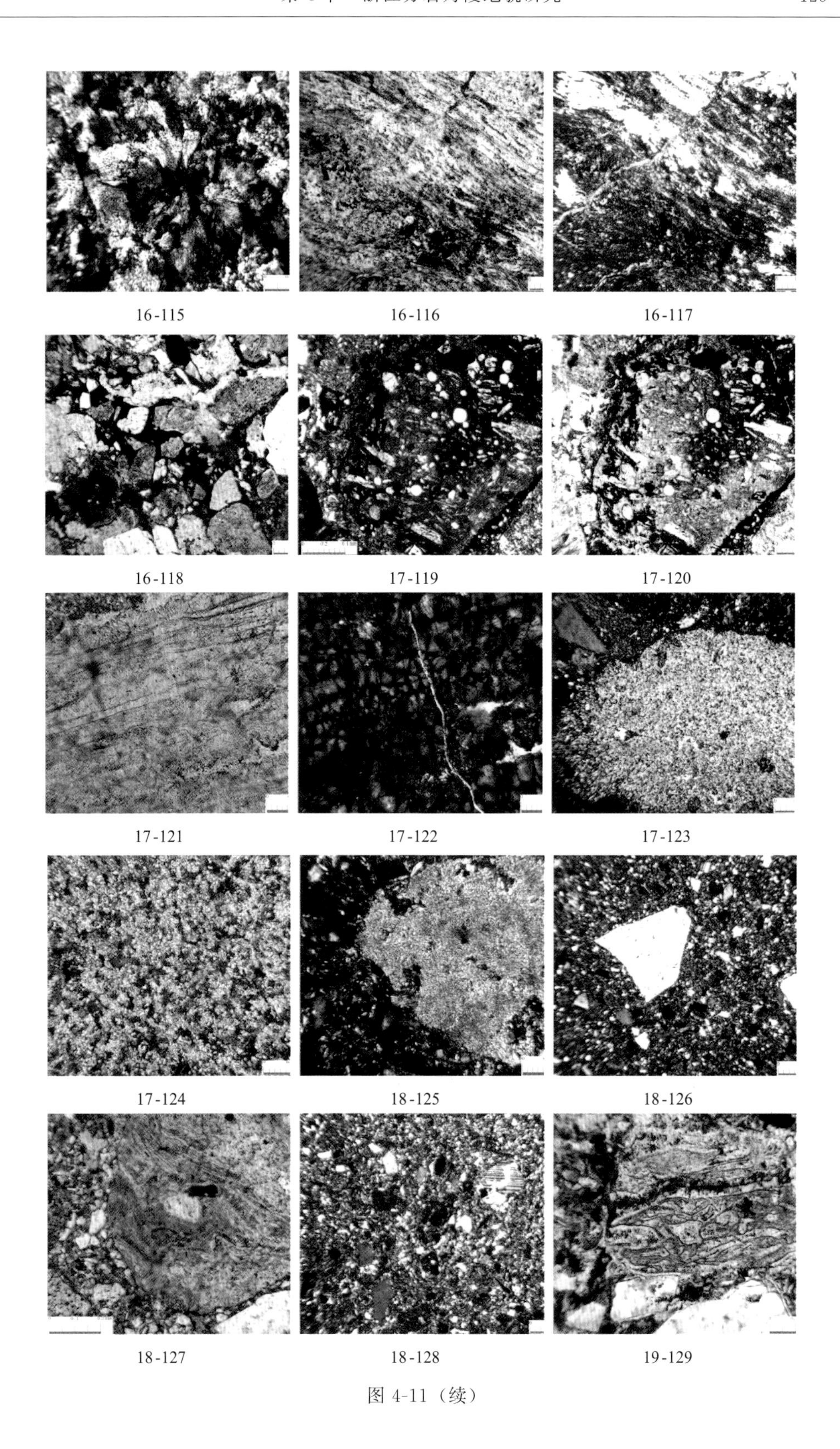
16-115
16-116
16-117
16-118
17-119
17-120
17-121
17-122
17-123
17-124
18-125
18-126
18-127
18-128
19-129

图 4-11（续）

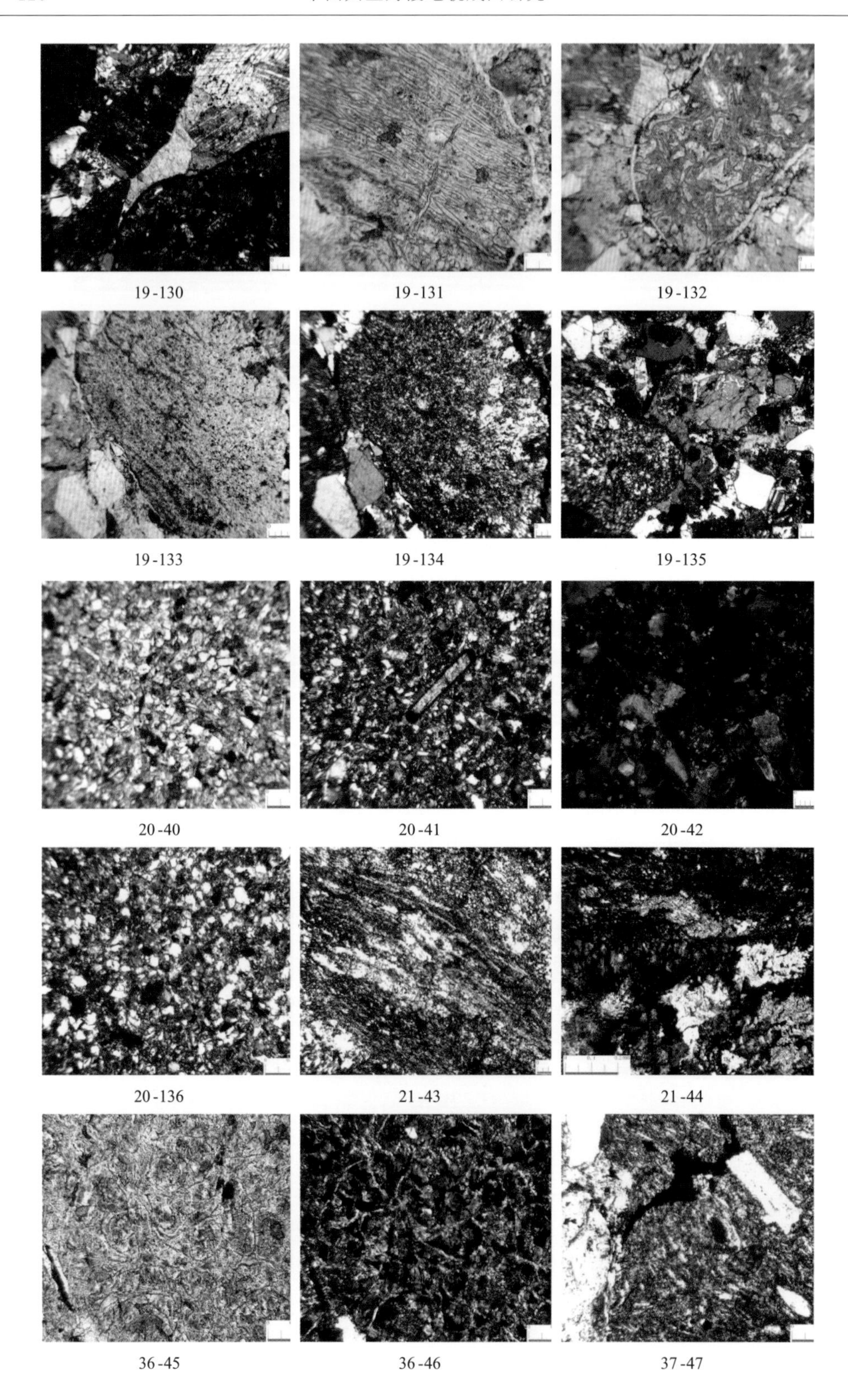

19-130 19-131 19-132

19-133 19-134 19-135

20-40 20-41 20-42

20-136 21-43 21-44

36-45 36-46 37-47

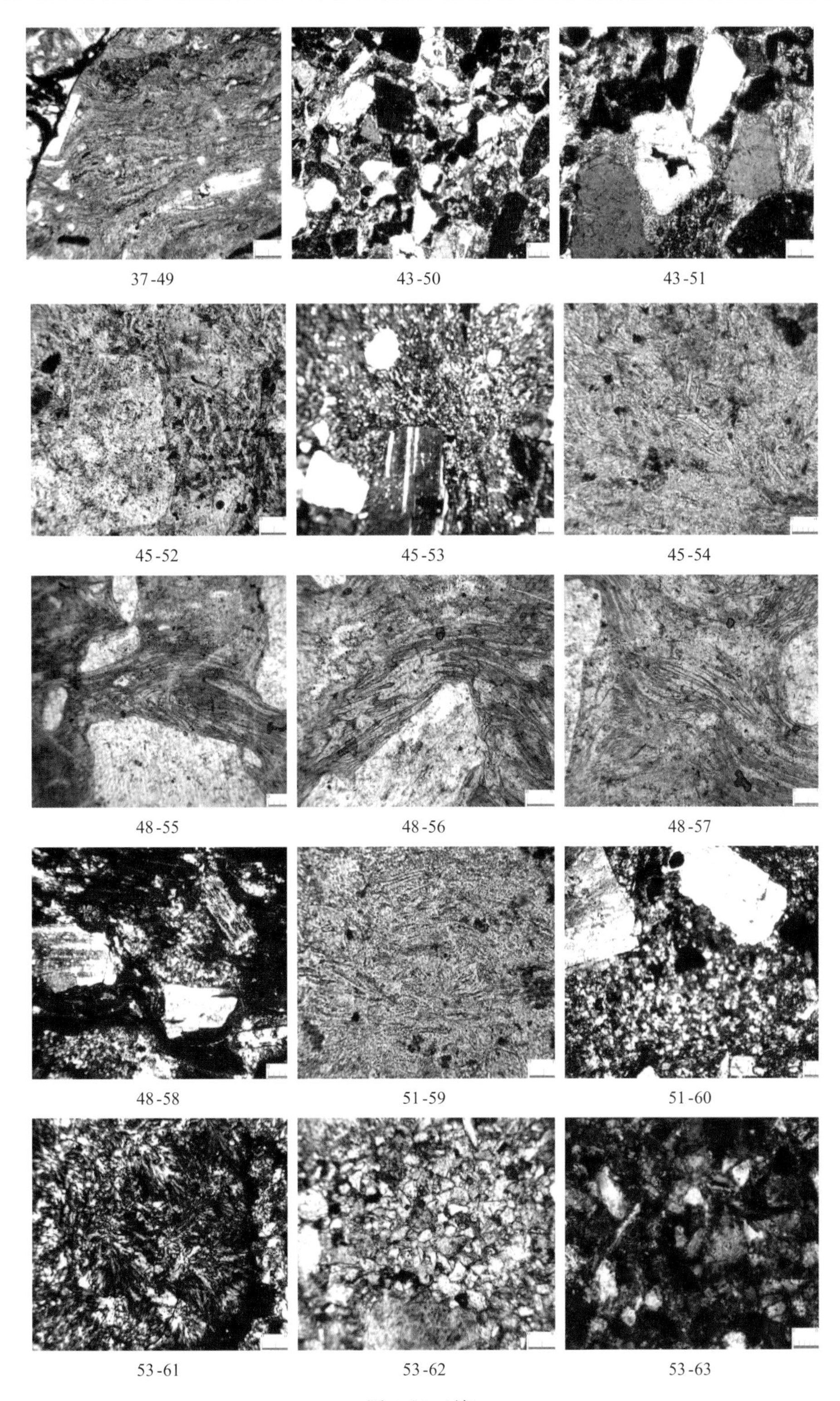
37-49
43-50
43-51
45-52
45-53
45-54
48-55
48-56
48-57
48-58
51-59
51-60
53-61
53-62
53-63

图 4-11（续）

4.4　实验数据分析

丹霞地貌岩层中的砾石 AB 面倾向可以反映古水流方向和物源来向，其砾石成分和磨圆度亦能揭示抗风化程度和搬运情况。野外调查和采样过程中对婆岩、寿星岩和螺蛳岩三地 99 块砾石的 AB 面倾向和倾角以及砾石的 A、B、C 轴长度进行了现场量测；对砾石的磨圆度和抗风化程度也进行了现场观测描述，量测和分析结果见表 4-5 和图 4-12。

表 4-5　方岩地区婆岩砾向组构量测结果表

编号	砾石岩性	A 轴长/cm	C 轴长/cm	磨圆度	抗风化度	AB 面倾向/(°)	AB 面倾角/(°)
1	火山岩	12	5	次棱	强	100	15
2	火山岩	18	3	次棱	强	125	2
3	火山岩	13	4	次棱	强	132	1
4	火山凝灰岩	13	5	次棱	强	140	25
5	火山岩	16	8	棱	强	143	19
6	火山凝灰岩	10	5	次圆	强	155	13
7	火山岩	12	4	棱	强	157	9
8	火山凝灰岩	12	4	次棱	强	160	29
9	火山凝灰岩	10	6	次圆	强	175	8
10	火山凝灰岩	12	3	次圆	强	175	10
11	火山凝灰岩	10	6	次棱	强	180	25
12	火山凝灰岩	20	10	次棱	强	185	12
13	火山凝灰岩	20	4	次棱	强	185	5
14	火山凝灰岩	14	8	次棱	强	190	24
15	火山凝灰岩	20	9	次圆	强	205	15
16	火山凝灰岩	10	7	次圆	强	210	36
17	火山岩	31	11	次圆	强	213	4
18	火山凝灰岩	30	12	次圆	强	215	9
19	火山凝灰岩	15	9	次棱	强	215	17
20	火山凝灰岩	14	8	次棱	强	215	11
21	火山凝灰岩	12	5	次棱	强	220	15
22	火山凝灰岩	17	10	棱	强	220	0
23	火山凝灰岩	14	10	次棱	强	225	12
24	火山凝灰岩	11	3	次棱	强	235	12
25	安山岩	15	8	棱	强	253	9
26	火山岩	27	10	次棱	强	310	6
27	火山岩	13	7	棱	强	315	16
28	安山岩	16	6	次棱	强	323	12
29	火山岩	14	7	棱	强	325	14

续表

编号	砾石岩性	A 轴长/cm	C 轴长/cm	磨圆度	抗风化度	AB 面倾向/(°)	AB 面倾角/(°)
30	火山凝灰岩	12	6	次棱	强	327	16
31	安山岩	10	9	次圆	强	330	6
32	火山岩	35	10	次圆	强	330	12
33	安山岩	12	6	次棱	强	35	18
34	火山凝灰岩	21	13	次圆	强	7	1

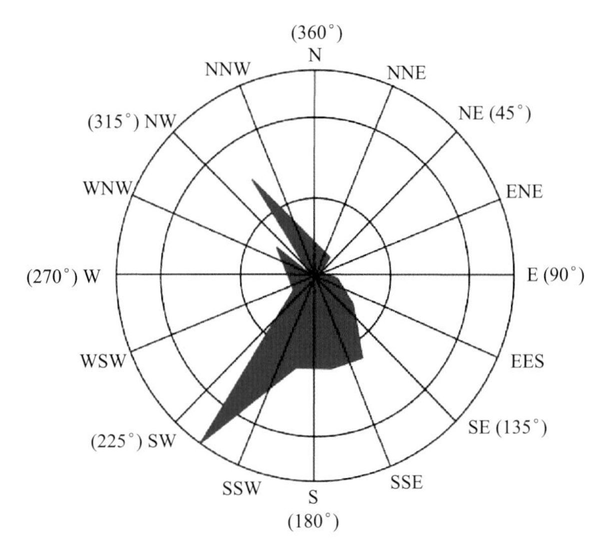

图 4-12　方岩地区婆岩砾向组构玫瑰图

从表 4-5 和图 4-12 婆岩测量的数据可知：组成方岩组地层的砾石长轴（A 轴）平均长度为 15.6cm，一般在 12～17cm，最大值为 35cm，C 轴平均数值为 6.76cm，砾石的磨圆度以次棱角状为主，很少次圆状，绝无圆状。从玫瑰图可见，AB 面倾向方位主要集中在南南西和南东两方向上，根据河流沉积与河流地貌学中河床砾石 AB 面倾向上游的原理可知，构成婆岩的沉积物砾石当时主要来源于南南西和南东两方向，因砾石磨圆度较差，应属于近源沉积物质。

从表 4-6 和图 4-13 对寿星岩方岩组砾向组构量测的结果表明：砾石长轴（A 轴）平均为 14.9cm，最大为 22cm，最小为 7cm，磨圆度次棱角状为主，但圆状与次圆状已占 37.5%，其中圆占二分之一，AB 面倾向以南—南南西为主，占 63.7%，平均倾角 21.66°，最大倾角 55°。以上表明，构成寿星岩的方岩组砾石当时主要来源方向是南南西，搬运距离较远，故砾石磨圆度较高。

从表 4-7 和图 4-14 对螺蛳岩方岩组砾向组构量测的结果表明：砾石长轴（A 轴）平均长 17.5cm，最大 35cm，最小 7cm，长度在 20cm 以上约占 20%，次圆状和圆状的砾石占 17.1%，其中圆状仅占 10.4%，与其他两测点比较，砾石的扁平度增加。从 AB 面砾向组构看，当时岩屑物质来源主要是北西和南南东方向，表明该处沉积物来源主要受两个以上流向搬运沉积的影响，但物质搬运距离相对比较近，故次圆状和圆状的砾石占17.1%。

表 4-6　方岩地区寿星岩砾向组构量测结果表

编号	砾石岩性	A 轴长/cm	C 轴长/cm	磨圆度	抗风化度	AB 面方位角/(°)	AB 面倾角/(°)
1	硅质岩	17	13	次圆	强	145	22
2	硅质岩	22	13	圆	强	165	7
3	硅质岩	13	9	次棱	强	170	30
4	火山凝灰岩	16	9	次棱	强	175	8
5	火山凝灰岩	14	5.5	圆	强	175	55
6	硅质岩	14	9	次圆	强	175	55
7	火山凝灰岩	12	6	次棱	强	180	10
8	硅质岩	12	8	次棱	强	180	14
9	硅质岩	18	5	次圆	强	185	19
10	硅质岩	18	5	次棱	强	185	2
11	硅质岩	12	7	次棱	强	185	8
12	硅质岩	26	17	圆	强	185	43
13	硅质岩	10	6	次棱	强	185	19
14	硅质岩	10	5	次棱	强	185	16
15	硅质岩	11.5	8	次圆	强	187	54
16	硅质岩	20	10	次棱	强	190	9
17	硅质岩	22	6	棱	强	190	28
18	硅质岩	7	5	次棱	强	192	18
19	角砾凝灰岩	17	5	次棱	强	192	4
20	硅质岩	16	5.5	次棱	强	192	41
21	凝灰岩	11	6.5	次棱	强	193	40
22	凝灰岩	10.5	5	次棱	强	195	45
23	硅质岩	10	5	次棱	强	195	25
24	硅质岩	19	6	次棱	强	195	8
25	凝灰岩	14	6	次棱	强	195	3
26	凝灰岩	12	4.5	次棱	强	200	20
27	硅质岩	16	10	次棱	强	200	10
28	硅质岩	14	7	棱	强	205	6
29	硅质岩	15	9	次棱	强	220	25
30	硅质岩	9	6	圆	强	220	5

表 4-7　方岩地区螺蛳岩砾向组构量测结果表

编号	砾石岩性	A 轴长/cm	C 轴长/cm	磨圆度	抗风化度	AB 面方位角/(°)	AB 面倾角/(°)
1	火山凝灰岩	21	7	棱	强	0	19
2	火山岩	13	6	棱	强	10	3

续表

编号	砾石岩性	A轴长/cm	C轴长/cm	磨圆度	抗风化度	AB面方位角/(°)	AB面倾角/(°)
3	火山凝灰岩	17	7	棱	强	107	7
4	火山凝灰岩	12	5	次棱	强	126	11
5	花岗岩	13	7	次圆	强	135	20
6	火山凝灰岩	19	8	次棱	强	138	24
7	火山凝灰岩	25	10	棱	强	153	20
8	花岗岩	12	4	次棱	强	155	1
9	花岗岩	23	8	棱	强	166	20
10	火山凝灰岩	18	7	棱	强	168	4
11	火山凝灰岩	15	6	棱	强	170	9
12	火山凝灰岩	17	8	次棱	强	178	14
13	火山凝灰岩	17	6	棱	强	188	9
14	火山角砾岩	15	5	棱	强	205	7
15	花岗岩	15	7	次棱	强	216	13
16	火山凝灰岩	20	8	棱	强	243	35
17	花岗岩	35	16	棱	强	255	18
18	火山岩	16	10	棱	强	258	16
19	火山凝灰岩	20	5	次棱	强	276	17
20	火山凝灰岩	18	6	棱	强	285	13
21	火山凝灰岩	14	7	次圆	强	290	25
22	砾岩	34	15	次棱	强	325	8
23	火山岩	17	8	次棱	强	330	5
24	火山岩	17	5	次圆	强	330	1
25	花岗岩	13	4	次圆	强	330	3
26	火山凝灰岩	17	5	棱	强	330	10
27	花岗岩	13	6	次圆	强	332	8
28	石英砂岩	10	5	次棱	强	348	2
29	花岗岩	10	5	次棱	强	350	18
30	花岗岩	17	5	次棱	强	358	8
31	火山凝灰岩	11	10	圆	强	42	33
32	火山岩	21	8	次棱	强	5	17
33	火山凝灰岩	13	7	次棱	强	53	34
34	火山凝灰岩	17	10	次棱	强	75	16
35	火山凝灰岩	17	8	棱	强	8	12

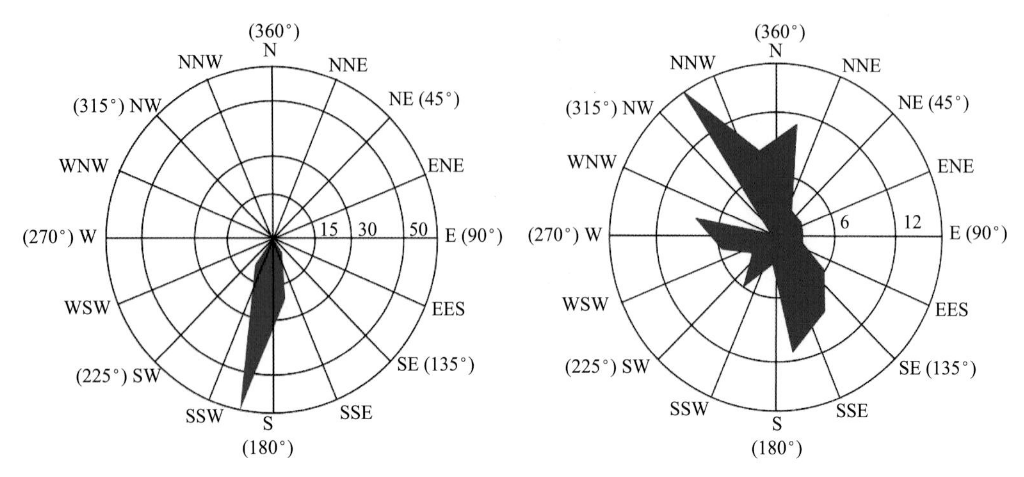

图 4-13　方岩地区寿星岩砾向组构玫瑰图

图 4-14　方岩地区螺蛳岩砾向组构玫瑰图

综上所述，以上各处砾向组构量测结果表明：面积为 17.31km^2 的方岩组构成的方岩丹霞地貌区从整体上揭示出一个呈北东—南西走向的短向斜构造盆地的沉积特征，构成方岩组的物质当时主要是从此盆地四周搬运下来的火山岩碎屑。由于该区盆地后期呈整体稳定抬升，未出现大的扰动和褶皱，故地层产状也基本保留了中生代盆地沉积时的特征。在野外对方岩地区各处方岩组地层量测的地层产状和浙江省五万分之一地质图确定的岩层产状图都能从不同侧面证明这一点（浙江省地质矿产厅，1995）。

4.5　造景地貌成因分析

丹霞地貌是在中国地貌旅游中开发最早的自然资源之一，其旅游价值的研究一直是热点问题（陈传康等，1990，周学军，2003）。方岩的主要地形有低山、丘陵和河谷平原，绝大部分山峰如方岩山、鸡鸣峰、桃花峰、瀑布峰等山峰的海拔全部在 300～400m，典型的地貌类型是丹霞地貌（图 4-15）。

4.5.1　方岩丹霞地貌的剖面组合

黄进（1982）把近水平构造的丹霞地貌剖面，自上而下分为三种剖面类型：受水平岩层面控制的层面顶坡；受垂直节理控制的陡崖坡；受崩积岩块内摩擦角控制的崩积缓坡。这种“顶平、坡陡、麓缓”三种坡面，是丹霞地貌中最基本、最简单的坡面组合。对图 4-14 的判读可以发现：方岩风景区核心区的山峰如方岩山、鸡鸣峰、桃花峰、瀑布峰、南岩等山峰的山顶浑圆平坦，山腰地带等高线密集，坡度很陡接近垂直，山麓地带等高线稀疏坡度平缓。在图 4-15 上沿 28°55′36″N 天街的北侧做方岩方山的纬向剖面线 AB，其东西直线距离 400m，在海拔 220m 以下的山麓地带坡度平缓，从海拔 220～300m 的山腰地带，在不到 50m 的水平距离上，海拔陡然上升了 80m，方岩方山“赤壁丹崖”，绝壁横空而立。从海拔 300m 以上到山顶，坡度又变得平缓，形成浑圆状的平

顶山，这是典型的“顶平、坡陡、麓缓”的丹霞地貌剖面组合。

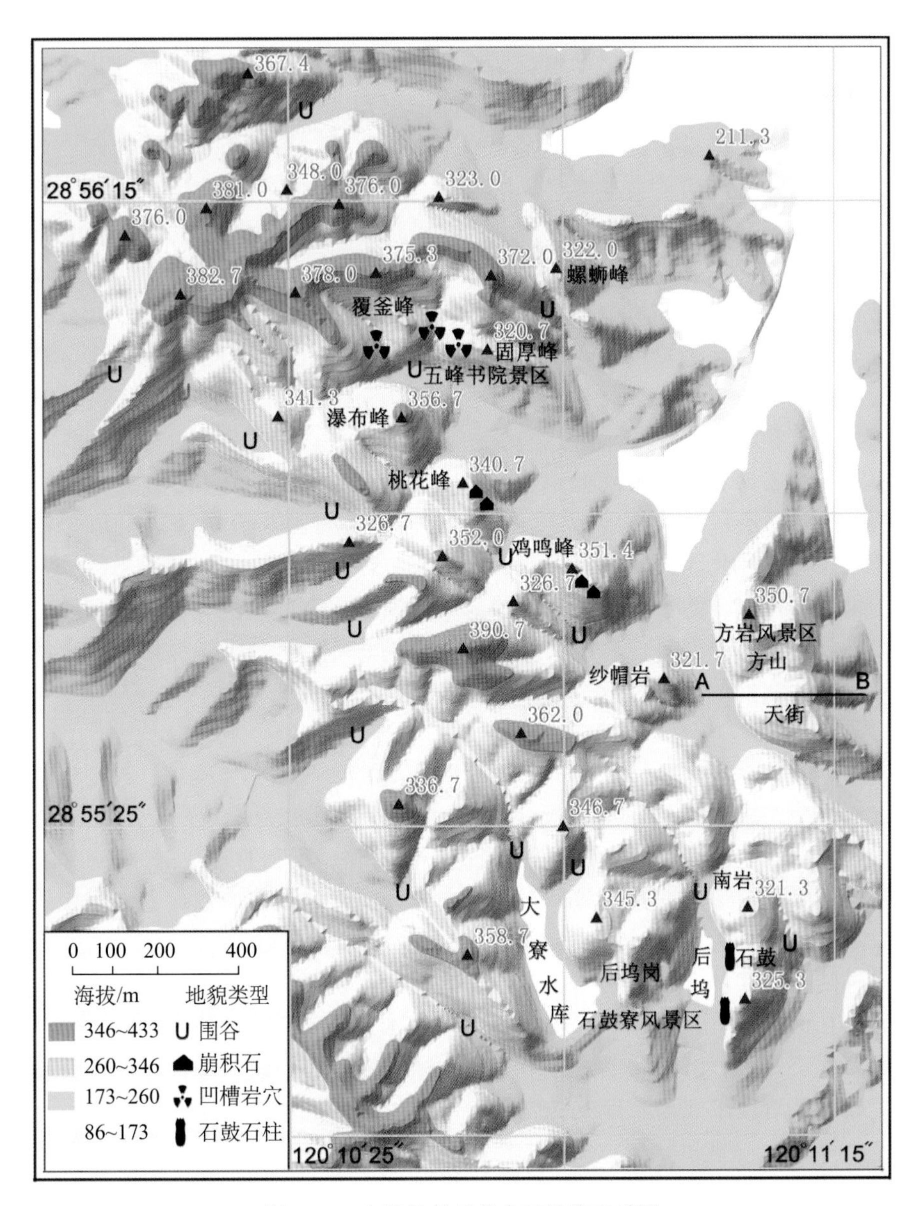

图 4-15　方岩风景区核心区地形地貌图

4.5.2　方岩丹霞地貌类型及空间组合

方岩丹霞地貌突出的类型有：凹槽和岩穴、新鲜崩积石、围谷和峰丛以及石鼓和石柱等，它们是随着构造隆升，在内力和外力（尤其是外力）的综合作用下形成的一个有机整体（朱诚等，2000，2005），空间组合亦有其内在联系。

1. 凹槽和岩穴

凹槽和岩穴在方岩地区广泛分布，据这次实地考察统计，大型凹槽和岩穴多达数十处，例如：五峰书院东侧陈亮洞、五峰书院龙湫瀑布大型扁平槽穴、方岩南侧飞桥旁崖壁凹槽、方岩东侧大型扁平槽穴、方岩天门旁大型凹槽、南岩南侧扁平岩穴、鸡鸣峰山腰大型崩塌凹槽、婆峰山顶扁平槽穴、洪福寺穿洞等，而小型凹槽岩穴更是不可胜数，尤其以分布在方岩西北部五峰书院一带（图 4-15）崖壁上的密集型小型凹槽和崖底的大型岩穴最为壮观［图 4-16（a），图 4-16（b）］。

通过在南京大学现代分析中心对方岩组（K_1f）重要地貌部位的部分岩石标本磨薄片后偏光显微镜鉴定结果发现：岩穴中凹进部分的成分主要是细砂质粉砂岩，其碎屑物含量一般高达 60%～70%，填隙物占 30%～40%，主要成分为钙质胶结物、泥质物和铁质氧化物等，相对较易风化；而岩穴上部凸出部分以砾岩为主，砾石的含量约占 55%左右，填隙物的含量有所降低，一般在 20%～30%，铁质氧化物胶结物和杂基的比重有所增大，石英碎屑含量约 10%左右，有的石英可见高温熔蚀边呈角砾状，构成的岩体较坚固，抗风化能力相对较强。

由于组成岩性成分的不同，在外力的长期侵蚀下便会产生差异分化，相对易侵蚀的细砂质粉砂岩部分首先剥落，而坚硬抗风化能力强的砾岩部分仍然保留在原来部位，形成凹槽和岩穴，它们的发育经历了非常缓慢的过程。

2. 新鲜崩积石

从五峰书院向东南到桃花峰、鸡鸣峰一带（图 4-15），可以发现大量新鲜崩积石［图 4-16（c）］，代表了丹霞地貌正在演变的历程。这些崩积石形成的原因是多方面的，除了受到构造隆升时形成的断裂和节理的影响外，凹槽和洞穴的发育也为崩积石堆的形成奠定了基础。

随着早期凹槽和洞穴的不断扩大，顶部凌空的岩体在重力作用下，便会沿着破裂面崩塌滑落，在山麓形成大小不等的崩积石。在流水的作用下，较小的石块被流水搬运，大的崩积石残留地表，山体后退，露出新鲜剥蚀的山体面，这一过程又为围谷和峰丛地貌的发育提供了丹霞景观地貌形成的先决条件。

3. 围谷和峰丛

随着山体被剥蚀不断地后退，方岩地区发育了众多的围谷地貌［图 4-16（d）］，它们主要分布在峰丛与平原交汇的东、南和西三侧（图 4-15）。以五峰书院围谷为例，其背依覆釜峰，东北连固厚峰，西南临瀑布峰，五峰峰丛基部相连，流水侵蚀不剧烈，表现出“青年期”丹霞地貌的特点。

4. 石鼓和石柱

石鼓、石柱分布在方岩风景区东南部的石鼓寮一带（图 4-15），它们可以看成是山体受外力侵蚀不断变小，残留在地表的最后阶段。由于它们一般分布在周围较大山体的附近，并不是孤立在侵蚀平原上，说明它们从周围山体切割分离出来的时间并不是很漫长，仍然处在丹霞地貌发育的“青年期”阶段［图 4-16（e），图 4-16（f）］。

(a) 五峰书院崖壁上的凹槽　(b) 五峰书院崖底陈亮洞

(c) 鸡鸣峰的崩积石　(d) 石鼓寮后坞围谷

(e) 石鼓寮景区石鼓峰　(f) 石鼓寮景区石柱

图 4-16　方岩丹霞地貌类型图

4.5.3　方岩丹霞地貌发育的地层特征

方岩风景名胜区地层属于华南地层区—东南沿海地层分区—永康地层小区，区内主要地层由中生界晚侏罗系的酸性喷出岩及早白垩系的红层砾岩、砂岩组成（曾昭璇和黄少敏，1978；彭华和吴志才，2003）。

丹霞地貌发育在方岩组（K_1f）之中，形成于早白垩世晚期，分布于永康盆地南东缘石柱—方岩—莲屋一带，出露面积55km²，地层厚度大于300m。在永康—南马盆地中的石柱—方岩、永康俞溪头等地，是以冲积扇相为主体，岩性为块状砾岩、砂砾岩及透镜体、似层状含砾粗砂岩；到方岩山一带，过渡为冲积扇—扇前辫状河相沉积，主要出露于公婆岩—方岩—西村一线，岩性为中厚层状中细粒砂岩、细砂粉砂岩，冲积扇—扇前辫状河相沉积的基本层序为：下部是厚层状砾岩、砂砾岩；中部为含砾粗砂岩；上部似层状中细粒砂岩、细砂粉砂岩；主要层理构造有交错层理、块状层理、平行层理，每个基本层序厚度在2～5m（图4-17）。

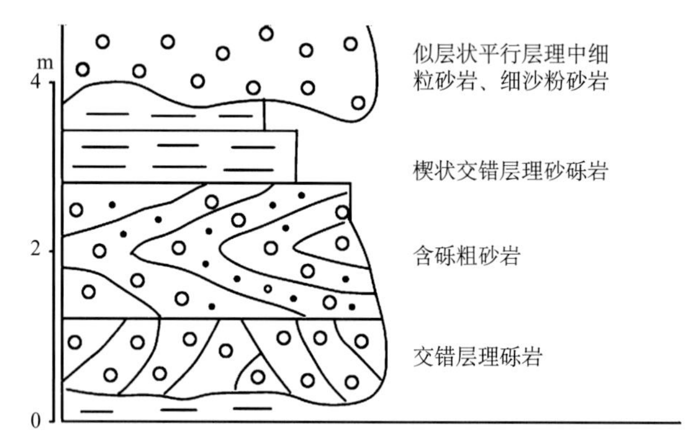

图4-17　公婆岩—方岩—西村一带的冲积扇—扇前辫状河相基本层序

构成丹霞地貌岩层中的砾石 *AB* 面倾向可以反映古水流方向和物源来向，其砾石成分和磨圆度亦能揭示抗风化程度和搬运情况。在这次研究中对婆岩、寿星岩和螺蛳岩三个地方99块砾石的 *AB* 面倾向和倾角以及 *A*、*C* 轴长度进行了现场随机量测；对砾石的磨圆度和抗风化程度也进行了现场观测描述和分析，其中对螺蛳岩方岩组砾石测量结果分析如下：长轴（*A* 轴）平均长17.5cm，最大35cm，最小7cm，长度在20cm以上约占20%，次圆状和圆状的砾石占17.1%，其中圆状仅占10.4%，与其他两测点比较，砾石的扁平度增加；从 *AB* 面砾向组构看（图4-14），当时岩屑物质来源主要是北西和南南东方向，表明该处沉积物来源主要受两个以上流向搬运沉积的影响，但物质搬运距离相对比较近，故次圆状和圆状的砾石占17.1%，圆状仅占10.4%。

以上分析表明测点当时的古河道不稳，是一种摆动河床，水流状态也不稳定，流速变化很大，是一种河道多变的冲积扇相沉积；砾石均系近源物质，有副砾岩和正砾岩，但多数是正砾岩，主要从盆地边缘的山地被侵蚀、搬运而来，与上述的冲积扇—扇前辫状河相沉积类型基本吻合。

4.5.4　方岩丹霞地貌发育过程探讨

方岩丹霞地貌是地质构造内动力和风化剥蚀外营力长期共同作用的结果，永康盆地中生代断坳盆地的形成与沉积，以及新生代以来湖盆抬升为山地是丹霞地貌形成的两个重要阶段。中生代湖盆沉积环境为丹霞地貌提供了成岩的物质条件，而侏罗纪后期以来，尤其是白垩系红层在后期构造抬升中产生的断裂构造对丹霞地貌的发育有重要影响。

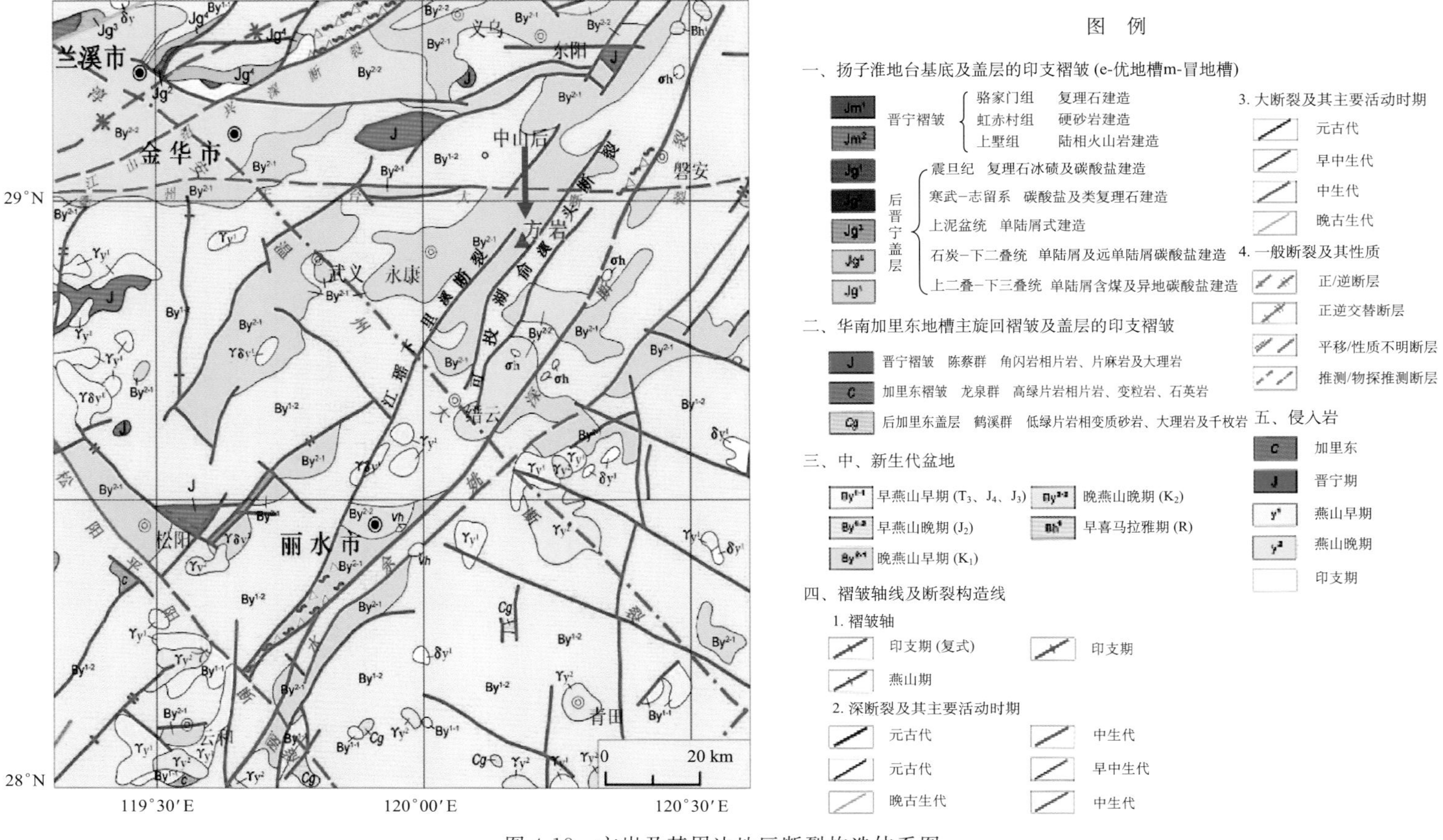

图 4-18　方岩及其周边地区断裂构造体系图

1. 断层和节理

实地调查发现，控制方岩地区地貌发育的主要有 4 条深大断裂（图 4-18）：其中，北东向的有位于该区西北部的江山—绍兴深断裂和位于该区东南部的丽水—余姚深断裂；东西走向的有衢州—天台大断裂；北西向的有淳安—温州大断裂。此外，该区还受到众多次一级的断裂构造影响。调查还发现，永康—方岩中生代盆地在后期构造抬升中不仅产生上述众多断裂（表 4-8），而且同时也形成下述各类节理（表 4-9 和图 4-19）。

表 4-8　方岩及周边地区断裂分类特征表

编号	断裂名称	走向	断面产状	规模		力学性质	形成时期
				长/km	宽/m		
F_7	黄坟口	NE50°～55°	SE140°～145°∠30°～55°	6	1～2	压扭性	J_3
F_9	雅庄-下柏石断裂	NE20°～30°	SE110°～120°∠60°～85°	>7	2～50	压扭性（左行）	J_3
F_{11}	古山-大唐沿断裂	NE40°～50°	NW315°～330°∠62°～80°	24	10～15	压扭性	J_3
F_{13}	杏花村-大园断裂	NE50°～60°	NW320°∠70°～90°	11	5～15	压扭性（左行）	J_3
F_{14}	江瑶-下里溪断裂	NE40°～50°	SE130°～140°∠65°～85°	11.5	8～50	压扭性	J_3
F_{17}	可投胡-俞溪头断裂	NE35°～40°	NW305°～330°∠70°	>14	4～15	压—压扭性	J_3
F_{18}	可投应断裂	NE40°	SE110°∠60°，300°∠80°	19	10～50	压扭性	J_3
F_{21}	下丁-包坑断裂	NE30°～60°	SE120°～150°∠75°～80°	7	5～50	压—压扭性（左行）	J_3
F_{22}	台门-下丁断裂	NE30°～57°	SE120°～147°∠65°～80°	5	15～100	压扭性（左行）	J_3
F_{23}	李宅-新楼断裂	NE45°	NW300°～330°∠50°～90°	8	5～25	张（早）、压扭（晚）	J_3
F_{35}	溪田-庙下断裂	NE25°～30°	NW320°～330°∠60°～75°	>6	10	压扭性（右行）	K_2
F_{53}	横山断裂	SE95°～100°	NE5°～10°∠70°～80°	>6	10	压（早）、张（晚）	K_1
F_{57}	傅店断裂	E90°	N0°∠82°	>2	5～8	张性（右行）	K_1
F_{68}	后力坑-世雅断裂	NW310°～320°	SW220°～230°∠87°～90°	5	2	压扭性	K_2
F_{69}	大溪塘-石锦断裂	NW320°	SW230°∠87°～90°	5	3～15	张—张扭性	K_2
F_{84}	江村-德茂塘断裂	N0°	E90°∠85°～90°	3	2～5	压扭性（左行）	K_1
F_{85}	下沈断裂	NW355°～NE5°	SW265°～NW275°∠62°～70°	>4	10～20	压扭性	K_1

表 4-9　方岩主要节理带分布特征表

编号	地点	经度	纬度	海拔/m (GPS)	产状	岩性
1	竹林寺瀑布	120°10.387′E	28°54.338N′	159	走向 SE170°	K_1f
2	灵岩寺入口崖壁处	120°10.378′E	28°53.979′N	196	倾向 SW265°，倾角 85°	K_1f
3	螺蛳峰与固厚峰之间的峡谷	120°11.078′E	28°55.708′N	245	走向 E90°	K_1f
4	寿山坑五峰与方岩之间的谷地	120°11.078′E	28°55.708′N	245	走向 N360°	K_1f
5	方岩与南岩之间天桥下方峡谷	120°11.231′E	28°55.785′N	381	走向 E90°	K_1f

续表

编号	地点	经度	纬度	海拔/m (GPS)	产状	岩性
6	方岩最南端崖壁	120°11.202′E	28°55.385′N	380	节理倾向 NE80°，倾角 60°	K_1f
7	石鼓寮与胡公山之间的峡谷	120°11.202′E	28°55.385′N	353	走向 SW205°	K_1f
8	大寮谷地	120°11.786′E	28°54.711′N	360	走向 SE130°～145°	K_1f
9	小寮瀑布裂隙	120°11.784′E	28°54.711′N	302	走向 SE125°～160°	K_1f
10	后坞谷地	120°11.787′E	28°54.711′N	302	走向 S180°	K_1f
11	石鼓寮峡谷西侧崖壁	120°11.788′E	28°54.711′N	350	节理倾向 SW180°～200°，倾角 70°	K_1f
12	方岩西侧崖壁	120°11.381′E	28°55.707′N	288	节理倾向 NE10°，倾角 85°	K_1f
13	纱帽岩崖壁	120°10.987′E	28°55.609′N	280	节理倾向 NE45°，倾角 80°	K_1f
14	鸡鸣峰崖壁	120°11.079′E	28°55.706′N	300	节理倾向 SE100°，倾角 65°	K_1f
15	公婆岩之间峡谷	120°10.256′E	28°56.319′N	440	走向 NW300°	K_1f
16	洪福寺穿洞	120°07.986′E	28°52.576′N	247	走向 SW250°/NE70°	K_1f
17	灵岩穿洞	120°10.378′E	28°53.979′N	196	走向 210°	K_1f

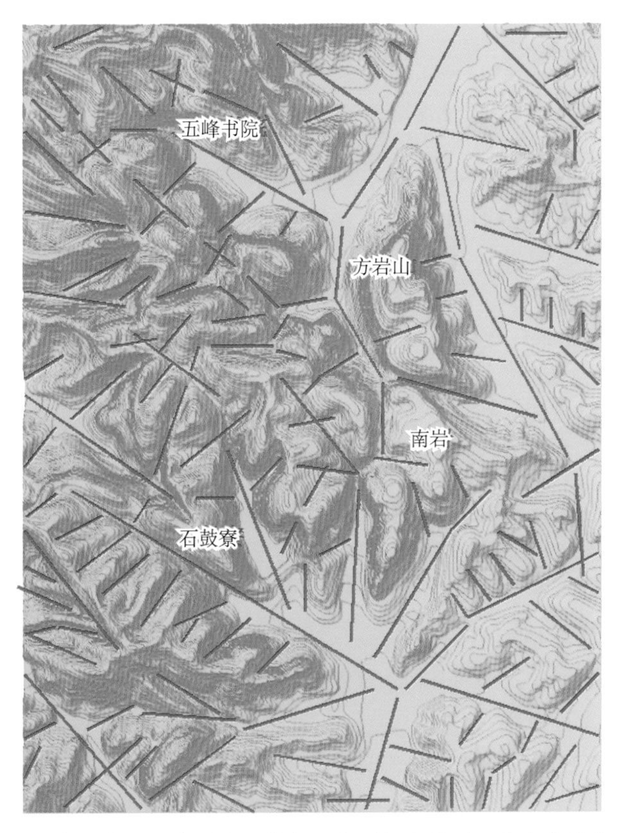

图 4-19　方岩地区近南北向、近东西向、北东—南西向和北西—南东向为主的节理分布特征

上述节理带的分布对方岩丹霞地貌的发育有重要控制作用，这些节理从宏观分布上看以近南北向、近东西向、北东—南西向和北西—南东向为主，因此方岩丹霞地貌的围谷、方山、谷地和峰丛的分布也受此节理分割的影响。这样，永康—方岩盆地抬升后原来完整的厚层砂砾岩受这几组垂直节理的分割，便形成今日之方山、围谷和峰丛等地貌形态。但从节理切割的深度看，表明方岩地区仍属于丹霞地貌发育的"青年期"阶段，因为这些峰丛并未被切割分离开来，这些峰丛（如五峰）的基底仍然是一个整体（图 4-20）。

(a) 基部相连的五峰峰丛地貌景观

(b) 从南岩向西北远眺所见到的五峰峰丛

图 4-20　五峰峰丛基底

2. 风化崩塌和围谷及崖壁的发育过程

崩塌是丹霞地貌形成的重要过程，沿着上述断层和节理带，方岩的崩塌现象多处可见。方岩地区丹霞崖壁较多而且壮观，崖壁的形成主要与丹霞红层沿节理带的崩塌有关，而崖壁的崩塌又与围谷和其他各类丹霞谷地的形成有共生联系。方岩地区多处围谷中现存的多处崩积物便是例证：如五峰书院丹霞围谷中的崩积石和鸡鸣峰西北麓围谷中的崩积石等，这些均说明方岩围谷和丹霞崖壁都是在丹霞岩层沿节理带不断崩塌后退的前提下形成的。

3. 岩性差异风化和扁平状洞穴及穿洞形成过程

方岩地区除围谷和方山外，扁平洞穴及穿洞也很有特色，它们的发育与岩性差异风化导致的崩塌作用密切相关。表 4-10 是部分方岩丹霞地貌岩石标本氧化物含量在南京大学现代分析中心用瑞士 ARL-9800 型 X 射线荧光光谱仪测定的结果，表 4-11 和图 4-21 是方岩国家自然遗产地方岩组（K_1f）重要地貌部位的部分岩石标本磨薄片后偏光显微镜鉴定结果。从表 4-10、表 4-11 以及图 4-21 对岩石标本偏光显微镜和 X 荧光光谱的鉴定结果可以发现以下特点：

（1）方岩地区方岩组（K_1f）中的火山岩砾石和岩屑含量普遍较高，测出的 SiO_2 含量普遍也很高（58.80%～70.60%），表明其总体上抗风化能力强。

（2）方岩组（K_1f）中火山岩砾石占 30%～55%，主要种类有熔结凝灰岩、流纹质凝灰岩、流纹岩和中性熔岩（安山岩）等。这些火山岩砾石由于经过火山作用时的高温，而后逐渐冷却，犹如淬火锻炼一般，因此其坚硬和抗风化程度很高，是一般沉积岩所不可比拟的。

(3) 方岩组 (K_1f) 砾岩中的火山岩岩屑，主要由浆屑、晶屑和玻屑组成，流纹质熔结凝灰岩具假流纹构造，石英碎屑含量约 10%～20%，可见高温熔蚀边，构成的岩体十分坚硬且致密度高，抗风化能力也很强。

(4) 方岩方岩组 (K_1f) 中抗风化能力相对弱的岩体主要是砂岩，其胶结物主要成分为方解石（如方岩东侧大型扁平槽穴下部的钙质粉砂岩方解石胶结物含量占 25%)，故砂岩处易风化剥落造成该处崖壁的后退和凹槽的形成。另外，砂岩中的火山岩岩屑具强烈的蚀变，含大量的蚀变黏土矿物；砂岩中的斜长石和条纹长石蚀变后泥化，绢云母化显著，个别具碳酸盐化，所以加剧了砂岩处凹槽的形成。

表 4-10　部分方岩丹霞地貌方岩组 (K_1f) 部分岩石标本氧化物含量 X 荧光光谱测定结果

编号	采样地点	岩性	SiO_2/%	Al_2O_3/%	Fe_2O_3/%	CaO/%
1	方岩南侧飞桥旁崖壁凹槽上部	K_1f 中的细砾岩	68.0	16.6	1.71	2.76
2	方岩南侧飞桥旁崖壁凹槽下部	K_1f 中的砂岩	67.3	17.2	2.56	1.22
3	方岩天门旁大型凹槽	K_1f 中的泥质粉砂岩	69.1	16.8	3.16	0.309
7	方岩东侧大型扁平槽穴上部	K_1f 中的砾岩	58.8	14.9	2.29	9.99
8	方岩东侧大型扁平槽穴下部	K_1f 中的钙质粉砂岩	60.3	17.6	3.68	4.84
11	南岩南侧扁平洞穴下部	K_1f 中的细砂质粉砂岩	63.3	16.1	2.98	4.09
12	南岩南侧扁平洞穴上部	K_1f 中的砾岩	70.6	15.9	2.08	0.506
17	五峰书院东侧陈亮洞上部	K_1f 中的砾岩	44.9	68.3	15.7	2.07
18	五峰书院东侧陈亮洞下部	K_1f 中的细砂质粉砂岩	65.8	61.9	17.0	3.18
19	五峰书院东侧天墨瀑下部上层	K_1f 中的砾岩	68.9	61.7	16.2	2.76
20	五峰书院东侧天墨瀑下部中层	K_1f 中的粉砂岩	57.4	63.8	15.2	3.34
37	婆峰山顶扁平槽穴上部	K_1f 中的砾岩	65.6	14.7	2.65	4.49
43	洪福寺穿洞下部	K_1f 中的岩屑砂岩	68.0	16.7	1.64	0.552

另外，从表 4-12 可见，在丹霞地貌红层砂砾岩抗压程度实验中，砾岩的抗压强度较高而稳定，一般在 118.90MPa 左右。

由上述实验和鉴定可知：方岩组 (K_1f) 岩体中由大量火山岩岩屑构成的砾岩岩体相当坚硬，其抗压强度和抗风化能力都很高，而由砂岩、钙质粉砂岩和细砂质粉砂岩构成的岩体相对较软，其抗压强度和抗风化能力相对较弱。因此，该区方岩组 (K_1f) 这种软硬互层的岩性对丹霞岩层崩塌的形成有重要影响。此外，野外调查采集的岩石标本磨薄片偏光显微镜鉴定均发现，方岩组 (K_1f) 中砾岩的孔隙度大于砂岩，由于地表下渗的雨水很容易经砾岩岩层下渗到透水性相对较差的砂岩岩层中，而砂岩胶结物的主要成分为碳酸钙［表 4-11 和图 4-21 的 (b)、(d)、(e)、(f)、(i)、(k)、(l)、(n)、(q) 和 (r) 图］，雨水与空气中的 CO_2 一定量混合，使得落到地面的雨水往往有 CO_3^{2-} 成分，含 CO_3^{2-} 的雨水对钙质胶结的砂岩岩层易产生溶蚀作用，加之砂岩坚硬程度和抗压

表 4-11　部分方岩方岩组 K_1f 岩石标本部分薄片偏光显微镜鉴定结果

编号	地点	纬度	经度	海拔/m	岩性	光性/倍数	显微镜下岩性特征	对应图 4-21 序号
1	方岩南侧飞桥旁崖壁凹槽上部	28°55.708′N	120°11.078′E	339	细砾岩（特征：火山岩岩屑具很强烈的蚀变，有的含大量蚀变黏土矿物，与泥岩岩屑十分相似）	正交×4 正交×10	砾状结构。砾石之间为砂状结构，砾石约占 50%，砂粒含量约 30%，填隙物约 20%，碎屑物分选差，磨圆度中等—差，次圆状—次棱角状。碎屑物（砾石和砂，80%）：其中砾石直径 2～15mm，砂粒为 0.2～1.5mm，主要成分为火山岩岩屑约占 65%，少量石英和长石。主要有酸性火山岩（流纹质凝灰岩、流纹岩和熔结凝灰岩等）岩屑，偶见泥质岩屑（很可能是火山岩岩屑蚀变而成的泥岩岩屑）。有的流纹岩具球粒结构。凝灰岩主要由晶屑和玻屑组成。粗大的碎屑（砾石和粗砂）几乎都是火山岩岩屑。火山岩岩屑蚀变（泥化）普遍较强烈。石英晶屑约 10%，有的可见高温熔蚀现象。长石占 5%，为斜长石和条纹长石。填隙物约占 20%，为方解石胶结物（约 10%，为它形粒状）和杂基（约 10%，为黏土和细粉砂等）	图 4-21（a）
2	方岩南侧飞桥旁崖壁凹槽下部	28°55.708′N	120°11.078′E	339	砂岩	正交×4 单偏×4 正交×10	砂状结构。碎屑颗粒分选较好，颗粒粒径以 0.2～0.4mm 为主，少数达 0.5～1.0mm，磨圆度中等—差，以次棱角状—次圆状，不同成分磨圆度差别较大，其中岩屑磨圆度相对较好，石英碎屑则磨圆度差。碎屑颗粒：约占 70%，主要成分是酸性火山岩岩屑 30%、石英 25%、长石 15%，偶见黑云母碎屑。有些火山岩岩屑具很强烈的蚀变，含大量蚀变黏土矿物。长石为斜长石和条纹长石，具中等程度的蚀变（泥化、绢云母化，个别具碳酸盐化）。填隙物 30%，主要为黏土和很细小的碎屑构成的杂基，约占 22%。方解石胶结物约 3%，呈不规则它形粒状，分布很不均匀。铁质氧化物胶结物约 5%	图 4-21（b）

续表

编号	地点	纬度	经度	海拔/m	岩性	光性/倍数	显微镜下岩性特征	对应图4-21序号
3	方岩天门旁大型凹槽	28°55.540′N	120°11.237′E	320	泥质粉砂岩	正交×20 正交×10	泥质粉砂结构。碎屑物占55%，分选好，粒径多为0.03～0.05mm，少量（＜5%）粒径为0.2～0.5mm的较大碎屑，磨圆度差，为棱角状，主要成分是石英（40%）、白云母（10%）、少量长石（5%），偶见火山岩岩屑（薄片中仅仅见到一个岩屑颗粒，粒径约0.3mm）填隙物45%，主要成分是泥质物（40%），少量铁质氧化物（5%）。整个岩石中成分分布不均匀，不同成分相对富集构成纹理构造，有的纹理泥质物和铁质氧化物较多，颜色略深，有的纹理粉砂含量较高，颜色略浅	图4-21（d）
7	方岩东侧大型扁平槽穴上部	28°55.707′N	120°11.381′E	288	砾岩	正交×10 正交×20 单偏×4	砾状结构，砾石约占30%，砂粒含量约40%，填隙物约30%，碎屑物分选差，磨圆度中等—差，次圆状—次棱角状，岩屑以次圆状为主，矿物碎屑多为次棱角状。碎屑物（砾石和砂，70%）：其中砾石直径多2～8mm，砂粒为0.2～1.2mm，主要成分为岩屑、石英和长石。石英碎屑约20%，可见高温熔蚀边，多为砂状，个别较粗大粒径达2～3mm为角砾状。长石占8%，为酸性斜长石和条纹长石，具有中等—很强的碳酸盐化。岩屑约占42%，主要为酸性和中性火山岩（流纹质凝灰岩、流纹岩和安山岩等），偶见石灰岩岩屑。流纹质凝灰岩主要由弓形—弧面多角形玻屑（占65%）、晶屑（5%）及其填隙物（为火山尘，约30%）组成，玻屑粒径0.1～0.3mm，玻屑有微弱的变形和定向。有的流纹岩具球粒结构。安山岩岩屑具安山结构（玻晶交织结构），含大量半定向排列的斜长石微晶。填隙物约占30%，主要为方解石胶结物（约23%，为它形粒状，晶体较粗大），少量铁质氧化物胶结物（2%），少量杂基（约5%，为黏土和细粉砂等）	图4-21（c）

续表

编号	地点	纬度	经度	海拔/m	岩性	光性/倍数	显微镜下岩性特征	对应 图 4-21 序号
8	方岩东侧大型扁平槽穴下部	28°55.707′N	120°11.381′E	288	钙质粉砂岩	正交×20 正交×10	粉砂状结构。碎屑物：占 65%，分选较好，粒径以 0.03～0.07mm 为主，少数（<5%）粒径为 0.1～0.15mm 磨圆度差，以棱角状为主。主要成分是石英（55%）、白云母（5%）、长石（2%）、岩屑（3%），偶见蚀变黑云母。填隙物：35%，主要为方解石胶结物约 25%和铁质氧化物胶结物，约 10%	图 4-21（e）
11	南岩南侧扁平洞穴下部	28°55.300′N	120°11.256′E	296	细砂质粉砂岩	正交×10 正交×4 单偏×4	细砂—粉砂结构（不等粒细碎屑结构）。碎屑物约 70%，分选差，粒径为 0.02～0.12mm，个别达 0.5mm。粉砂（粒径 0.02～0.06mm 的碎屑）占碎屑总量的 70%；砂（粒径>0.06mm 的碎屑）占碎屑总量的 30%。碎屑物磨圆度差，以棱角状为主。碎屑物成分以石英为主，约 53%，岩屑约 10%，长石约 5%，白云母约 2%。岩屑多为粒径较大的颗粒，主要成分为酸性火山岩岩屑。长石为斜长石和正长石。填隙物占 30%，为钙质胶结物、泥质物和铁质氧化物，三者含量大致相同，均为 10%	图 4-21（f）
12	南岩南侧扁平洞穴上部	28°55.300′N	120°11.256′E	296	砾岩	正交×10 正交×4 单偏×4	砾状结构，砾石之间为砂状结构，砾石约占 55%，砂粒含量约 25%，填隙物约 20%，碎屑物分选差，磨圆度中等—差，次圆状—次棱角状，多数岩屑以次圆状为主，矿物碎屑多为次棱角状。碎屑物（砾石和砂，80%）：其中砾石直径多为 4～10mm，砂粒为 0.2～1.2mm，主要成分为岩屑、石英和长石。石英碎屑约 15%，长石占 5%，为酸性斜长石和条纹长石。岩屑约占 60%，主要为酸性和中性火山岩（流纹质凝灰岩、流纹质熔结凝灰岩、流纹岩和安山岩等）岩屑，以酸性火山碎屑岩（流纹质凝灰岩、流纹质熔结凝灰岩）岩屑为主。流纹质凝灰岩主要	图 4-21（g）

续表

编号	地点	纬度	经度	海拔/m	岩性	光性/倍数	显微镜下岩性特征	对应图4-21序号
12	南岩南侧扁平洞穴上部	28°55.300′N	120°11.256′E	296	砾岩	正交×10 正交×4 单偏×4	由弓形—弧面多角形玻屑（占55%）、晶屑（5%）、流纹岩岩屑（10%）及其填隙物（为火山尘，约30%）组成，玻屑粒径0.1～0.15mm。流纹质熔结凝灰岩具假流纹构造，主要有塑变玻屑组成，少量浆屑和晶屑。有的流纹岩具球粒结构。有的流纹岩，具斑状结构，基质为霏细结构。安山岩岩屑具安山结构（玻晶交织结构），含大量半定向排列的斜长石微晶。填隙物约占20%，铁质氧化物胶结物（10%）和杂基（约10%，主要为黏土，少量细粉砂）	图4-21（g）
17	五峰书院东侧陈亮洞上部	28°55.708′N	120°11.078′E	238	砾岩	正交×4 单偏×20 正交×20	砾状结构，砾石之间为砂状结构，砾石约占55%，砂粒含量约15%，填隙物约30%，碎屑物分选差，磨圆度中等—差，次圆状—次棱角状，多数粒径较大的岩屑以次圆状为主，矿物碎屑和粒径较小的岩屑多为次棱角状。 碎屑物（砾石和砂，70%）：其中砾石直径多为3～20mm，砂粒为0.2～2.0mm，主要成分为岩屑、石英和长石。石英碎屑约10%，有的石英具高温熔蚀边，有的石英碎屑较粗大，粒径约3mm，呈角砾状。长石占2%，主要为酸性斜长石。岩屑约占58%，见有酸性火山碎屑岩（流纹质熔结凝灰岩）岩屑、流纹岩岩屑、安山岩岩屑和石灰岩岩屑。熔结凝灰岩岩屑具假流纹构造，主要有塑变玻屑组成，少量浆屑和晶屑。流纹岩岩屑具流纹构造，球粒结构，斑状结构，斑晶可见黑云母、正长石和斜长石，基质霏细结构。安山岩屑具斑状结构，斑晶为强烈蚀变的斜长石，有的可见气孔构造，气孔很规则，切面呈圆形，直径0.1～0.15mm。石灰岩岩屑，粒径约2.5mm，微晶结构，由它形粒状微晶方解石紧密镶嵌而成。填隙物约占30%，主要为黏土和很细小的碎屑构成的杂基约占25%。铁质氧化物胶结物约2%，方解石胶结物约3%	图4-21（h）

续表

编号	地点	纬度	经度	海拔/m	岩性	光性/倍数	显微镜下岩性特征	对应图 4-21 序号
18	五峰书院东侧陈亮洞下部	28°55.708′N	120°11.078′E	238	细砂质粉砂岩	正交×20 正交×4 单偏×10	细砂—粉砂结构（不等粒细碎屑结构）。碎屑物约 60%，分选差，粒径为 0.02～1.0mm，个别达 2.0mm。粉砂（粒径 0.02～0.06mm 的碎屑）占碎屑总量的 65%；砂（粒径>0.06mm 的碎屑）占碎屑总量的 35%。碎屑物磨圆度差，以棱角状为主。碎屑物成分以石英为主，约 40%，岩屑约 20%，长石约 8%，白云母约 1%，黑云母约 1%。岩屑多为粒径较大的颗粒，主要成分为酸性火山岩（流纹岩、凝灰岩等）岩屑，流纹岩岩屑具斑状结构，斑晶为斜长石，基质具霏细结构。少量石灰岩岩屑（2%），硅质岩（细晶燧石）岩屑（约 2%）。长石多为斜长石。填隙物占 40%，主要为黏土和很细小碎屑构成的杂基，约占 27%。铁质氧化物胶结物约 3%，方解石胶结物约 10%	图 4-21（i）
19	五峰书院东侧天墨瀑下部上层	28°55.708′N	120°11.079′E	238	砾岩	正交×10 正交×4 单偏×10 单偏×4	砾状结构，砾石之间为砂状结构，砾石约占 40%，砂粒含量约 30%，填隙物约 30%，碎屑物分选差，磨圆度中等—差，次圆状—次棱角状，多数粒径较大的岩屑以次圆状为主，矿物碎屑和粒径较小的岩屑多为次棱角状。碎屑物（砾石和砂 70%）：其中砾石直径多为 2～8mm，砂粒为 0.1～2.0mm（以 0.2～0.8mm 为主），主要成分为岩屑、石英和长石。石英碎屑约 20%，有的石英具高温熔蚀边。长石占 2%，主要为酸性斜长石，偶见强烈泥化的正长石。岩屑约占 48%，主要为酸性火山岩（主要为流纹岩和熔结凝灰岩，少量凝灰岩）岩屑。流纹岩岩屑具球粒结构，球粒粒径较大，约 0.8mm，斑状结构，斑晶可见黑云母和斜长石，基质霏细结构。熔结凝灰岩岩屑具假流纹构造，含较多塑变玻屑。填隙物约占 30%，主要为硅质胶结物（约 15%，见薄片圆圈中）和方解石胶结物（约 13%），少量铁质氧化物胶结物（约 2%）硅质胶结物它形粒状，都具有波状消光。方解石胶结物晶体粗大，分布不均匀	图 4-21（j）

续表

编号	地点	纬度	经度	海拔/m	岩性	光性/倍数	显微镜下岩性特征	对应图4-21序号
20	五峰书院东侧天墨瀑下部中层	28°55.708′N	120°11.079′E	238	粉砂岩	正交×10 单偏×4 正交×20	粉砂状结构为主，少量细砂结构，碎屑物中粉砂占95%，细砂约5%。碎屑物：占65%，分选较好，粒径以0.03～0.05mm为主，少数（约5%）粒径为0.1～0.5mm，磨圆度差，以棱角状为主。成分以石英为主（55%），少量斜长石（5%）、火山岩岩屑（3%）、白云母（1%）和黑云母（1%），偶见磷灰石。岩屑（3%），偶见蚀变黑云母。填隙物：35%，方解石胶结物约15%，微晶—细晶它形粒状，分布很不均匀，局部富集呈斑块状。黏土杂基约17%，铁质氧化物胶结物约3%。岩石中含微晶方解石聚集而成的斑块，最大斑块，长6mm，宽4mm，很像一个小砾石，但局部边界很模糊，与周围的粉砂岩逐渐过渡	图4-21（k）
24	鸡鸣峰山腰大型崩塌凹槽	28°55.609′N	120°10.987′E	280	粉砂岩	正交×4 正交×20 正交×10	粉砂状结构为主，少量细砂结构，碎屑物中粉砂占95%，细砂占5%。碎屑物：占60%，分选较好，粒径以0.03～0.05mm为主，少数（约5%）粒径为0.1～1.0mm，磨圆度差，以棱角状为主。成分以石英为主（46%），少量长石（3%）、岩屑（6%）、白云母（4%）和黑云母（1%），偶见重矿物蓝色电气石。黑云母片长度的较大，约0.3mm。岩屑多数是岩石中较粗的颗粒，成分为酸性火山岩岩屑。最粗的岩屑，粒径约1.2mm，含有较多塑变玻屑，为熔结凝灰岩岩屑。长石种类为斜长石和条纹长石。填隙物：40%，其中黏土杂基约36%，铁质氧化物胶结物约4%。岩石中夹泥岩条带，条带宽度0.1～2.0mm	图4-21（l）

续表

编号	地点	纬度	经度	海拔/m	岩性	光性/倍数	显微镜下岩性特征	对应图 4-21 序号
25	鸡鸣峰山腰大型崩塌凹槽	28°55.609′N	120°10.987′E	280	砾岩	单偏×10 单偏×4 正交×10	砾状结构，砾石之间为砂状结构，砾石约占 60%，砂粒含量约 25%，填隙物约 15%，碎屑物分选差，磨圆度中等—差，次圆状—次棱角状，多数粒径较大的岩屑以次圆状为主，矿物碎屑和粒径较小的岩屑多为次棱角状。碎屑物（砾石和砂，85%）：其中砾石直径多为 2～9mm，以 4～8mm 为主，砂粒为 0.1～1.8mm。碎屑物主要成分为岩屑，少量石英和长石。石英碎屑约 13%，有的石英具高温熔蚀边。长石占 2%，为酸性斜长石和正长石。岩屑约占 70%，主要为酸性火山岩（流纹质熔结凝灰岩，凝灰岩和流纹岩）岩屑。凝灰岩岩屑，具弓形弧面多角形玻屑、石英晶屑和正长石晶屑。熔结凝灰岩岩屑具假流纹构造，含较多塑变玻屑。流纹岩岩屑具流纹构造，球粒结构，斑状结构，斑晶可见黑云母，黑云母斑晶具暗化边。填隙物约占 15%，主要为很细小的碎屑和少量黏土构成的杂基	图 4-21（m）
31	后坞坑底洞穴下部	28°55.337′N	120°11.129′E	200	铁质钙质粉砂岩	单偏×10 正交×20 正交×50 正交×4	粉砂状结构为主，少量细砂结构，碎屑物中粉砂占 95%，砂粒占 5%。砂质物分布不均，局部聚集成不规则团块。碎屑物：占 65%，分选较好，粒径以 0.03～0.05mm 为主，少数（约 5%）粒径为 0.1～1.0mm，磨圆度差，以棱角状（无论颗粒粗细均为棱角状）为主。成分以石英为主（56%），少量长石（3%）、岩屑（4%）、白云母（2%）和黑云母（1%）。岩屑成分主要为酸性火山岩岩屑，可见霏细结构。长石种类为斜长石和正长石。较大的长石具强烈的碳酸盐化（被方解石交代）。填隙物：35%，其中方解石胶结物为 20%，它形粒状，微晶—细晶结构。铁质氧化物胶结物 10%。黏土杂基约 5%。 岩石中含微晶—细晶方解石聚集而成的斑块，多数形态不规则。个别斑块很规则，薄片中的切面形态大致呈圆形，直径约 0.2mm，具有较规则的微晶方解石构成的边缘，可能为生物作用的产物	图 4-21（n）

续表

编号	地点	纬度	经度	海拔/m	岩性	光性/倍数	显微镜下岩性特征	对应图 4-21 序号
32	后坞坑底洞穴上部	28°55.337′N	120°11.129′E	200	砾岩	单偏×10 正交×10 单偏×4 正交×4	砾状结构，砾石之间为砂状结构，砾石约占 60%，砂粒含量约 25%，填隙物约 15%，碎屑物分选差，磨圆度中等—差，次圆状—次棱角状，多数粒径较大的岩屑以次圆状为主，矿物碎屑和粒径较小的岩屑多为次棱角状。 碎屑物（砾石和砂占 85%）：其中砾石直径多为 2～20mm，直径为 20mm 的一颗砾石占薄片面积的 40%。砂粒为 0.1～1.0mm。碎屑物主要成分为岩屑，少量石英和长石。石英碎屑约 15%，有的石英具高温熔蚀边。长石占 3%，主要为酸性斜长石，少量正长石。岩屑约占 67%，主要为流纹质熔结凝灰岩岩屑，少量安山岩和流纹岩岩屑。熔结凝灰岩岩屑具假流纹构造，主要由塑变玻屑和浆屑组成，少量晶屑。浆屑具明显的双层结构。晶屑以正常条纹长石为主少量石英。正长条纹长石同时具有卡双晶和条纹结构。有的岩屑特别是岩屑中的长石具有很强烈的碳酸盐化。填隙物约占 15%，为方解石胶结物，它形粒状，中—粗晶结构	图 4-21（o）
37	婆峰山顶扁平槽穴上部	28°56.319′N	120°10.256′E	440	砾岩	单偏×4 单偏×10	砾状结构，砾石之间为砂状结构，砾石约占 55%，砂粒含量约 25%，填隙物约 20%，碎屑物分选差，磨圆度中等—差，次圆状—次棱角状，多数粒径较大的岩屑以次圆状为主，矿物碎屑和粒径较小的岩屑多为次棱角状。 碎屑物（砾石和砂，80%）：其中砾石直径多为 3～12mm，砂粒为 0.1～2.0mm（以 0.3～1.0mm 为主），成分为岩屑、石英和长石。石英碎屑约 15%。长石占 2%，主要为酸性斜长石。岩屑约占 63%，主要为酸性火山岩（熔结凝灰岩、凝灰岩、流纹岩等）岩屑，少量安山岩岩屑。填隙物约占 20%，其中方解石胶结物（约 10%），铁质氧化物胶结物（约 3%）。黏土和很细小的碎屑构成的杂基约占 7%	图 4-21（p）

续表

编号	地点	纬度	经度	海拔/m	岩性	光性/倍数	显微镜下岩性特征	对应图 4-21 序号
38	婆峰山顶扁平槽穴下部	28°56.319′N	120°10.256′E	440	（粉砂质）细砂岩	正交×10 正交×20 单偏×20	粉砂—细砂结构（不等粒细碎屑结构）。碎屑物约 65%，分选差，粒径为 0.04～0.4mm，个别（约 5%）粒度较大，为 0.5～2.2mm。粉砂（粒径 0.04～0.06mm 的碎屑）占碎屑总量的 40%；砂质物（粒径＞0.06mm 的碎屑）占碎屑总量的 60%。碎屑物磨圆度差，以棱角状为主。碎屑物成分有石英（约 50%），岩屑约 10%，长石约 4%，白云母约 1%，偶见黑云母。岩屑多为粒径较大的颗粒，主要成分为酸性火山岩（流纹岩和熔结凝灰岩等）岩屑。熔结凝灰岩岩屑主要由塑变玻屑组成，有的可见假流纹构造。流纹岩岩屑具霏细结构和球粒结构。长石多为酸性斜长石，很新鲜。填隙物占 35%，其中方解石胶结物约 17%，它形粒状，微晶—细晶结构。黏土杂基约 14%，铁质氧化物胶结物 4%。岩石中含微晶—细晶方解石聚集而成的斑块，多数形态不规则。斑块直径 0.1～2mm。有的斑块全部由微晶方解石组成，似微晶灰岩岩屑	图 4-21（q）
43	洪福寺穿洞下部	28°52.576′N	120°07.986′E	247	岩屑砂岩	正交×10 正交×4	碎屑颗粒分选较好，颗粒粒径 0.15～1.2mm，多数为 0.2～0.4mm，磨圆度中等—差，为次棱角状—次圆状。碎屑颗粒：约占 70%，主要成分是石英 25%、酸性火山岩岩屑 40%、长石 5%，偶见黑云母碎屑。酸性火山岩岩屑大多具霏细结构，部分具球粒结构，主要由很细小的石英、长石晶体组成。长石有斜长石、正长石和条纹长石，具中等—很强的碳酸盐化，有的长石 90%转变成了方解石，但仍具有长石的形态特征。填隙物 30%，主要为黏土和很细小的碎屑构成的杂基，约占 25%。方解石胶结物约 5%	图 4-21（r）

续表

编号	地点	纬度	经度	海拔/m	岩性	光性/倍数	显微镜下岩性特征	对应图 4-21 序号
44	洪福寺穿洞上部	28°52.576′N	120°07.986′E	247	砾岩	正交×20 正交×4 正交×10	砾状结构，砾石之间为砂状结构，砾石约占 70%，砂粒含量约 15%，填隙物约 10%，碎屑物分选差，磨圆度中等，次圆状—次棱角状，多数粒径较大的岩屑以次圆状为主，矿物碎屑多为次棱角状。碎屑物（砾石和砂，85%）：其中砾石直径多为 3～30mm，砂质物为 0.2～1.5mm，成分为岩屑，少量石英和长石。石英碎屑约 7%，常见高温熔蚀边，是火山作用的产物。长石占 3%，为斜长石和正长石，具较强烈的碳酸盐化。岩屑约占 75%，主要为火山岩（熔结凝灰岩、流纹岩和少量安山岩等）岩屑。最大的一个岩屑颗粒，占薄片面积的 65%，其成分为熔结凝灰岩岩屑，具假流纹构造，主要由塑变玻屑和长石、黑云母晶屑组成，含少量正长石斑晶，长石晶屑和斑晶具有中等—强烈的碳酸盐化。由于熔结程度很强，假流纹构造很像流纹构造。流纹岩岩屑具球粒结构（球粒的直径很小），霏细结构。安山岩岩屑含较多的板条状斜长石微晶。有的球粒流纹岩具有强烈的碳酸盐化。填隙物约占 15%，主要为方解石胶结物，呈中粗粒它形粒状结构	图 4-21（s）
54	鸡鸣峰后小坑深处崩塌槽穴上部	28°55.699′N	120°11.068′E	183	砾岩	单偏×10 正交×10	砾状结构，砾石之间为砂状结构，砾石约占 60%，砂粒含量约 25%，填隙物约 15%，碎屑物分选差，磨圆度中等—差，次圆状—次棱角状，多数粒径较大的岩屑以次圆状为主，矿物碎屑和粒径较小的岩屑多为次棱角状。 碎屑物（砾石和砂，85%）：其中砾石直径多为 3～10mm，砂粒为 0.1～1.2mm。碎屑物主要成分为岩屑，少量石英和长石。石英碎屑约 10%。长石占 2%。岩屑约占 73%，主要为熔结凝灰岩岩屑、凝灰岩岩屑。熔结凝灰岩岩屑具假流纹构造，主要由塑变玻屑组成，少量晶屑。凝灰岩岩屑含较多弓形弧面多角形玻屑。填隙物约占 15%，其中方解石胶结物 6%，它形粒状，中—粗晶结构。黏土和很细小的碎屑构成的杂基，约占 8%。铁质氧化物胶结物约 1%	图 4-21（t）

续表

编号	地点	纬度	经度	海拔/m	岩性	光性/倍数	显微镜下岩性特征	对应图 4-21 序号
55	鸡鸣峰后小坑深处崩塌槽穴下部	28°55.699′N	120°11.068′E	183	砂岩	正交×4 正交×20	砂状结构，少量砾状结构。砂质物含量约 70%，砾石约占 5%，填隙物约 25%，碎屑物分选差，磨圆度中等—差，次圆状—次棱角状，粒径较大的岩屑以次圆状为主，矿物碎屑多为次棱角状。碎屑物（砾石和砂，75%）：其中砾石直径多为 2～4mm，砂粒为 0.2～1.5mm。碎屑物主要成分为岩屑、石英和长石，少量黑云母碎屑。石英碎屑约 30%。长石占 5%，长石种类以斜长石为主，少量条纹长石，长石碎屑具有较强烈的碳酸盐化（长石被方解石交代）。岩屑约占 40%，主要为火山岩岩屑（熔结凝灰岩和流纹岩岩屑）。填隙物约占 25%，其中黏土和细小碎屑构成的杂基约占 19%。方解石胶结物 3%，它形粒状，中—粗晶结构为主，局部微晶结构。铁质氧化物胶结物约 3%	图 4-21（u）
56	五峰书院龙湫瀑布大型扁平槽穴上部	28°55.708′N	120°11.079′E	238	砂岩	单偏×4 正交×4 正交×10	砂状结构。碎屑颗粒分选中等，颗粒粒径 0.2～1.5mm，多数为 0.3～0.8mm，磨圆度中等—差，以次棱角状—次圆状。碎屑颗粒：约占 65%，主要成分是石英 30%、酸性火山岩岩屑 40%、长石 5%。长石主要为正长石和酸性斜长石。酸性火山岩岩屑的成分主要为熔结凝灰岩和流纹岩。熔结凝灰岩岩屑具假流纹构造，主要由塑变玻屑组成。流纹岩岩屑可见球粒结构和霏细结构。有的流纹岩可见清晰的流纹构造。填隙物 35%，主要为黏土和很细小的碎屑构成的杂基。其中黏土杂基约占 20%。该岩石的最大特点是黏土杂基含量高	图 4-21（v）
57	五峰书院龙湫瀑布大型扁平槽穴下部	28°55.708′N	120°11.079′E	238	凝灰岩岩屑构成的砾岩	单偏×4 正交×4	晶屑玻屑凝灰结构，岩石主要由晶屑、玻屑和少量岩屑组成。晶屑：约占 15%，以长石为主，少量石英晶屑。棱角状。一般 0.4～1.0mm。玻屑：约占 82%，由于脱玻化和重结晶作用较强，其形态很模糊，隐约可见弓形弧面多角形的形态，粒径 0.08～0.35mm。岩屑 3%：仅见一颗，颗粒粒径约 10mm，成分为熔结凝灰岩岩屑。由长石晶屑和塑变玻屑组成。具假流纹构造，玻屑塑变结构	图 4-21（w）

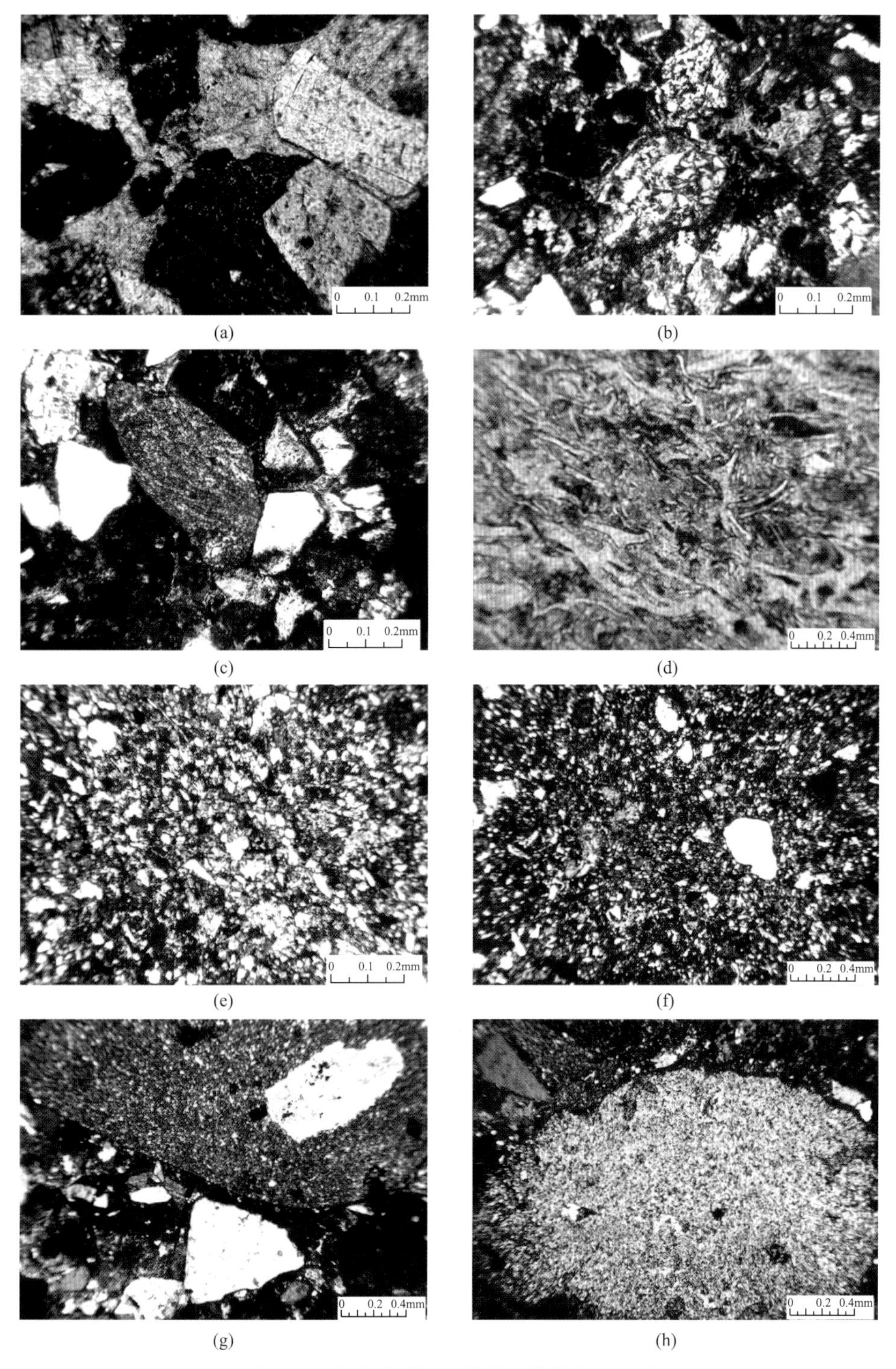

图 4-21　方岩岩石标本偏光显微镜鉴定照片

此图照片与表 4-11 鉴定结果对应

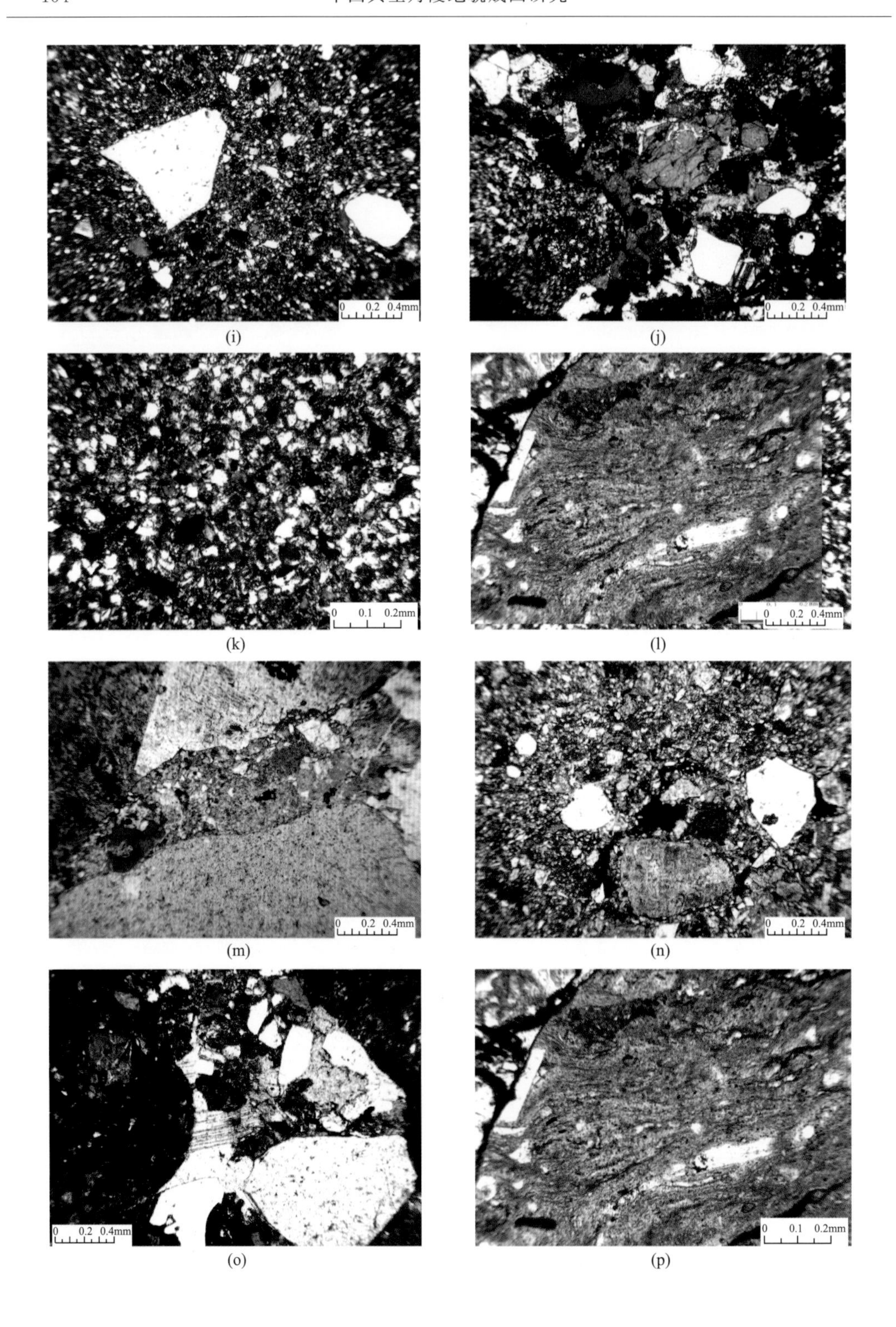
0 0.2 0.4mm
0 0.2 0.4mm
0 0.1 0.2mm
0 0.2 0.4mm
0 0.2 0.4mm
0 0.2 0.4mm
0 0.2 0.4mm
0 0.1 0.2mm

(i)　(j)　(k)　(l)　(m)　(n)　(o)　(p)

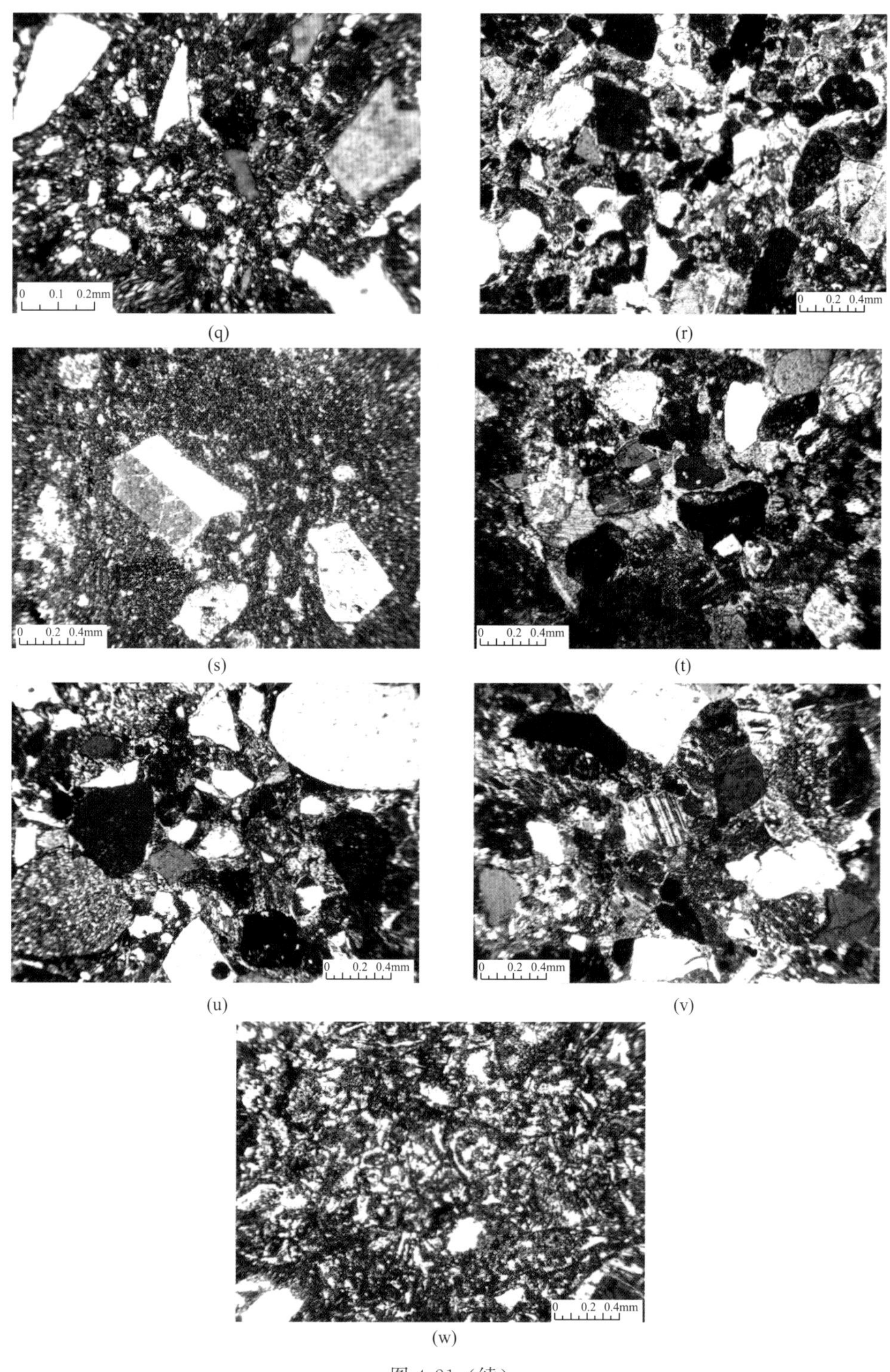

(q)　(r)　(s)　(t)　(u)　(v)　(w)

图 4-21（续）

表 4-12　丹霞地貌红层砂砾岩抗压强度特征

指标类型	砾岩	砂砾岩	粉砂岩
干抗压强度/MPa	118.90	69.20～171.70	12.2～63.4
软化系数	0.57	0.59	—

强度及抗风化能力均不及砾岩，因此当砂岩和砾岩互层出露时，砂岩风化速率快，易被溶蚀并因抗压强度低而产生崩落。当其风化崩落后，其上部的砾岩会失去支撑亦逐渐随之崩落，由此造成山体后退，丹霞崖壁砂岩层凹进，砾岩突起，以及大量内凹扁平状洞穴和槽龛发育的景观。表 4-13 是方岩一些主要扁平洞穴的特征数据，其中五峰书院（原陈亮讲学堂）洞宽 100m、深 21m、高 15m；方岩东侧上岩洞宽 96m、深 13m、高 7m；五峰窑洞（民国时的）洞宽 90m、深 8m、高 7m，这些洞的规模都十分可观。

表 4-13　方岩国家自然遗产地主要洞穴的特征数据

编号	地点	纬度	经度	海拔/m	洞深/m	洞宽/m	洞高/m	岩性	洞口朝向方位/(°)
1	灵岩寺洞天福地穿洞	28°53.979′N	120°10.378′E	238	50.47	17.86	2.59	K_1f	210
2	上杨村洪福寺穿洞	28°52.576′N	120°07.986′E	247	51.29	21.12	4.30	K_1f	250
3	五峰餐厅（原国民党省政府办公处）	28°55.540′N	120°11.237′E	238	36	56	30	K_1f	180
4	五峰窑洞（民国时的客房）	28°55.540′N	120°11.237′E	238	8	90	7	K_1f	180
5	五峰书院（原陈亮讲学堂）	28°55.540′N	120°11.237′E	238	21	100	15	K_1f	180
6	方岩东侧上岩洞（靠左）	28°55.540′N	120°11.237′E	288	13	96	7	K_1f	100
7	方岩东侧下岩洞（靠右）	28°55.540′N	120°11.237′E	248	12	40	50	K_1f	100
8	南岩景区影视城旁洞穴	28°55.300′N	120°11.256′E	296	12	14	6	K_1f	245
9	方岩景区胡公寺	28°55.785′N	120°11.231′E	375	9	26	6	K_1f	180
10	公婆岩婆岩洞	28°56.319′N	120°10.256′E	440	7	40	2.5	K_1f	300
11	石鼓寮景区金鼓洞	28°55.118′N	120°11.128′E	250	51	52.5	12	K_1f	275
12	石鼓寮景区悬中寺	28°55.337′N	120°11.129′E	270	16	45	6.5	K_1f	275
13	石鼓寮景区大佛寺	28°55.540′N	120°11.237′E	250	17.5	48.5	11	K_1f	275
14	石鼓寮景区青史阁	28°55.160′N	120°10.960′E	250	10.5	22	13.5	K_1f	275
15	石鼓寮景区德清寺	28°55.361′N	120°10.860′E	200	16	26	13	K_1f	275

方岩地区具有特色的两处穿洞如灵岩穿洞洞深为 50.47m、洞宽 17.86m、洞高 2.59m［图 4-22（a）］；洪福寺穿洞洞深为 51.29m、洞宽 21.12m、洞高 4.30m［图 4-22（b）］，其规模在国内同类型丹霞地貌穿洞中实属罕见。需要指出，由岩性差异风化导致的崩塌和扁平洞穴形成过程贯穿于永康盆地隆升后方岩丹霞地貌发育的各个阶段。

(a) 走向SW210°的灵岩福善禅寺穿洞
(洞深50.47m、洞宽17.86m、洞高2.59m)

(b) 走向SW250°的洪福寺穿洞
(洞深51.29m、洞宽21.12m、洞高4.30m)

图 4-22　方岩地区两处特色穿洞

4. 风化剥蚀和搬运作用在丹霞地貌发育中的影响

裂隙、节理、岩性差异和风化作用使得山体不断崩塌成崖，并在崖麓形成崩积缓坡（如石鼓寮男人石下方，图 4-23）；但随着时间推移，机械风化、化学风化、生物风化和流水作用，又会将这些崩积物荡涤殆尽，由此使得方岩丹霞地貌区处在节理包围之间的“岩核”和“岩髓”脱颖而出、拔地而起，成为如方岩方山城堡状地貌和五峰一带所见的丹霞峰丛等地貌景观。

(a) 石鼓寮男人石下方崩积石构成的缓坡
(红色箭头处)

(b) 从南岩胡公山顶向南远眺所见到的石鼓寮男人石
(右上方)及右下方崩积石构成的缓坡

图 4-23　石鼓寮男人石下方景色

5. 构造隆升与二级山顶面的关系

纵览方岩地区，可以发现其山体山顶面大致可分为两个不同的高度等级：

第一级海拔 350～390m，第二级海拔 170～240m（图 4-24）。从野外调查和对 1∶1 万地形图的判读可获得方岩地区山顶面海拔高度分布的详细信息（表 4-14），第一级海拔 330～390m，第二级海拔 170～240m。第一级山顶面主要分布于五峰书院、广慈寺、大寮水库、胡公山、杏桐园和福善寺地区。第二级山顶面主要分布在方岩地区的北部五峰和广慈寺一带，以及南部的岩后、可投胡和杨溪水库地区。

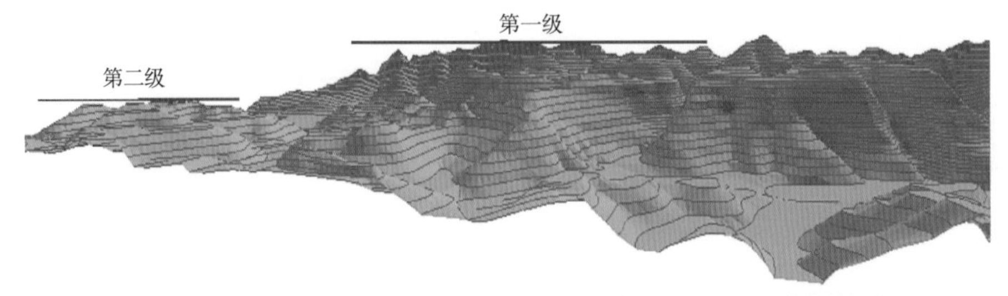

(a) 据万分之一三维地形图获得的从大山头向西远眺方岩地区所见两个不同高度等级的山顶面

(b) 从大山头所见方岩地区两个不同高度等级的山顶面

图 4-24　方岩山体高度等级

表 4-14　方岩国家自然遗产地山顶面海拔高度分布表

分布位置	归属的山顶面高度分级	
	Ⅰ级	Ⅱ级
	海拔 330～390m 左右山体数量	海拔 170～240m 左右山体数量
五峰书院地区	11 座：书院以西 356.7m；书院以北 320.7m；另 9 座在书院以南，依次是 352.0m，351.4m，390.7m，362.0m，340.7m，326.7m，326.7m，321.7m，336.7m	2 座：书院以东 242.0m；书院以南 177.3m
广慈寺地区	2 座：寺北 350.7m；寺东北 302.7m	3 座：寺正北 241.3m；寺东 225.3m；寺东南 226.7m
大寮水库地区	8 座：水库西北 366.7m；以西 330.7m，330.7m，358.7m；西南 358.7m；水库东北 345.7m，343.3m；以东 345.8m	无

续表

分布位置	归属的山顶面高度分级	
	Ⅰ级	Ⅱ级
	海拔 330～390m 左右山体数量	海拔 170～240m 左右山体数量
胡公山地区	3 座：胡公殿南 325.3m；殿西 321.3m；塔东 327.3m；	无
杏桐园、里西村地区	3 座：园正北 355.4m；杏桐园东偏北 351.4m；村正北 303.3m	2 座：村南 236.7m，231.3m
福善寺地区	3 座：寺西北 355.6m；寺北偏西 318.7m，335.4m	无
岩后地区	无	4 座：岩后西北 236.0m；岩后北偏东 211.3m，岩后南 202.0m，222.0m
杨溪水库灵岩山地区	无	3 座：山西南 232.0m；北角湖口以西 272.0m，灵岩山处 248.0m
可投胡地区	无	6 座：可投胡东北 220.7m；可投胡西北 252.0m；可投胡东南 259.3m，236.7m；可投胡以南 181.3m，193.3m

以上两个不同的山顶面高度等级便代表了方岩地区在时代不同的两次主要构造运动中所形成的两级剥夷面。从分析看，方岩缺少上白垩统和古近系沉积物，但有白垩系 K_1g、K_1c 和 K_1f 红层，由此推断第一级剥夷面形成于古近纪末（即喜马拉雅运动后幕）；第二级剥夷面形成于第四纪中期（中更新世—晚更新世期间）。

4.6 研究结论

方岩丹霞地貌的丹霞围谷、峰丛、方山、穿洞、大型槽状洞穴、槽龛和丹霞崖壁最有特色。尤其是五峰书院和石鼓寮一带的丹霞围谷、五峰峰丛及其陡峭的围崖、规模宏大的槽状洞穴与相邻的方岩方山地貌组合堪称天下一绝。根据实地调查研究和实验数据分析，方岩丹霞地貌成因可概括如下：

（1）方岩丹霞地貌发育经历了永康盆地的形成、永康盆地的沉积、永康盆地的构造抬升、裂隙节理的发育、崩塌作用导致围谷、峰丛及崖壁发育、基岩差异风化导致的崩塌和扁平洞穴及穿洞形成、以及风化剥蚀搬运这一系列过程。

（2）江山—绍兴深断裂和丽水—余姚深断裂是控制永康盆地形成的两条主要断裂带。而方岩国家自然遗产地西北侧的江瑶—下里溪断裂和东南侧的可投胡—俞溪头断裂是控制方岩地块活动的两条主要断裂带。构造形迹表明，白垩纪早期这两大断裂的拉张导致永康中生代断坳盆地的形成与沉积。该盆地中生代末期由于拉张作用的减弱，构造应力场发生相应的变化，转以北西—南东向挤压为主，东缘盆地断裂发生了左行走滑剪切作用，导致盆地的总体抬升，盆边断裂的剪切作用派生出盆内的宽缓褶皱，同时盆地东北部发生了推隆，使盆外晚侏罗世火山岩形成了向南西突出的近弧形地块，而方岩地区呈逐渐隆升状态。

（3）新生代以来，方岩地区在构造抬升中，岩层中发育的近南北向、近东西向、北东—南西向、北西—南东向的垂直节理以及众多的斜节理，加速了对岩体的切割，以及加速了岩体被切割后的岩层崩塌过程。

（4）岩性薄片鉴定表明：方岩国家自然遗产地方岩组（K_1f）中的砾岩主要由火山岩岩屑构成，这些火山岩砾石由于经过火山作用时的高温，尔后逐渐冷却犹如淬火锻炼一般，因此其坚硬和抗风化能力均高于方岩组（K_1f）中的砂岩、钙质砂岩和粉砂岩。该区砂岩岩体中的胶结物主要为钙质胶结（如钙质粉砂岩方解石含量可达25%），砂岩中的火山岩岩屑多具有很强烈的蚀变，含大量蚀变黏土矿物，个别具有碳酸盐化，所以很容易被溶蚀。因此，方岩组（K_1f）这种软硬互层的岩性是导致丹霞岩层差异风化和崩塌的原因之一，也是导致该区丹霞崖壁出现大量扁平状洞穴和槽龛的主要原因所在。

（5）方岩世界自然遗产提名地存在两级山顶面，第一级海拔350～390m，第二级海拔170～240m，两个不同的山顶面高度等级代表了方岩地区在时代不同的两次主要构造运动中所形成的两级剥夷面。从分析看，方岩缺少上白垩统和古近系沉积物，但有白垩系K_1g、K_1c和K_1f红层，由此推断第一级剥夷面形成于古近纪末（即喜马拉雅运动后幕）；第二级剥夷面形成于第四纪中期（中更新世—晚更新世期间）。

（6）方岩地区丹霞地貌主要以围谷（如五峰围谷和石鼓寮地区围谷）和峰丛（如五峰峰丛）地形为主。围谷属于地貌发育的早期形态，河流切割深度有限，在许多地点还未切穿分水岭（如围谷区的瀑布处）；方岩的方山平顶、陡崖、缓坡特征明显，缓坡处崩塌下来的新鲜崩积石堆积物还大量存留在原地，河谷较狭窄，河流的侧旁侵蚀作用不显著。这些证据均表明方岩地区在地貌发育阶段上属于丹霞地貌发育的“青年期”早期阶段，它是丹霞地貌发育处于“青年期”早期的典型代表。

第5章　浙江江郎山丹霞地貌研究

5.1　研究区概况

5.1.1　自然地理特征

江郎山是浙江省的第一个世界自然遗产，它位于浙江省江山市西南部仙霞岭山脉北麓，浙、闽、赣三省交界处。地理坐标为118°22′～118°49′E，28°15′～28°52′N，总面积51.39 km^2，核心景区面积8.30 km^2，缓冲区面积43.09 km^2。最东端在原百石乡阴源村东，最南端在廿八都镇洋田村南，最西端在大桥镇陈家村马车坳西，最北端在四都镇山坑村柿梢坞口北（图5-1）。

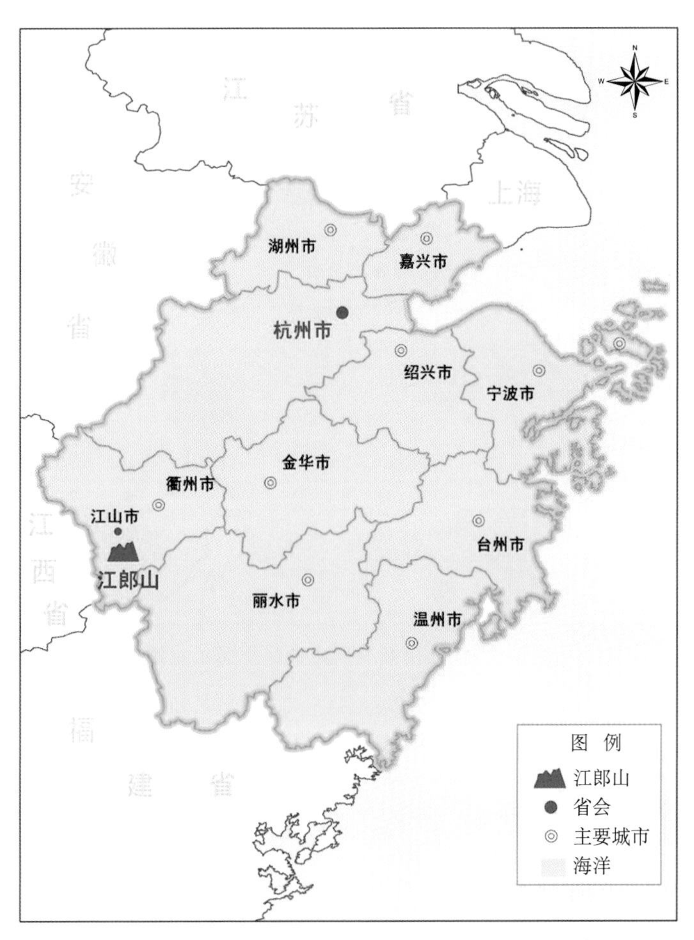

图5-1　江郎山世界自然遗产地在浙江省的位置示意图

江郎山主要以公路交通为主，通过 205 国道将附近五个景区（江郎山景区、霞里湖景区、仙霞岭景区、廿八都景区和浮盖山景区）串联起来（图 5-2），205 国道在江山市市域内全长 79.6 km，46 省道与 205 国道相连通，长 29.3 km。铁路方面，浙赣铁路在江山境内以复线通过，江山设站，江山至杭州、上海、温州等地区的客运列车常年往来；另外，在贺村、上余、吴镇等乡镇还设有站场。目前遗产地内已建立了便捷的交通系统，与景区相关的县级道路 10 条，共计 149.6 km，与遗产地相关的乡级道路 9 条，共计 30.4 km，遗产地内交通的通达性水平较高。

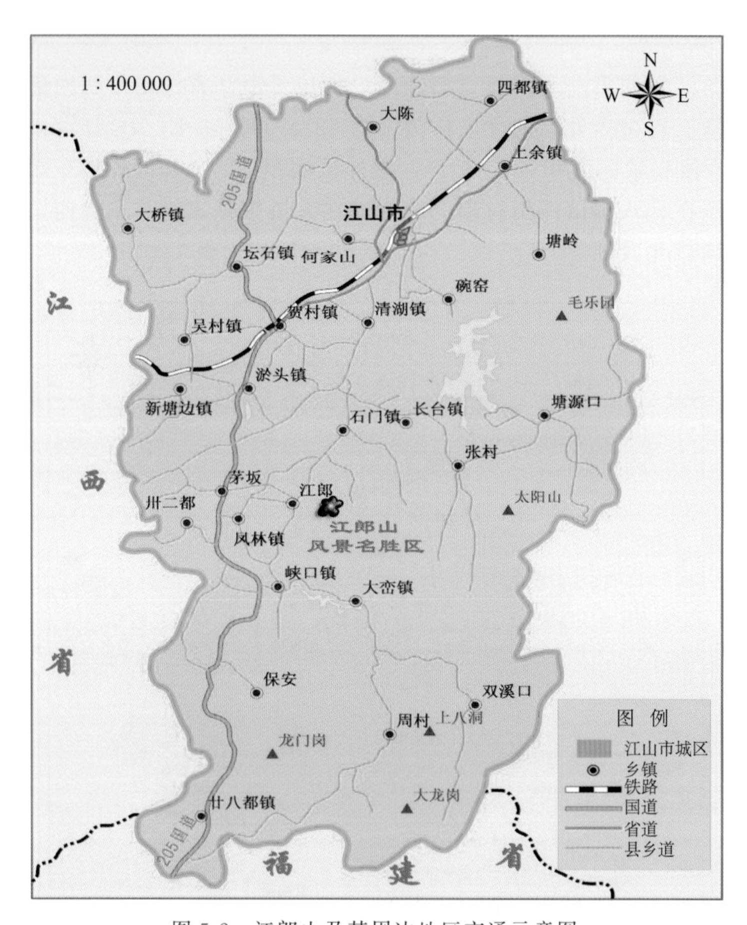

图 5-2　江郎山及其周边地区交通示意图

江郎山位于浙江省西南、仙霞岭山脉北麓。该区气候具有中亚热带季风性湿润气候的特点（谢凝高，1987）。

遗产地年平均气温 17.1℃，但受地形影响，各地有所不同。中北部海拔 250m 以下河谷丘壑平坂，年均温在 17℃以上；南部中、低山地，年均温不足 17℃；全年最热月 7 月，平均气温 29.4℃，最冷月 1 月，平均气温为 4.5℃。而江郎山上由于海拔相对较高，年平均气温仅 14℃。

光照较多，热量丰富，年平均日照时数 2063.3h，年平均太阳辐射总量值

111.84Cal/cm^2，无霜期 253d 左右。大于 0℃活动积温 6264℃，持续 361d；大于 10℃活动积温 5481℃，持续 243d；10～20℃活动积温 4296℃，持续 181d。春季回暖早，秋季降温迟。

降水丰沛，雨热同期，年降水量 1650～2200mm，但分配不均匀。春末夏初 4～6 月，形成梅雨季节，降水最多，总量可达 800.3mm。7～8 月降水量只有 218.3mm，不及蒸发量 484.9mm 的一半，常形成伏旱或秋旱。

春夏两季湿度大，秋冬两季相对干燥。遗产区风速不大，冬季风速为全年各季之最，多偏北风；春季风向不稳定，风力较弱；夏季，受副热带高压影响大，气压梯度由海洋指向大陆，多偏南风；秋季处于低、高空高压重合形势下，多出现秋高气爽天气，风向不太稳定，风速不太大。中部河谷地带，受东西走向走廊式盆地地形影响，常刮东北风。

以平均气温来划四季，本区多年平均春季长 69d，夏季长 126d，秋季长 60d，冬季长 110d，表现出冬、夏两季长，春、秋两季相对短的特点。

总之，江郎山具有中亚热带季风性湿润气候特点：冬夏季风交替明显，四季冷暖干湿分明，夏冬长，春秋短，光照较多，降水丰沛，雨热同期，四季分明。

江郎山水文与资源有湖泊（水库）、溪涧、瀑布等景观，其中又以峡里湖、须女湖和枫溪为代表（图 5-3）。区域内主要干流为江山港，属于钱塘江水系，干流全长 134 km，在江山境内为 105 km，在江山境内的流域面积达 1704 km^2。

景区内水质纯净，经检测富含多种矿物质。江郎山、仙霞岭、峡里湖等景区悬浮物总含量 0.058mg/m^3，二氧化硫含量 0.005mg/m^3，氮氧化合物含量 0.006mg/m^3，三项主要指标均优于国家一级标准。

须女湖上游流域均属山区，植被覆盖率达 95%以上，境内雨量充沛，水土保持良好。峡里湖景区内河段全长 42.5 km，总落差近千米，水流湍急，河床下切深，河谷成“V”字形，具有山区性河流暴涨暴落特点。洪水期泥沙含量较大，各山溪都有此特点。

5.1.2　区域地质构造

江郎山位于江山—绍兴深断裂和保安—峡口—张村断裂带之间的峡口盆地（图 5-4），江山—绍兴深断裂为穿越硅铝层达硅镁层的断裂，控制着断裂带两侧地质构造的发展，保安—峡口—张村断裂属于江山—绍兴深断裂的次一级断裂。燕山运动早期本区东南侧表现为不同类型的断裂构造盆地（火山构造盆地、断陷构造盆地），西北部多为柔性的褶皱，其中间夹有较小的构造盆地。江郎山位于江山—绍兴深断裂东侧的峡口盆地，其东南侧为保安—峡口—张村断裂带，盆地底部地层为上侏罗统地层。晚侏罗世时期，由于太平洋板块对欧亚板块俯冲速度加大，大陆边缘处于北西—东南向强烈挤压体系中，深断裂继续活动，岩浆活动达到了全盛时期，盆地中堆积火山岩建造。与浙东其他地方一起，形成大面积连续分布的泛陆式火山喷发堆积（胡开明，2001；竺国强等，1996；杨志坚，1998）。

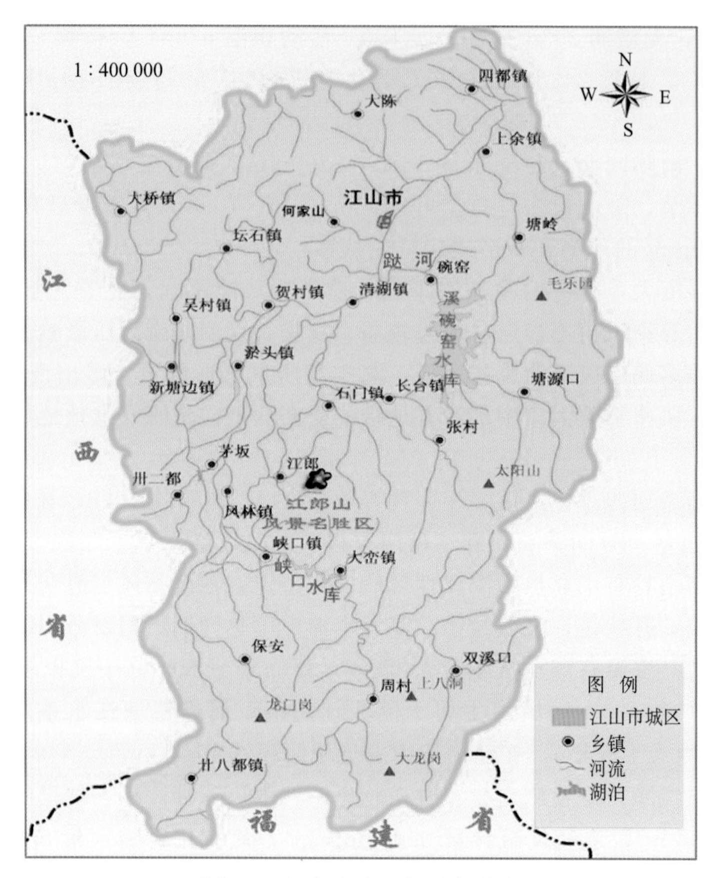

图 5-3　江郎山地区主要水系图

白垩纪早期上述两大断裂的拉张断陷导致峡口盆地的形成，盆地也转变为不对称的箕状断陷盆地，随之主要有下白垩统永康群山麓河流相红色砂砾岩和河湖相杂色砂砾岩馆头组（K_1g）、红色的山麓河流相以及河湖交替相朝川组（K_1c）和方岩组（K_1f）在盆地中的沉积。晚白垩世时本区的构造形迹很少，但岩浆岩的活动依然存在，在早、晚白垩世的地层中有不同性质的岩脉入侵。

进入新生代时，这里的断块运动逐渐已收敛，以差异性和振荡性升降运动占优势，随之本区进入一个新的造貌时期，逐渐在红色陆相磨拉石建造的地层中发育成举世瞩目的丹霞地貌景观。白垩纪晚期上述两大断裂发生强烈挤压活动，峡口盆地逐渐隆升。新生代以来，峡口盆地在构造抬升中，经历了节理发育阶段，加速了对岩体的切割，以及岩体被切割后的崩塌和侵蚀过程，导致了丹霞地貌的发育（黄进，1999）。

5.1.3　地层与岩性特征

在浙江省 1∶5 万地质图上，江郎山位于长台镇幅（图幅编号 H50E021019）。该图幅地层大部分为中生界上侏罗统火山岩系和白垩系盆地沉积岩，局部出露少量上三叠统乌灶组和中侏罗统马涧组。根据岩石地层单位定义，可划分出 15 个岩石地层单位（图 5-5 和表 5-1）。

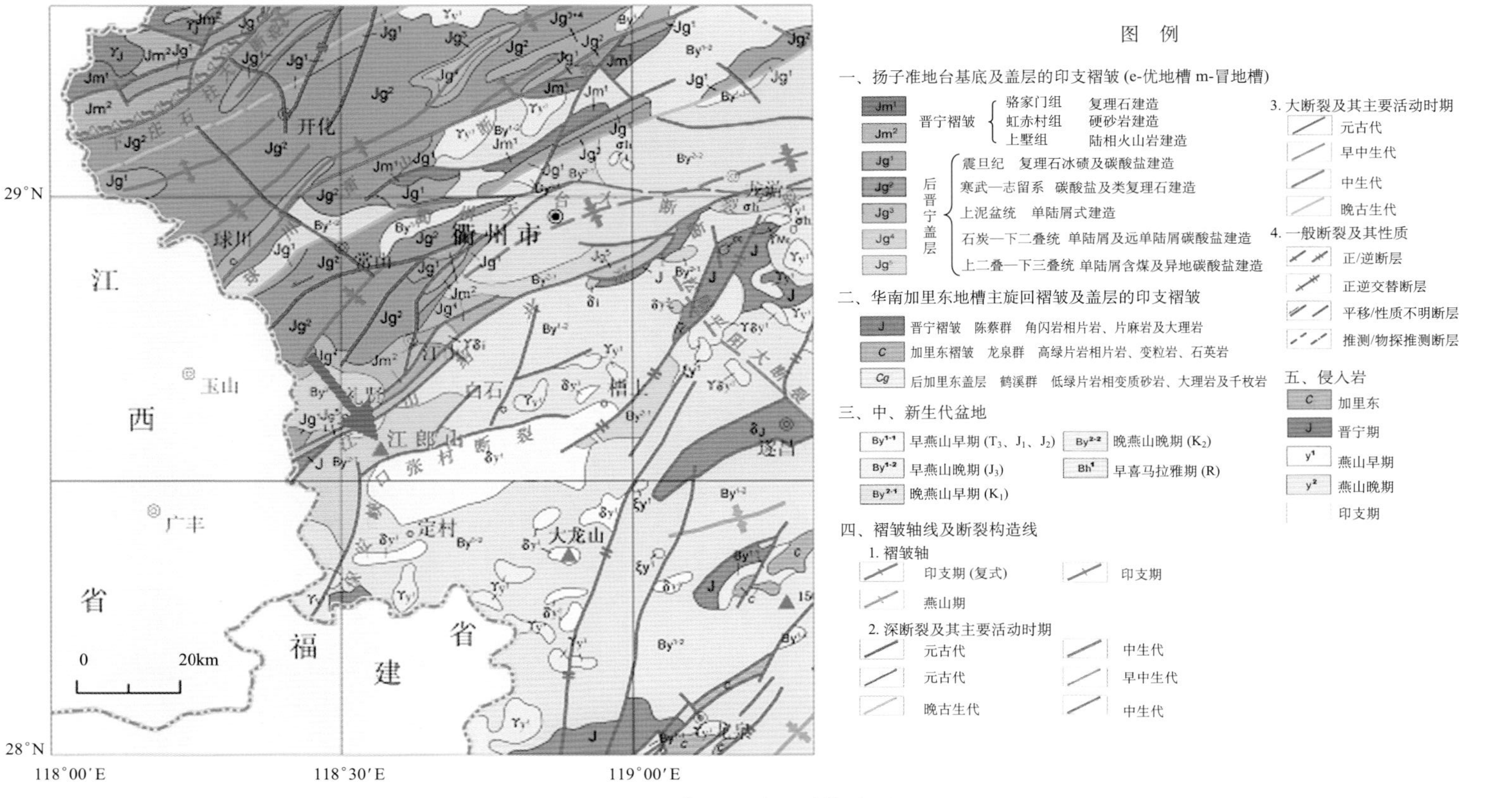

图 5-4　江郎山区域地质构造图

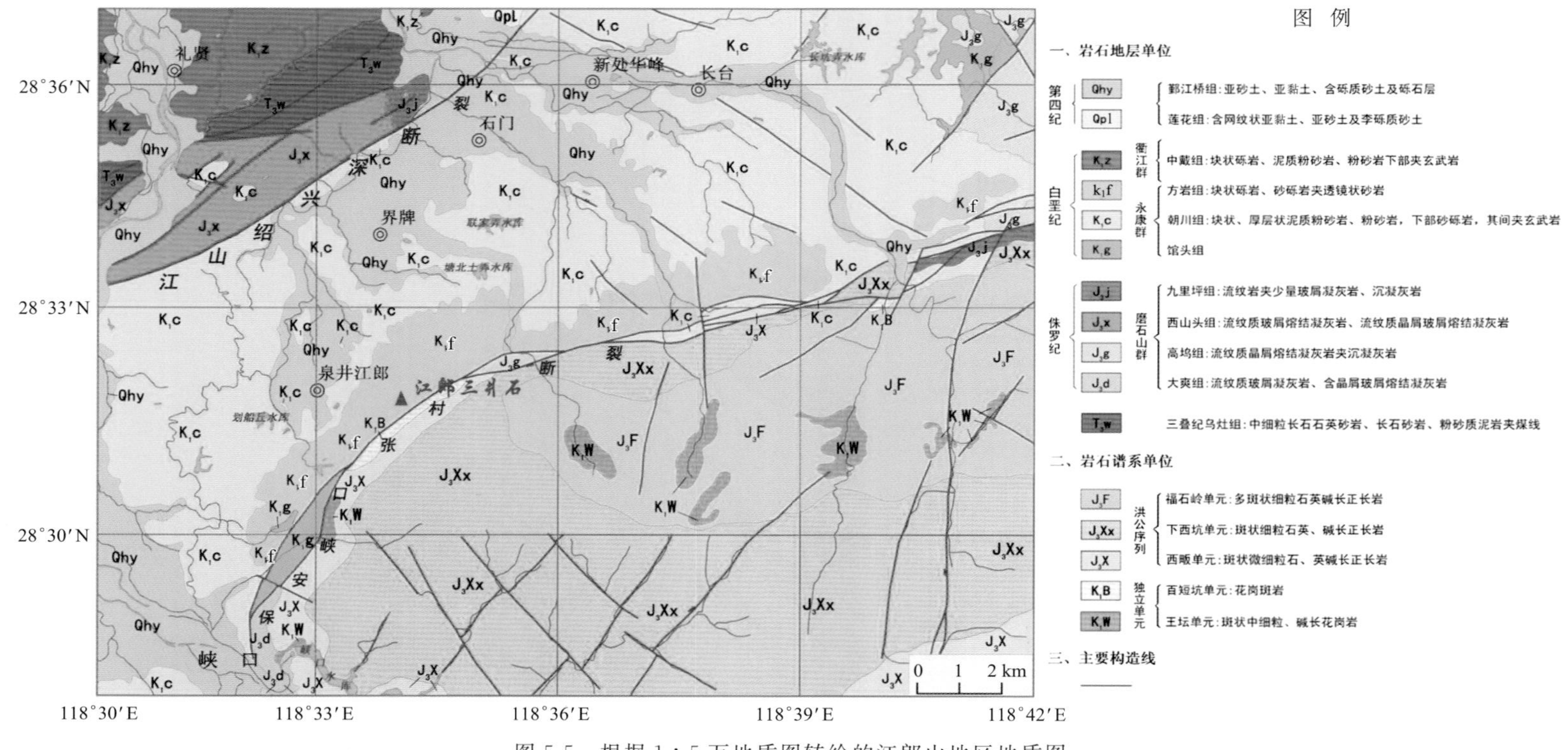

图 5-5　根据 1：5 万地质图转绘的江郎山地区地质图

表 5-1　江郎山所在地区地层表（浙江省区域地质调查大队，1999a，1999b）

<table>
<tr><th>界</th><th>系</th><th>统</th><th colspan="2">扬子地层区</th><th colspan="3">东南地层区</th></tr>
<tr><td rowspan="2">新生界</td><td rowspan="2">第四系</td><td>全新统</td><td colspan="5">鄞江桥组$Q_h y$</td></tr>
<tr><td>更新统</td><td colspan="5">莲花组$Q_p l$</td></tr>
<tr><td rowspan="11">中生界</td><td rowspan="5">白垩系</td><td rowspan="5">下白垩统</td><td rowspan="2">衢江群</td><td rowspan="2">中戴组K_1z</td><td rowspan="5">永康群</td><td colspan="2">方岩组K_1f</td></tr>
<tr><td colspan="2">朝川组K_1c</td></tr>
<tr><td colspan="2" rowspan="7"></td><td rowspan="3">馆头组K_1g</td><td>三段 (K_1g^3)</td></tr>
<tr><td>二段 (K_1g^2)</td></tr>
<tr><td>一段 (K_1g^1)</td></tr>
<tr><td rowspan="5">侏罗系</td><td rowspan="4">上侏罗统</td><td rowspan="4">磨石山群</td><td colspan="2">九里坪组J_3j</td></tr>
<tr><td colspan="2">西山头组J_3x</td></tr>
<tr><td colspan="2">高坞组J_3g</td></tr>
<tr><td colspan="2">大爽组J_3d</td></tr>
<tr><td>中侏罗统</td><td colspan="2">马涧组J_2m</td><td colspan="3"></td></tr>
<tr><td>三叠系</td><td>上三叠统</td><td colspan="2"></td><td colspan="3">乌灶组T_3w</td></tr>
<tr><td rowspan="2">新元古界</td><td>震旦系</td><td rowspan="2"></td><td colspan="2">休宁组Z_1x</td><td colspan="3" rowspan="2"></td></tr>
<tr><td></td><td colspan="2">上墅组Pt_3s</td></tr>
<tr><td>中元古界</td><td></td><td></td><td colspan="2"></td><td colspan="3">陈蔡群Pt_2c</td></tr>
</table>

江郎山丹霞地貌分布区的地层总体上是在大陆构造盆地内沉积的陆相建造系统，有喷溢的火山岩、流纹岩，有凝灰岩和火山碎屑岩以及由流水和湖水为动力的河湖相地层（祖辅平等，2004），分述如下：

1. 侏罗系地层特征

1）中侏罗统马涧组（J_2m）

马涧组分布于小清湖西北部，出露面积约 0.05km²。岩性主要为细粒长石石英砂岩、粉砂岩，局部夹煤线。据邻近图幅资料显示，马涧组早期基本层序反映河流相沉积特点，碎屑物成熟度相对较高；晚期具有湖泊、沼泽相沉积，碎屑物以粉砂岩、粉砂质泥岩为主，其间多处夹不稳定煤线。

2）上侏罗统磨石山群

本区上侏罗统火山岩系主要分布在东北部塘源口、里深渡一带，市上村—和睦北东向断裂东南侧少量分布，出露面积约 70km²。火山岩地层主体为高坞组、大爽组、西山头组及九里坪组分布零星。

(1) 大爽组 (J_3d)

大爽组区内零星分布于小清湖东南侧，其面积约 2km^2。与陈蔡群变质岩系及乌灶组呈断裂接触，均属市上村—和睦断裂带的组成部分。

大爽组岩性为一套浅灰色流纹质含角砾玻屑熔结凝灰岩、流纹质玻屑凝灰岩和流纹质晶屑玻屑熔结凝灰岩。晶屑成分主要由钾钠长石、石英组成，斜长石少量，含量在15%～40%。岩石受断裂带挤压作用，呈现破碎蚀变。地层厚度大于 200m。

(2) 高坞组 (J_3g)

高坞组火山岩分布最广，其面积约 50km^2，出露于塘源口、里深渡一带。高坞组岩性分布较单一，其主体为一套浅灰色、深灰色流纹质晶屑熔结凝灰岩，其间夹少量玻屑凝灰岩、角砾集块凝灰岩。以晶屑粒度粗大、碎屑矿物普遍高为特色，酷似花岗岩类。晶屑组分以石英、钾钠长石为主，斜长石及云母类次之，其含量一般在 40%～50%，局部达 60%以上。地层上覆为西山头组整合接触，其厚度大于 1719m。

(3) 西山头组 (J_3x)

区内仅限于万青山底和长邱等地，出露面积约 15km^2。根据路线剖面资料，其岩性组合为流纹质玻屑晶屑熔结凝灰岩、流纹质晶屑玻屑熔结凝灰岩、流纹质玻屑熔结凝灰岩。岩石中晶屑含量 15%～40%，粒度较细小，成分以钾钠长石和石英为主。万青山底一带西山头组狭长分布，受控于市上村—和睦北东向断裂带。岩石强烈挤压破碎，普遍蚀变风化。其厚度大于 380m。

(4) 九里坪组 (J_3j)

九里坪组零星分布，出露于张村、塘源一带，另外在石门山亦有分布，其面积约 4km^2。九里坪组为一套浅紫红色流纹岩、流纹斑岩夹多层沉凝灰岩、凝灰质砂岩及酸性火山碎屑岩。九里坪期火山活动至少可划分出 4 个岩流单位，火山喷溢伴随喷发沉积。

上侏罗系磨石山群的九里坪组 (J_3j)，为一套浅红色流纹岩、流纹斑岩夹多层凝灰岩、凝灰质砂岩和火山碎屑岩，它是在继承性的地堑式构造盆地中地壳相对处于平静阶段堆积起来的地层，分布范围较广，大都为其后的馆头组、朝川组等组的铺垫。

2. 白垩系地层特征

本区主要出露的是下白垩统永康群，下白垩统永康群分布于本区中部及西北部广大地区，属峡口盆地的组成部分。由馆头组、朝川组和方岩组构成（董传万等，2003，郝诒纯等，1986）。

1) 馆头组 (K_1g)

馆头组为下白垩统永康群底部地层，可分上下两段，缺失中段。下段为砂砾岩、砂岩以及深灰色薄层状粉砂质泥岩、炭质页岩，偶夹粉砂细砂岩，在本区馆头组零星出露。主要分布于长台镇东北部际上、乾顶一带。根据岩性组合划分为三个岩性段，其总厚度大于 250m。

馆头组一段 (K_1g^1) 底部出露少量砂砾岩、砂岩，中上部为深灰色薄层状粉砂质泥岩、炭质页岩及泥岩，局部夹粉砂细砂岩。

馆头组二段（K_1g^2）为一套深灰色英安岩，属喷溢相产物，分布面积约 1 km²，局限于长台镇北部际上，地层厚度大于 50 m。

馆头组三段（K_1g^3）为一套浅紫红色斑状流纹岩、流纹岩，属喷溢相产物，分布于开井、猫形等地，出露面积约 10.5 km²，地层厚度大于 150 m。

2）朝川组（K_1c）

底部为含砾粗砂岩、中粗砂岩；中部为紫红色块状粉砂岩、粉砂质泥岩，其间夹有河流相砂砾岩、细砂岩及粉砂岩、粉砂质泥岩。上部为紫红色粉砂质泥岩与砂砾岩、砾岩互层产出。朝川组的沉积地层中还夹有火山岩夹层，有玄武岩、流纹岩和火山碎屑岩等。朝川组主体为一套巨厚的紫红色细碎屑物，其底部可见厚度不大的粗碎屑物，在保安地区朝川组下部发育一套巨厚砾岩相及砂砾岩相建造，属冲积扇相沉积。

3）方岩组（K_1f）

方岩组是构成江郎山丹霞地貌的主体地层，主要为紫红色、浅灰色巨厚层至块状砾岩（图 5-6），夹有砂岩、砂砾岩，中夹透镜体，同时也偶夹火山岩，是一套由山麓冲积扇到河流谷地、湖泊平原、三角洲地带沉积的河流相、湖相沉积地层，其中有燕山晚期或喜马拉雅期的辉绿岩等侵入岩脉和岩墙（图 5-7～图 5-10），方岩组是构成该区丹霞地貌的主体地层。主要分布在盆地边缘受盆边断裂控制，出露于江郎山—张村一带，其面积约 16km²。方岩组岩性为浅灰色块状砾岩、砂砾岩夹少量透镜状粉砂细砂岩。在盆地西南部的老虎头山、东南缘的江郎三爿石一带（图 5-11），为厚约 500m 的砂砾岩；盆地东部及西北边缘，则变为粉砂岩、粉砂质泥岩，夹薄层含砾粗砂岩。与下伏朝川组整合接触。其厚度大于 581.2m。

(a) (b)

图 5-6 郎峰天游处的巨厚层块状砾岩

4）中戴组（K_1z）

属金衢盆地南西延伸的一部分，出露面积约 22km²。岩性组合：下部为一套巨厚的砾岩、砂砾岩，其上发育大面积喷溢相深灰色橄榄玄武岩；中部紫红色粉砂岩、泥质粉砂岩与含砾粗砂岩、砂砾岩互层产出；上部紫红色粉砂岩、粉砂质泥岩。底部与乌灶组呈角度不整合接触。其厚度大于 838 m（祖辅平等，2004）。

图 5-7　发育于一线天亚峰一侧的辉绿岩岩脉

图 5-8　发育于大弄峡亚峰一侧的辉绿岩岩脉

图 5-9　发育于一线天亚峰一侧的辉绿岩岩脉

5）白垩纪地层基本层序特征

基本层序是沉积地层垂向序列中按某种规律叠覆的、能在露头范围内观察到的各单层组合。根据其叠置的内容和方式，本区内可划分出两种类型、四种组合方式。

图 5-10　发育于登天坪商店门口的辉绿岩岩墙

图 5-11　由方岩组（K_1f）构成的江郎山三爿石（从左至右依次为郎峰、亚峰和灵峰）

3. 白垩纪以后的地层特征

本区新生界分布于长台、石门、界碑、和睦和敖坪等地，地层出露不全，主要为更新统莲花组和全新统鄞江桥组，前者分布于朝川组之上丘陵地带；后者分布于现代江河两岸广大平原区，出露面积约 68km^2。

1）更新统莲花组（Q_hl）

莲花组分布局限，出露面积较少。垂向剖面上部为灰黄色、棕黄色亚黏土、亚砂土，土质松散；中部灰黄色含砾质亚砂土，见少量棕黄色网纹状黏土；下部为杂色、灰紫色砂砾石、砾石层，夹不稳定亚砂土。厚 2.5～5m。

2）全新统鄞江组（$Q_h y$）

分布于现代江河两侧广大平原区，垂向剖面上部为浅灰色亚黏土、亚砂土，土层砂感强，可塑性较差；中部为灰黄色含砾质砂土、亚砂土；下部灰黄色砾质砂土、砾石层，其磨圆度较好。厚1.9～4.9m。

5.2　野外调查和采样过程

在中国丹霞申报世界自然遗产之际，为了对江郎山丹霞地貌的特征及其发育规律有更好的认识，本研究组于2008年12月26日～12月31日前后共7天对江郎山地区进行野外现场调查和采样工作，共采集岩石标本63块，具体采样数据见表5-2。

表5-2　江郎山岩石采样一览表

编号	采集地点	地理位置		海拔/m	地层时代	岩性	备注
		纬度	经度				
1	郎峰天游	28°31.725′N	118°33.952′E	702	K_1f	砂岩	步道旁
2	郎峰天游	28°31.734′N	118°33.935′E	742	K_1f	细砂岩	粗砾层上部的砂岩
3	郎峰天游	28°31.734′N	118°33.935′E	742	K_1f	粗砾层中砾石	步道旁
4	郎峰天游	28°31.734′N	118°33.935′E	742	K_1f	砂砾岩	步道旁
5	郎峰天游	28°31.734′N	118°33.935′E	742	K_1f	砂砾岩	测胶结物
6	郎峰天游	28°31.734′N	118°33.935′E	742	K_1f	砂砾岩	测胶结物
7	郎峰天游	28°31.734′N	118°33.935′E	742	K_1f	砂砾岩	步道旁
8	郎峰天游	28°31.758′N	118°33.979′E	758	K_1f	粉砂砾岩	步道旁
9	郎峰天游	28°31.734′N	118°33.935′E	742	K_1f	砂砾岩	步道旁
10	天宫洞	28°31.755′N	118°33.932′E	773	K_1f	砂砾岩	顶部
11	天宫洞	28°31.755′N	118°33.932′E	773	K_1f	砂砾岩	下部
12	天宫洞	28°31.755′N	118°33.932′E	773	K_1f	砂砾岩	下部
13	天宫洞	28°31.755′N	118°33.932′E	773	K_1f	砂砾岩	下部
14	静心石室	28°31.864′N	118°33.934′E	568	K_1f	砂砾岩	顶底交汇处
15	静心石室	28°31.864′N	118°33.934′E	568	K_1f	砂砾岩	顶部
16	静心石室	28°31.864′N	118°33.934′E	568	K_1f	砂砾岩	底部
17	钟鼓洞	28°31.873′N	118°33.901′E	527	K_1f	砂砾岩	顶部
18	钟鼓洞	28°31.873′N	118°33.901′E	527	K_1f	砂砾岩	顶部
19	钟鼓洞	28°31.873′N	118°33.901′E	527	K_1f	砂砾岩	底部
20	钟鼓洞	28°31.873′N	118°33.901′E	527	K_1f	砂砾岩	上部

续表

编号	采集地点	地理位置		海拔/m	地层时代	岩性	备注
		纬度	经度				
21	会仙岩	28°31.933′N	118°33.851′E	460	K_1f	砂砾岩	上部
22	会仙岩	28°31.933′N	118°33.851′E	460	K_1f	砂岩	下部
23	亚峰	28°31.707′N	118°33.883′E	575	K_1f	粉砂岩	亚峰西侧，一线天上部
24	亚峰	28°31.707′N	118°33.883′E	570	K_1f	砂岩	亚峰西侧，岩脉下
25	亚峰	28°31.707′N	118°33.883′E	570	K_1f	火山岩	亚峰西侧，岩脉
26	亚峰	28°31.707′N	118°33.883′E	575	K_1f	砂砾岩	亚峰西侧，一线天上部
27	亚峰	28°31.707′N	118°33.883′E	550	K_1f	火山岩	亚峰西侧，一线天下部
28	亚峰	28°31.707′N	118°33.883′E	575	K_1f	砂砾岩	亚峰西侧，一线天上部
29	亚峰	28°31.707′N	118°33.883′E	575	K_1f	角砾岩	亚峰东侧，一线天上部
30	亚峰	28°31.707′N	118°33.883′E	580	K_1f	砂岩	亚峰南端，火山岩与砂岩交汇处
31	亚峰	28°31.707′N	118°33.883′E	580	K_1f	角砾凝灰岩	亚峰东侧，大弄峡路边，距登天坪约16m处
32	亚峰	28°31.707′N	118°33.883′E	523	K_1f	角砾凝灰岩	砂砾岩与凝灰岩交界
33	亚峰	28°31.707′N	118°33.883′E	580	K_1f	辉长岩，角闪石	亚峰东壁谷地
34	灵峰	28°31.707′N	118°33.883′E	575	K_1f	角砾凝灰岩	灵峰东侧，一线天上部
35	灵峰	28°31.707′N	118°33.883′E	550	K_1f	砂岩	灵峰东侧，一线天下部
36	灵峰	28°31.707′N	118°33.883′E	575	K_1f	角砾凝灰岩	灵峰东侧，一线天上部
37	亚峰	28°31.707′N	118°33.883′E	580	K_1f	火山岩	登天坪下12m处，大弄峡路边
38	百步峡	28°31.933′N	118°33.851′E	540	K_1f	胶结物	百步峡下方崩积石
39	登天坪	28°31.720′N	118°33.913′E	615	K_1f	闪长岩	登天坪
40	灵峰	28°31.707′N	118°33.883′E	580	K_1f	砂砾岩	灵峰南端
41	灵峰	28°31.707′N	118°33.883′E	580	K_1f	砂砾岩	灵峰南端
42	藏龙出峡	28°32.245′N	118°33.957′E	540	K_1f	砂岩	藏龙出峡上层
43	藏龙出峡	28°32.245′N	118°33.957′E	540	K_1f	砂岩	藏龙出峡下层
44	悬空寺下	28°32.245′N	118°33.957′E	260	K_1f	砂砾岩	小会仙岩洞
45	礼贤村	28°37.472′N	118°32.65′E	152	K1z	砂岩	礼贤村
46	礼贤村	28°37.472′N	118°32.65′E	152	K1z	砂岩	恐龙化石出土地层
47	金交椅村	28°37.521′N	118°32.577′E	157	K1z	砂岩	公路旁剖面上层
48	金交椅村	28°37.521′N	118°32.577′E	157	K1z	砂岩	公路旁剖面中层

续表

编号	采集地点	地理位置		海拔/m	地层时代	岩性	备注
		纬度	经度				
49	金交椅村	28°37.521′N	118°32.577′E	157	K1z	砂岩	公路旁剖面上层夹砂
50	金交椅村	28°37.521′N	118°32.577′E	157	K1z	砂岩	公路旁剖面下层
51	邀月桥	28°32.339′N	118°33.939′E	201	K_1f	粉砂岩	岩层凹陷部分
52	邀月桥	28°32.339′N	118°33.939′E	201	K_1f	粉砂岩	岩层凸起部分
53	须女湖	28°32.595′N	118°33.676′E	149	K_1f	砂岩	湖畔
54	须女湖	28°32.595′N	118°33.676′E	149	K_1f	砂岩	路口
55	紫袍峡	28°32.245′N	118°33.957′E	260	K_1f	砂砾岩	粒粗层
56	紫袍峡	28°32.245′N	118°33.957′E	260	K_1f	砂砾岩	细粗层
57	悬空寺下	28°32.245′N	118°33.957′E	260	K_1f	细砂岩	小会仙岩洞
58	小姑潭	28°32.245′N	118°33.957′E	530	K_1f	辉长岩、闪长岩	湖畔
59	去浮盖公路旁	28°15.288′N	118°28.241′E	530	—	花岗岩风化壳	花岗岩风化壳
60	浮盖山三叠石	28°15.288′N	118°28.241′E	688	—	花岗岩	山顶
61	灵峰东壁	28°31.720′N	118°33.913′E	510	K_1f	上、下为砂砾岩，中为细砂岩石	节理面样（上，中，下）
62	灵峰东壁	28°31.720′N	118°33.913′E	570	K_1f	砂砾岩	一线天入口处
63	登天坪	28°31.720′N	118°33.913′E	580	K_1f	火山岩脉动	商场前偏北

5.3　实验研究过程

2008 年 1 月 8 日起，在总结分析前人资料（刘尚仁，1999；黄进，1999；陈传康，1992）的基础上，实验人员对采集的标本做了磨薄片偏光显微镜分析、X 荧光光谱分析（张广胜等，2010）、磁化率和微体古生物等鉴定，获得大量宝贵数据，具体见表 5-3 和表 5-4，图 5-12 为江郎山岩石标本的偏光显微镜照片（样品编号与表 5-4 对应）。此外，作者还在江郎山小弄峡具有垂直贯穿永康群岩体的辉绿岩脉处采集了两块岩石标本，将此标本交由中国地震局地质研究所地质动力学国家重点实验室用 K-Ar 法测年，详见 4.4 节实验数据分析（朱诚等，2009a）。

表 5-3　浙江江郎山岩石标本 X 荧光光谱测定结果

序号	SiO_2 /%	Al_2O_3 /%	Fe_2O_3 /%	CaO /%	MgO /%	K_2O /%	Na_2O /%	TiO_2 /%	P_2O_5 /%	SO_3 /%	MnO /%	BaO /(μg/g)	SrO /(μg/g)	V_2O_5 /(μg/g)	ZrO_2 /(μg/g)	Rb_2O /(μg/g)	Y_2O_3 /(μg/g)	LOI /%
1	49.2	21.5	6.36	4.08	6.09	1.71	3.61	1.13	0.392	0.122	0.605	370	510	160	46	37	9	4.340
2	64.9	15.6	3.37	3.33	0.986	5.69	1.95	0.508	0.187	0.153	680	650	160	33	460	250	53	3.080
3	68.6	16.5	1.99	0.937	0.234	7.79	2.25	0.178	700	590	280	530	160	—	280	300	16	1.120
4	65.3	16.3	2.64	3.51	0.785	5.13	1.61	0.392	0.121	330	560	470	170	80	400	220	25	3.990
5	56.1	14.5	3.49	10.9	0.958	5.35	1.77	0.465	0.131	0.322	870	780	170	92	430	300	56	5.700
6	52.3	18.1	7.81	6.27	4.87	2.56	2.50	1.05	0.312	0.250	0.141	—	320	280	200	120	20	3.710
7	65.2	16.0	3.29	4.79	0.594	4.42	1.78	0.414	0.125	520	580	470	240	—	460	190	23	3.180
8	46	11.8	2.67	20.1	1.01	4.23	1.13	0.37	550	700	0.118	410	—	63	400	250	20	12.260
9	41.6	10.3	2.06	26.2	0.609	3.93	1.24	0.314	0.11	960	780	370	190	51	410	220	8	13.290
10	62	18.2	3.52	2.46	1.87	6.22	1.14	0.589	0.133	0.178	620	280	150	—	620	330	26	3.490
11	55.5	13.8	3.18	11.9	1.17	5.22	1.47	0.521	0.12	0.175	0.151	410	160	—	750	320	41	6.640
12	72.1	15.3	1.52	0.512	0.171	5.29	3.68	0.177	250	440	470	230	190	28	290	290	51	0.960
13	64.2	15.4	3.32	4.69	0.77	6.03	2.0	0.441	0.136	0.112	820	530	230	13	610	380	—	2.600
14	64.5	16.9	2.85	2.41	0.992	7.45	1.13	0.253	490	670	750	—	100	37	460	350	8	3.210
15	65.1	16.2	3.75	1.63	1.29	6.19	2.19	0.569	0.252	0.237	0.118	640	210	12	440	250	34	2.290
16	60.7	13.8	3.67	8.42	1.34	4.71	1.48	0.466	0.122	890	980	490	180	14	480	230	19	4.860
17	61.6	17.1	3.82	4.2	0.962	5.61	2.17	0.582	0.202	0.116	760	460	240	56	360	—	5	3.400
18	66.8	16.4	3.06	1.65	1.03	6.25	1.84	0.43	0.177	850	600	520	170	11	310	240	9	2.140
19	61.4	20.3	3.25	1.77	2.36	6.32	1.13	0.754	0.206	0.17	920	—	150	260	570	360	29	2.00*
20	60.2	16.2	4.58	5.96	2.03	4.52	1.99	0.615	0.198	0.241	890	—	280	29	450	200	21	3.280
21	64.5	14.9	2.68	5.13	0.883	5.47	1.92	0.409	0.139	0.113	0.104	510	210	15	440	290	—	3.620

续表

序号	SiO_2 /%	Al_2O_3 /%	Fe_2O_3 /%	CaO /%	MgO /%	K_2O /%	Na_2O /%	TiO_2 /%	P_2O_5 /%	SO_3 /%	MnO /%	BaO /(μg/g)	SrO /(μg/g)	V_2O_5 /(μg/g)	ZrO_2 /(μg/g)	Rb_2O /(μg/g)	Y_2O_3 /(μg/g)	LOI /%
22	63.3	18.7	3.37	1.25	1.91	5.88	1.17	0.542	0.132	600	850	—	150	38	560	330	41	3.500
23	75.8	12.3	1.91	0.353	0.153	6.4	1.53	0.18	—	290	550	540	170	—	890	400	110	1.070
24	70.1	15.2	2.74	0.608	0.75	6.46	2.36	0.273	910	0.12	450	630	170	97	500	260	40	1.120
25	44.9	19.1	10.1	7.74	8.03	0.498	2.55	1.38	0.371	0.102	0.199	—	400	330	120	—	—	4.880
26	65.4	17.1	2.92	0.407	0.385	7.15	2.47	0.292	350	350	410	470	230	61	0.101	330	23	3.480
27	65.8	15.5	4.21	1.39	2.1	5.35	2.42	0.459	0.187	350	760	750	230	110	350	210	8	2.170
28	68.9	15.0	2.82	1.59	0.817	5.11	3.37	0.321	0.142	250	700	690	220	15	430	210	28	1.620
29	65.7	14.8	3.17	5.31	1.3	4.01	2.87	0.515	0.173	0.205	0.166	210	280	23	490	150	4	1.650
30	67.9	15.4	3.27	1.34	1.44	5.55	2.59	0.367	0.11	190	930	320	230	41	450	220	6	1.770
31	64.2	16.3	4.33	1.52	1.28	6.29	2.70	0.632	0.244	0.17	840	730	250	120	350	230	39	2.030
32	66.8	15.6	2.77	0.898	0.664	5.65	2.85	0.476	0.104	200	620	530	170	34	360	220	27	3.900
33	52.5	19.1	8.27	7.95	4.52	1.68	2.5	1.2	0.346	0.106	0.137	—	360	340	100	34	—	1.540
34	67.7	15.4	5.43	1.21	0.474	5.43	2.88	0.363	0.194	440	590	590	240	—	500	200	37	2.930
35	71.1	15.1	2.1	0.6	0.509	—	3.19	0.324	980	200	500	350	150	—	330	160	31	1.710
36	57.4	20.9	3.68	2.21	1.43	6.67	1.33	0.818	0.219	250	860	0.107	370	87	380	260	19	4.920
37	66.8	15.3	2.91	4.05	0.495	4.04	3.25	0.35	830	590	990	—	350	—	840	210	6	2.440
38	66.6	17.4	2.73	0.766	0.672	7.39	2.06	0.328	860	530	620	370	130	71	510	270	12	1.740
39	49.2	19.4	9.56	8.48	5.65	1.19	2.66	1.3	0.361	0.129	0.139	—	430	380	99	—	—	1.810
40	63.1	16.5	2.96	5.06	1.01	5.21	1.29	0.468	990	—	630	400	160	65	370	220	31	4.170
41	62.5	18.3	3.31	3.83	0.877	4.54	2.46	0.663	0.173	—	0.105	250	260	82	330	190	29	3.060
42	63.0	14.5	5.49	2.18	3.41	4.28	1.04	0.31	950	700	0.129	170	170	78	320	170	12	5.320
43	61.2	17.4	4.2	0.892	3.17	4.58	0.872	0.54	0.16	240	840	250	160	50	240	180	25	6.670

续表

序号	SiO_2 /%	Al_2O_3 /%	Fe_2O_3 /%	CaO /%	MgO /%	K_2O /%	Na_2O /%	TiO_2 /%	P_2O_5 /%	SO_3 /%	MnO /%	BaO /(μg/g)	SrO /(μg/g)	V_2O_5 /(μg/g)	ZrO_2 /(μg/g)	Rb_2O /(μg/g)	Y_2O_3 /(μg/g)	LOI /%
44	56.0	15.5	3.98	8.01	1.95	3.31	0.89	0.697	0.17	190	700	—	150	210	320	130	18	9.290
45	53.5	14.5	3.85	11.7	2.83	2.5	0.647	0.663	0.144	330	760	290	160	86	350	110	3	9.400
46	56.4	17.5	4.97	3.71	3.26	3.66	0.386	0.767	0.375	210	550	680	91	78	190	100	13	8.640
47	49.7	15.1	4.25	10.9	2.52	1.90	0.475	0.786	0.241	170	570	420	110	98	190	59	—	14.01
48	48.2	15.5	3.65	15.5	1.90	2.01	1.14	0.664	0.223	—	940	—	150	45	160	41	—	12.69
49	45.5	18.5	5.17	8.37	2.20	2.59	0.458	0.779	0.578	32	530	700	70	100	82	24	2	15.67
50	53.8	15.5	4.59	13.6	2.55	2.77	0.462	0.719	0.242	180	970	560	210	88	250	140	6	5.50*
51	60.1	17.1	4.4	3.53	2.79	4.42	0.642	0.669	0.204	360	750	—	170	160	370	180	29	5.930
52	56.6	13.8	3.26	11.0	1.42	4.43	1.24	0.601	0.143	350	0.112	390	250	—	650	210	41	7.250
53	62.3	16.3	3.02	4.37	2.12	4.5	0.964	0.566	0.101	200	640	500	160	43	390	170	6	5.570
54	64.3	16.2	2.05	4.58	0.841	5.95	2.33	0.309	850	740	540	740	270	—	380	270	18	2.960
55	69.0	15.3	2.88	1.43	1.01	5.85	1.48	0.385	0.163	250	720	410	160	45	460	310	29	2.250
56	64.5	15.6	2.00	4.78	1.11	5.81	1.30	0.443	0.113	0.034	0.07	—	120	45	450	300	50	4.410
57	65.9	15.5	3.11	1.19	1.91	4.36	0.973	0.594	0.178	0.056	0.092	450	150	100	510	210	26	5.98*
58	45.5	18.3	8.56	7.12	8.89	1.63	2.75	1.11	0.784	0.033	0.146	440	750	300	210	—	26	4.840
59	69.3	18.5	1.73	0.260	0.094	5.340	2.79	0.128	—	0.016	0.046	—	84	—	120	460	44	1.720
60	74.7	14.5	0.594	0.454	—	5.18	3.70	0.04	0.068	0.03	0.014	—	—	—	140	330	—	0.680
61	70.6	14.3	2.28	1.47	0.645	5.99	2.31	0.308	0.179	0.047	0.062	580	140	41	410	230	3	1.650
62	56.6	19.9	2.30	5.34	1.37	5.36	0.811	0.469	0.108	0.073	0.072	1000	140	40	220	120	2	7.470
63	59.9	16.6	5.69	5.33	2.94	3.31	2.38	0.772	0.244	0.164	0.099	—	270	—	250	93	26	2.370

表 5-4　浙江江郎山岩石薄片偏光显微镜鉴定表

样品编号	地点	纬度	经度	海拔/m	岩性	光性/倍数	显微镜下岩性特征
1	郎峰	28°31.734′N	118°33.935′E	702	K_1f 中的粗面岩	单偏/×50 正交/×10 正交/×20	斑状结构。少量气孔构造。斑晶含量约 15%，大小约 0.5～0.8mm，主要为长石，长石斑晶蚀变较强（泥化），可见卡双晶，多为正长石。基质约占 85%，主要为微晶长石，少量不透明矿物。长石小晶体呈板状，大小约 0.02～0.05mm，半定向排列。不透明矿物约 10%，主要为磁铁矿，多为立方体状
2	郎峰	28°31.734′N	118°33.935′E	742	K_1f 中的细砂岩（岩屑砂岩）	单偏/×4 正交/×10	含砾砂状结构，砾石含量约 5%（薄片中仅见一颗砾石，直径约 5mm）。碎屑颗粒磨圆度差，多呈棱角状，分选差，颗粒大小多为 0.1～0.5mm。碎屑颗粒含量约 70%：主要成分为岩屑、石英、长石等，偶见少量黑云母。岩屑含量约 20%，较大的颗粒多为火山岩岩屑，其中砾石为球粒流纹岩岩屑（酸性火山熔岩），具球粒构造，矿物多呈放射状排列。长石含量约 8%，主要为酸性斜长石，少量条纹长石和正长石。石英含量约 42%，多为单晶石英。填隙物含量约 30%，主要为泥质物（黏土）、铁质氧化物、方解石胶结物和细粉砂。其中泥质物约 10%，铁质氧化物约 5%，方解石胶结物约 5%，细粉砂约 10%。方解石胶结物分布不均匀，多与黏土和铁质氧化物混杂，或呈斑块状
3	郎峰	28°31.734′N	118°33.935′E	742	K_1f 中的凝灰岩	正交/×10 正交/×4	岩石主要由晶屑和酸性熔岩基质构成。晶屑约占 25%，主要为石英、长石（条纹长石、正长石、酸性斜长石）等组成。石英晶屑，多具熔蚀圆化现象。条纹长石、酸性斜长石晶屑，可见阶梯状断口。晶屑较为粗大，多为 0.5～3.0mm。酸性熔岩基质约占 75%，具霏细结构、球粒构造等，由很细小的它形粒状石英、长石组成，局部为纤维状长石石英，构成球粒构造

续表

样品编号	地点	纬度	经度	海拔/m	岩性	光性/倍数	显微镜下岩性特征
4	郎峰	28°31.734′N	118°33.935′E	742	K_1f 中的岩屑砂岩	正交/×4 单偏/×4	中粗粒砂状结构，分选差，碎屑物粒径为0.2～1.5mm，磨圆度差，主要为次棱角—棱角状，个别（很软弱的泥岩颗粒）磨圆度很好，为圆状。碎屑物约占85%，主要为岩屑、石英、长石等。岩屑约占40%，以火山岩（多为熔岩）为主，偶见（约1%）磨圆度很好的粉砂质泥岩岩屑。有些火山岩岩屑具球粒构造，为球粒流纹岩。长石约占10%，已强烈蚀变（泥化），主要为正长石、条纹长石和酸性斜长石。石英约占35%。填隙物约占15%，以细粉砂为主，少量方解石和铁质氧化物。方解石胶结物约占5%，它形粒状，较粗大，分布很不均匀。铁质氧化物约占2%
5	郎峰	28°31.734′N	118°33.935′E	742	K_1f 中的砾岩	正交/×4 正交/×10	砾状结构。碎屑物分选差，磨圆度中等～差。砾石约占60%，磨圆度中等，为次圆状～次棱角状，主要为火山岩岩屑，其成分主要为中性熔岩（安山岩）和酸性熔岩岩屑。砾石之间的充填物约占40%，为中细粒火山岩屑砂岩。砾石之间充填的火山岩屑砂岩，碎屑颗粒约65%，磨圆度差，为次棱角状—棱角状，主要成分为火山岩岩屑、石英和长石。火山岩屑的成分与砾石基本一致以中性熔岩岩屑（安山岩岩屑）为主，少量酸性熔岩（为霏细结构）。长石主要为条纹长石和强烈蚀变的正长石，少量酸性斜长石。方解石胶结物约占35%，晶体较粗大，大小0.5～1.5mm，个别可达5mm，呈不规则它形粒状，分布不均匀

续表

样品编号	地点	纬度	经度	海拔/m	岩性	光性/倍数	显微镜下岩性特征
6	郎峰东南侧	28°31.734′N	118°33.935′E	743	K_1f 中的火山岩屑砾岩	正交/×4×10 单偏/×10	砾状结构。碎屑物分选差，磨圆度中等～差。砾石约占50%，磨圆度中等，为次圆状～次棱角状，主要为火山岩岩屑，其成分主要为酸性熔岩和火山碎屑岩（凝灰岩）岩屑。砾石之间的充填物约占50%，为中细粒火山岩屑砂岩。砾石之间充填的火山岩屑砂岩，碎屑颗粒约75%，磨圆度中等，为次圆状～次棱角状，主要成分为火山岩岩屑、石英和长石。火山岩屑的成分与砾石基本一致，以酸性熔岩和火山碎屑岩岩屑为主。长石主要为条纹长石和强烈蚀变的正长石。石英碎屑可见高温熔蚀特征，多为火山作用的产物。胶结物约占25%，以方解石为主，少量铁质氧化物（约5%）。方解石胶结物晶体，呈不规则它形粒状，分布不均匀。岩石裂隙中充填有方解石细脉。岩石孔洞中结晶程度不同的石英，具环带构造
7	郎峰东南侧	28°31.734′N	118°33.935′E	742	K_1f 中的砾岩	正交/×4 单偏/×10 正交/×20	砾状结构。碎屑物分选差，磨圆度差，大的碎屑物磨圆度略好。砾石约占30%，薄片中所见最大的砾石长约1.3cm宽0.8cm（约占整个薄片面积的25%）。砾石成分为流纹质熔结凝灰岩，具典型的假流纹构造，流纹宽窄不一、断续分布，主要由塑变玻屑和石英、长石晶屑组成，塑变玻屑约占85%，石英、长石晶屑约占15%，其中石英晶屑具高温熔蚀边。砾石之间的充填物约占70%，为中粗粒火山岩屑砂岩。砾石之间充填的火山岩屑砂岩，碎屑颗粒约80%，粒径0.2～1.5mm，主要成分为火山岩岩屑、石英和条纹长石，偶见微晶灰岩岩屑，颗粒边界较模糊。有的火山岩岩屑可见球粒结构和霏细结构，为流纹岩岩屑。胶结物约占20%，以方解石为主，少量铁质氧化物（约5%）。方解石胶结物，呈不规则它形粒状，分布不均匀

续表

样品编号	地点	纬度	经度	海拔/m	岩性	光性/倍数	显微镜下岩性特征
8	郎峰天桥	28°31.734′N	118°33.979′E	758	K_1f中的钙质细砾砂岩	正交/×4 正交/×10	以细粒砂状结构为主含少量中粒砂状。碎屑颗粒分选中等到好，颗粒粒径0.1～0.3mm，少数（约20%）粒度较粗，为0.4～0.8mm。磨圆度差，以次棱角状为主。胶结类型为孔隙胶结。碎屑颗粒约占60%，主要成分是石英48%、火山岩岩屑8%，长石（为酸性斜长石和条纹长石）4%以及少量白云母。偶见微晶灰岩岩屑。胶结物约占40%，主要为方解石（38%），少量铁质氧化物（约2%）。方解石胶结物，呈不规则它形粒状，分布不均匀
9	郎峰	28°31.734′N	118°33.935′E	742	K_1f中的钙质细砾砂岩	正交/×4 正交/×10 单偏/×4	中粗粒砂状结构。碎屑颗粒分选中等，颗粒粒径0.3～2.0mm，少数（约15%）粒度较粗，为2～3mm，达细砾结构。磨圆度中等～差，以次棱角状～次圆状，不同成分磨圆度差别较大，其中火山岩岩屑磨圆度相对较好，石英则磨圆度差。碎屑颗粒：约占65%，主要成分是中性和酸性火山岩岩屑（安山岩和流纹岩等）40%、石英22%、长石（为酸性斜长石和条纹长石）3%。有些石英具明显的高温熔蚀边，是火山作用的产物。胶结物约占35%，主要为方解石（33%），少量铁质氧化物（约2%）。方解石胶结物，呈不规则它形粒状，分布不均匀
10	天宫洞	28°31.755′N	118°33.932′E	773	K_1f中的含砾岩屑砂岩	正交/×4 正交/×10	该岩石蚀变很强，薄片偏厚，颗粒界线较模糊，其成分很难准确判别。描述较粗糙。含砾砂状结构。碎屑物约80%，主要为火山岩岩屑（35%）、长石（10%）和石英（35%）。长石以条纹长石和酸性斜长石为主，有些石英具明显的高温熔蚀边，是火山作用的产物。填隙物主要为很细小的碎屑物（细粉砂等），模糊不清

续表

样品编号	地点	纬度	经度	海拔/m	岩性	光性/倍数	显微镜下岩性特征
11	天宫洞	28°31.755′N	118°33.932′E	773	K_1f 中的钙质砂岩	正交/×4	以细粒砂状结构为主含少量中粒砂状。碎屑颗粒分选差，颗粒粒径0.1～1.5mm。磨圆度差，以棱角状为主。碎屑颗粒约占80%，主要成分是火山岩岩屑50%、石英25%、长石（为条纹长石和酸性斜长石）5%。火山岩岩屑多为球粒流纹岩岩屑（具球粒结构），少量熔结凝灰岩岩屑（隐约可见假流纹构造）和安山岩岩屑（具斑状结构，斑晶为蚀变暗色矿物，可能为角闪石，基质具安山结构，长石微晶呈半定向排列）。填隙物20%，主要为方解石胶结物（10%）、铁质氧化物胶结物（约5%），很细小的碎屑物（细粉砂等，约5%）。方解石胶结物，呈不规则它形粒状，分布不均匀
12	天宫洞	28°31.755′N	118°33.932′E	773	K_1f 中的凝灰熔岩	单偏/×10 单偏/×4	岩石主要由晶屑和酸性熔岩基质构成。晶屑约占50%，主要为石英、长石（以条纹长石为主，少量酸性斜长石）等组成，偶见黑云母和蚀变角闪石晶屑。石英晶屑，多具港湾状熔蚀边和贝壳状断口。晶屑较为粗大，多为0.5～2.5mm。黑云母晶屑可见暗化边，蚀变角闪石可见角闪石式解理。酸性熔岩基质约占50%，具霏细结构等，由很细小的它形粒状石英、长石组成，蚀变较强。基质中偶见晶形很好的高温石英斑晶（见于薄片的边缘）
13	天宫洞	28°31.755′N	118°33.932′E	773	K_1f 中的钙质细砾岩	正交/×4 正交/×10	砂砾状结构，碎屑物分选差，磨圆度中等～差。砾石约占30%，砾石直径较小，一般为2～5mm，磨圆度中等，多为次圆状，其成分以流纹岩岩屑为主，流纹岩岩屑可见斑状结构，斑晶为熔蚀石英和长石。少量安山岩岩屑，具安山结构（即：玻晶交织结构）。砾石之间充填的火山岩屑砂岩，碎屑颗粒约80%，粒径0.1～0.8mm，分选差，磨圆度差，主要成分为火山岩岩屑、石英和长石。火山岩屑约占50%，成分与砾石基本一致，有的隐约可见球粒结构，为球粒流纹岩。长石约占10%，主要为条纹长石。石英碎屑约占20%。胶结物约占20%，以方解石为主，少量铁质氧化物（约5%）。方解石胶结物，呈不规则它形粒状，分布很不均匀。岩石中火山岩岩屑、长石等蚀变较强

续表

样品编号	地点	纬度	经度	海拔/m	岩性	光性/倍数	显微镜下岩性特征
14	静心石室	28°31.864′N	118°33.934′E	568	K_1f 中的砾岩	正交/×4 正交/×10	砂砾状结构，碎屑物分选差，磨圆度中等～差。砾石约占40%，砾石直径较小，一般为2～10mm，磨圆度中等，多为次棱角状～次圆状，其成分以酸性火山岩岩屑（仅能分辨出晶屑，而基质非常细小。可能为流纹岩或流纹质凝灰岩岩屑）为主，少量中性熔岩（粗面岩）岩屑，偶见微晶灰岩岩屑（由它形粒状微晶方解石紧密镶嵌而成）。有些酸性火山岩岩屑的基质部分具很强烈的泥化，含很多细小毛发状黏土矿物。砾石之间充填的火山岩屑砂岩，碎屑颗粒约70%，粒径0.1～1.5mm，分选差，磨圆度差，主要成分为火山岩岩屑、石英和长石。火山岩屑约占45%，成分与砾石基本一致。长石约占10%，主要为条纹长石。石英碎屑约占15%，均呈棱角状。填隙物含量约30%，主要为方解石胶结物（约15%）和铁质氧化物胶结物（约10%），少量细粉砂（约10%。方解石胶结物晶体，呈不规则它形粒状，分布很不均匀。岩石中含十几条方解石细脉（反映本区钙质来源丰富）
15	静心石室	28°31.864′N	118°33.934′E	568	K_1f 中的凝灰熔岩（可能是巨砾断面）	正交/×4	岩石主要由晶屑和熔岩基质构成。晶屑约占30%，主要为石英（约5%）、长石（以条纹长石为主，约25%）等组成，晶屑较为粗大，多为1～3mm，个别达4～6mm。熔岩基质约占70%，由很细小的它形粒状石英、长石组成，少量自形柱状磷灰石。基质具中等蚀变（泥化和碳酸盐化）。基质中分布有一颗晶形很好的条纹长石斑晶（呈完好的板状，晶粒大小约3 mm）

续表

样品编号	地点	纬度	经度	海拔/m	岩性	光性/倍数	显微镜下岩性特征
16	静心石室	28°31.864′N	118°33.934′E	568	K_1f 中的砾岩	正交/×4	砂砾状结构，碎屑物分选差，磨圆度中等～差。砾石约占 60%，砾石直径多为 2～20mm，磨圆度中等，多为次棱角状～次圆状，其成分为中性熔岩（安山岩）岩屑和酸性熔岩（为流纹岩）岩屑。薄片中最大的一个砾石为安山岩岩屑，具斑状结构，斑晶为蚀变很强的长石，个别斑晶可见环带构造，基质由半定向排列的板条状斜长石和细小的它形粒状暗色矿物构成。砾石之间充填物为火山岩屑砂岩，火山岩屑砂岩特征为碎屑颗粒约 80%，粒径大多为 0.3～1.5mm，分选差，磨圆度差～中等，主要成分为火山岩岩屑、石英和长石。火山岩屑约占 50%，成分与砾石基本一致，此外含见少量熔结凝灰岩岩屑（粒径约 1.1mm，具假流纹构造）。长石约占 10%，主要为条纹长石。石英碎屑约占 20%，均呈棱角状，有的见高温熔蚀现象。填隙物含量约 20%，主要为方解石胶结物（约 12%）和铁质氧化物胶结物（约 3%），少量细粉砂（约 5%。方解石胶结物晶体，呈不规则它形粒状，分布不均匀
17	钟鼓洞	28°31.873′N	118°33.901′E	527	K_1f 中的含砾钙质砂岩	正交/×4 正交/×10	砂状结构为主，砾石约占 5%，砂粒含量约 65%，胶结物约 30%，碎屑物分选差，磨圆度中等～差。碎屑物（70%），其中砾石直径多为 2～4mm，砂粒多为 0.2～0.5mm。主要成分为火山岩岩屑、石英和长石。火山岩岩屑约占 35%，有酸性熔岩（为流纹岩）岩屑和中性熔岩（安山岩）岩屑。个别酸性熔岩岩屑可见流纹构造、霏细结构、球粒结构。长石约占 10%，主要为条纹长石，少量蚀变斜长石。石英碎屑约占 25%，多呈棱角状。胶结物约占 30%，以方解石为主（约 25%），少量铁质氧化物（约 5%）。方解石胶结物，呈不规则它形粒状，分布不均匀，局部含量可达 35%

续表

样品编号	地点	纬度	经度	海拔/m	岩性	光性/倍数	显微镜下岩性特征
18	郎峰钟鼓洞	28°31.873′N	118°33.901′E	527	K_1f 中的砾岩	正交/×4	砾状结构为主，砾石约占 60%，砂粒含量约 30%，胶结物约 10%，碎屑物分选差，磨圆度中等～差，一般砾石磨圆度中等，砂粒磨圆度差。碎屑物（90%）中砾石直径 2～10mm，以 5～10mm 为主，砂粒多为 0.2～2.0mm。主要成分为火山岩岩屑、石英和长石。火山岩岩屑约占 75%，有熔结凝灰岩岩屑、酸性熔岩（为流纹岩）岩屑和中性熔岩（安山岩）岩屑。熔结凝灰岩屑很典型，具较清晰的假流纹构造（单偏光镜下清晰可见），流纹宽窄不一、断续分布，主要由塑变玻屑和石英、长石晶屑组成，塑变玻屑约占 90%，石英、长石晶屑约占 10%（薄片中所见的熔结凝灰岩屑为一直径约 10mm 的砾石）。安山岩岩屑（薄片中也是一个砾石），主要由半定向排列的板条状斜长石和细小的它形粒状暗色矿物构成。胶结物约占 10%，以方解石为主，少量铁质氧化物。方解石胶结物，呈不规则它形粒状
19	钟鼓洞	28°31.873′N	118°33.901′E	527	K_1f 中的含砾细砂岩	正交/×4 单偏/×10	粉砂结构为主，含少量砾石和砂粒。砾石约占 5%，砂粒含量约 20%，粉砂约 35%，填隙物约 40%，碎屑物分选极差，磨圆度差。碎屑物（60%）中砾石直径多为 3～4mm（薄片中仅见两个颗粒），砂粒多数 0.1～0.5mm，粉砂粒径多为 0.03～0.06mm。主要成分为石英、长石和岩屑。岩屑约占 15%，长石约占 10%，石英碎屑约占 35%。岩屑成分多为酸性熔岩岩屑。填隙物（40%），主要为泥质物（约 30%）和铁质氧化物胶结物（约 10%）

续表

样品编号	地点	纬度	经度	海拔/m	岩性	光性/倍数	显微镜下岩性特征
20	郎峰钟鼓洞	28°31.873′N	118°33.901′E	527	K_1f中的钙质砂岩	正交/×4 正交/×10	中细粒砂状结构。碎屑颗粒分选中等，颗粒粒径多为0.1～0.4mm，磨圆度中等～差，次棱角状～次圆状，不同成分磨圆度差别较大，其中火山岩岩屑磨圆度相对较好，石英则磨圆度很差。碎屑颗粒约占70%，主要成分是中性和酸性火山岩岩屑（蚀变安山岩和流纹岩等）35%、石英20%、长石（为酸性斜长石和条纹长石）15%。偶见锆石（仅见一颗）。胶结物及其粒间孔隙（约30%），胶结物约10%，分布不均匀，薄片的一边较多，另一边极少，主要成分为方解石，少量铁质氧化物。粒间孔隙约占20%。局部可见方解石胶结物的熔蚀现象，据此推测，粒间孔隙很可能是方解石胶结物溶蚀的产物。但粒间孔隙也可在样品处理过程中产生，需要进一步工作加以判别
21	郎峰下会仙岩	28°31.933′N	118°33.851′E	460	K_1f中的砂岩	正交/×10	中粗粒砂状结构，碎屑物分中等，磨圆度中～差。碎屑物（75%）粒径为0.2～1.0mm，个别达1.2mm，多数0.2～0.6mm，主要成分为岩屑、石英和长石。岩屑约占35%，石英碎屑约占25%，长石约占15%。岩屑成分为酸性火山岩岩屑（流纹岩、流纹质凝灰岩等），个别岩屑中可见球粒结构。长石为酸性斜长石、条纹长石和正长石等。酸性斜长石较新鲜，具密集的聚片双晶。条纹长石和正长石具较强的泥化。胶结物及其粒间孔隙（约25%），方解石胶结物约10%，分布不均匀，薄片的一边较多，另一边极少。铁质氧化物胶结物约3%。粒间孔隙约占12%。局部可见方解石胶结物的溶蚀现象（在薄片中画的圆圈内可以清晰地看到），据此推测，粒间孔隙很可能是方解石胶结物熔蚀的产物。但粒间孔隙也可在样品处理过程中产生，需要进一步工作加以判别

续表

样品编号	地点	纬度	经度	海拔/m	岩性	光性/倍数	显微镜下岩性特征
22	郎峰下会仙岩	28°31.933′N	118°33.851′E	460	K_1f 中的砂岩	正交/×10	不等粒砂状结构，细粒砂状为主，碎屑物分选很差，磨圆度差。碎屑物（60%）粒径为0.05～0.4mm，多数0.05～0.2mm，少数（约15%）粒径较粗，为0.4～0.8mm。主要成分为石英、长石和岩屑。石英碎屑约占35%，长石约占10%，岩屑约占15%。岩屑成分为中性和酸性火山岩岩屑（安山岩、流纹岩等），长石为条纹长石和斜长石。填隙物（40%）：主要为泥质物（约32%）和铁质氧化物胶结物（约8%）
23	一线天亚峰一侧崖壁	28°31.707′N	118°33.883′E	523	K_1f 中的熔结凝灰岩	正交/×4	主要由浆屑、晶屑和基质组成。浆屑分布很不均匀，薄片的一边很多含量可达70%，另一边则很少。整个岩石中的平均含量约30%。其颜色比周围基质略深，呈浅褐红色，形态多为不规则条带状、火焰状，呈半定向排列，长度0.5～5mm，宽度约0.1～1.5mm。全部具有脱玻化现象，呈现羽毛状构造。晶屑约30%，其中长石晶屑约15%，石英晶屑约15%。很多石英为高温石英（其特征为锥面发育很好，柱面很短），并且常见高温熔蚀现象。长石主要有条纹长石、正长石、正长条纹长石。正长条纹长石具有卡氏双晶和条纹结构。基质约占40%。是充填于浆屑和晶屑之间的火山碎屑物。非常细小，颗粒界线不清，光性微弱。该岩石中的假流纹构造不是很清楚，可能反映熔结程度较弱。该岩石与野外定名差别很大，应注意在标本和野外露头上观察有无较大的肉眼可辨的火焰状浆屑

续表

样品编号	地点	纬度	经度	海拔/m	岩性	光性/倍数	显微镜下岩性特征
24	一线天亚峰一侧崖壁	28°31.707′N	118°33.883′E	523	K_1f 中的含砾岩屑砂岩	正交/×4	含砾砂状结构为主，砾石约占20%，砂粒含量约65%，填隙物约15%，碎屑物分选很差，磨圆度差。碎屑物（85%）中砾石直径（仅从薄片测量）为3～13mm，砂粒多为0.3～1.5mm。主要成分为火山岩岩屑、石英和长石。石英约占30%，长石约10%，火山岩岩屑约占45%。较大的碎屑物（砾石和粗砂）均为火山岩岩屑。薄片中最大的一颗砾石为流纹岩岩屑，具有气孔构造，气孔呈椭圆状。该岩屑已强烈泥化，含有约20%的细小毛发状的黏土矿物。另一颗较大的岩屑（直径约5mm）为熔结凝灰岩岩屑（位于薄片的边缘，见薄片中的圆圈），由石英晶屑和塑变玻屑组成，石英晶屑呈棱角状较粗大（约3mm），该岩屑具有较清晰的假流纹构造。长石主要为泥化较强的正长石和条纹长石。填隙物约15%，为很细小的碎屑物（细粉砂）、少量黏土。岩石中含较多蚀变矿物，呈黄绿色、细小鳞片状，交代火山岩岩屑和长石，干涉色为二级中部。局部见有硅化现象
25	一线天亚峰一侧崖壁上的岩脉	28°31.707′N	118°33.883′E	523	K_1f 中的辉绿岩岩脉	正交/×4	具辉绿-间粒结构，主要由斜长石和暗色矿物组成。斜长石约60%，自形细长板条状，长0.2～0.8mm，双晶不明显。隐约可见卡双晶和卡钠复合双晶。暗色矿物占40%，半自形柱状～它形粒状，它形粒状者充填于长石构成的铬架中，大多已强烈蚀变。个别蚀变较弱者，侧得其最大消光角约40°左右，为辉石（但其干涉色比普通辉石低，最高干涉色仅为一级红，可能是薄片厚度较小所致）

续表

样品编号	地点	纬度	经度	海拔/m	岩性	光性/倍数	显微镜下岩性特征
26	亚峰西侧上部	28°31.707′N	118°33.883′E	575	K_1f 中的含砾砂岩	正交/×4 正交/×10	岩石的砾石间填隙物含有大量性质不明的熔岩
27	亚峰西侧，一线天下部	28°31.707′N	118°33.883′E	481	K_1f 中的角砾岩	正交/×4	角砾状结构，岩石由角砾和角砾之间的充填物构成。角砾约占 50%，大小为 2～10mm，为火山岩岩屑和少量石英晶屑。火山岩屑的种类有安山岩、熔结凝灰岩、流纹岩等。角砾之间的充填物约 50%，为石英、长石晶屑、小颗粒火山岩岩屑和很细小的碎屑物。石英、长石晶屑粒径多为 0.2～1.5mm
28	亚峰西侧，一线天上部	28°31.707′N	118°33.883′E	523	K_1f 中的火山岩屑砂岩	正交/×10 正交/×4	以粗粒砂状结构为主，含少量（<5%）小砾石。碎屑物约占 90%，分选差，粒径为 0.2～2.5mm，磨圆度差，主要为棱角状～次棱角状，粒度粗的碎屑物磨圆度略好（次圆状）。成分有火山岩岩屑、石英和长石。火山岩岩屑约为 60%，以酸性火山岩岩屑为主（常含有具熔蚀边的石英），少量中性熔岩（安山岩）岩屑。石英约 20%。长石约 10%，为条纹长石和酸性斜长石。填隙物约 10%，为细碎屑、泥质物和少量铁质氧化物
29	亚峰东侧上部	28°31.707′N	118°33.883′E	588	K_1f 中的细砂岩	正交/×10	细粒砂状结构为主。碎屑物约占 75%。磨圆度差，多为棱角状，分选差，粒径 0.05～0.8mm，多为 0.1～0.15mm。有 10%粒径略大为 0.25～0.8mm。成分为石英、长石和岩屑。石英约 45%。长石约 25%，以正长石为主，少量斜长石。岩屑约 5%，为酸性火山岩岩屑。填隙物约 25%，是一种突起中等，很细小它形粒状的矿物，光学微弱，难以识别

续表

样品编号	地点	纬度	经度	海拔/m	岩性	光性/倍数	显微镜下岩性特征
30	亚峰南端，火山岩与砂岩交汇处	28°31.707′N	118°33.883′E	590	K_1f 中的含砾岩屑砂岩	正交/×10	含砾砂状结构，砾石约占20%，砂粒含量约70%，填隙物约10%，碎屑物分选差，磨圆度中等～差，一般砾石磨圆度中等，砂粒磨圆度差。碎屑物（90%）：其中砾石直径3～8mm，砂粒多为0.2～1.5mm。主要成分为火山岩岩屑、石英和长石。火山岩岩屑约占70%，主要有安山岩、酸性熔岩（流纹岩等）岩屑，有的流纹岩岩屑具球粒结构。石英晶屑约15%。长石占5%。胶结物约占10%，主要为细粒它形粒状的帘石类矿物，淡黄绿色，突起高，干涉色较鲜艳（见薄片圆圈中）。少量铁质氧化物。方解石胶结物，呈不规则它形粒状
31	亚峰东侧，距登天坪约16m	28°31.707′N	118°33.883′E	601	K_1f 中的凝灰岩	正交/×4	角砾状结构。岩石由角砾和角砾之间的充填物构成。角砾约占25%，个体较小，多为2～5mm，棱角状，薄片所见均由粗大的晶屑组成，其成分有：石英、长石等晶屑。石英晶屑约5%，个别具有熔蚀现象。长石约占20%，为正长石和斜长石，已强烈蚀变。角砾之间的充填物约75%，主要由它形等轴粒状的石英和它形-半自形板状长石紧密镶嵌而成，少量铁质氧化物散布其中。长石约60%，石英约10%，铁质氧化物约5%。整个岩石中的充填物的结构都比较均匀（很像酸性熔岩的结构）
32	亚峰西侧	28°31.707′N	118°33.883′E	523	K_1f 中的角砾凝灰岩	正交/×4	晶屑凝灰结构，岩石主要由晶屑和充填于晶屑之间的填隙物组成。晶屑约占45%，粒径为0.05～0.30mm，多数为0.5～2.5mm，棱角状，分选差。主要成分为长石和石英，少量黑云母。长石约27%，主要为酸性斜长石，具有非常细密的聚片双晶，少量正长石。石英约占15%，常见高温熔蚀现象。黑云母约3%。晶屑之间的填隙物约55%，主要由非常细小的石英、长石紧密堆积而成，颗粒界线很模糊。略粗一点的填隙物隐约可见碎屑状形态

续表

样品编号	地点	纬度	经度	海拔/m	岩性	光性/倍数	显微镜下岩性特征
33	亚峰东侧	28°31.707′N	118°33.883′E	512	K_1f 中的橄榄玄武岩	正交/×10 正交/×20	斑状结构，基质具间粒结构。岩石蚀变很弱。斑晶约占 15%，主要为斜长石、橄榄石，少量辉石。斜长石斑晶粒径差别较大，0.3～2.0mm，属拉长石，有的长石斑晶具环带构造。橄榄石斑晶，无色透明，正突起高，短柱状，长 0.1～0.5mm，平行消光，最高干涉色为二级顶部。基质约占 85%，主要由基性斜长石和辉石组成，少量磁铁矿。基性斜长石约 40%，呈自形板状。辉石约 40%，细小它形粒状，充填于斜长石构成的格架中
36	灵峰东侧，一线天上部	28°31.707′N	118°33.883′E	575	K_1f 中的玻屑凝灰岩（很典型）	单偏/×10	玻屑凝灰结构，由玻屑、晶屑和填隙物组成，以玻屑为主。玻屑：约占 68%，呈弓形、弧面多角形。粒径 0.1～0.2mm，已脱玻化，呈霏细结构，其形态在单偏光系统下较清楚。晶屑约占 12%，粒径 0.1～1.2mm，多数为 0.5～1.0mm，成分为长石、石英、黑云母，以长石为主。长石约占 8%，为斜长石、正长石。石英约占 2%，黑云母约 2%。填隙物约 20%，充填于玻屑、晶屑之间。为极为细小的火山尘，颗粒界线模糊不清
37	亚峰东侧，大弄峡路边	28°31.707′N	118°33.883′E	505	K_1f 中的细砂岩	正交/×4	细粒砂状结构为主。碎屑物约占 85%，粒径多为 0.05～0.3mm，少数（<5%）0.5～4.5mm，分选差，磨圆度差，棱角状。由岩屑、石英和长石组成。石英占 45%，长石占 30%，主要为斜长石和正长石，蚀变较强。岩屑 10%，以流纹岩岩屑为主。最大的一颗流纹岩岩屑，粒径约 4.5 mm，具气孔构造，霏细结构。填隙物约 15%，成分为铁质氧化物、泥质物和细粉砂，三者混杂于一起，含量大致相同（各占 5%左右）

续表

样品编号	地点	纬度	经度	海拔/m	岩性	光性/倍数	显微镜下岩性特征
38	百步峡	28°31.707′N	118°33.883′E	577	K_1f 中的含砾砂岩	正交/×10	砾状结构，砾石之间为砂状结构，砾石约占30%，砂粒含量约40%，填隙物约30%，碎屑物分选差，磨圆度中等～差，一般砾石磨圆度中等，次圆状为主，砂粒磨圆度差，为次棱角～棱角状。碎屑物（80%）中砾石直径3～15mm，砂粒为0.2～1.5mm，以0.1～0.2mm为主。主要成分为火山岩岩屑、石英和长石。火山岩岩屑约占60%，主要有酸性火山岩（流纹岩、流纹质凝灰岩等）岩屑和安山岩岩屑。有的流纹岩岩屑见有球粒结构，还有的发育气孔构造。粗大的碎屑（砾石和粗砂）几乎都是火山岩岩屑。石英晶屑约15%，有的具明显的高温熔蚀边。长石占5%，已强烈蚀变。填隙物约占20%，为铁质氧化物（分布很不均匀，约5%）、泥质物（5%）和细粉砂等（10%）
39	登天坪	28°31.720′N	118°33.913′E	615	—	—	—
40	灵峰南端	28°31.720′N	118°33.913′E	580	K_1f 中的含砾砂岩	正交/×10	含砾砂状结构，砾石约占20%，砂粒含量约60%，填隙物约20%，碎屑物分选很差，磨圆度中等～差，一般砾石磨圆度中等，次圆状为主，砂粒磨圆度差，为次棱角～棱角状。岩屑磨圆度中等，矿物碎屑磨圆度差。碎屑物（85%）中砾石直径（仅从薄片测量）为3～14mm，砂粒多为0.3～1.5mm。主要成分为岩屑、石英和长石碎屑，偶见燧石碎屑。石英约占35%，长石约20%，岩屑约占30%。岩屑成分主要为火山岩岩屑和石灰岩岩屑。薄片中最大的一个砾石为强烈碳酸盐化的火山岩岩屑，为一个非常粗大的方解石单晶体，其中包含较多交代残留的长石小晶体和副矿物锆石。长石主要为泥化较强的正长石和条纹长石，少量斜长石。填隙物约15%，有方解石、铁质氧化物和硅质等胶结物。方解石胶结物约10%，呈不规则它形粒状，粒度粗细差别较大，分布不均匀。铁质氧化物胶结物约2%。硅质胶结物约3%。岩石中含方解石细脉

续表

样品编号	地点	纬度	经度	海拔/m	岩性	光性/倍数	显微镜下岩性特征
41	灵峰南端	28°31.720′N	118°33.913′E	580	K_1f 中的砾岩	正交/×4	砾状结构，砾石之间为砂状结构，砾石约占 50%，砂粒含量约 35%，填隙物约 15%，碎屑物分选差，磨圆度中等～差，一般砾石和粗砂磨圆度中等，次棱角状～次圆状，砂粒磨圆度差，为次棱角～棱角状。碎屑物（砾石和砂，85%）中砾石直径 3～20mm，砂粒为 0.2～2mm，以 0.1～2.0mm 为主。主要成分为火山岩岩屑、石英和长石。火山岩岩屑约占 72%，主要有酸性火山岩（流纹质凝灰岩、流纹岩等）岩屑。粗大的碎屑（砾石和粗砂）几乎都是火山岩岩屑。最大的一个砾石约占整个薄片面积的 40%。石英晶屑约 8%。长石占 4%，为斜长石和条纹长石。胶结物约占 15%，为方解石胶结物（约 5%），铁质氧化物（分布很不均匀，约 3%）、泥质物（4%）和硅质胶结物（3%）。硅质胶结物见薄片中的圆圈中
44	悬空寺下	28°32.245′N	118°33.957′E	260	K_1f 中的含砾钙质岩屑砂岩	正交/×4	含砾砂状结构，砾石约占 10%，砂粒含量约 55%，胶结物约 35%，碎屑物分选差，磨圆度中等～差，次圆状～棱角状，一般地粗碎屑比细碎屑磨圆度好，岩屑比矿物碎屑磨圆度好。碎屑物（包括砾石和砂，65%）中砾石直径（仅从薄片测量）为 2～10mm，砂粒多为 0.1～2.0mm。主要成分为岩屑、石英和长石碎屑。岩屑约占 40%，石英约占 10%，长石约 15%。岩屑成分主要为火山岩岩屑（安山岩、流纹岩和熔结凝灰岩等），大多具很强的蚀变。偶见微晶灰岩岩屑。熔结凝灰岩岩屑（见薄片圈中），由浆屑和弱变形的玻屑组成。长石主要为泥化较强的正长石和条纹长石。胶结物约占 35%，以方解石为主，少量（约 2%）铁质氧化物。方解石胶结物，呈不规则它形粒状。岩石中含较多方解石细脉（薄片中可见 9 条）

续表

样品编号	地点	纬度	经度	海拔/m	岩性	光性/倍数	显微镜下岩性特征
50	金交椅村	28°37.521′N	118°32.577′E	157	K_1f 中的钙质砂岩	正交/×10 正交/×20	细粒砂状～粉砂状结构。碎屑物 65%，分选好、磨圆度差，粒度为 0.03～0.15mm。主要成分为石英 60%，长石 4%，白云母 6%，偶见火山岩屑 1%（薄片中仅见一两颗碎屑）。胶结物约占 35%，以方解石为主，少量（约 2%）铁质氧化物。方解石胶结物，呈不规则它形粒状。岩石中夹有粉砂质泥岩条带（岩石中成分分布很不均匀，当碎屑物和方解石胶结物变少，泥质物和铁质氧化物则相对变多，则过渡为粉砂质泥岩
54	须女湖	28°32.595′N	118°33.676′E	149	K_1f 中的细砂岩	正交/×4	中细粒砂状结构，碎屑物分选中等，磨圆度差，以次棱角状为主。碎屑物约 80%，其中石英 35%，长石 25%，岩屑 20%。粒度为 0.2～0.7mm。岩屑为酸性火山岩（流纹岩、熔结凝灰岩等）岩屑。长石为酸性斜长石和条纹长石。填隙物约 20%，成分为方解石（5%）、铁质氧化物（3%）、泥质物（5%）和细粉砂（7%），它们混杂于一起，含量大致相同（各占 5%左右）
57	悬空寺下	28°32.245′N	118°33.957′E	260	K_1f 中的细砂-粉砂岩	正交/×10 正交/×20	粉砂结构为主，少量细砂结构和砾状结构，碎屑物分选中等～好，磨圆度差，多为棱角状。岩石中的碎屑物明显地分为粗细不同的两类。细碎屑物粒径 0.03～0.06mm，占碎屑物总量的 85%。粗碎屑物粒径 0.2～4.0mm，占碎屑物总量的 15%。其中细碎屑物分选好。碎屑物 85%，其中石英占 68%，长石 4%，白云母 3%，岩屑占 10%，偶见黑云母。长石以酸性斜长石为主。岩屑多为较粗的碎屑物，成分为酸性火山岩岩屑，分别不均匀，多位于薄片的一角。填隙物 15%，主要为黏土矿物，少量（2%）铁质氧化物

续表

样品编号	地点	纬度	经度	海拔/m	岩性	光性/倍数	显微镜下岩性特征
58	小姑潭	—	—	—	K_1f 中的闪长岩	正交/×4	由斜长石 55%，辉石 35%，磁铁矿 6%，黑云母 3%，磷灰石 1%组成。斜长石为自形板柱状，长 0.2～0.8mm，隐约可见环带构造，具聚片双晶，蚀变中等（主要为绢云母化）。辉石以半自形柱状为主，少量它形粒状，粒径 0.1～3.0mm。较大的辉石构成斑晶，蚀变较弱的辉石，无色透明或呈淡黄色。大多数辉石已强烈蚀变，特别是较大的辉石蚀变更强，蚀变作用主要有碳酸盐化、绿泥石化和绿帘石化。从矿物组合特点，该岩石属辉长岩。辉长岩中的斜长石应为基性长石，但在该岩石薄片中，斜长石垂直（010）面上的消光角普遍偏小，与基性长石的特征不相符合，值得进一步工作
60	浮盖山三叠石	28°15.288′N	118°28.241′E	688	K_1f 中的花岗岩	正交/×4	花岗结构。主要由酸性斜长石、条纹长石、石英组成，少量黑云母和磁铁矿。酸性斜长石 30%，粒径 0.5～5.0mm，多数 1～3mm，发育聚片双晶，半自形板柱状，微弱的绢云母化。条纹长石 37%，半自形板柱状-它形粒状，粒径 1～6mm，多数 1～4mm，具条纹结构。具中等～较强的泥化。石英 30%，不规则它形粒状，粒径差别较大，0.1～5.0mm。黑云母 2%，半自形，片状，粒径0.5mm。磁铁矿 1%，黑色不透明矿物，粒径 0.1～0.2mm

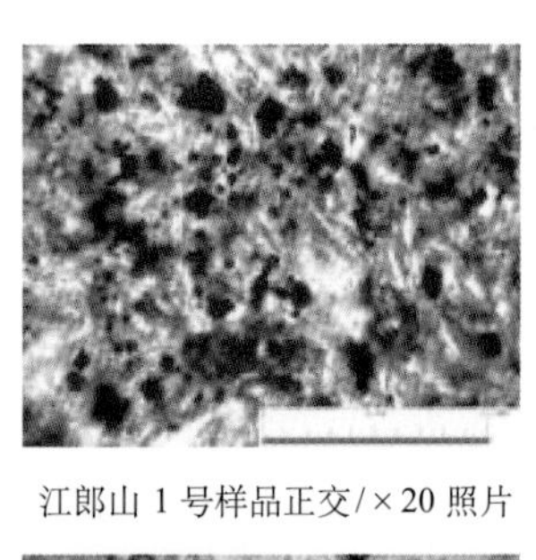
江郎山 1 号样品正交/×20 照片

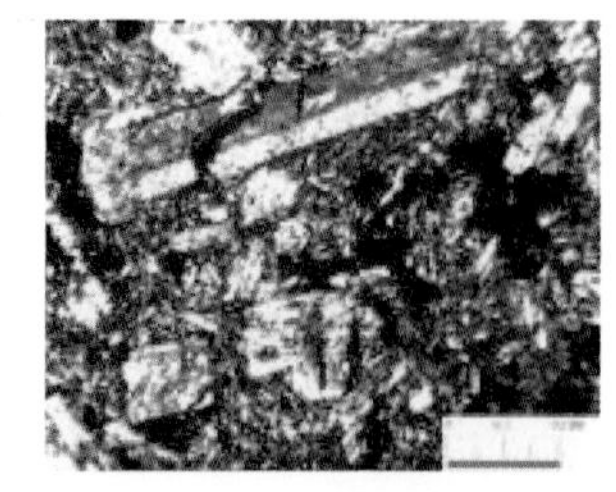
江郎山 1 号样品正交/×10 照片

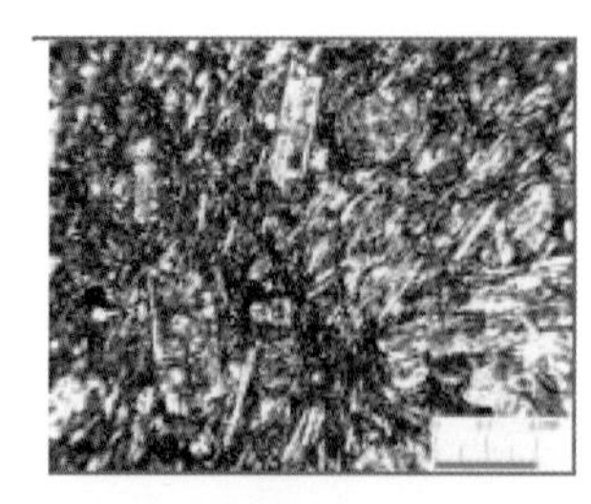
江郎山 1 号样品正交/×10 照片

江郎山 2 号样品单偏/×4 照片

江郎山 2 号样品正交/×10 照片

江郎山 3 号样品正交/×4 照片

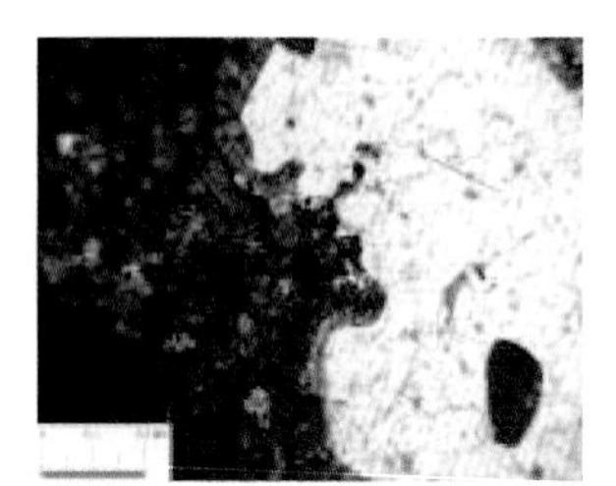
江郎山 3 号样品正交/×10 照片

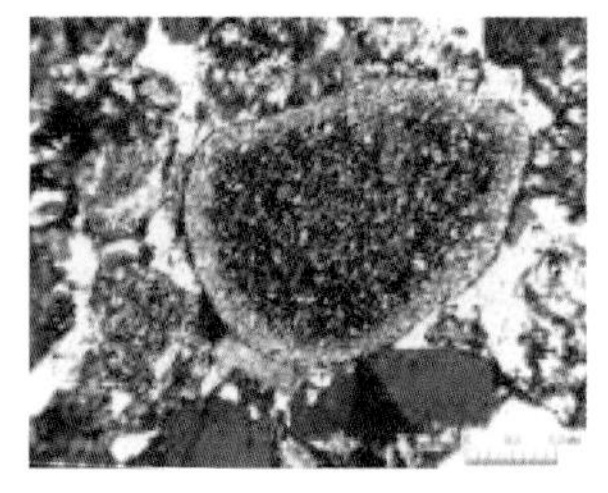
江郎山 4 号样品正交/×4 照片

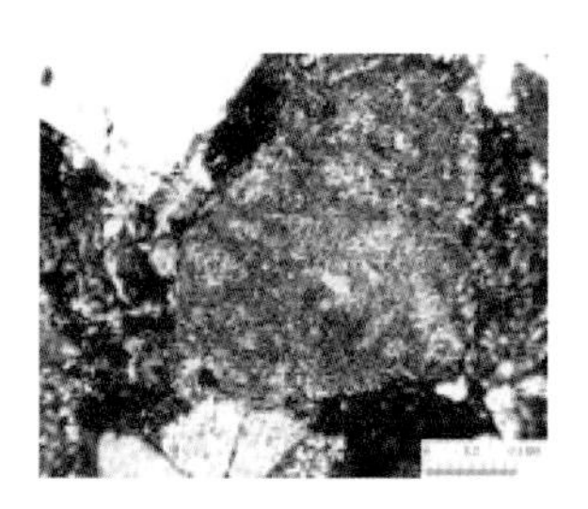
江郎山 4 号样品单偏/×4 照片

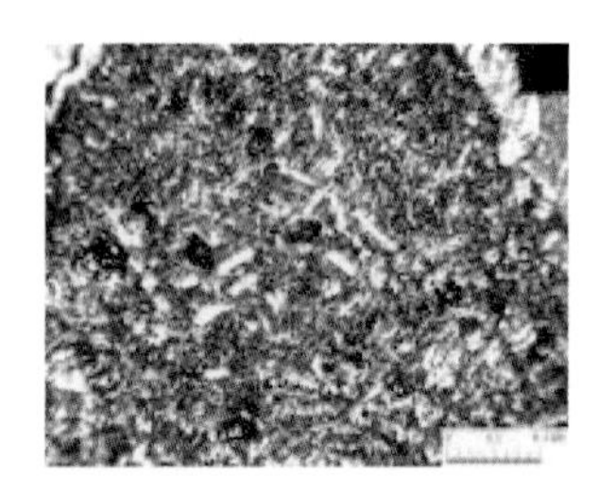
江郎山 5 号样品正交/×4 照片

江郎山 6 号样品正交/×4 照片

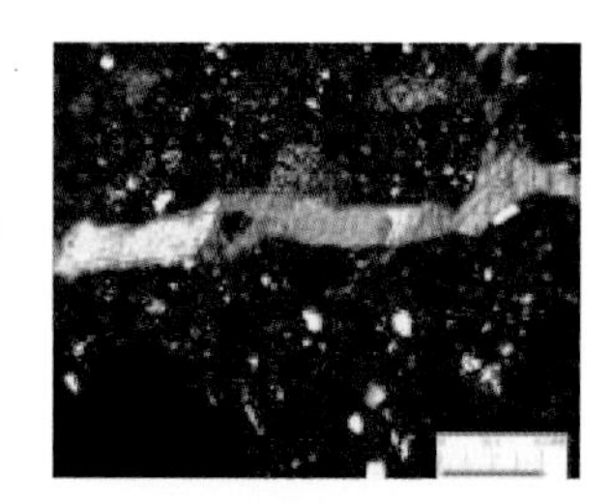
江郎山 6 号样品正交/×10 照片

江郎山 6 号样品单偏/×10 照片

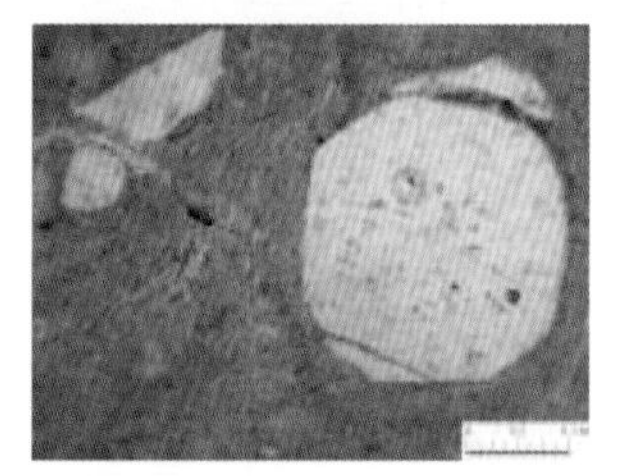
江郎山 7 号样品正交/×4 照片

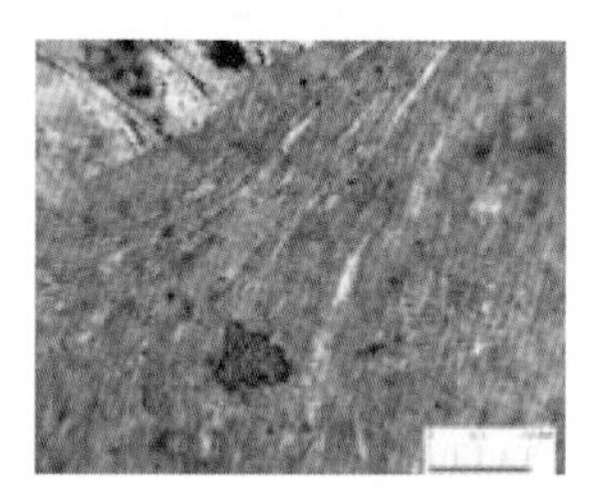
江郎山 7 号样品单偏/×10 照片

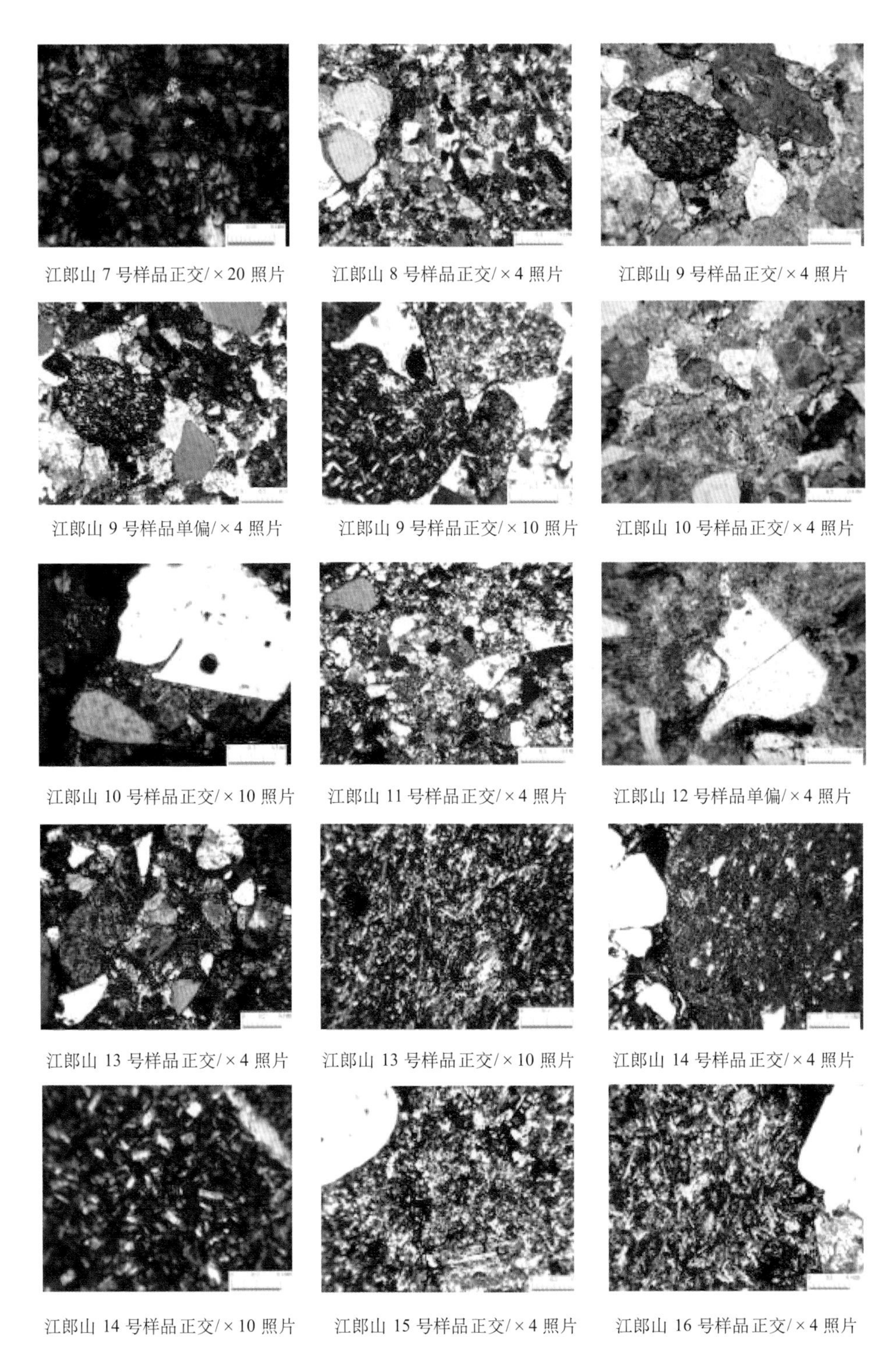

江郎山 7 号样品正交/×20 照片　江郎山 8 号样品正交/×4 照片　江郎山 9 号样品正交/×4 照片

江郎山 9 号样品单偏/×4 照片　江郎山 9 号样品正交/×10 照片　江郎山 10 号样品正交/×4 照片

江郎山 10 号样品正交/×10 照片　江郎山 11 号样品正交/×4 照片　江郎山 12 号样品单偏/×4 照片

江郎山 13 号样品正交/×4 照片　江郎山 13 号样品正交/×10 照片　江郎山 14 号样品正交/×4 照片

江郎山 14 号样品正交/×10 照片　江郎山 15 号样品正交/×4 照片　江郎山 16 号样品正交/×4 照片

图 5-12　江郎山岩石标本偏光显微镜照片

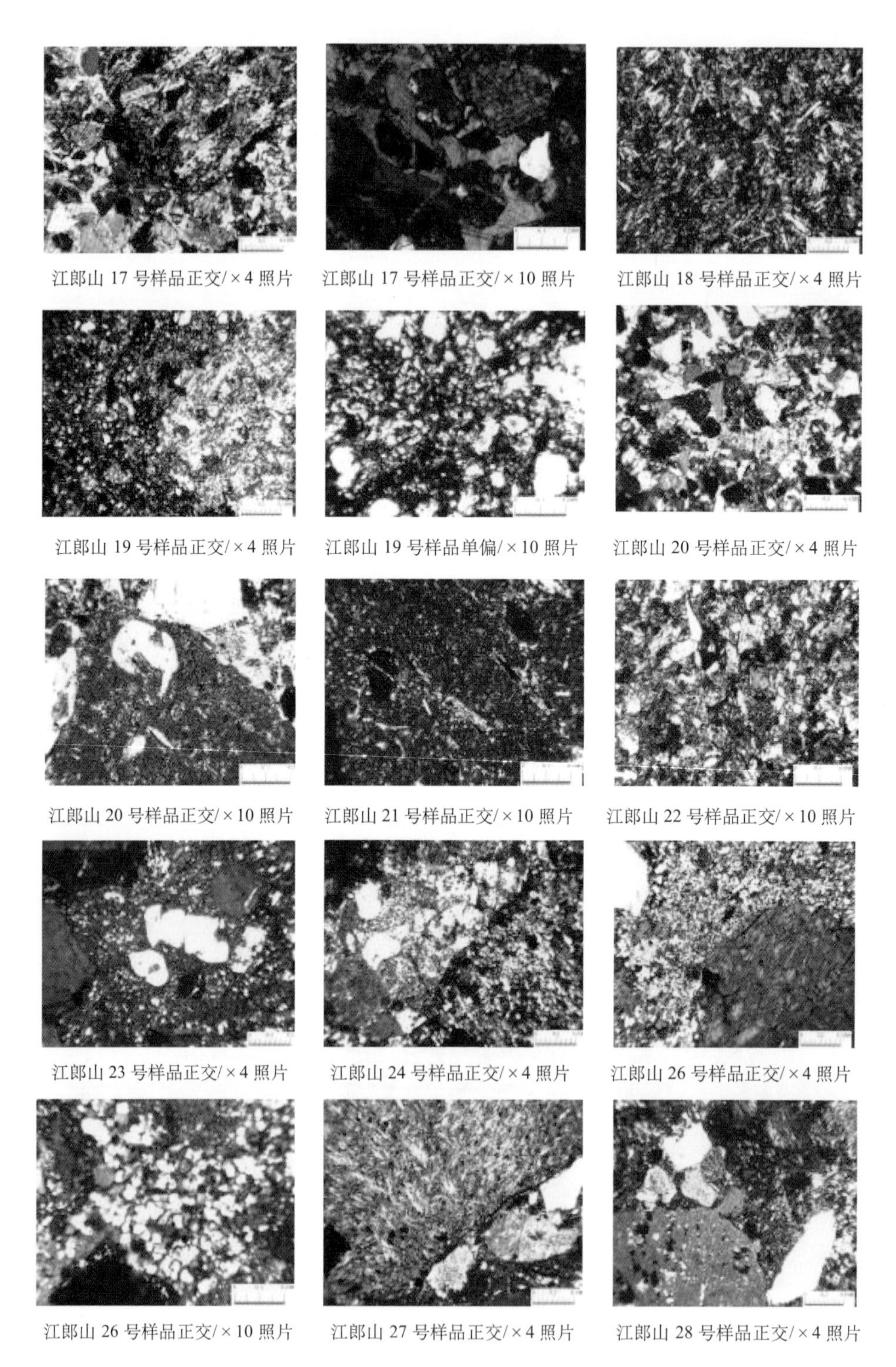

江郎山 17 号样品正交/×4 照片　江郎山 17 号样品正交/×10 照片　江郎山 18 号样品正交/×4 照片

江郎山 19 号样品正交/×4 照片　江郎山 19 号样品单偏/×10 照片　江郎山 20 号样品正交/×4 照片

江郎山 20 号样品正交/×10 照片　江郎山 21 号样品正交/×10 照片　江郎山 22 号样品正交/×10 照片

江郎山 23 号样品正交/×4 照片　江郎山 24 号样品正交/×4 照片　江郎山 26 号样品正交/×4 照片

江郎山 26 号样品正交/×10 照片　江郎山 27 号样品正交/×4 照片　江郎山 28 号样品正交/×4 照片

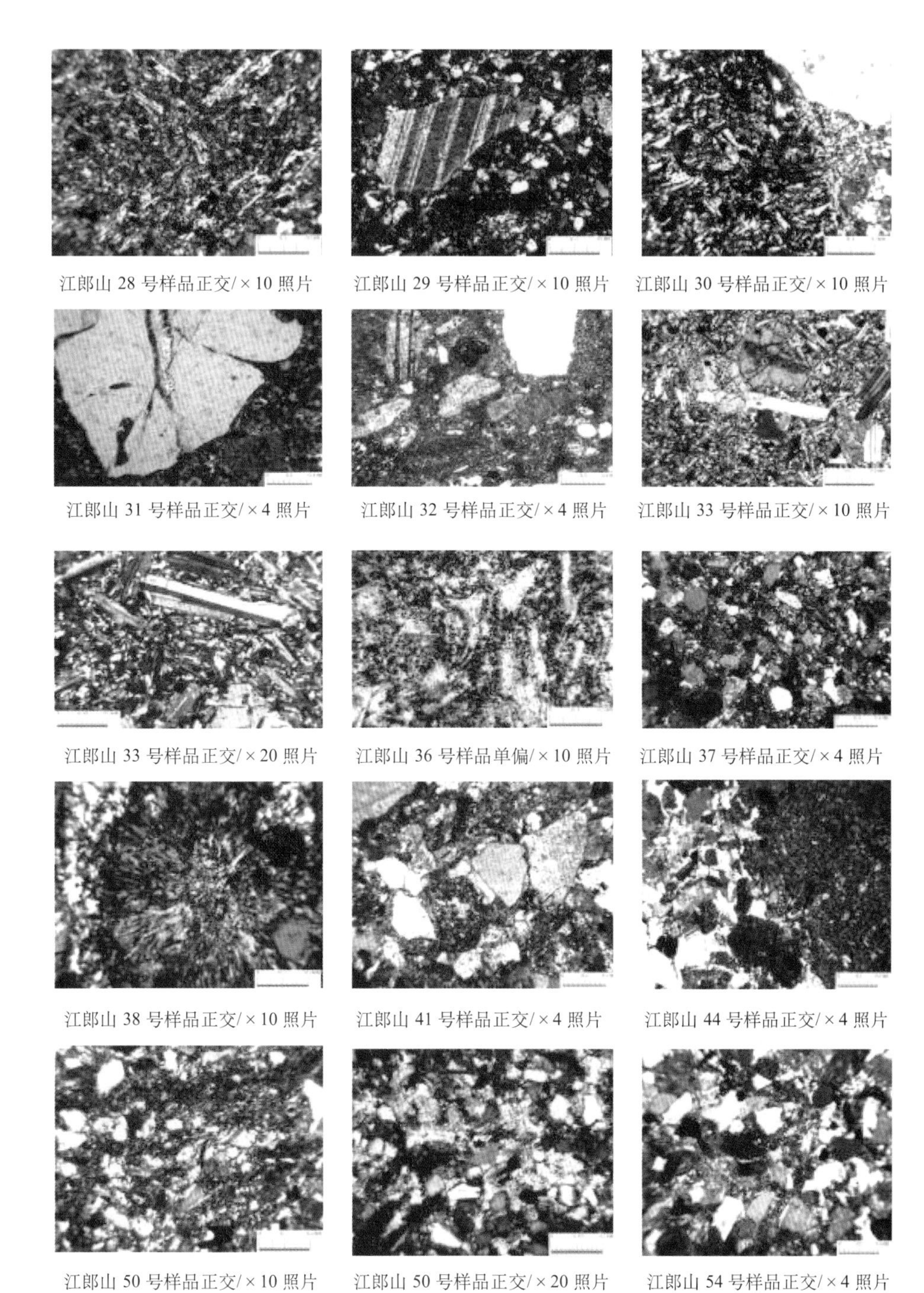

江郎山 28 号样品正交/×10 照片　江郎山 29 号样品正交/×10 照片　江郎山 30 号样品正交/×10 照片

江郎山 31 号样品正交/×4 照片　江郎山 32 号样品正交/×4 照片　江郎山 33 号样品正交/×10 照片

江郎山 33 号样品正交/×20 照片　江郎山 36 号样品单偏/×10 照片　江郎山 37 号样品正交/×4 照片

江郎山 38 号样品正交/×10 照片　江郎山 41 号样品正交/×4 照片　江郎山 44 号样品正交/×4 照片

江郎山 50 号样品正交/×10 照片　江郎山 50 号样品正交/×20 照片　江郎山 54 号样品正交/×4 照片

图 5-12（续）

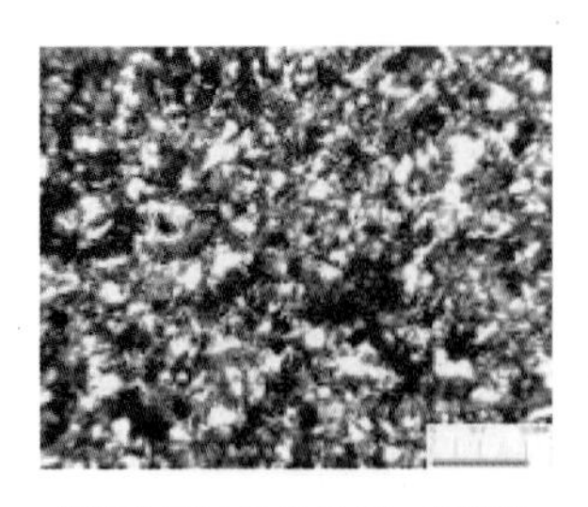
江郎山57号样品正交/×10照片

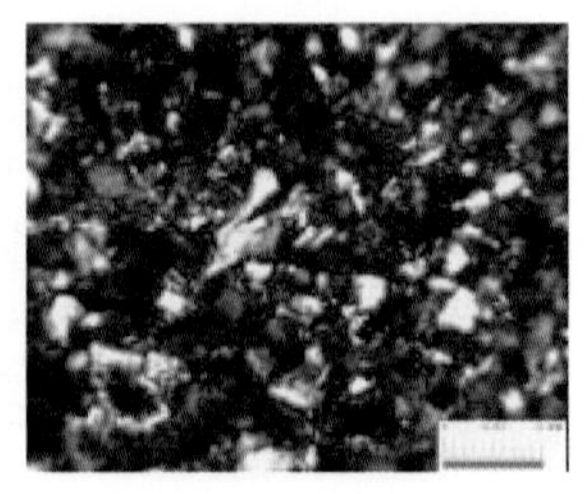
江郎山57号样品正交/×20照片

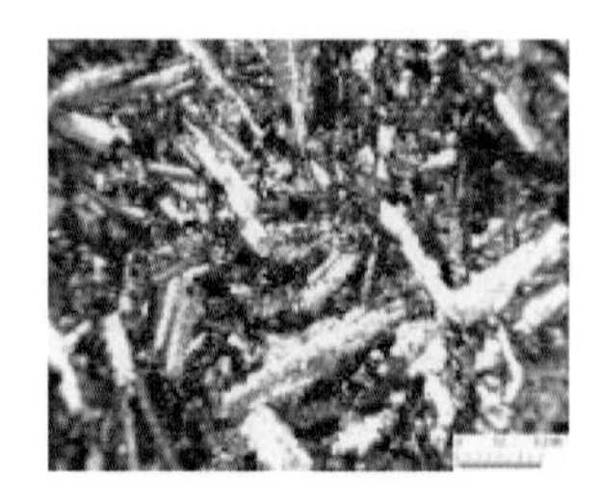
江郎山58号样品正交/×4照片

图 5-12（续）

5.4 实验数据分析

尽管国内外学者根据野外调查结果推断江郎山属于老年期丹霞地貌类型，黄进（1992）认为，江郎山三爿石在海拔 500m 左右的大、小弄峡基座上再次抬升是地台活化返老还童的重要表征，这些是定性推测。为获得确凿证据，作者于 2007 年 12 月在江郎山小弄峡具有垂直贯穿永康群岩体的辉绿岩脉处采集了两块岩石标本（图 5-7，图 5-8，图 5-13），将此标本交由国家地震局地质研究所 K-Ar 年龄国家重点实验室用 K-Ar 法测年，采用常数 $\lambda = 5.543 \times 10^{-10}$（a），$\lambda_e = 0.581 \times 10^{-10}$（a），$\lambda_\beta = 4.962 \times 10^{-10}$（a），$^{40}K/K = 1.167 \times 10^{-4}$（mol/mol）。经反复验证，测出的年龄为 77.89±2.6Ma BP（应属于晚白垩世 K_2）。从文献检索看，此数据为目前国内丹霞地貌研究获得的可靠绝对年龄测定数据，更详细的实验数据由本章第 5 节造景地貌成因分析。

5.5 造景地貌成因分析

在中国丹霞世界自然遗产地中（欧阳杰，2010b），江郎山是属于唯一的老年期丹霞地貌类型，其周边地区的白垩系地层多被蚀为低地，唯有江郎山三爿石却拔地而起、屹立苍穹。三爿石中的郎峰高 824m、亚峰高 737.4m、灵峰高 765.0m。三爿石的基础是 500m 左右海拔的大小弄峡和登天坪，再矗立出三座相对高度为 369.1m（郎峰）、286.6m（亚峰）和 268m（灵峰）的三座石墙式石峰，其间夹有长 308m、高 298m、谷底宽度约 3.5～4.3m、顶部宽度超过 10m、如刀削斧劈般的“天下第一巷谷”。这种奇特的老年期孤峰-巷谷奇观堪称中国之最、世界仅有。

江郎山丹霞地貌是地质构造内动力和风化剥蚀外营力长期共同作用的结果，峡口盆地中生代断坳盆地的形成与堆积，以及新生代以来湖盆抬升为山地是丹霞地貌形成的两个重要阶段（彭华明等，2001）。中生代湖盆沉积环境为丹霞地貌提供了成岩的物质条件，而侏罗纪后期以来，尤其是白垩纪红层在后期构造抬升中产生的断裂构造对丹霞地貌的发育有重要影响，下面就造景地貌成因逐条分析。

5.5.1　断层和节理

从实地调查看，江郎山区内断裂规模大，其中以北东向、北北东向和近南北向断裂最为显著。江郎山呈“川”字形排列的三座山峰与以上断裂有密切成因联系，控制江郎山丹霞地貌分布和山脊—沟谷走向的主要是属于江山—绍兴深大断裂带西南段的市上村—和睦断裂带和保安—峡口—张村断裂带（浙江省区域地质调查大队，1999c）。在位于峡口早白垩世盆地长台镇附近，可见断层面倾向 215°～220°，断层面倾角 80°～85°断层面底板均发育有垂直擦痕，指示上盘下降、下盘上升，显示了此断裂具张扭性的力学特点。从图 5-13 的江郎山地区宏观节理分布示意图可知，江郎山的节理主要为北西—南东向和北东—南西向两组，江郎山“三爿石”主要就是受北西—南东向这组节理控制而发育成“三峰两谷”景观的。此外，江郎山的峡谷、一线天和巷谷走向也基本与该区具有的北西向、北东向和近南北向的垂直节理带分布一致（表 5-5）。

表 5-5　江郎山自然遗产地方岩组（K_1f）主要节理带分布特征表

编号	地点	经度 纬度	海拔/m （GPS 测定）	产状
1	大弄峡	118°33.883′E 28°33.701′N	497	走向 NW325°～345°
2	一线天巷谷	118°33.695′E 28°31.944′N	525	走向 NW315°
3	问天亭下方深谷	118°33.944′E 28°31.761′N	829	走向 NE15°～20°
4	百步峡	118°33.166′E 28°32.284′N	464	走向 SW240°
5	悬空寺上方小一线天	118°33.957′E 28°32.244′N	310	走向 SW255°
6	紫袍峡一线天	118°34.004′E 28°32.276′N	315	走向 NE20°
7	藏龙出峡一线天	118°34.018′E 28°32.347′N	290	走向 NW330°
8	悬空寺下方峡谷	118°32.344′E 28°33.319′N	346	走向 N360°
9	竹林寺瀑布旁	120°10.387′E 28°54.338′N	159	走向 SE170°
10	大弄峡亚峰一侧的崖壁	118°33.883′E 28°33.701′N	497	倾向 X 节理产状 ①倾向 NW345°，倾角 84° ②倾向 SE160°，倾角 45°
11	一线天亚峰和 灵峰一侧的崖壁上	118°33.695′E 28°31.944′N	525	节理倾向 NW325°，倾角 22°
12	郎峰上方鼠援绝壁	118°33.228′E 28°31.685′N	622	节理倾向 NW290°，倾角 22°

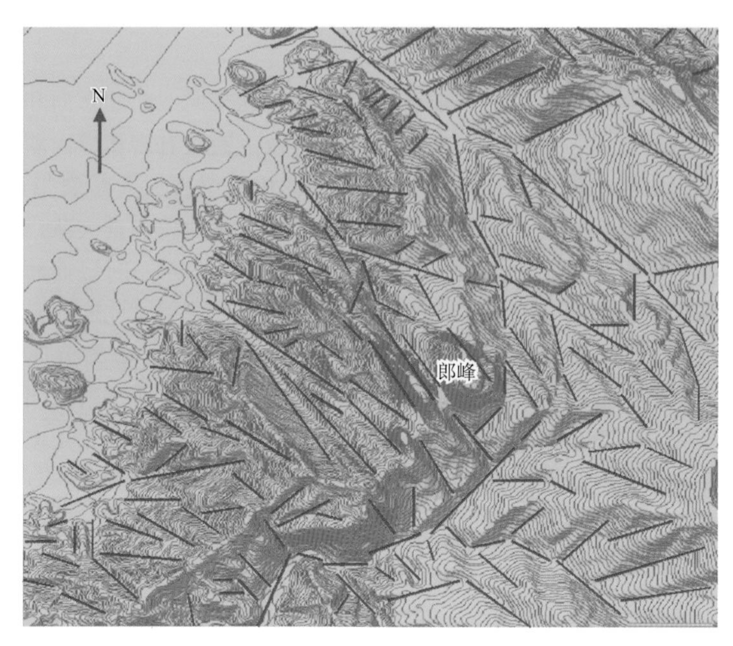

图 5-13　江郎山地区节理分布示意图

上述节理、岩脉及萤石矿脉、石英脉均以北西向分布为主体（表 5-5）。节理裂隙大部分显示张性或张扭性特点。峡口盆地长台地区萤石矿脉及石英脉表现为等间距分布或者尖灭侧现和追踪现象，反映了充填之前裂隙具张性或张扭性特点。盆地内北西向节理裂隙的发育，与盆地边缘断裂构造晚白垩世转为挤压应力场背景有关，盆边断裂系统晚期显示了区域应力场主压应力轴方向为北西－南东，北西向张性或张扭性裂隙构造属北东向盆边断裂的派生裂隙。

除了表 5-5 中几组主要节理外，在江郎山大弄峡和一线天还可见到以下类型的节理：

（1）X 节理（共扼节理）：在郎峰与亚峰之间的大弄峡靠亚峰一侧的崖壁上，可见到众多 X 节理（图 5-14），其中一组节理面倾向 NW345°，倾角 84°；另一组节理面倾向 160°，倾角 45°，在崖壁上构成显著的菱形切割景观，被“X”节理切割后的菱块状岩体易于破碎并崩落。

（2）斜节理：在江郎山亚峰与灵峰之间的一线天巷谷中可见，亚峰与灵峰的崖壁上有近 20 道大型斜节理，这些节理面倾向 NW325°，倾角 20°～22°，有的纵贯整个灵峰和亚峰的峰顶（图 5-15～图 5-17）。

纵观江郎山以上 X 节理、斜节理和阶步发育的特点，可以发现它们的发育总体上还是受北西侧江山—绍兴断裂和东南侧保安—峡口—张村断裂带所控制，在峡口盆地构造隆升过程中，“三爿石”所在的岩体经历了明显的朝向偏北和偏北东右旋作用的错动和扭动。X 节理、斜节理和阶步正是在这一状况下形成的，它们的形成加速了对岩体的切割以及岩体被切割后的崩塌过程。

图 5-14　江郎山大弄峡靠亚峰一侧崖壁上的 X 节理（红色箭头所示）

(a)　(b)

图 5-15　江郎山一线天巷谷中靠灵峰一侧崖壁上的斜节理（红色箭头所示）

(a)　(b)

图 5-16　江郎山一线天巷谷中靠亚峰一侧崖壁上的斜节理（红色箭头所示）

图 5-17　从郎峰峰顶向西远眺可见纵贯亚峰的斜节理（红箭头所示，节理面倾向正北，倾角 70°）

这样，峡口盆地抬升后原来完整的厚层砂砾岩受这几组垂直节理的分割，形成了许多呈方块状或棱角状明显的巨型岩体，但在江郎山丹霞地貌发育的初期它们仍然是一个整体，彼此并没有被分离和孤立出来，只是在丹霞地貌发育的后期“三爿石”四周的岩体才被剥蚀殆尽，留下抗风化程度最强的“三爿石”景观。

5.5.2　崩塌过程

崩塌是丹霞地貌形成的重要过程，沿着上述断层和节理带，江郎山的崩塌现象多处可见，崖壁的崩塌与巷谷山涧和谷地的形成往往有共生联系，江郎山的巷谷、山涧和谷地中现存有多处崩积物便是例证，如亚峰与灵峰之间的一线天巷谷巷谷中的崩落石、郎峰与亚峰之间大弄峡中的凤栖石（图 5-18）和悬空寺下方峡谷中均有大的崩落石，这些均证明江郎山丹霞地貌的深涧和峡谷是在巷谷不断崩塌的前提下形成的。

图 5-18　郎峰与亚峰之间大弄峡中的凤栖石

纵横交错的节理为岩层的风化和崩落奠定了基础，节理裂隙面是地表流水下渗的最好通道，植物、流水、冰等常沿节理进行风化或侵蚀，特定的地理位置和水热条件更加剧了风化作用的强度。江郎山地处我国中亚热带，季风气候显著，可以想象多变的气候使得：温暖多雨的季节地表水沿节理裂隙大量下渗，节理也逐渐受到侵蚀面加宽拓展；严寒霜冻季节，储积在节理中的水固结成冰，冰冻体积膨胀使裂隙扩大，更利于地下水渗透。在漫长的地质年代中这种冻融作用不断地进行，致使完整的岩石被破坏崩解，尤其在节理密集的地方破坏更为严重，这便是丹霞峰丛地貌（图 5-19）发育的重要原因之一。风化作用对垂直节理的影响是首先形成狭长而窄深的一线天，如百步峡(图 5-20)、紫袍峡一线天（图 5-21）和藏龙出峡一线天（图 5-22）也是沿垂直节理发育。

图 5-19 受 NW315°～345°走向节理控制发育的江郎山三爿石

图 5-20 沿走向 SW240°节理发育的百步峡

图 5-21　沿走向 NE20°节理发育的紫袍峡一线天

图 5-22　沿走向 NW330°节理发育的藏龙出峡一线天

在一线天式的深沟发育后，流水会继续下切侵蚀，而陡壁则沿垂直节理发生崩塌，使深沟进一步加深拓宽形成巷谷（图 5-23），巷谷进一步发展便成为较大的山洞。问天亭下方的深谷（图 5-24）、悬空寺下方的峡谷就是分别发育在走向为 NE15°～20°和 N360°垂直节理处的。

图 5-23　江郎山亚峰与灵峰之间的一线天巷谷

图 5-24　沿走向 NE15°～20°节理发育的问天亭下方的深谷

崖壁的崩塌与巷谷山涧和谷地的形成往往有共生联系。江郎山巷谷、山涧和谷地中现存的多处崩积物便是例证：如亚峰与灵峰之间的一线天巷谷大的崩落石、郎峰与亚峰之间大弄峡中的凤栖石（图 5-18）和龙青沟九姑崖及其下方的崩落巨石（图 5-25）。这些均说明江郎山丹霞地貌的深涧、峡谷和和大型凹穴是在巷谷不断崩塌的前提下形成的。

图 5-25　因崩塌作用形成的龙青沟九姑崖凹穴

5.5.3　岩性差异风化和扁平状洞穴的形成过程

除了一线天、巷谷、峡谷的发育与崩塌作用有关外，江郎山扁平洞穴的发育也与岩性差异风化导致的崩塌作用密切相关。表 5-6、表 5-7 和图 5-26 是江郎山郎峰、亚峰和灵峰方岩组（K_1f）部分岩石标本磨薄片后偏光显微镜鉴定结果，表 5-6 是部分岩石标本氧化物含量在南京大学现代分析中心用瑞士 ARL-9800 型 X 射线荧光光谱仪测定的结果。

表 5-6　江郎山方岩组（K_1f）部分岩石标本氧化物含量 X 荧光光谱测定结果

标本编号	采样地点	岩性	SiO_2/%	Al_2O_3/%	Fe_2O_3/%	CaO/%
2	郎峰	岩屑砂岩	64.9	15.6	3.37	3.33
5	郎峰	砾岩	56.1	14.5	3.49	10.9
18	郎峰钟鼓洞	砾岩	66.8	16.4	3.06	1.65
20	郎峰钟鼓洞	钙质砂岩	60.2	16.2	4.58	5.96
21	郎峰会仙岩	砂岩	64.5	14.9	2.68	5.13

续表

标本编号	采样地点	岩性	SiO_2/%	Al_2O_3/%	Fe_2O_3/%	CaO/%
23	一线天亚峰一侧崖壁	熔结凝灰岩	75.8	12.3	1.91	0.353
24	一线天亚峰一侧崖壁	含砾岩屑砂岩	70.1	15.2	2.74	0.608
25	一线天亚峰崖壁岩脉	辉绿岩岩脉	44.9	19.1	10.1	7.74
27	一线天亚峰一侧崖壁下部	角砾岩	65.8	15.5	4.21	1.39
28	一线天亚峰一侧崖壁上部	火山岩屑砂岩	68.9	15.0	2.82	1.59
36	一线天灵峰上部	玻屑凝灰岩	57.4	20.9	3.68	2.21
40	灵峰南端	含砾砂岩	63.1	16.5	2.96	5.06
41	灵峰南端	砾岩	62.5	18.3	3.31	3.83

从表 5-6、表 5-7 以及图 5-26 对岩石标本偏光显微镜和 X 荧光光谱的鉴定结果可以发现以下特点：

(1) 江郎山方岩组（K_1f）中的火山岩砾石和岩屑含量普遍较高，测出的 SiO_2 含量普遍也很高（44.90%～75.80%），表明其总体上抗风化能力强，这是江郎山三爿石历经沧桑仍能巍然屹立的主要原因所在。

(2) 江郎山方岩组（K_1f）中火山岩砾石占 60%～70%，主要种类有熔结凝灰岩、酸性熔岩（流纹岩）、中性熔岩（安山岩）。这些火山岩砾石由于经过火山作用时的高温，而后逐渐冷却，犹如淬火锻炼一般，因此其坚硬和抗风化程度之高是一般沉积岩所不可比拟的。

(3) 方岩组（K_1f）中的熔结凝灰岩岩屑，主要由浆屑、晶屑和基质组成，均有脱玻化现象，石英晶屑含量达到 15%，很多石英为高温石英，常见有高温溶蚀现象，构成的岩体十分坚硬且致密度高，抗风化能力也很强。

(4) 江郎山一线天亚峰一侧崖壁处的辉绿岩岩脉和登天坪处的辉绿岩岩墙虽然 SiO_2 含量不是很高，但其特有的辉绿-间粒结构以及斜长石和暗色矿物的组合，也构成了十分坚硬且抗风化能力很强的岩体。

(5) 江郎山方岩组（K_1f）中抗风化能力相对弱的岩体主要是砂岩，其胶结构主要成分为方解石，粒间孔隙约占 20%～25%，局部可见方解石胶结物的溶蚀现象，从薄片鉴定中也可看出，其粒间孔隙很可能是方解石胶结物被溶蚀后的结果，而且构成砂岩的岩体如流纹岩岩屑等其本身就具有气孔构造，这些岩屑在显微镜下可见已经强烈泥化，这是导致该区砂岩岩体抗风化程度不及砾岩的主要原因所在。

另外，从表 5-8 可见，在丹霞地貌红层砂砾岩抗压程度实验中，砾岩的抗压强度较高而稳定，一般在 118.90MPa 左右，砂砾岩在 69.20～171.70MPa，粉砂岩抗压强度最低，仅为 12.2～63.4MPa。

表 5-7　江郎山方岩组（K_1f）部分岩石标本薄片偏光显微镜鉴定结果

标本编号	采样地点	海拔/m	岩性	光性/倍数	显微镜下岩性特征	对应报告插图序号
2	郎峰	742	细砂岩	单偏/×4 正交/×10	含砾砂状结构，砾石含量约5%（薄片中仅见一颗砾石，直径约5mm）。碎屑颗粒磨圆度差，多呈棱角状，分选差，颗粒大小多为0.1～0.5mm。碎屑颗粒含量约70%，主要成分为岩屑、石英、长石等，偶见少量黑云母。岩屑含量约20%，较大的颗粒多为火山岩岩屑，其中砾石为球粒流纹岩岩屑（酸性火山熔岩），长石含量约8%，石英含量约42%，填隙物含量约30%，主要为泥质物（黏土）、铁质氧化物、方解石胶结物和细粉砂。其中泥质物约10%，铁质氧化物约5%，方解石胶结物约5%，细粉砂约10%。方解石胶结物分布不均匀，多与黏土和铁质氧化物混杂，或呈斑块状	图5-16（a）
18	郎　峰 钟鼓洞	527	砾岩	正交/×4	砾状结构为主，砾石约占60%，砂粒含量约30%，胶结物约10%，碎屑物分选差，磨圆度中等～差。碎屑物（90%）中砾石直径2～10mm，以5～10mm为主，砂粒多为0.2～2.0mm。主要成分火山岩岩屑约占75%，其余为石英和长石。火山岩岩屑有熔结凝灰岩岩屑、酸性熔岩。熔结凝灰岩屑很典型，具较清晰的假流纹构造，主要由塑变玻屑、石英和长石晶屑组成，安山岩岩屑主要由半定向排列的板条状斜长石和细小的它形粒状暗色矿物构成。胶结物约占10%，以方解石为主，少量铁质氧化物。方解石胶结物，呈不规则它形粒状	图5-16（b）
20	郎　峰 钟鼓洞	527	钙质砂岩	正交/×4 正交/×10	中细粒砂状结构。碎屑颗粒分选中等，颗粒粒径多为0.1～0.4 mm，磨圆度中等～差，次棱角状～次圆状，不同成分磨圆度差别较大，其中火山岩岩屑磨圆度相对较好，石英则磨圆度很差。碎屑颗粒约占70%，主要成分是中性和酸性火山岩岩屑（蚀变安山岩和流纹岩等）35%，石英20%，长石（为酸性斜长石和条纹长石）15%，偶见锆石（仅见一颗）。胶结物主要成分为方解石，少量铁质氧化物。粒间孔隙约占20%。局部可见方解石胶结物的熔蚀现象，据此推测，粒间孔隙很可能是方解石胶结物溶蚀的产物	图5-16（c）

续表

标本编号	采样地点	海拔/m	岩性	光性/倍数	显微镜下岩性特征	对应报告插图序号
23	一线天亚峰一侧崖壁	523	熔结凝灰岩	正交/×4	主要由浆屑、晶屑和基质组成。浆屑分布很不均匀，薄片的一边很多含量可达 70%，另一边则很少。浆屑形态多为不规则条带状和火焰状，呈半定向排列，长 0.5～5mm，宽度 0.1～1.5mm。全部具有脱玻化现象，呈现羽毛状构造。晶屑约 30%，其中长石晶屑约 15%，石英晶屑约 15%。很多石英为高温石英（其特征为锥面发育很好，柱面很短），并且常见高温熔蚀现象。长石主要有条纹长石、正长石、正长条纹长石。正长条纹长石具有卡氏双晶和条纹结构。基质约占 40%该岩石中的假流纹构造不是很清楚，可能反映熔结程度较弱	图 5-16（d）
25	亚峰一侧崖壁上的岩脉	523	辉绿岩岩脉	正交/×4	具辉绿-间粒结构，主要由斜长石和暗色矿物组成。斜长石约 60%，自形细长板条状，长 0.2～0.8mm，双晶不明显。隐约可见卡双晶和卡钠复合双晶。暗色矿物占 40%，半自形柱状-它形粒状，它形粒状者充填于长石构成的铬架中，大多已强烈蚀变。个别蚀变较弱者，侧得其最大消光角约 40°左右，为辉石（但其干涉色比普通辉石低，最高干涉色仅为一级红，可能是薄片厚度较小所致）	图 5-16（e）
36	灵峰东侧，一线天上部	575	玻屑凝灰岩	单偏/×10	玻屑凝灰结构，由玻屑、晶屑和填隙物组成，以玻屑为主。玻屑约占 68%，呈弓形、弧面多角形。粒径 0.1～0.2mm，已脱玻化，呈霏细结构，其形态在单偏光系统下较清楚。晶屑约占 12%，粒径 0.1～1.2mm，多数为 0.5～1.0mm，成分为长石、石英、黑云母，以长石为主。长石约占 8%，为斜长石、正长石。石英约占 2%，黑云母约 2%。填隙物约 20%，充填于玻屑、晶屑之间。为极为细小的火山尘，颗粒界线模糊不清	图 5-16（f）

(a) 细砂岩样品单偏/×4照片　(b) 砾岩样品正交/×10照片

(c) 钙质砂岩样品正交/×4照片　(d) 熔结凝灰岩样品正交/×10照片

(e) 辉绿岩岩脉样品正交/×10照片　(f) 玻屑凝灰岩样品正交/×10照片

图 5-26　江郎山方岩组（K_1f）主要岩性标本薄片偏光显微镜鉴定照片

表 5-8　丹霞地貌红层砂砾岩抗压强度特征

干抗压强度/MPa	118.90	69.20～171.70	12.2～63.4
软化系数	0.57	0.59	—

由上述实验和鉴定可知：①江郎山方岩组（K_1f）岩体中由砾岩和火山岩岩屑构成的岩体相当坚硬，其抗压强度和抗风化能力都很高，而由砂岩、钙质砂岩和岩屑砂岩构成的岩体相对较软，其抗压强度和抗风化能力相对较弱。因此，江郎山方岩组（K_1f）这种较硬互层的岩性对丹霞岩层崩塌的形成有重要影响。②野外调查采样标本薄片偏光显微镜鉴定均发现，江郎山方岩组（K_1f）中砾岩的孔隙度大于砂岩，由地表下渗的雨

水很容易经砾岩岩层下渗到透水性相对较差的砂岩岩层中，由于砂岩胶结物的主要成分为方解石（表 5-6 和图 5-26），雨水与空气中的 CO_2 有一定量的混合，落到地面的雨水往往含有 CO_3^{2-} 成分，含 CO_3^{2-} 的雨水对钙质胶结的砂岩岩层易产生溶蚀作用，加之砂岩坚硬程度和抗压强度及抗风化能力均不及砾岩，因此当砂岩和砾岩互层出露时，砂岩风化速率快，由此造成山体后退，丹霞崖壁砂岩凹进，砾岩突起［图 5-27（a）］，砾岩易被溶蚀并因抗压强度低而产生崩落，当其风化崩落时，其上部的砾岩会失去支撑亦逐渐随之崩落，由图可见洞内存有巨大的崩落石［图 5-27（b）］，当其进一步侵蚀剥落就会形成大量内凹扁平状洞穴和槽龛发育的景观［图 5-27（c）（d）］。表 5-9 是江郎山自然遗产地一些主要扁平洞穴的特征数据，其中郎峰下方会仙岩洞深 11.85m，洞宽 27.17m，洞高 4.80m，发育在 K_1f 方岩组中。

(a) 郎峰天游崖壁砂岩凹进（红箭头示）与砾岩突起示

(b) 郎峰下会仙岩洞穴及残存的崩落石（红箭头示）

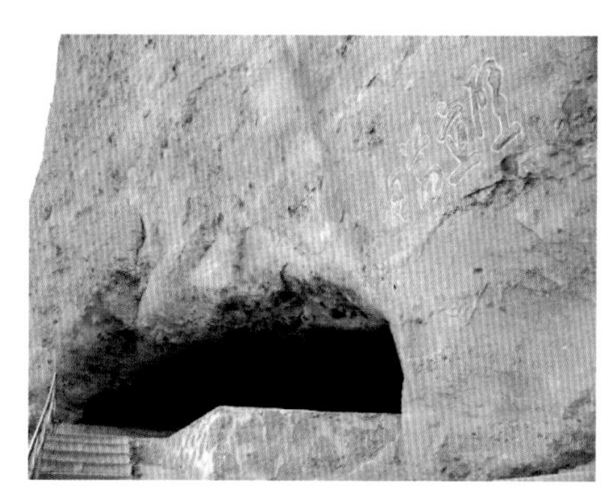

(c) 郎峰下方钟鼓洞

(d) 郎峰下方天宫洞

图 5-27　江郎山岩性差异风化剥蚀与崩落形成的地貌景观

表 5-9　江郎山方岩组（K_1f）岩层主要扁平洞穴的特征数据

编号	地点	经度 纬度	海拔/m	洞深/m	洞宽/m	洞高/m	洞口朝向
1	郎峰下方 会仙岩	118°33.841′E 28°31.933′N	460	11.85	27.17	4.80	350°

续表

编号	地点	经度 纬度	海拔/m	洞深/m	洞宽/m	洞高/m	洞口朝向
2	郎峰下方 天宫洞	118°33.936′E 28°31.807′N	546	9.15	14.50	4.50	240°
3	郎峰下方 静心石室	118°33.934′E 28°31.864′N	568	8.67	15.73	4.60	30°
4	郎峰下方 钟鼓洞	118°33.901′E 28°31.875′N	527	24.73	20.23	3.16	20°
5	九姑崖下方 小会仙岩	118°33.957′E 28°32.244′N	260	4.35	20.5	3.77	285°
6	九姑崖 悬空寺	118°33.957′E 28°32.244′N	366	6.70	30.4	9.80	270°

需要指出的是，由岩性差异风化导致的崩塌和扁平状洞穴形成过程贯穿于峡口盆地隆升后丹霞地貌发育的各个阶段。

5.5.4　构造隆升与三级山顶面的关系

纵览江郎山，可以发现其山体大致可分为三个不同的高度等级（图 5-28）：

（1）第一级海拔 800～900m，如江郎山三爿石（824m）以及江郎山东南林场与青塘坑之间的山顶面（878m）。

（2）第二级海拔 500～600m，如江郎山三爿石基座即一线天和大弄峡（海拔 497～525m 左右）、江郎山北边的塔峰（478m）、西北与江郎乡之间的山体（591m）、东边林场山顶（531m）等。

（3）第三级海拔 200m 左右，主要是山麓地带的缓丘，如江郎山西边江郎乡南塘青山头（215m）、白沙土（212m）、西北边毛象（207m）、白坑（179m）、北边的安里（188m）、界牌灵岗口山顶（231m）、余家坞山顶（215.8m）等。

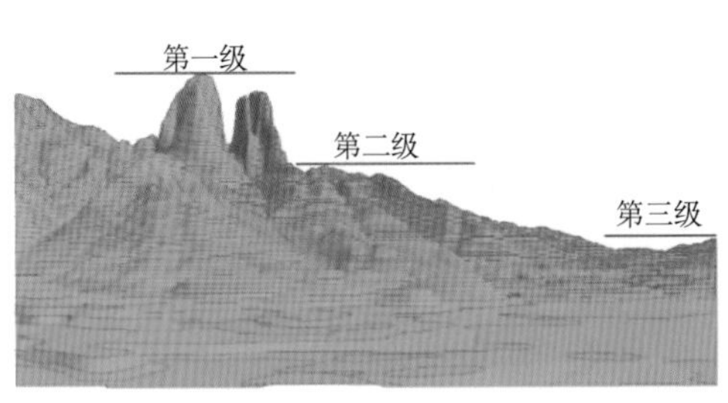

(a) 从三维地形图纵剖面上所见到的江郎山三级山顶面

(b) 从天半江郎入口处所见江郎山三级山顶面

图 5-28　江郎山三级山顶面的特征

这三个不同的高度等级代表了江郎山在时代不同的三次主要构造运动中所形成的三级剥蚀面。从分析看，江郎山缺少上白垩系和古近系沉积物，但有白垩系 K_1g、K_1c、K_1f 红层，由此推断第一级剥蚀面形成于渐新世末（即喜马拉雅运动后幕）；第二级剥蚀面形成于第四纪早期；第三级剥蚀面（山麓面）形成于第四纪中期（中更新世～晚更新世时期）。

江郎山被分割的三爿石坐落在海拔 500m 左右的山体部分，其下限大致与第二级剥蚀面高度相同，这说明像三爿石这样奇特的丹霞山峰景观至少在第四纪以前便已初步形成，只不过第四纪以来又经历过两次构造抬升。

江郎山的三次主要构造抬升还可以从裂点和沟谷横剖面形状上得到佐证。调查发现，如果在郎峰沿 140°走向作一剖面，可看出江郎山共有三级裂点：郎峰山顶（海拔 824m）是为第一级裂点；登天坪前的陡坎为第二级裂点（海拔约 580m）；其下方南边海拔 250m 左右的直垅和北边的古村—余家坞陡坎为第三级裂点，这表明上述裂点与剥蚀面高度大致相同。调查还发现，第二级裂点以下的峡谷如登天坪至直垅以及悬空寺前的山谷多呈“V”字形，加之江郎山南麓苏家岭一带有相对高度（4.8m 及 8.0m）的二级河流阶地发育，地质调查资料也表明，属于江山—绍兴深断裂西南段的市上村—和睦断裂带在早更新世以后均有活动，并切割汤溪组松散碎屑物，说明一是新构造断裂具有明显的继承性和依附性，二是江郎山可能仍处于上升阶段。

5.6　江郎山丹霞地貌成功被列入世界自然遗产地的原因

根据申报世界自然遗产的规定，申报地区必须符合以下世界自然遗产地申报的标准：

（1）从美学或科学角度看，具有突出、普遍价值的由地质和生物结构或这类结构群组成的自然面貌；

（2）从科学或保护角度看，具有突出、普遍价值的地质和自然地理结构以及明确划定的濒危动植物物种生境区；

（3）从科学、保护或自然美学角度看，具有突出、普遍价值的天然名胜或明确划定的自然地带；

（4）构成代表地球演化史中重要阶段；

（5）构成代表进行中的重要地质过程（如火山活动等）、生物演化过程以及人类与自然环境相互关系（如梯田农业景观）的突出例证；

（6）独特、稀少或绝妙的自然现象、地貌或具有罕见自然美的地带（如河流、山脉、瀑布等生态系统和自然地貌）；

（7）尚存的珍稀或濒危动植物物种的栖息地（包括举世关注的动植物聚居的生态系统）。

调查表明，江郎山地区具备了以下世界自然遗产标准的优越条件。

5.6.1　科学价值

1）峡口盆地沉积事件地层学研究的重要意义

地质事件的研究是研究地层区域对比的重要手段。每一个有宏观表现的地质事件，都处于构造—沉积旋回的固有位置上，虽然没有具体的时间概念，却有着等时的意义。同一事件，在不同地区形成相似的、特征性的沉积记录，可以成为醒目的易于发现的区域对比标志。不过这种地质事件必须是在全球或大区域产生影响的事件，如天体事件、海面变化事件、幕式构造运动事件、古气候事件、生物绝灭事件等。

白垩纪期间，中国东南部最为醒目的地质事件有早白垩世的火山事件、白垩世中期的断陷事件和晚白垩世早期的隆升事件。峡口盆地所形成的火山岩系、暗色岩段＋下类磨拉石建造（断陷岩套）、上类磨拉石建造，均以其岩性的典型性、分布的广泛性和等时性而具备了作为理想区域对比的标志层。

（1）早白垩世火山事件。这一事件是中国东南部地史时期最具特色的事件。尽管其发生与发展有南早、北晚的趋势，但总的来说仍不失为一次准同时的地质事件。虽然各省都有自己的一套岩石地层名称，但区域对比上，地质界的意见是一致的。峡口盆地的磨石山群火山岩系为这一事件的辨别和对比提供了重要依据。

（2）白垩世中期断陷事件。此事件发生在白垩世中期，其产生的地层记录是永康群馆头组下部的下类磨拉石建造和馆头组中、上部的暗色岩系。正宗的磨拉石建造是造山运动晚期的产物，是在前陆盆地中覆于复理石建造之上的粗陆屑堆积岩套，是在陆壳急剧隆升、侵蚀基准面急速下降背景上快速堆积的沉积体。峡口盆地断陷后所形成的扇三角洲亚相的砾岩，与磨拉石建造的形成过程和特征有其相近之处，所以可称之为“类磨拉石建造”。

（3）晚白垩世的隆升事件。这是一次快速隆升、快速切割、快速堆积，形成巨厚的上类磨拉石建造的地质事件，也是一次强度较高的地质事件。事件的诱因是地壳的重力均衡代偿作用。该事件所形成的巨厚上类磨拉石建造，不仅在浙江，而且在江西、福建、广东均有出露，其在构造—沉积旋回中出现的位置和相序也是一致的。尽管因生态环境所限，难以找到化石，仍不失为中国东南部白垩系良好的区域对比标志层，尤其是因它处于中、上白垩统的分界处，也是个分统的标志层。其所构成的丹霞地貌，到处是如江郎山和方岩一带的奇峰屹立、围谷广布、悬崖百丈的景观，点缀着莽林、古刹，故成为中国东南部著名的旅游观光胜地。除江郎山和永康方岩外，赤城山、福建的武夷山、广东的丹霞山和江西的龟峰等都有此相同特点。多年研究表明，处于早白垩世火山事件与晚白垩世隆升事件之间，应相当于馆头组 K_1g 和朝川组 K_1c 层位，而记录晚白垩世隆升事件并发育丹霞地貌主体的地层应是方岩组 K_1f。

2）岩石学方面的研究意义

江郎山属于老年期丹霞地貌，其周边地区的白垩系红层多被蚀为低地，但其三爿石却依然挺立高耸，究其原因可能与组成三爿石的岩性密切相关，白垩系方岩组沉积之后，堆积作用减缓，深大断裂带继续活动，岩浆继续上涌，在方岩组地层中形成侵入体，三爿石中的辉绿岩、粗面岩、安山岩和橄榄玄武岩的岩脉就是在盆地堆积结束后侵入方岩组的侵入体。该处岩性本身主要就是由火山岩岩屑组成，这些岩屑经历过火山高温作用，其冷却后犹如历炼淬火一般，在抗风化作用方面是一般沉积岩所无法比拟的；加之三爿石中多处贯穿有辉绿岩、粗面岩、安山岩和橄榄玄武岩的岩脉和岩墙，其特有的辉绿－间粒结构以及斜长石和暗色矿物的组合，构成了十分坚硬且抗风化能力很强的岩体，对三爿石起了类似于混凝土中的钢筋进一步加固的作用，因此江郎三爿石才能长久屹立苍穹。这种现象在国内外丹霞地貌中是罕见的，值得从岩石学角度认真研究。

3）丹霞地貌方面的研究意义

地台活化现象：从地貌学上看，江郎山三爿石海拔 800m 左右，大弄峡和小弄峡海拔 500m 左右（图 5-29～图 5-31），应是两个不同海拔高度的夷平面。同时江郎山西北麓石门及西麓江郎街、雅丰一带有大面积宽广的冲积平原，说明该区地壳新近地质时期较为稳定，但江郎山南麓苏家岭一带有相对高度 4.8m 及 8.0m 的二级河流阶地，说明江郎山地区最近地质时期仍有地壳上升现象，可能属于地台活化现象。可以说三爿石是“二世同堂”或“三世同堂”甚至是“四世同堂”的见证产物。江郎山丹霞地貌这种发育演化阶段上的复杂性和独特性值得从地貌学上作进一步研究。

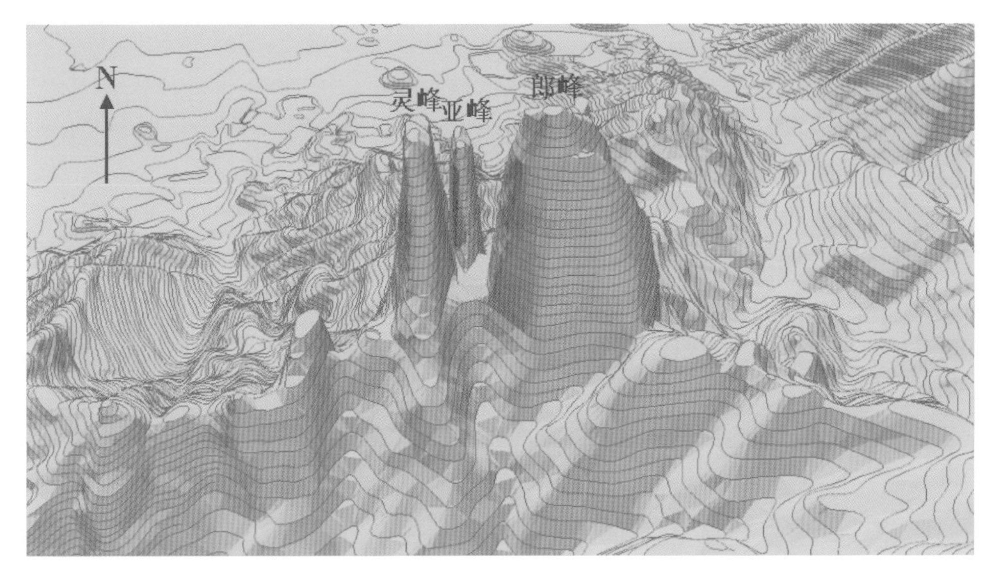

图 5-29　从江郎山以南往北远眺三爿石的三维地形图特征

4）古生物学信息

馆头组受盆地边缘晚期断裂作用，呈现断续分布。岩性组合变化较大。一段岩性在保安一带出露最齐全，岩性组合及沉积构造特征表明，下部为早期较宁静环境下湖泊相沉积，其间产化石主要有，蚌：*NaKamuranaia chingshanensis*（青山中村蚌），*N. aff. chingshanensis*（青山中村蚌亲近种），*N. cf. sufrotunda*（近中型中村蚌比较种），*Sphaerium* sp.（球蚬）。叶肢介：*Yanjestheria Sinensis*（中国延吉叶肢介），*Y. ex. gr. chekiangensis*（浙江延吉叶肢介种群），*Orthestheria ex. gr. intermedia*（中向型直线叶肢介种群），介形虫：*Cypridea* sp.（女星虫未定种），*Darwinula*

图 5-30　在江郎山三维地形图上沿南西—北东方向三爿石的剖面线

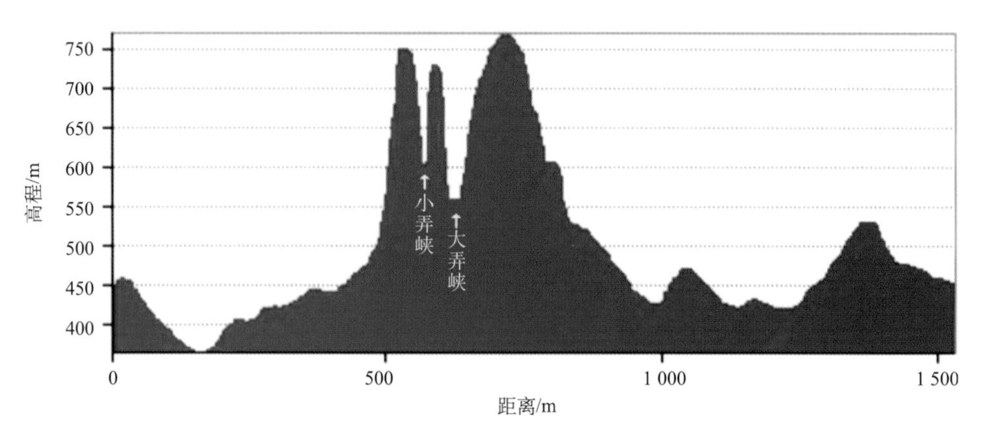

图 5-31　在江郎山三维地形图上沿南西—北东方向三爿石剖面线得到的剖面图

Cf. contracta（窄达尔文虫比较种），*D. contracta*（窄达尔文虫），*D.* sp.（达尔文虫未定种），Clinocypris Scolia（弯曲斜星虫），*Clinocypris* sp.（斜星虫未定种），*Mongolianella zerussata*（光滑蒙古虫），*Mongolianella Palmasa*（优越蒙古虫），*M.* sp.（蒙古虫未定种）。

峡口盆地及其邻近区域是重要的恐龙化石富存区，对于研究恐龙灭绝以及地层对比研究具有重大而普遍的意义。1977 年 10 月 26 日，在江山市礼贤金交椅村发掘了一组恐龙化石（图 5-32），获取骶骨、椎骨、趾骨等化石标本 30 余块，重 400 余斤。1999 年 6 月 27 日，在江山市区环城西路发现一处恐龙蛋化石（图 5-33）。因此，该地区对研究古代生物的进化发展与区域环境演化提供了重要的科研基地。

图 5-32　金交椅村发现的恐龙化石的现场

图 5-33　江山市城西恐龙蛋化石

5.6.2　江郎山具有独特的景观美学价值

1）江郎山地区丹霞地貌的特征

江郎山的丹霞地貌以三爿石峰丛、一线天巷谷和三爿石构成的丹霞石墙最具特色。

（1）独特的丹霞峰墙组合地貌形态：江郎山素有“雄奇冠天下，秀丽甲东南”之誉。最奇的景观当属“三峰列汉”：由郎峰（海拔 824m，相对高度 369.1m）、亚峰（海拔 737.4m、相对高度 287.4m）和灵峰（海拔 765m，相对高度 298m）构成“雄奇冠天下，秀丽甲东南”排列成“川”字型的“三爿石”，横看成墙侧成峰，于群山之巅又拔地而起，摩天插云、移步换景，蔚为壮观，享有“神州丹霞第一奇峰”之称。徐霞客在三游江郎山“三爿石”时写有“……渐趋渐近，忽裂而为二，转而为三，……移步换形，与云同幻矣!”，说明“三爿石”排列的结构奇特，且变幻莫测，其美妙跃然于纸上（图 5-34～图 5-36）。

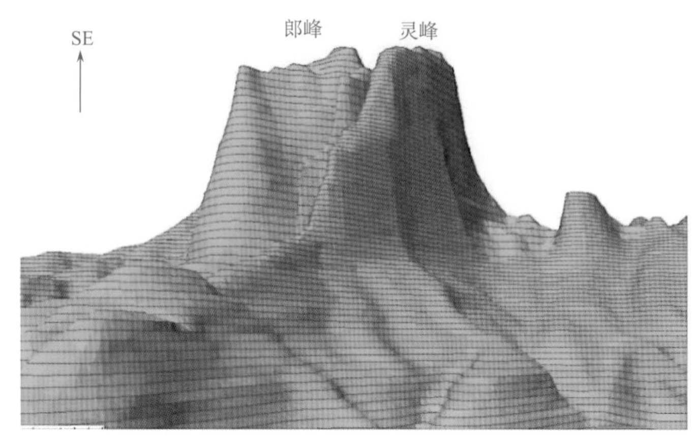

图 5-34　从江郎山西北面山麓向东南远眺三爿石的三维地形图（侧看成岭和成墙）

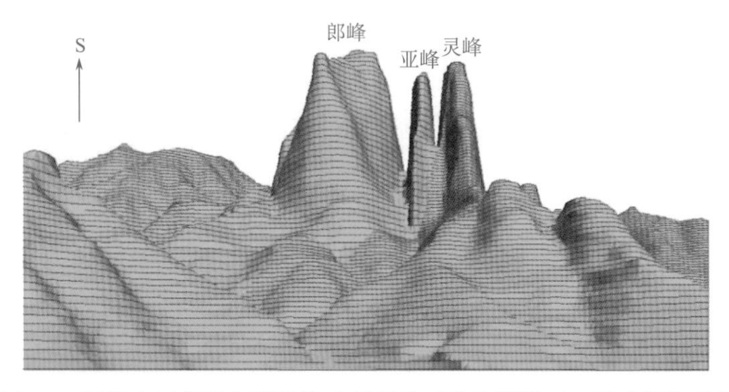

图 5-35　江郎山正北面山麓远眺三爿石的三维地形图（正看成峰和成谷）

图 5-36　从江郎乡向东南远眺所见到的三爿石构成的丹霞石墙

（2）奇特的绝壁巷谷和裂隙洞穴组合地貌形态：围绕着三爿石，景区内形成十八曲、伟人峰、会仙岩、天下第一巷谷、丹霞赤壁、百步峡、坎坷岭、登天坪、灵石回风、鼠缘绝壁、舒心坪、天宫、钟鼓洞、紫袍峡、九姑崖等主要地貌景观。位于亚峰和灵峰之间的天下第一巷谷长、高各 300 余米，为全国之最，呈奇、险、秀、美之态。江郎山景区还有伟人峰、惊险陡峻的郎峰天游（图 5-37）、百步峡、天宫洞、天桥、树梢飞泉等胜景。

(a) 南坡步道

(b) 北坡步道

图 5-37　惊险陡峻的郎峰天游步道

（3）江郎山丹霞地貌的空间结构特征：江郎山丹霞地貌具有以下宏观、中观和微观三种罕见自然美的组合结构特征。

一是宏观结构。江郎山丹霞地貌的宏观空间结构是“三爿石”与其发育的具体地形部位相结合，在较大空间范围内形成的差异。从地貌学的角度来看主要包括“三爿石”(丹霞石峰)、丹霞丘陵、丹霞峰林、山前平阜以及山地中的各种类型建筑物等。“三爿石”高峻拔地而起是最主要、最壮观的景观景物，也是核心典型代表，这种相对高度达 300 余米的石柱，孤峰插天，矗立在白云蓝天之间，蓝天、白云、红峰，简洁的画面，衬托非凡意境。正是这种组合，具有景物难简，简可救俗的画面。正所谓景物简明而意境深浓，更显得景观气象千万；较为低矮的丹霞丘陵和丹霞峰林作为“三爿石”之陪衬、铺垫，衬托丹霞之气势，但它本身又是丹霞地貌和江郎山景观的组成部分，红崖陡壁，岩穴与绿树相映，显得有序，清雅又不失艳丽；山前的平阜陂阪，起伏平缓，脉络清晰，其上广布茂林，重托丹霞赤壁；其下为平畴千里，春日三月，一片油菜花黄，红黄绿色，织成一片云锦，夏季平野一片翠绿，生气盎然。这种景观的宏观结构正如宋代山水理论家郭熙的山水训中所阐述那样“远望以取其势”，江郎山的宏观势态是绝妙的。可以看出江郎山风景区之美不在于它的造型地貌，而是在于大尺度空间随游人视角和日夜光影、天晴天雨的变化而幻变，可引起更加丰富的联想，是具有神似审美意境的圣地。

二是中观结构。江郎山丹霞地貌的中观结构较之宏观结构，更加注重丹霞地貌主体的特征。如三爿石的高度、气势、组合及其与周边景物的连接等。反映出“雄奇冠天下，秀丽甲东南”之景。成为“悬望东支尽处，其南一峰特耸，摩云插天，势欲飞动”。“三爿石”与徐霞客登山亭、开明禅寺、江郎书院、悬空寺等人文景观相互配合衔接而产生景观差异，又能感受建筑物的必要和协调，这种景观差异妙处在于易被人感受到的尺度中，更能凸显三爿石的特色，无疑对审美有着直接、重要的影响，对整体景观有着浓墨重彩的加分作用。这种罕见的景观结构，也反映出风景这边独好。

三是微观结构。微观结构的主体是“三爿石”单体及其组合，是就单个石峰而言的形体变化、表面形态特征和表面形貌以及色彩等因素的构成。从不同层面观察“三爿石”，可结合它本身的岩石特性、风化过程、形成特点等方面，才能从形体的多姿多采和表面形态的变幻中领悟到大自然的鬼斧神工魅力。江郎山之三绝，即“三爿石”、“天下第一巷谷”（以往称“一线天”，因该裂隙宽度已达3～5m，与我国其他丹霞山中裂隙不足1m的“一线天”名称不符，故改之；天下第一巷谷皆由一线天继续加宽加大、有一定宽度而顺直丹霞巷谷的地貌形态类型而言）和伟人峰。三爿石的基础是500m海拔的山顶，再矗立出三座相对高度为369.1m（海拔824m的郎峰）286.6m（亚峰）和268m（灵峰）的三座石墙式石峰，其间夹有长308m、高298m、谷底宽度约3.5～4.3m、顶部宽度10余米、如刀削斧劈的“天下第一巷谷”，堪称中国之最，世界仅有。从江郎山庄前侧望郎峰，其整体形象酷似安祥端坐的伟人邓小平，形象惟妙惟肖，有呼之欲出之感（图5-38）。“三爿石”丹霞石峰不仅因它的高耸挺拔而冠绝于世，而且其

图5-38　从江郎山庄前仰望所见的伟人峰

表面保留有很多风化塌落的岩穴、串珠状的壁穴，成为一种特有的微形态景观。因受多期构造运动的影响，砂砾岩中产生多组断裂作用，形成各种形象石以及崖壁、石柱、石条等。不仅单体形态多样，而且三石排列方位不同，变化多端。表 5-10 是江郎山主要丹霞地貌特征的介绍。

表 5-10　江郎山主要丹霞地貌景点特征介绍

编号	景点名称	位　置	景 观 主 要 特 征 描 述
1	“三爿石”	江郎山	“三爿石”是江郎山三座岩墙式的巨大石峰，突起于 500m 左右的山顶之上，自北东东向南西西顺序为郎峰（824m）、亚峰（737.4m）、灵峰(765.0m)。郎峰是三峰中最高大的一块，四周皆为丹崖赤壁，其丹崖高度，除登天坪一处为 225.0m 之外，其他皆为 300～369m，挺拔巍峨，在国内丹霞地貌中极为罕见。经专家勘定，为“神州丹霞第一奇峰”
2	“一线天”(天下第一巷谷)	亚峰和灵峰之间	“一线天”(天下第一巷谷）长有 308m，高 298m，最窄处仅 3.5m，整体形状非常均匀。置身其间，仰视云汉，茫茫天宇竟成一弯残月，浩浩碧空仅剩一线余光。素有“移来渤海三山石，界断银河一字天”之说。一年四季之中，一线天巷谷景色又各具神韵。骄阳似火之夏日，清风习习，昼夜不歇，荫凉爽身，是一处难得的天然避暑胜地；寒风凛冽之冬天，银装素裹，冰柱高悬，又俨如一座玲珑剔透的龙宫水晶世界。天下第一巷谷晴有晴景，雨有雨趣。每逢雾霭初升，水气迷蒙，置身天下第一巷，仰首观望，只见白雾浓云恰似一条银龙，自下端谷口向上翻腾跃动，腾云驾雾而来。这便是难得一见的奇景——银龙出海。若遇霪雨霏霏，连日不开，崖顶之水，弹珠跳玉，向下溅泻，宛如九天飞泉，千丝万缕从天而挂，此即“树梢飞泉”奇观。当暴雨如注时，天池洋溢，向下倾泻，从崖顶挂下 300m 长、200m 宽的泉瀑，俨然是一幅天造地设的巨帘帷幔
3	十八曲	郎峰峰下	步行进入江郎山风景区之石级游步道，全长 500m，高差 120m，历石阶 461 级，盘旋蜿蜒，曲径通幽，因而得名。游步道起点处有一巨石危耸，其上刻有赵朴初题写的“江郎山”三字，笔力浑成。沿途有姐妹石、一蹬盘空等传统景点，还镌刻有丹霞地貌专家黄进教授题写的诗句。两旁松竹交翠，浓荫蔽日，左右涧水涓涓。穿折于密林松竹之间，遥望三爿石，俯视谷下景，烟岗缥缈，恍如仙境
4	会仙岩	郎峰峰下	洞穴深 10m，长 40m，为崩积洞穴。相传八洞神仙常聚于此，憩息对弈。会仙岩上下二岩状如朱唇微启，又似即将闭合，妙在似启似合之间。山道迂回，游人需蜷身蹑足方可穿岩而过。洞内有石龟石鹰，形神酷肖，呼之欲动。置身洞中，举目远眺，山下层峦低谷，良田美竹，尽收眼底。若遇雨天，岩顶流水，挥洒而下，千丝万缕，犹如珠帘当门，别有一番情味
5	钟鼓洞	郎峰峰下	洞穴位于郎峰下，危石嵌空，悬岩成洞，洞中岩壁，上应钟，下应鼓，以石击之，空谷传声，俗称“钟鼓洞”。洞形迥异于会仙岩之逼仄，其内高大宽敞，可容数百人。明周文兴曾结庐其中。洞内有摩崖题刻，一为“小洞天”三字，一为“壁立万仞”四字，明代理学家湛若水所题

续表

编号	景点名称	位置	景观主要特征描述
6	百步峡	郎峰登天坪下	背负烟霞亭，旁通会仙岩，原是一条荆棘丛生的石缝。仰望峡道幽幽，俯视别有洞天。百步峡高20余米，宽不盈米，最窄处仅容侧身而过。石阶尽处，石壁当道，侧身转向，豁然开朗，一方平台，三面临空，展现眼前，是为东山草堂遗址。极目四瞻，田陌纵横，远山近景尽收眼底
7	伟人峰	江郎山庄	位于江郎山庄门口，仰望郎峰，即可发现郎峰的整个剪影活脱脱就像一个伟人的侧面头像倚靠在座椅上遥望南天，那充满自信的眼神、敏捷地思索问题的神态，栩栩如生地活化出伟人的生动形象。每当月朗星稀之夜，剪影更是惟妙惟肖，为千年名山更增添了一道可连接当代社会生活的奇观
8	酒坛峰	江郎山前山	相传江郎，因神仙郭璞之助得一神笔而才华横溢，后因迷于作官，神笔被郭璞收回而搁于此
9	牛鼻峰	江郎山后山	因形似牛鼻的山峰而得名
10	灵石回风	亚峰和灵峰之间	位于登天坪西缘，亚峰崖岩上有“灵石回风”碑刻，若遇暴雨，峰顶堆积的残叶会吹落并回绕在亚峰之侧的大小弄内，上下飞舞，恰似千万鸟雀，嬉戏在三峰之间，是为“灵石回风”
11	丹霞赤壁	灵峰南面	主要为巨厚红砂、砾岩层。因长期地力作用，岩层倾斜与褶皱断裂，加上漫长的水流侵蚀，崩塌，形成红砂岩山石的悬崖陡壁，奇峰异石，规模国内罕见
12	郎峰天游	郎峰	江郎山海拔824m，最大的一块郎峰峰顶距峰底的垂直高度为370m，原无通道，人迹罕至。登巅盘道于1990年凿通，自登天坪始，计有石级3500级，石级依山势而筑，窄处宽不盈尺，陡处似欲无路。游人沿此石级攀登郎峰绝顶时，仰望千寻绝壁，俯瞰万丈深渊，天风回旋，胸襟激荡，移步换景，奇幻壮观。沿途既有天桥可渡，又有天然溶洞可容身，堪称“天半一绝”。沿途景色之美，已令游人目不暇接，然而惟有勇气与毅力者，方能百转千回，攀援直上，一窥郎峰绝顶之雄伟气象
13	郎峰绝顶	郎峰上	郎峰之巅，聚危岩峭嶂于一身，集天险奇秀于一体，有宽广数千平方米的“绿荫坪”，幽兰芳草，飞碧流翠，犹如一个森林公园。坪内有各类原始木本植物近百种。有罕见的特大木、圆柏、刺柏等古老树种和壳斗科、木兰科、山茱萸科、杜英科、樟科等珍贵树种，以及石谷、石斛、石耳等名贵中草药材。峰巅最高处建有问天亭，登临其上，天风扑面，凭栏远眺，但见远山缠绵缭绕，数峰仰首无语，阡陌纵横，碧湖粼粼，此情此景美不胜收。令人顿起“会当临绝顶，一览众山小”之感，更生“江山如此多娇”之叹
14	狮象守山	江郎后山	两三峰一前一后，宛若一狮一象守侯着三峰
15	天宫	郎峰上	是一处长宽各2m，深6m的天然崩积洞穴
16	鲤鱼石	织锦岩斜对面	是一块酷似跳跃的鲤鱼的大石头。鲤鱼石造型生动逼真，跃动之感更是栩栩如生，大有奋身一跃过龙门之感。一旦越过龙门，江郎胜景就在眼前

续表

编号	景点名称	位　置	景观主要特征描述
17	九姑崖	峡谷中部	是一处三面悬空的悬崖，其下水声不绝，似万丈深壑。相传古代有一妇人九姑，终身仰望江郎三兄弟而不可得，痴心不悔，最终化身悬崖之上。九姑崖上依地势筑有一悬空寺，势若凌空，气势不凡
18	青龙沟	须女湖尾	是一条极为狭长的峡谷，恰似上天用一把利斧将满石巨石劈开而成，极为狭窄逼仄，堪称鬼斧神工。相传曾有一条巨龙蛰伏于此，一日忽然挣破层层山石，腾身高飞，杳不可闻。青龙沟便是巨龙昔年的蛰伏之处，因此而狭长陡峻，怪石嶙峋，峭壁纵横
19	石大门	石门镇仙居寺对面	又名水帘洞，在仙居寺对面山腰间。深10余米，宽、高各20余米，岩顶呈拱形，裂缝处形成“一线天”，上有千年古藤倒悬，洞顶有流泉飞坠。石室内壁上有一圆形门，两扇石门紧闭，石缝中部有横锁之印痕。三五里外，观此大门极像。石门两侧均为丹霞赤壁，使之更显雄伟壮观
20	月岩	仙居寺景区	过银台绝顶，有一石岩，称上鹞岩，洞深20余米，高5m，宽约15m。中有石臼，相传古时有僧住此，武艺绝伦，能挟箬笠腾空而飞。从上鹞岩下行二里，为下鹞岩，即月岩，与白岩侧背相对。顶有石，状如龙首，滴水四时不绝，岩顶有空隙，状如弯月，由此得名。月岩于明代经毛恺恢复寺田之后，修葺塑佛像。民国25年（1936年）又建前殿。现殿宇完整，香火不绝

江郎山是神奇的，它无愧于全国丹霞“第一奇山”之美誉。江郎山无论从整体空间布局，还是小到景观景物表面形貌，都是风景地貌绝妙的代表，是国内乃至世界罕见的自然地貌。

2）江郎山地区丹霞地貌给人的美学感受

江郎山是丹霞地貌中的绝品景观，不仅富有深厚的科学内涵，具有科研和地学科普教育价值，而且景点充满高度美学意境，可以饱赏大自然的美景。其不仅集奇、险、陡、峻于三石，雄伟奇特蔚为壮观，聚岩、洞、云、瀑于一山，且群山苍莽、林木叠翠、窟隐龙潭、泉流虎跑、风光旖旎。每当云雾弥漫、烟岚迷乱、霞光陆离，常凝天、山于一色，融云、峰于一体。

江郎山符合我国传统山水美学观，符合中国哲学重视的“天人合一”思想，即人与自然的和谐统一。中国人善用“山水”来代表“风景”，在游览、欣赏风景中求得心灵的蔚藉，借以抛弃世俗陋习累赘，达到精神世界的解脱。风景本质是人和自然环境之间一种“边际文化信息”。但风景又需要承载的载体，江郎山就是这种信息的珍贵载体，承载着一种少见的、唯美的“风景资源”。这种自然造型之奇特，环境信息之丰富是世界所罕见的。因此，具有“天下奇观”之誉的江郎山也就成了窥视我国整个丹霞景观的画龙点睛之笔，也被山水画家称之为灵感的源泉。因为中国的绘画，特别是山水画是人们宇宙观的艺术体现，代表着人们对世界的看法和审美标准。中国画中“立峰”理念、立意和绘画艺术技，可以说是引自江郎山挺拔的孤峰和势态的。江郎山“三爿岩”矗立在平岗之上，却景简意浓，景物布局定法有章，脉络显然，近观气势恢宏清奇，远视山在飘渺之中。江郎山还以水为血脉，以林草为毛发，以烟云为神采，组成神奇变幻的景观，凸显“江流天地外，山色无中有”的画意。这种景观画面是指点、启迪绘画艺术家的灵感而成为中国山水绘画艺术的源泉，又是激发美感和情感的自然之师。它既影响了华夏文化，也反映了全人类的远大理想，它足以代表地球上最美妙的地方之一。

奇特的地理环境造就了江郎山舒适的游憩环境和怡人的天象景观。在不同的季节和时间会出现“银龙出海”、“冰棱倒挂”、“树梢飞泉”、“天降垂帘”、“山村暮雪”等不同景观。晨暮登山，岚气初蒸，烟霭轻笼，山抹微霞，林披轻纱，楼台亭阁，竹拥云封，半明半灭，半遮半掩，似蓬莱仙境，又似广寒玉宇。

梅雨季节，景区内暖湿多雨，池水洋溢，沿崖下泻，须女湖内更是碧波荡漾，处处叠瀑飞泉。此时，地表水大量蒸发，形成浓雾水珠，“三爿石”时常置身于烟波浩缈之中，宛如仙境。如遇雨中放晴，则出现山顶晴朗，山腰却雾涌云腾的景象，加之彩虹飞驾，似浮似沉，或隐或现，故而有言：天半江郎。冬日，银妆素裹，天地一色，雪浪飞于山崖，泉声咽于树梢，峡谷峭壁上也出现了千姿百态的冰凌冰柱景观。

江郎山景区或山道迂回，或置身洞中，或举目远眺，或蜷身蹑足，穿岩而过；所游经之地，或其势欲倾，令人胆颤心惊；或秀丽多姿，驻足不舍离去；或气势磅礴，慨而生吞吐天地之志。眼底石龟石鹰，形神酷肖，呼之欲动，层峦叠谷、良田美竹，尽收眼底。

江郎山地区除丹霞地貌外，还有千年学府江郎书院、千年古刹开明禅寺；在景区南部有中国四大名关之一的古道雄关仙霞关、省级历史文化名镇廿八都、花岗岩地貌的浮盖山、碧波浩渺的月亮湖等人文和自然景观（图 5-39～图 5-45），这些都为江郎山申报世界自然遗产成功增添了无穷的魅力。

图 5-39　建于南宋的江郎书院

图 5-40　建于唐代末期的古刹开明禅寺

3）江郎山地区丹霞地貌的意境美

从景观美学而言，江郎山自身所决定的美学特点、众多景观要素的有机组合，是通过审美意境反映出来的。我国传统山石美学观，通常把自然景观的形象美概括成“雄、奇、险、秀、幽、奥、旷”七大类。江郎山美学景观可以用“奇”来概括。它的形态特点与其他山非同一般，正如辛弃疾所写“三峰一一青如削，卓立千寻不可干。正直相扶无倚傍，撑持大地与人看”（江郎山和韵）。陆游说是“三峰杰力插云天”，故江郎山是

图 5-41　建于唐代公元 873 年的仙霞关

图 5-42　建于明代的廿八都文昌阁

图 5-43　建于明代的廿八都廊桥

图 5-44　江郎山以南浮盖山的花岗岩三叠石

非常奇特的，是“天下奇观”所在。

江郎山山形美学特征的“奇”，又可分奇险、奇秀、奇古、奇幽。险、秀、古是对江郎山景观的实体而言，幽是对实体围合的空间及其环境而言。

（1）奇险

自然界中的险景总是形容山体悬崖峭壁、深邃峡谷或峻岭高耸的形态，言之令人惊心动魄，望之使人悚然生畏的景观。攀登历险之审美，是具有寓悟人生奋斗历程之惊险精神，在惊险的刺激中自然会享受到乐在其中，所以一次次登高历险，如同一次次获得胜利一样，登郎峰天险就会承受惊险的精神刺激，自然也享受到获得胜利的快乐，寓悟到人生奋斗过程。

江郎山之奇险有三种险景：第一种是三爿石在山顶上拔地而起三百余米，四周完全是悬崖绝壁，光滑溜面，兽足难登，十足难于上青天。然而在郎峰软硬相间的岩层上却凿出一条盘旋小道，攀援而上如登天梯，险象环生，随处可遇险情，一有失足，就会粉身碎骨。上下郎峰，得时时提心吊胆，惊险之状，难以言表。

第二种险情在于登顶以后瞭望四周时，西望是直泻千米的须河谷地，天晴时只敢平视不敢俯视，而须河水流犹如一条丝带，抛落在远方，行驶在公路上的车辆，如同蚂蚁般大小，很难观察到路上行人来往。这种极目天穹，不仅使人心扉大开，也使人惊心动魄，行动小心翼翼，不敢稍有闪失；东看为高差达三百余米的山峦岗地，虽一览众山小，一片翠绿，但犹如在凌空云中雾里，飘飘欲堕，眼不敢乱视。郎峰与亚峰和灵峰虽近在咫尺，却有狭隘深渊相隔，人在其上，只视两峰山巅，不敢稍有俯视，否则会有心惊肉跳，魂不附体之体验。

第三种险情是下山栈道路陡阶高，四壁悬崖陡峭，九十度陡坡，五六十厘米高差的踏蹬，仅此一道，为必经之路，使人屏息惊心，稍有不慎，就会有堕落，不堪设想之险情。

(2) 奇秀

江郎山之秀，与雄秀、媚秀、锦秀不同，而是一种清新的奇秀。就“三爿石”而言，其上并非草木葱郁，山水相伴，但园林设计者在入场口就留有水塘，水边留矶，矶旁留树，山际安亭，能使人仰观江郎山全貌，俯视水中“三爿石”倒影。这种奇秀能使游人百看不厌，联想翩翩，也体现美中文化，道出中国固有的历史内涵，使游人产生更多的兴会与联想。江郎山的奇秀还在于赤红的崖壁衬有几多绿树蔓藤，在红绿相映与霞光披射下显出丹霞山的灵动。在缓坡上密密的青草和红色的岩石交相辉映，岩壁上的爬藤，既充满生机和灵气，又反映抗争精神，与拙朴的砂砾岩石相依相伴，显得十分秀丽。江郎山的这种红岩碧藤，疏密有序、景随步移的奇秀景观，是独领风骚的。晨曦时分，在江郎山庄的广场内徜徉，能侧目斜视郎峰时，你就会发现在你的视线中勾勒出一幅惟妙惟俏的已故伟人邓小平的头像，因此有人将三爿石中的郎峰称之为伟人峰。唯此奇秀，无他处可比。

(3) 奇古

江郎山的奇古在科学上是有根据的。因为江郎山三爿石的形成已有千万年之久，经过漫长的地质时代才孕育成今日之奇观，非人力可为。从世界范围看，大自然演化成如此挺拔俊美的丹霞地貌形态，亦是令人称奇，它不愧为世界自然遗产中的姣姣者。江郎山之奇古不仅在自然方面得到体现，就是人文景观方面同样出奇之古。例如宋代大文豪苏东坡就读的江郎书院，该书院虽不算大，白墙黑瓦，一庭花树，却显得古色古香，不仅使人心怀舒畅，亲切地感到景物宜人，出奇古老。更有徐霞客三次到达的登山亭和黄墙黑瓦的开明禅寺等，石、山、院、亭、寺的组合，显得古朴拙藏，奇古非凡(图 5-45)。

(4) 奇幽

江郎山之幽不同于青城山的“藏幽”，也不像三清山那样“清幽”，而是一种旷中有幽；它既不像广东丹霞山锦江之畔的竹林之幽，也不像湖南崀山的情人谷和福建冠豸山的幽谷那样深邃幽静，江郎山之幽在于秘静的山谷可在有疏有密的树丛下和葱郁竹林中徜徉，在疏枝斜影下漫步，可在书院中吟读，在寺前聆听诵经说法，这种与世隔绝又有牵连的环境中，花草无忧无虑地枯荣，树花寂静地开谢，单调的钟声，伴随着经声，就是喧闹的游人至此都会产生幽静无言，有身在世外桃源之感。

(a) 霞客亭

(b) 烟霞亭

图 5-45　江郎山的霞客亭和烟霞亭

（5）江郎山景观形式美的多样与统一

多样统一是形式美的原则。江郎山丹霞地貌景观构景要素多样，组合千变万化。从宏观到微观，从立地条件的差异到岩性成分的区别；从丹霞峰林到丹霞巷谷等类型组合，从实体表现的奇险、奇秀、奇幽，到由围合空间表现出的神奇；此外，奇特的岩穴和壁立千仞的丹霞岩墙和悬崖都能引人入胜（图 5-46）。虽然形态复杂多变，但没有使人感到繁杂零乱，而是多样统一的梦幻组合，符合形式美的原则。丹霞地貌的演化过程和三爿石的形成，促使江郎山丹霞地貌景观的主题更为凸现，一切景观无不统一在这个主题下。

图 5-46　从亚峰山脚向东远眺所见到的郎峰呈未被切开的峰丛和崖壁景观

江郎山三爿石和“天下第一巷谷”与周边的丹霞峰林、缝隙的形态虽然迥异，但它们却有共生特点。三爿石是在丹霞山发育到老年阶段残留下来的石墙式柱状峰丛，其内有岩脉插入，如钢筋一样加固了岩柱使其异常坚固而直插蓝天，其间缝隙也只是稍有扩大发育成为顺直宽畅的巷道而已。周边的峰林或丹霞峰丛则与此不同，因缺乏岩脉支撑，丹霞山体被蚀低或被夷平，而目前的丹霞峰林或峰丛，是后来发育起来的，与三爿石相比较应属“晚辈”。尽管它们之间形态不同，年代有别，但都是在雨水冲刷、侵蚀、剥蚀作用和重力等差异风化作用下生成的，反映丹霞地貌在多种营力作用下，形成了多种成因、不同时代和多种形态美的统一体。此外江郎山还有多种地貌组合而成的和谐整体之美，如须河谷地、山前阜丘、岗阪、低山与丹霞峰林、丹霞丘陵及三爿石在空间结构上十分协调，在垂直高度上十分有序，各种地貌不仅反映出景观美的特点，而且还烘托出“三爿石”的磅礴气势，这种有层次有格局、多种形态美的统一，与人文景观的统一美是江郎山总体美的特点。

5.6.3　江郎山与其他丹霞地貌区的分析对比

1. 浙江省丹霞地貌发育的主要特点

根据对浙江省丹霞地貌基本特征的研究发现，该区域丹霞地貌的发育受盆地类型的控制，根据不同的构造和沉积类型，浙江省白垩纪形成的盆地大致可分为三种类型：簸箕式断陷盆地、地堑式断陷盆地和火山构造盆地。

（1）簸箕式断陷盆地：簸箕式断陷盆地的特点是一侧拗陷，另一侧断陷；盆地规模一般较小；数量多。由于靠近断裂带一侧下降幅度大于区域的下降幅度，在盆地边缘火山岩起伏不平的基底上，堆积了厚度巨大的山麓相、河流相的紫红色块状砾岩、砂砾岩，构成了丹霞地貌发育的物质条件。盆地封闭后，断裂带一侧的上升幅度要明显大于整个区域的升降幅度，断裂带及其附近的断层、节理、裂隙比较发育，加上外力的侵蚀，容易形成丹霞地貌。如永康—南马盆地、武义盆地、浦江盆地、江山峡口盆地、新昌—嵊州盆地等都属于这种类型，在上述靠近盆地边缘的断裂带附近发育了典型的丹霞地貌。

（2）地堑式断陷盆地：地堑式断陷盆地的特点是四周多为断裂所围，规模大小悬殊，盆地断裂带多具同生性质，沉降、堆积都很迅速，形成山麓相、洪积相的紫红色块状砾岩、砂砾岩。但由于陡坡相带很窄，形成的紫红色块状砾岩、砂砾岩厚度一般不大、分布不广，难以形成大规模的丹霞地貌。

（3）火山构造盆地：火山构造盆地是继承早期火山构造而形成的，这类盆地的特征是不直接受区域构造控制，沉陷不明显，火山活动相对较强。在火山喷发间隙形成厚度小、分布局限的紫红色山麓相砾岩堆积，形成以火山岩为主的火山沉积岩系。由于块状砾岩、砂砾岩厚度小难以形成丹霞地貌（如浙江缙云县花岩等地丹霞地貌的规模就很有限）。

从对丹霞地貌发育的物质基础的研究来看，丹霞地貌发育的物质基础是红色陆相碎屑岩系，也就是通常所说的红层。目前国内所发现的红层绝大多数不早于中生代，形成丹霞地貌的最老红层为三叠系。浙江省丹霞地貌赋存的地层层位主要是在下白垩统方岩组紫红色块状砾岩中，朝川组和上白垩统的金华组也有分布但规模不大，分布有限。方岩组的岩性主要为紫红色厚层至块状砾岩夹砂砾岩、砂岩、偶夹火山岩，厚度巨大，在永康盆地可超过 1700m，是形成丹霞地貌的主要层位。朝川组岩性主要为红色砂岩、粉砂岩、火山碎屑沉积岩夹砂砾岩及火山碎屑岩。在新昌等盆地则可分为两个岩性段：下段以紫红色砂岩、砂砾岩为主间夹火山碎屑岩，可形成丹霞地貌（如新昌穿岩十九峰景区）。金华组在金衢盆地最为发育，厚度达 1450～4125.5m；岩性以泥岩、粉砂岩、细砂岩为主偶夹含砾砂岩、砾岩，由于岩石的差异性风化可形成规模较小的丹霞喀斯特地貌（如衢州烂柯山）。

从对丹霞地貌类型研究来看，该区域发育的丹霞地貌主要为近水平丹霞地貌。黄进等按岩层倾角大小将丹霞地貌分为水平（$<10°$）、缓倾斜（$10°\sim30°$）和陡倾斜（$>30°$）几种类型。由于构造运动和流水沿断裂侵蚀，近水平丹霞地貌多形成平顶山、方山、岩堡、岩峰、岩塔、岩墙、岩柱及丹崖上的岩槽、岩沟、岩洞等类型。浙江省的丹霞地貌大多为近水平型丹霞地貌。缓倾斜丹霞地貌分布不广，并且规模小，地形切割不深，丹崖、岩堡、岩峰、岩塔、岩墙、岩柱等地貌不太发育，高度较小；但岩沟、岩洞等比较发育，如武义的石鹅岩景区丹霞地貌，岩层产状倾角为 $25°\sim30°$，由于岩石的差异性风化和崩塌，形成了一个高 20m、宽 80m、深 40m，面积约 $3200m^2$ 的洞穴。

丹霞地貌区植被覆盖系数普遍较高，浙江省位于我国东南沿海，属于亚热带季风气候区，降雨充沛，丹霞地貌除少数景区外一般都是植被茂密，尤其是丹崖顶部和崖麓缓坡更是林木茂密，形成丹崖绿树，飞瀑清流的秀丽景色，与干旱区、半干旱区缺少植被的丹霞地貌形成强烈的对比。

从对丹霞地貌形成的动力条件来看，浙江的金衢盆地、江郎山峡口盆地、新昌盆地，湖南的茶永盆地，粤北坪石盆地，以及广西梧州等丹霞地貌区，都是经喜马拉雅山造山运动和新构造运动造成盆地边缘和盆地内部的丘陵山地差异抬升，伴随着流水侵蚀和重力崩塌等外力作用而形成的。本区位于中亚热带地区，气候温暖湿润，雨量充沛，东南地区山地的常年溪流众多，中小江河及溪流成为本区丹霞地貌形成的主要外动力。

流水下切侵蚀，两岸岩体的崩塌倾覆，地面平均坡度小，溪流比降亦小，使本区的丹霞地貌呈现多层次景观。但由于本区山地抬升速度较慢，故在流水的相对稳定作用下易形成溪流贯穿的巷谷、蜿蜒曲折的峡谷、天生桥、巷谷等丹霞地貌形态。

2. 江郎山与国内主要丹霞地貌类型对比分析

自从“丹霞地貌”被命名并加以研究以来，“顶平、坡陡、麓缓”的方山、石墙、石峰、石柱等奇险的赤壁丹崖被认为是丹霞地貌的主要特征，并得到全国地学界的承认和应用。经过多年的实践，学者们已发现它具有特殊形态、特定的组成物质，表明丹霞地貌不仅是特殊的地貌类型，也是一门具有高度独立性的地貌学分支，且与流水地貌、冰川地貌、喀斯特地貌等一样业已成为一门独立的学科研究类型，并已逐渐得到国际学术界的认可。将江郎山与国内白垩纪红层及其形成的丹霞地貌类型进行比较研究，可以更多地发现江郎山丹霞地貌的特征。

1）相同点

（1）我国丹霞地貌分布区众多，但大多数发育在红色、紫红色、绛色的砂岩、砾岩、砂砾岩中。所以形成的地貌在色彩上具有醒目的红色、绛色特征。从地层时代来看均发育在中生代末（局部有新生代初）的地层中，这些沉积层都是太平洋板块与中国陆块在燕山运动时碰撞后形成的陆相磨拉石建造，是地台活化的产物。

（2）从形态上看，基本上有顶平、坡陡、麓缓组成的形态要素；从地貌类型上，有丹霞石柱、丹霞石峰、丹霞峰林、丹霞丘陵、丹霞方山、丹霞缝隙、丹霞巷道、天生桥、穿洞和扁平槽龛状洞穴等，只不过各地的色彩程度有差异，各地地貌类型有多寡差别而已。

（3）在成因上它们是在断陷盆地中沉积的地层，其后地壳开始回返并以差异性垂直运动抬升为山地，地层产状较为平缓，垂直节理发育，地貌形态是在水流、侵蚀、剥蚀及风化、崩塌营力共同作用下形成的。在某些含有碳酸钙胶结的地层中亦会出现一些溶蚀现象（洼地、漏斗、落水洞、洞穴、小型地下河）等，其所生成的地貌称“半喀斯特”，也可以在上述地貌中冠以丹霞洼地、丹霞漏斗等。

2）不同点

将江郎山与国内主要丹霞地貌景观如广东丹霞山、湖南莨山、福建冠豸山、金湖以及浙江方岩等国家级风景名胜区内发育的丹霞地貌进行差异性比较，可以发现：

（1）丹霞地貌类型不同：例如广东丹霞山的地貌类型不仅齐全而且也十分典型，并因此命名和推广；莨山丹霞地貌类型齐全，不但有丹霞地貌类型而且还有丹霞漏斗、丹霞落水洞、洞穴和小型地下河，此外还有发育在丹霞层之下的溶洞（被称为埋藏地貌）；冠豸山和金湖的类型较多，方岩和江郎山的丹霞地貌类型较为单一，但都有各自特点，江郎山主要以老年期的三爿石风化残峰和巷谷地貌独具特色。

（2）发育阶段不一样：广东丹霞山的发育虽有几个阶段，但从目前总体地貌景观分析，主要处于中年偏后阶段，它与莨山大致一样；冠豸山则处于青年阶段，金湖处于中年阶段，方岩丹霞地貌处于青年初期，唯独江郎山丹霞地貌处于老年阶段。因为三爿石之下的丹霞地貌类型均为丹霞丘陵，极少有丹霞峰林等相对高差较大的地貌类型出现，至于巍然屹立的江郎山三爿石是在丹霞地貌发育到老年阶段特殊情况下残留下来的石墙式柱状峰丛，其内有岩脉和岩墙贯入，如钢筋一样加固了岩柱使其异常坚固而直插蓝天，其间缝隙也只是稍有扩大发育成为顺直宽畅的巷谷而已。

（3）丹霞景观有异：广东丹霞山地貌外形色泽鲜亮，岩穴较大，穴内还套有更小的孔穴，穴中长有绿色藻类。丹霞山山体较大，植被较好，锦江拖洩，红绿相映；莨山的色泽因地而异，有的地方呈紫红色，有的地方呈灰白色（白面寨），有的山体高拔挺峻，有的地方较为低矮，形态类型个体很多，扶夷江水清澈见底，围抱山体，格外秀丽；冠豸山的起伏较大，正地形个体较大而密度也高，色泽暗红色，植被较少，山体裸露面积较大；金湖丹霞山的色泽总体较红，部分暗红，丹霞和湖水同存，丹崖与绿水相连，植被较好，河谷两侧因流水洗啮的岩穴特多，排列有序；方岩丹霞山的色泽较暗淡，植被较稀疏，种类较单一；江郎山丹霞景观较为单调，仅三爿石矗立天穹，其他丹霞丘陵、丹霞峰林散落四围，色泽也不十分鲜艳，但植被较好，景观尤其好。尤其是河流谷地、山前丘陵、绿树翠竹、白墙黑瓦的江郎书院、黄墙黑瓦的开明禅寺与丹崖赤壁配合的十分相衬，特别是管理的有条不紊，井然有序，使得景观环境显得高雅不俗。

（4）形成的丹霞地貌构造基础不同：从地质构造上分析，沉积丹霞层的盆地构造可分三种环境条件，一种是在陆壳活化阶段时处于强烈华南褶皱带内，其形成的盆地是经过拉张、断陷、挤压再到抬升，盆地范围较小，多呈北北东向排列，沉积特征多是冲出锥和冲积扇相，组成丹霞山的地层是接近盆缘的近端砂砾岩、砾岩地层，局部仅有砂层透镜体，很少有中端相，更无远端相的细小物质组成丹霞层。它们的代表是冠豸山、金湖（甚至包括武夷山）和方岩；另一类是在大陆东部受挤压地壳发生缩短而在其西部发生补偿性断裂盆地，虽然它们在形成过程中有不同程度的压扭作用，但总体是引张作用占主导，盆地面积较大，其内堆积有近端也有中端地层，经过一定距离的搬运，沉积物被氧化的时间也长些，因此色泽较为明亮和鲜艳，地层中出现较为巨厚的砂层，砂层中有大小不等的、在较为稳定的水流下沉积的大中型斜交层理；第三种类型如江郎山红盆，它是位于元古代以来就不断活动、在加里东运动之后成地台的深断裂一侧的断陷盆地内，受两个不同构造单元的地质构造影响，断陷盆地中不仅有火山岩和火山角砾岩组成的江郎山方岩组（K_1f）的主体，而且有喜马拉雅期岩浆的侵入，导致三爿石能保留至今日。

（5）审美方面的不同：前面已讨论过江郎山的美学价值，这里只阐述审美差异性。从审美主体对客体的审美而言，景观景物首先对审美主体的反映是奇特度。举世罕见的、特奇、特险、特美的景观景物会使审美主体产生与众不同的反响，引发审美主体的愕然而奇，悚然惊兀。这种反响是第一性的，初级的，任何人都会产生。如果同样景观景物反复或多次出现时，审美主体就会产生陈旧感、单调感，容易引发人们心理上的疲备，激发不起应有的激情。如果能从美学、诗境、画意的高度去分析景观景物，如能得到心灵上、精神上的慰藉，产生一种心灵效应，那才是高级的、是经过升华后对景观景物艺术上真谛的享受，是经过“觉悟”后得到的新世界。江郎山丹霞地貌风景区的三爿石的奇特度、它的路转景移的组合以及与山体、建筑、自然环境的协调、甚至管理水平及其心理状态正具备这种不仅产生愕然惊兀的奇特直觉，还使人产生“觉悟”后能产生意境方面的那种独有的诗情画意真谛方面的享受，观赏后总叫人徜徉其间，乐而忘返，久久不愿离去，即使离开后对该美景时时萦绕于脑际，不时会产生种种追忆。

（6）江郎山和方岩两地丹霞地貌发育的差异性比较：江郎山和方岩虽然两处都属于浙江省，由于两地处在不同地质构造单元上，受后来不同时期构造运动的影响，它们在发育阶段上有较大的差别，因而在丹霞地貌的类型、形态及组合特征上有较大的差异；江郎山已处于丹霞地貌发育的老年阶段，主要以丹霞石峰类型为主体和少量丹霞峰林以及一些丹霞丘陵类型。方岩则处于青年初期阶段，地貌类型以丹崖赤壁、丹霞围谷、丹霞沟谷（寮）、丹霞峰丛和穿洞为主，还有众多扁平槽龛和丹霞石柱等类型，其中以丹崖赤壁、峰丛和穿洞最占优势。方岩本身是一个构造盆地，当方岩组沉积以后，盆地整体抬升后便形成一地形倒置的向斜山地貌景观。

（7）良好的可进入性：就地球演化的科学价值和意义而言，这里无疑是丹霞地貌科普保育的最佳首选地。同时，良好的可进入性虽然对该地区环境可能会带来一些影响，但当地政府却十分注意保护环境，构建自然与人类的和谐融合，因此这里也是我国少有的环境优美的丹霞地貌风景区。

鉴于此，我们有足够理由认为，江郎山完全具备了世界自然遗产的各项条件，其申报世界自然遗产获得成功，是对世界自然遗产的极大丰富和提升，也是中华民族为人类应尽的贡献。

5.7 研究结论

根据调查研究，江郎山丹霞地貌形成的条件和发育过程可概括如下（图 5-47）。

（1）江郎山丹霞地貌发育经历了峡口盆地的形成、峡口盆地的沉积、峡口盆地的构造抬升、裂隙节理的发育、崩塌作用和一线天巷谷至峡谷发育、基岩差异风化导致的崩塌和扁平洞穴形成、风化剥蚀搬运这一系列过程。

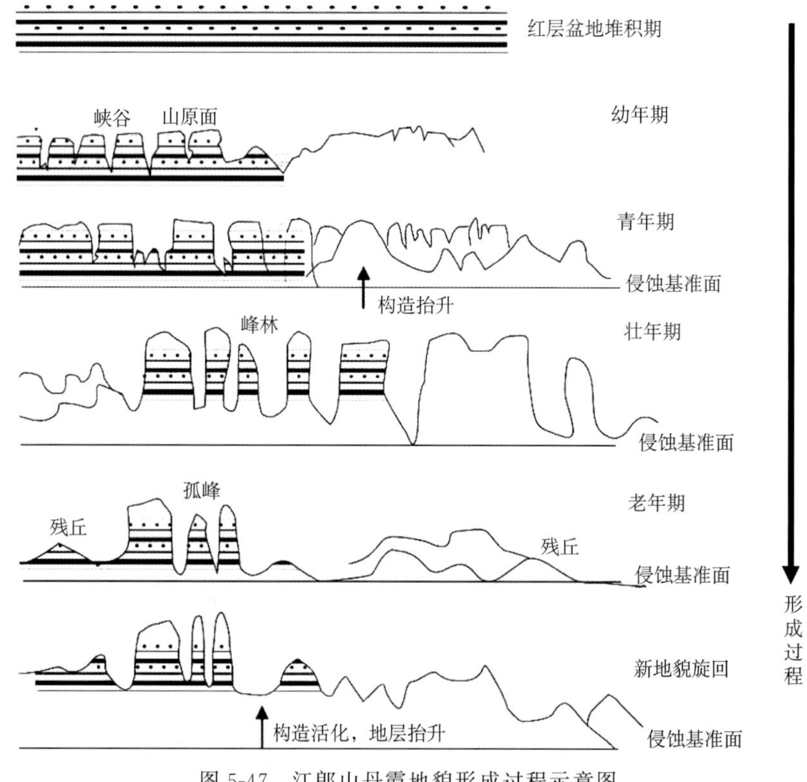

图 5-47　江郎山丹霞地貌形成过程示意图

（2）江郎山西北面江山—绍兴深断裂西南段的市上村—和睦断裂带和江郎山东南面的保安—峡口—张村断裂带是控制峡口盆地形成的两条主要断裂带。构造形迹表明，白垩纪早期这两大断裂的拉张断陷导致峡口盆地的形成，随之主要有下白垩统永康群馆头组（K_1g）、朝川组（K_1c）和方岩组（K_1f）在盆地中的沉积，其间堆积了一套巨厚的反映扇三角洲、冲积扇、河流及湖泊沉积特点的陆源碎屑物组合。小弄峡一线天巷谷中亚峰一侧的辉绿岩脉和大弄峡亚峰一侧产状呈垂直贯穿永康群的辉绿岩脉及其K-Ar测年数据表明：晚白垩世77.89±2.6Ma BP（K_2）期间，上述两大断裂发生强烈挤压活动，峡口盆地逐渐隆升。此隆升过程是十分强烈的，峡口盆地在隆升过程中方岩组地层逐渐出露地表，岩体隆升后其四周出现临空面，导致原先盆地内沉积的永康群岩体压应力释放易产生众多张裂隙，当时的岩浆主要是沿张裂隙侵入和贯穿，其特有的辉绿-间粒结构以及斜长石和暗色矿物组合，构成了十分坚硬且抗风化能力很强的岩体。这些顺张性裂隙侵入的岩脉，既对江郎三爿石的砾岩岩体起了胶结和整体加固的作用，也反映出江郎山老年期丹霞地貌受地台活化仍有岩浆活动的特点。

（3）新生代以来，峡口盆地在构造抬升中，经历了节理发育阶段，形成的主要垂直节理有北西向、北东向、近南北向，还有X节理和斜节理。节理的产生，加速了对岩体的切割，以及岩体被切割后的崩塌过程，导致了在节理处经历了从一线天—巷谷—峡谷的丹霞地貌发育过程。

（4）岩性薄片鉴定表明：江郎山方岩组（K_1f）中由砾岩和火山岩岩屑构成的岩体相当坚硬，且抗压强度和抗风化能力均高于方岩组（K_1f）中的砂岩、钙质砂岩和岩屑砂岩。因此，方岩组（K_1f）这种软硬互层的岩性是导致丹霞岩层差异风化和崩塌的原因之一，也是导致该区丹霞崖壁出现大量扁平状洞穴和槽龛的主要原因所在。

（5）江郎山存在三级山顶面，即第一级海拔800～900m，第二级海拔500～600m左右，第三级海拔200m左右。与其对应也存在三级裂点，二者在高度上大致相同，这三个不同的高度等级代表了江郎山在时代不同的三次主要构造运动中所形成的三级剥蚀面。由于江郎山缺少上白垩系和古近系沉积物，但有白垩系K_1g、K_1c和K_1f红层，由此推断：第一级剥蚀面形成于渐新世末（即喜马拉雅运动后幕）；第二级剥蚀面形成于第四纪早期；第三级剥蚀面（山麓面）形成于第四纪中期（中更新世～晚更新世期间）。目前第二级裂点以下的峡谷多呈“V”字形，加之江郎山南麓苏家岭一带有相对高度（4.8m及8.0m）的二级河流阶地发育，表明江郎山近期可能仍处于上升阶段。

（6）江郎山三爿石构成了气势磅礴的柱峰、墙状丹霞崖壁、一线天和巷谷等奇特罕见丹霞地貌景观，还有大量平顶、圆顶、尖顶等峰顶形态和各种洞穴与槽龛等丹霞地貌特有的奇观。由于目前江郎山除三爿石异峰突起外，其周边广大地区主要呈波状起伏的山前平原和缓丘地貌，河流下切侵蚀较弱，而侧蚀作用明显，河谷展宽而蜿蜒。

（7）从地貌发育阶段上分析，江郎山丹霞地貌应属于丹霞地貌发育的晚期阶段或称老年期。有鉴于此，江郎山在审美学和地质地貌遗迹的独特性和唯一性方面都有着国际和国内其他丹霞地貌区所不可比拟、无可替代的独特性。

第 6 章　福建冠豸山丹霞地貌研究

6.1　研究区概况

6.1.1　自然地理特征

冠豸山位于福建省西南部连城县境内，地理位置 25°15′～25°50′N、116°20′～117°10′E，面积约 123 km^2，以其主峰形似古代獬豸冠而得名，寓含刚正廉明之意，旧称“东田山”、“莲峰山”。冠豸山位于福建省连城县东郊，山体于县城之东 1.5km 处平地兀立，不连岗自高，不托势自远。以其天生丽质于 1986 年荣膺“福建十佳风景区”，1994 年，国务院公布其为国家重点风景名胜区。景区方圆 123km^2，集山、水、岩、洞、泉、寺、园诸神秀于一身，雄奇、清丽、幽深，与武夷山同属丹霞地貌，被誉为“北夷南豸，丹霞双绝”。

连城属南亚热带湿润季风气候。由于西北有武夷山脉阻挡，东南距海岸约 250km，气候温和湿润，光热充沛，四季分明。年均温约 18.8℃；1 月均温 8℃，绝对最低温 −5.6℃；7 月均温 27℃，绝对最高温 37.9℃。夏无酷暑，冬无严寒。年降水量 1742mm，6 月雨量最多，11～12 月雨量最少，年平均相对湿度 78%。

冠豸山水资源丰富，溪涧交错。流经冠豸山的文川溪为闽江沙溪水系上游，连城境内多年平均水资源总量为 33.53m^3，地下水资源 10.15 亿 t/a；地下热水出露点八处，水温在 3271℃。1996～2000 年环境监测结果：文川溪文川陂、黄坊断面，北团溪罗王断面水质优于 GB3838—2002 Ⅲ类水质标准；地下水均符合生活用水 GB5749—85 标准。

冠豸山的土壤有红壤、黄壤、黄棕壤、紫色土、草甸土等，以红壤、紫色土为主。300～700m 的丘陵低山地带多为红壤，西部红层丘陵地带主要分布紫色土。

冠豸山是中国丹霞的重要分布区之一，是峰墙—峡谷型的壮年早期丹霞的代表。丹霞地貌中石墙、峰墙、赤壁、峡谷极为发育，还保存了西太平洋大陆边缘活动带形成、发展、演化过程完好的地质记录。冠豸山森林覆盖率达 90%以上；由于位置偏南，未受第四纪冰川的直接影响，风景区成为许多孑遗生物的乐土，生物成分复杂，区系古老。连城冠豸山有 8 个植被型 30 个群系 36 个群丛，其中丹霞草本植物群落、丹霞刺柏针叶林、丹霞硬叶常绿阔叶林、沟谷常绿阔叶林层片为连城丹霞区的特色。冠豸山有维管束植物 194 科 576 属 1101 种，脊椎动物 34 目 97 科 418 种，保存了大量珍稀濒危野生动植物。

6.1.2　区域地质构造

1. 山间盆地形成和岩屑堆积成岩阶段

距今约 2 亿年的中生代中期受燕山运动影响，原有的古生代泥盆、石炭和二叠系海相沉积地层中出现大规模花岗岩浆侵入事件，形成了连城县西侧和冠豸山东侧广泛分布的燕山早期片麻状黑云母、白云母花岗岩和细粒花岗岩。在距今1.4亿年的晚侏罗世，本区受东侧布地、莲塘坑逆断层，西侧上江坊、西山、张坊、田心断层，北侧北团逆断层和东南侧大石沿、后塘、莒溪正断层影响，在这些断层之间的地块发生相对的沉降，从而形成了面积达数百平方公里的巨大山间湖盆景观。湖盆形成之后，四周高处剥蚀下来的花岗岩、硅质岩、灰岩、泥页岩、砂岩和石英岩屑受流水和重力搬运影响在湖盆中堆积。由于雨季降水量大，地表水挟沙能力强，带下的岩屑砾石就粗大些；旱季降水少，地表水带下的就大都是较细的砂子。四周高地较细的物质易被水流搬运至湖盆中部沉积，较粗大的物质易滞留在湖盆边缘沉积。这样，从晚侏罗世开始至晚白垩世为止，在连城和冠豸山地区沉积了一套厚约1000m的侏罗系长林组、白垩系沙县组和白垩系赤石群巨厚砂砾岩地层。由于在此沉积过程中主要处于长期湿热环境下，沉积物中富硅铝铁化作用显著，Fe^{3+}积累较多，这是丹霞地层呈现红色的原因所在。

2. 盆地隆升、节理发育阶段

65Ma BP时，随着印度板块与欧亚板块的碰撞，开始了喜马拉雅造山运动（即新构造运动），连城冠豸山地区开始逐渐隆升。从冠豸山地区出现的四级剥蚀夷平面看，本区主要经历了4次幅度较大的隆升过程。冠豸山地区从西北往东南存在明显的4级夷平面，说明本区自第三纪以来主要经历了4次较大幅度的抬升，其中，竹安寨景区主峰马头石山（海拔627m）和冠豸山景区主峰五老峰（海拔660.8m）以及云霄岩（685m）均为第一次抬升的夷平面（即剥蚀面）；水门墙（593m）和五姐妹峰（582m）为第二次抬升的夷平面；三姐妹峰（455m）为第四次抬升的夷平面。若扣除抬升后剥夷作用的影响，则可知第一、二次抬升之间的幅度差为34～7818m；第二、三次抬升之间的幅度差为81～100m；第三、四次抬升之间的幅度差为38～46m。这4次抬升过程对冠豸山地区地貌形成的影响从总体上看是北西方向抬升幅度大、南东方向抬升幅度小，表明此抬升运动具有掀斜性质，这也是本区岩层均向110°方向倾斜形成单斜山特色的原因所在。从岩层倾角分析，仅在五老峰（661m）顶其岩层倾角相对较小（5°），这亦是差异隆升的标志之一。受地壳运动内力挤压抬升、加之隆起中四周围岩压力逐渐消失，山体生成许多深大垂直节理，但这时的冠豸山在形态上仍然是一个整体。

3. 丹霞地貌广泛发育阶段

自从冠豸山抬升的K_2ch岩体出现了深大裂隙后，外力风化作用便开始活跃起来，尤其流水的影响更为深刻（杨明德，1999）。连城地区年降水量多达1742mm，大量的降水沿裂隙下渗，节理受侵蚀后逐渐加宽拓长；在冰期和冬季，储积在裂隙中的水冻结成冰，冰冻体积膨胀使裂隙扩大。这种作用反复进行，便使完整的山体不断崩塌后退。崩塌后的物质又不断被流水荡涤，在节理密集的地区形成沟壑纵横的景观。在仙人桥、云霄岩、老君洞、虎崖和南天一柱等处，均可见崖壁上有许多新鲜的崩落面，崖下有巨大的崩积石，包括凌空飞跨的仙人桥桥孔均是岩体崩塌所造成的。当然，洞穴的形成除与节理崩塌因素有关外，还与其岩性条件、胶结物多寡有关。溶蚀作用也是重要方面，

雨水与空气中的 CO_2 混合成为含有碳酸成分的水，对岩石有溶蚀作用。冠豸山红色砂砾岩孔隙很多，有利于流水的侵蚀和外力的风化。当含钙质胶结物少的红色砂岩与抗风化能力强的砾岩互层露出时，由于砂岩受侵蚀风化后退快，上部砾岩失去基础便更加剧了崩塌现象的发生，这样，洞穴规模也就日益扩大（黄进，1982）。

6.1.3 地层与岩性特征

冠豸山丹霞地貌的地层与国内其他丹霞地貌区岩性基本相似，即均为白垩系赤石群紫红色厚层砂砾岩（K_2ch）。其四周连城县为白垩系沙县组紫红色钙质、泥质粉砂岩夹砂砾岩（K_2s）；在冠豸山东面迪坑、小地下村、莲塘坑和中岭一带岩性由侏罗系长林组灰绿色凝灰质砂岩、砂砾岩和凝灰岩构成；此带继续往东南面岩性转为似斑状黑云母花岗岩以及石英斑岩和燕山早期黑云母花岗岩（陈传康，1985；曾昭璇，1960）。

调查发现本区构成冠豸山丹霞地貌主体的 K_2ch 岩层存在以下岩性特征：

（1）主要由红色砂砾岩和红色铁质砂岩交互沉积而成，各层厚度一般在几厘米至十几厘米，具有明显的沉积韵律特征；

（2）红色砂砾岩层中的砾石主要为石英、硅质岩、燧石、灰岩、紫色砂岩、花岗岩、紫红色泥岩和页岩。从砾径、磨圆度和分选看，冠豸山 K_2ch 地层边缘地带以及 K_2ch 地层下部砾径较粗大、磨圆和分选性差；冠豸山中心地区和 K_2ch 地层上部砾径较小、磨圆和分选性也较好。

（3）红色铁质砂岩主要由石英砂和长石组成，分选好，粒径较细（主要为细砂），但胶结不是太好，敲击易碎。此砂岩在冠豸山 K_2ch 地层中心马鞍寨一带各韵律层沉积厚度可达 50cm，在白垩系地层边缘一带各韵律层厚度较小，一般为 3～5cm。

（4）冠豸山白垩系岩层中的砂砾石层滴酸剧烈起泡，而红色砂岩层滴酸不起泡。分析认为与前者含灰岩和 $CaCO_3$ 较多而后者不含灰岩和 $CaCO_3$ 含量少有关。

6.2 野外调查和采样过程

冠豸山所在的连城盆地发育在华夏古陆地质背景上，从古生代至中生代，完整发育了一套由海相演变为陆相的沉积地层。形成冠豸山丹霞的是晚白垩世崇安组红色陆相沉积。冠豸山地处武夷山脉南端东南麓，玳瑁山脉西北侧，提名地总的地势东部高为低山，中部为丘陵，西部为连城盆地。区内丹霞最高峰为云霄岩，海拔 685m。墙状地貌和峡谷极其突出，显示出典型的峰墙—峡谷型地貌组合的壮年早期缓倾斜式丹霞地貌。

冠豸山丹霞地层在地貌上呈典型的单斜山特征，野外考察过程中，我们根据实地量测冠豸山丹霞岩层部分产状情况，如表 6-1 所示，区内岩层产状基本上均是朝 SE 110°～120°方向倾斜，层面倾角在 13°～25°，也正是这种产状使得冠豸山丹霞地层在地貌上呈典型的单斜山特征。

表 6-1　冠豸山丹霞地貌岩层产状实地量测情况

地点	海拔/m	岩性	岩层面倾向	岩层面倾角
云霄岩	685	K_2ch	SE120°	17°
旗石寨山脚下	427	K_2ch	SE125°	14°
仙人桥	520	K_2ch	SE125°	13°
石门湖老君洞	520	K_2ch	SE113°	16°
马鞍寨山脚	500	K_2ch	SE110°	17°
双剑峰	560	K_2ch	SE110°	19°
水门墙	600	K_2ch	SE110°	25°

6.3　实验研究过程

实验内容主要是对连城冠豸山地区岩芯标本进行化学元素氧化物全量测定（表 6-2）。其测试方法是将野外采集的岩石标本碎样至 300 目，用 M P230202 型日产岛津 28t 电子压块机压制成测试圆片，继而用瑞士 ARL-9800 型 X 射线荧光光谱仪测出各元素与氧化物的含量。

表 6-2　冠豸山 K_2ch 红色砂砾岩岩层化学元素氧化物全量 X 荧光光谱测试鉴定结果*

地点	Na_2O /%	MgO /%	Al_2O_3 /%	SiO_2 /%	P_2O_5 /%	K_2O /%	CaO /%	TiO_2 /%	MnO /%	$TFeO_3$ /%	SO_3 /%	FeO /%	Fe_2O_3 /%
云霄洞	1.50	0.87	11.01	76.07	0.02	4.52	0.57	0.18	0.10	2.68	0.10	0.25	2.40
仙人桥	1.52	1.11	11.73	69.02	0.09	3.80	4.96	0.26	0.05	2.05	0.09	0.04	2.01
石门湖水源	0.48	1.07	9.79	66.35	0.07	2.62	9.28	0.28	0.05	2.51	0.08	0.82	1.60
老君洞	1.97	0.95	12.71	73.12	0.13	3.02	1.76	0.27	0.05	2.10	0.06	0.36	1.70
马鞍寨下方	0.93	1.05	10.38	65.29	0.10	2.71	8.63	0.29	0.07	2.40	0.06	0.32	2.04
马鞍寨下方	0.76	2.09	13.32	66.02	0.08	2.90	6.40	0.32	0.05	2.28	0.06	0.44	1.79

* 南京大学现代分析中心 X 荧光光谱室测定

6.4　实验数据分析

冠豸山地区凡是岩层崩落显著、形成如仙人桥、云霄洞和老君洞这样的天然桥和洞穴发育之处，其 CaO 的含量分别为 4.96%、0.57% 和 1.76%；而未出现天然桥和洞穴的丹霞岩层如石门湖水源处、马鞍寨下方砂砾岩和红砂岩的含量均相对很高，分别为 9.28%、8.63% 和 6.40%。以上数据和现象表明这样一个事实：即丹霞地貌区 CaO 含量低的岩层因为其 Ca^{2+} 含量低、$CaCO_3$ 含量也低，对岩层起胶结作用的钙质胶结物相对就少、岩层胶结性差，所以易发生差异性崩落，形成诸如天然桥和丹霞洞穴这样的奇特景观。云霄岩云霄洞顶的同心圆状凹坑成因是：由于该处位于冠豸山 K_2ch 地层东北边缘。在晚白垩系地层沉积时亦位于山间湖盆边缘，四周高地滚落冲积下的物质砾径较细者易被水流搬运往湖盆中部沉积，砾径粗大者则易滞留在湖盆边缘沉积。在云霄岩云霄洞处当时开始沉积有砾径粗大的岩屑，而后在平枯水的秋冬季节由于降水少、水流搬运动力较弱，仅有细粒沉积物在这些粗大岩屑四周沉积形成同心圆状的团块沉积体。由于其中的粗大岩屑除灰岩外一般含 Ca^{2+} 少（云霄岩周边围岩主要是侏罗系长林组砂岩和燕山早期片麻状黑云母花岗岩）、钙质胶结物少、与四周细粒沉积物间的胶结程度差，虽经数千万年的压实成岩作用，但受新构造隆升卸荷和强烈的差异侵蚀风化和重力作用影响，中心体积较大的粗大岩屑物首先崩落，残留下四周成同心圆状的凹坑景观。

冠豸山地区形成仙人桥、云霄洞和老君洞等洞穴的岩体崩落显著处虽然 CaO 含量低（钙质胶结物少），但 SiO_2 和 Na_2O 含量却很高。如云霄洞、仙人桥和老君洞三地 SiO_2 的含量分别高达 76.07％、69.02％ 和 73.12％；Na_2O 的含量分别高达 1.50％、1.52％ 和 1.97％。以上两种氧化物的含量均远远高于崩塌现象相对较轻、未出现洞穴和天然桥的石门湖水源处和马鞍寨地区。这两组数据及其地貌现象揭示出 SiO_2 是岩层风化的最后产物，比较稳定，但一旦其含量很高则与其他沉积物不易胶结。Na_2O 中 Na^+ 又是最活跃的一价元素，在易渗水的砂砾岩胶结物中最易于分解，因此，在冠豸山丹霞地貌地层中凡是 CaO 含量少而 SiO_2 和 Na_2O 含量高的地点易出现因岩体崩落而形成的洞穴和天然桥景观。

冠豸山白垩系地层中砂砾石层与铁质砂岩层相比虽然前者颜色不太红，但其 Fe_2O_3（具 Fe^{3+}）含量反而高于后者。如云霄洞、仙人桥和马鞍寨三处砂砾石层的 Fe_2O_3 含量分别为 2.4％、2.01％ 和 2.04％，均高于马鞍寨红色铁质砂岩的 1.7％。而且，砂砾石层中 CaO 含量在一般情况下反而高于铁质砂岩，如石门湖水源处 CaO 含量 9.28％、马鞍寨 8.63％ 均高于红色铁质砂岩的 6.40％ 含量。在上述情况下，砂砾石层的胶结程度好，抗风化侵蚀能力反而强于分选性好的红色铁质砂岩层。从分析看，这也是本区白垩系地层中沿层面发育的小型扁平洞穴和槽龛多发育于红色铁质砂岩中的原因之一。

6.5　造景地貌成因分析

断层和节理是影响丹霞地貌发育的重要控制因素，构成冠豸山丹霞地貌的 K_2ch 白垩系赤石群地层受新华夏构造体系影响，整体上呈北东—西南走向，但从区域特征看，白垩系地层的分布和丹霞地貌的形成还受以下一些区域性断层分布的影响：

①冠豸山白垩系地层东面与侏罗系长林组以及燕山早期片麻状黑云母、白云母花岗岩交界处沿布地、莲塘坑一线，有一纵贯全区、长约 12km 的逆断层。此断层面倾向 NW300°、走向 NE35°、倾角 50°，属冲断层性质。②在连城县城南约 10 km 的南坑、天马、朋口一线有一长约 14km，断层面倾向 SW265°、倾角 42°的正断层。③在连城县城东南约 10km 的磁溪电站往南沿大石沿、后塘、莒溪一线有一断层面倾向 NW285°、倾角 60°的正断层。④在连城以北约 10km 的北团沿 NE 方向则有一断层面倾向 SE110°，走向 NE10°的逆断层。⑤在连城县以西约 4km 处，沿上江坊、西山、张坊、田心一线

有近南北走向、长约 20km 的断层。

表 6-1 是实地量测的冠豸山丹霞岩层部分产状和节理情况。从表 6-1 看，区内岩层产状基本上均是朝 SE110°～120°方向倾斜，层面倾角在 13°～25°。这种产状使得冠豸山丹霞地层在地貌上呈典型的单斜山特征。冠豸山丹霞地貌发育除在宏观上受四周断层控制外，还受到一系列纵横交错的节理裂隙影响，其中对丹霞地貌发育影响较大的几组节理和裂隙如图 6-1 所示。

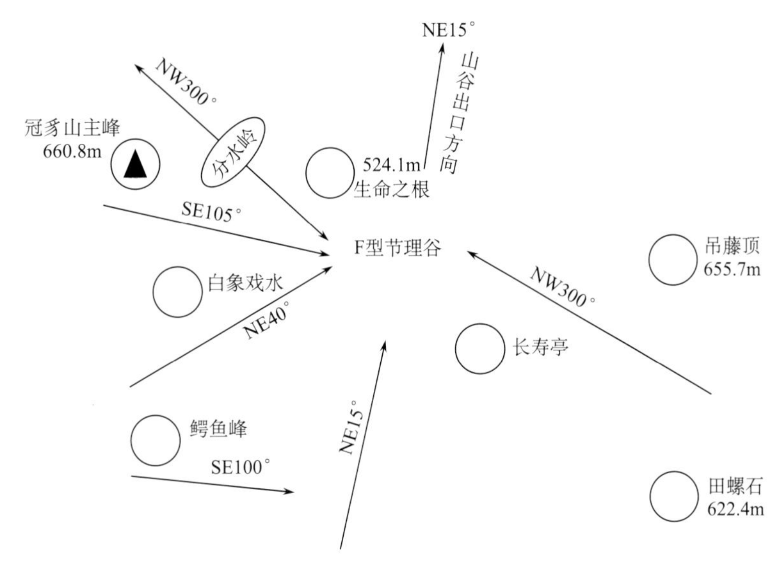

图 6-1　冠豸山景区辐聚状垂直节理与景观地貌的分布（朱诚等，2000）

1）冠豸山景区垂直节理和裂隙

①走向 SE155°山景区垂直节理和裂隙的深大垂直节理，此节理延伸达 500～1000m，受其影响主要发育有类似三叠潭这样的一线天（包括小型跌水）景观。②走向为 SE135°/NW315°的深大垂直节理，此节理延伸长达 1000m 以上，受其影响主要发育有类似桃榔幽谷这样的石巷景观。③走向为 SE100°/NW280°的深大垂直节理。受其影响发育有类似鲤鱼背两侧这样的深幽谷地。④走向为 NE15°、NE40°、SE105°、NW300°和 NW330°的一组深大垂直节理。受其影响，此处形成冠豸山景区最为集中的丹霞景观和辐聚状水系，如长寿亭下方的 F 形节理谷（图 6-2）、“鳄鱼峰”“白象戏水”和“生命之根”。⑤走向为 NE40°/SW220°的深大垂直节理延伸数公里，受其影响发育有五老峰（即海拔 66 018m 的冠豸山景区主峰）朝连城县城（SW260°）方向高耸的崖壁景观，与其相交的 SE100°、NW280°节理则发育了修竹书院上方一线天这样的丹霞景观。

2）竹安寨景区垂直节理

① 走向为 E90°/W270°的深大垂直节理，受其影响发育有双剑峰这样的双层薄石壁景观。② 走向为 SE110°/NW290°的深大垂直节理，受其影响发育有类似水门墙这样气势雄伟壮观的丹霞石墙群景观。③ 走向为 NE40°/SW220°的一组深大垂直节理，受其

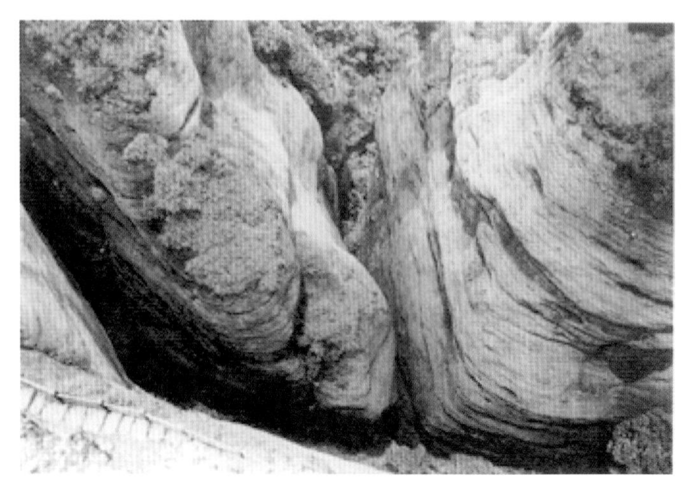

图 6-2　长寿亭下方的 F 型节理（朱诚等，2000）

控制，在竹安寨寨顶朝连城县城方向一侧形成延续数公里的陡崖和“寿星岩”，在山体内侧则形成竹安寨摩天岭和百级回音阶陡崖深谷景观。

3）石门湖景区垂直节理

石门湖景区主要有 NE70°/SW250°、SE115°/NW295°、NE30°/SW210°和 SE130°/NW310°这几组纵横交错的深大垂直节理（图 6-3），受其控制影响主要发育有翠岛、三姐妹峰以及马鞍寨陡崖这样的丹霞景观。值得提出的是，此区丹霞岩层沿 SE130°/NW310°走向出现的还有一组裂开程度较小的分支节理，在石门湖的衬托下构成象“生命之门”这样的奇特景观。上述节理在平面图上呈现为交叉放射状。

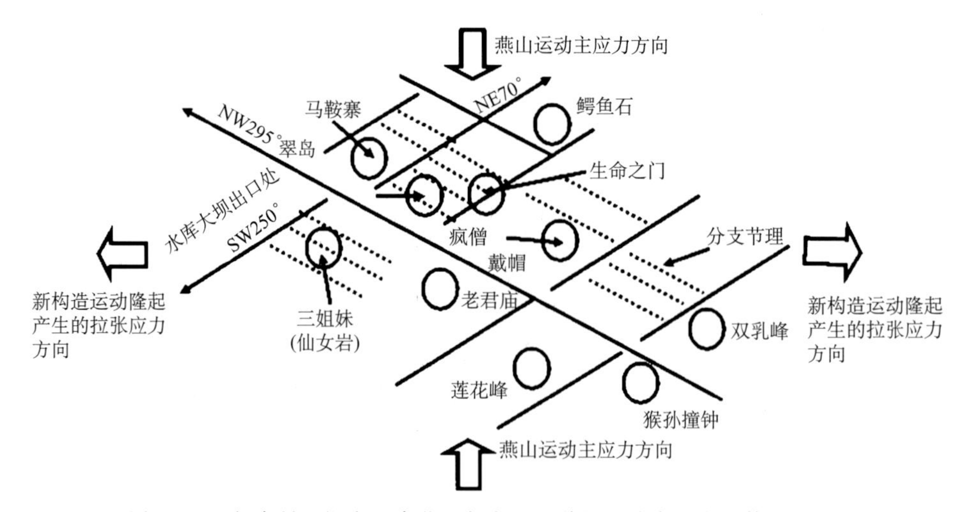

图 6-3　石门湖景区深大垂直节理与主要地貌景观分布（朱诚等，2000）

4）九龙湖景区垂直节理

九龙湖景区主要有 SE135°/NW315°、NE85°/SW265°和 NE45°/SW225°这样几组深

大垂直节理。受其影响，九龙湖水系也基本沿这些节理发育，并在北西方向汇入文川河。是该景区筹建中的水库大坝上方受SE135°/NW315°深大节理控制发育的“龙脊”（丹霞山脊）景观。

5）旗石寨景区垂直节理

旗石寨景区主要有NE40°/SW220°、SE125° /NW305°和SE155°/NW335°这样几组深大垂直节理。受其影响沿NE40°/SW220°节理面发育有旗石寨主峰（海拔585m）朝北西一侧的陡崖景观；沿SE125°/NW305°节理带出现冠豸山地区唯一的“仙人桥”；沿SE155°/NW335°节理带则出现朝半溪一侧的丹霞石墙。

6）云霄岩景区垂直节理

云霄岩景区深大垂直节理主要沿SE105°/NW285°方向分布。受其影响，该区山脊线和山谷均沿此方向延伸，形成一纵列山脊群和云霄岩一侧直立的丹霞陡崖壁。另外，该区还存在一组与上述节理相交的NE40°/SW220°的分支节理，受其控制，一些原本延续的丹霞山脊被切割开来并形成深谷。一定地区的节理一般是长期多次构造活动的产物，根据冠豸山地区的节理组和节理系，我们可以探讨本区古应力场的形成过程：根据节理力学性质看，本区主要为具有共轭X型的节理系，NW295°/SE115°和NE70°/SW250°两组节理互相交切。该节理系南北向间距小，而东向展布宽。这一特征与我国东南地区许多第三纪以来由红层盆地抬升而成的拉伸盆地节理系较为一致。对本区节理系形成的序次分析可以得出这样的结论：本区K_2ch地层在中生代末期山间盆地堆积时曾受到燕山运动南北向挤压力的影响，形成有X共轭节理系。在新生代喜马拉雅构造隆升阶段，盆地隆起过程中四周围岩压力逐渐消失，受卸荷作用影响，产生东西向的拉张作用力，此拉张力使原始的X型共轭节理系在东西向上被进一步拉长。又由于新构造运动在本区具有掀斜运动性质，西北抬升幅度大，海拔660.8m的冠豸山主峰一带位于K_2ch地层西北边缘，受卸荷拉张作用更为明显，原有的X型共节理系被进一步改造，出现第三序次的SE105°、NE40°、SE100°、NE15°这些被改造而成的新节理系。

6.6 研究结论

6.6.1 分水岭型丹霞地貌特征

由于连城盆地处于三江分水岭地带，冠豸山也相应位于受分水岭水流影响的地带，这种分水岭丹霞地貌具有离开主河流较远的区位，主要依靠流入主河流的支流作为塑造地貌因素。在地貌格局上存在切割深度较小、密度较大、分离度不大的特点，与主要河流塑造成的丹霞地貌不太相同，如广东仁化丹霞山由锦江为营力，广西、湖南之间的山以资水为塑造营力，武夷山则以崇阳溪及其支流九曲溪等较大水流为营力，因而在丹霞地貌的格局上，冠豸山具有分水岭型丹霞地貌特征。

6.6.2 砾岩型丹霞地貌的发育

连城盆地沉积的红层主要是上白垩统沙县组和赤石群，前者组成盆地基部的粉砂岩、砂岩和泥岩类，目前所见仅组成阶地等缓丘和阶地面外，无典型丹霞地貌发育。而赤石群主要是砾岩，中间夹有透镜体状砂岩和泥岩，丹霞地貌发育良好，与我国其他主要丹霞地貌发育区有所不同，如仁化丹霞山以砾岩为主体内夹有厚层砂岩和薄层泥岩并有大型交错层理；冠豸山也不同于纯砂岩型丹霞地貌（如贵州赤水）。砂岩型的沉积基础是拗陷型的大湖盆（赤水为古川黔拗陷湖盆），砂砾岩型的沉积基础是拗断型的湖盆，具有陆上三角洲沉积特点；砾岩型丹霞地貌一般缺少大型洞穴。

6.6.3　壮年早期阶段丹霞地貌的发育

冠豸山丹霞地貌组合类型主要是峡谷陡壁峰林组合、沟谷陡壁峰林组合和丘陵陡壁组合，缺少峰林陡壁型、残峰陡壁型、丹崖残峰型以及方山陡壁组合形态。表明丹霞山体中的流水已与文川河排水基面相协调，但尚未发展到河谷和宽谷形态，标志着丹霞谷地发展到峡谷和沟谷阶段，与幼年期的丘陵陡壁不同，也与壮年晚期或老年期的残峰陡壁、丹崖残峰、方山断崖的形态组合不同。正因为是峡谷陡壁峰林和沟谷陡壁峰林为主体的冠豸山景区内无较大河流发育，丹山碧水的景观较难成组合景观，但却带来一个极为优越的条件，在峡谷和沟谷中可蓄水成库，更能使山水有机地结合成景。

6.6.4　无喀斯特丹霞地貌类型的发育

从组成丹霞山的砾石成分分析，绝大多数是岩浆岩和砂页岩系，灰岩的组分少或全无，这主要与红色盆地四周的山体岩石组成有关。但在砾石的胶结物中却有碳酸钙物质，稀盐酸滴试滴酸均起泡。而在透镜体和底部的红砂岩中却无碳酸钙，而是氧化铁。由此可知，砾岩中的碳酸钙胶结物不一定由碳酸盐类岩石供给，而是在砾岩形成过程中由特定地球化学阶段所决定，即在组成砾岩时的地球化学过程，仅将钠、钾盐类物质搬运殆尽，而钙盐却积累较多，在沉积时被留在其中，同样表明砾岩沉积后的后生充填物大量为钙盐类。但仅仅是胶结物中的钙盐类沉积，在后生的淋溶、风化过程中，溶蚀作用不可能处于主导地位。因此冠豸山丹霞地貌中没有贵州喀斯特丹霞砾岩类型。

6.6.5　单面山型丹霞地貌的发育

冠豸山丹霞地貌，均属单面山型，地层走向均朝 SE110°～ 120°方向倾斜，倾角一般在 13°～25°，故整体山势呈单面山型地貌特征。在一些丹霞寨、堡顶部也不是十分平坦的地面，而是与地层倾角相一致的地面。其原因是构造盆地较小，沉积类型较为单一的冲积扇体，其后经多次构造运动，但造貌运动的性质是区域性垂直升降运动，故盆地内的构造显得较为简单，以致地层的倾向与倾角较为恒定，在构造格局的框架下，地貌发育与构造一致，便形成具有特色的单面山型丹霞地貌。

第 7 章　福建泰宁丹霞地貌研究

7.1　研究区概况

7.1.1　自然地理特征（含地理位置概况、气候与水文特征）

福建泰宁位于东经 117°02′22″～117°13′17″，北纬 26°56′51″～27°03′37″（图 7-1），核心区面积 110.87km²，缓冲区面积 123.01km²，总面积 234.88km²。

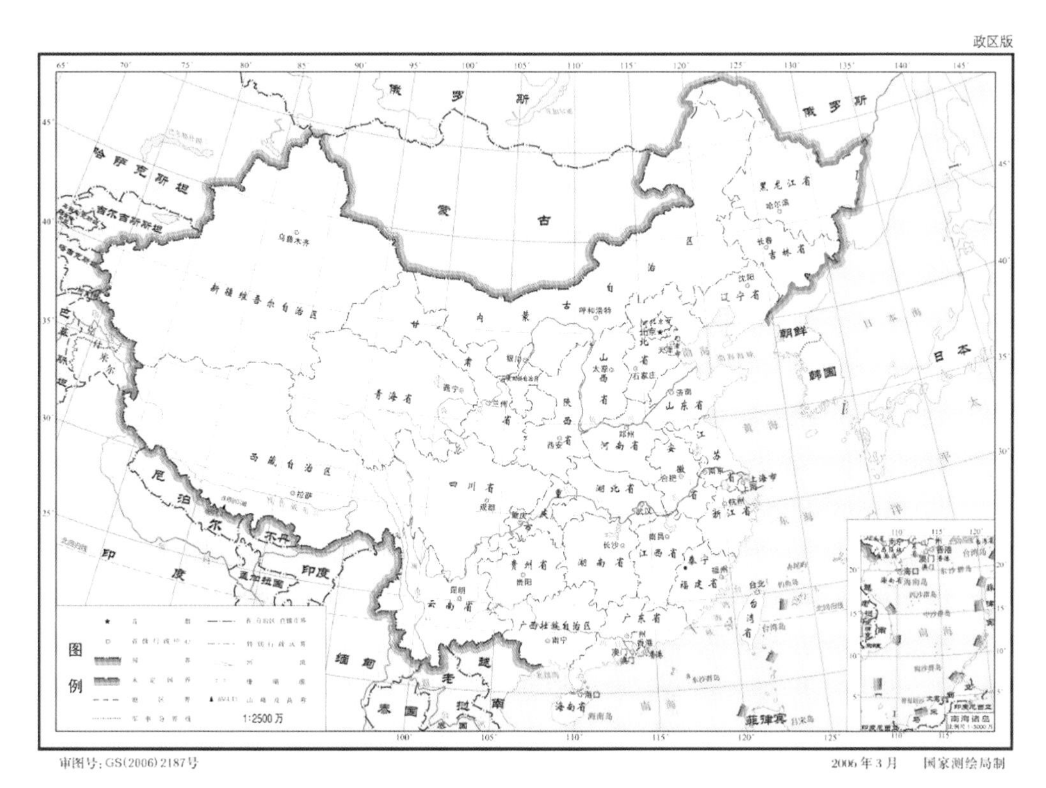

图 7-1　泰宁世界自然遗产丹霞地貌在中国的位置图

福建省目前发现丹霞地貌 30 处，主要分布在闽赣交界的武夷山地带（图 7-2）。泰宁地处武夷山脉中段东南侧，由金湖、上清溪、石网等景区组成，总的地势由西北向东南倾斜，西部、北部高，东南缓，中部低，最高处为金龙山，海拔 674m，地形最大高差可达 400m。泰宁金湖景区南部属于发展到壮年期的丹霞地貌；而金湖景区北部和石网景区则是发育到青年期的丹霞地貌；主河谷上清溪仍保持峡谷。从图 7-3 上可以看到，上清溪、金湖、龙王岩、八仙岩等丹霞地貌也主要发育在其盆地的边缘地带。

泰宁属中亚热带季风型山地性气候，夏季盛行东南风，冬季受西北冷空气侵袭。由

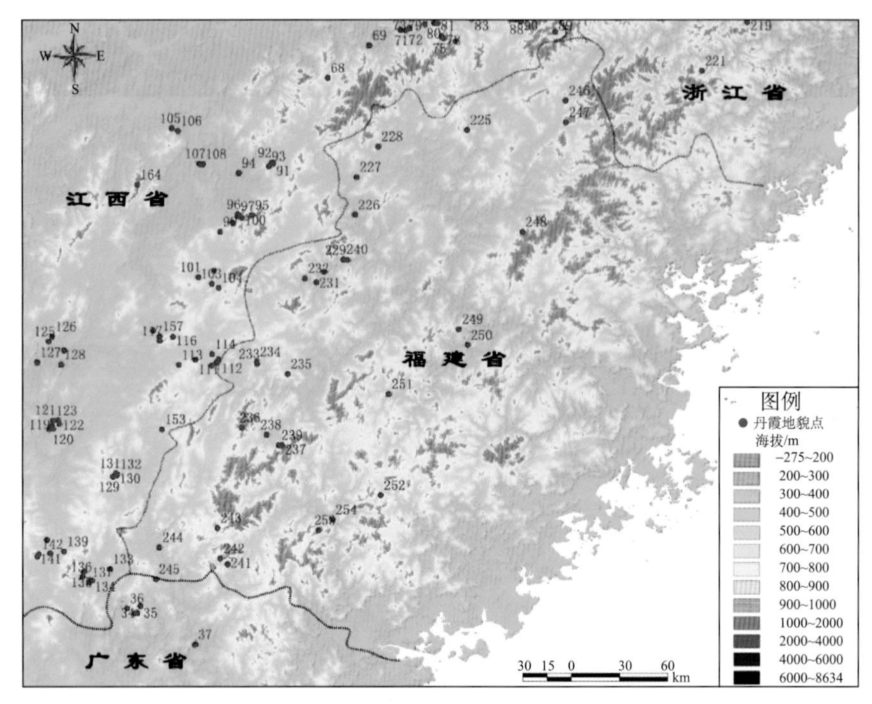

图 7-2　福建省丹霞地貌的分布示意图（欧阳杰，2010b）

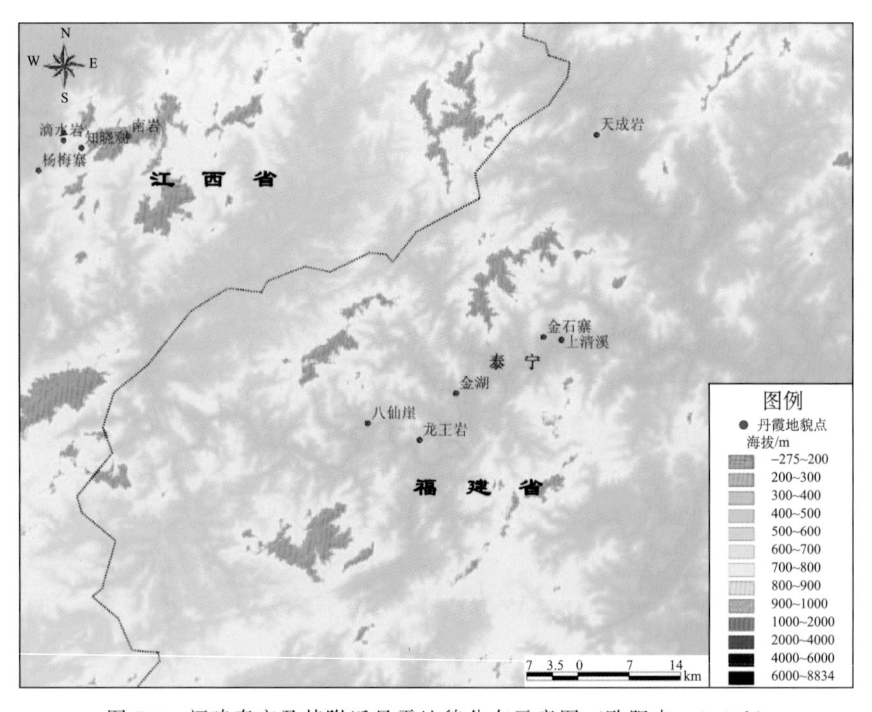

图 7-3　福建泰宁及其附近丹霞地貌分布示意图（欧阳杰，2010b）

于金湖大面积水体和茂盛的山地森林植被共同作用，调节了气候，夏无酷暑，冬无严寒，温和湿润，四季分明。

泰宁年平均气温 17.1℃，1 月均温 5.9℃，7 月均温 33.7℃，极端最高温 38.9℃，最低温－10.6℃，无霜期 263d。年均日照 1607h，平均太阳辐射量 382.03kJ/cm^2。

泰宁雨量充沛，大气湿度高。年平均降水量 1788mm，多年平均相对湿度 84%；年平均降水日数为 130～175d，3～6 月为雨季，7～8 月多雷阵雨，9 月至翌年 2 月为少雨季节。

流经泰宁的金溪属富屯溪水系上游，其流域的濉溪、杉溪二条主要支流，均与其汇集于金湖。金湖湖面面积为 3600 hm^2，库容 8.7 亿 m^3，是福建面积最大的内陆湿地，是泰宁最重要的水文景观。区内水资源丰富，年总流量约 46 亿 m^3。

泰宁地下水总储存量年平均为 3.09 亿 t，地下水径流量 553.50t/d，水质良好。地表水质状况总体良好，水质均达到国家《地表水环境质量标准》（GB3838—2002）Ⅲ类水质标准，饮用水源水质 100 %达标。

泰宁的土壤有红壤、紫色土和水稻土等 3 类，以红壤、紫色土为主。土壤具有明显的区域分布和垂直分布，土壤肥力差异较大。红壤主要分布于海拔 800m 以下的低山、丘陵地带，分布广，土层深厚，pH 为 4.1～5.0，肥力中等，主要分布有地带性的常绿阔叶林、马尾松林；紫色土主要分布于朱口—杉城—猫儿山一线的红层盆地内，土壤含钾量高，主要分布有马尾松林、刺柏林；水稻土主要分布于低海拔的缓冲区和部分较宽的谷地，核心区谷地已荒废并恢复为水生生物群落区域。

7.1.2 地质构造

泰宁是在华夏古陆的地质背景上发育的一系列互相叠置的中生代盆地，其中包括晚三叠世—中侏罗世局部含煤的河湖相沉积盆地，晚侏罗世—早白垩世陆相双峰式火山-沉积盆地，早白垩世火山-晚白垩世红色盆地，这些盆地的分布多数受断裂控制。区内 NE 向、NNE 向、NW 向及 S—N 向断裂发育。区内志留纪侵入岩十分发育，燕山期侵入岩见于泰宁西部和西南部。

从泰宁丹霞地貌发育的盆地来看，泰宁丹霞地貌发育于北东向的朱口、梅口红色盆地；从泰宁丹霞地貌的岩性来看，形成该地区丹霞地貌的岩石为白垩纪中晚期崇安组的砾岩和砂砾岩，以及沙县组的细砂岩。崇安组丹霞地貌分布于低山-丘陵区，可分为三大部分，金湖景区南部属于发展到壮年期的丹霞地貌，形成高数十米至数百米的丹霞峰丛景观；而金湖景区北部和石网景区则是发育到青年期的丹霞地貌，保持了海拔约 450m 的古夷平面，形成 400 多条深切峡谷群，构成独具一格的网状谷地和红色山块，主河谷上清溪仍保持峡谷状，其形态与展布方向明显受构造控制。提名地内线谷、巷谷、峡谷、赤壁十分发育、丹霞岩槽、洞穴不计其数，负地貌特征极其突出。

7.1.3 地层与岩性特征

泰宁地层区划属华南地层大区东南地层分区之武夷地层小区。出露地层主要有古—中元古代变质岩、新元古代—早古生代中浅变质岩，晚三叠世—中侏罗世陆相碎屑岩，晚侏罗世—白垩纪陆相火山岩，晚白垩世红色碎屑岩，新近纪玄武岩及第四系(表 7-1)。

表 7-1　泰宁区域地层简表

年代		岩石地层	代号	主要岩性
新生代	Q	第四系	Q	砾、砂、黏土
	N	佛昙组	Nf	橄榄玄武岩
中生代	K_2	崇安组	K_2c	紫红色含钙质砂砾岩、砾岩，少量含砾泥质砂岩
		沙县组	K_2s	紫红色粉砂岩、泥岩，夹砂岩、砂砾岩
	K_1	均口组	K_1j	灰色、灰绿色粉砂岩、泥岩，夹砂岩透镜体
		寨下组	K_1z	紫红色砂砾岩、熔结凝灰岩、流纹岩，底部夹玄武岩
		黄坑组	K_1h	紫红色砂砾岩、粉砂岩、安山岩、英安岩、熔结凝灰岩
		坂头组	K_1b	灰色砂岩、粉砂岩、泥岩，夹砂砾岩
		下渡组	K_1xd	紫红色砂砾岩、粉砂岩、流纹岩、熔结凝灰岩
	J_3	南园组	J_3n	灰色、浅灰色流纹质熔结凝灰岩
	J_2	漳平组	J_2z	杂色粉砂岩、泥岩、砂砾岩
	J_1	梨山组	J_1l	灰白色砂岩、砂砾岩、灰黑色粉砂岩，夹煤线
	T_3	焦坑组	T_3j	灰白色砂岩、粉砂岩，夹煤层
早古生代	∈	林田组	∈l	灰色变质砂岩、粉砂岩、千枚岩，夹炭质层
元古代	Pt_3	下峰组	Pt_3x	灰绿色变质杂砂岩、粉砂岩、千枚岩、黑云斜长变粒岩
		黄潭组	Pt_3h	二长变粒岩、浅粒岩，夹云母石英片岩
	Pt_2	南山岩组	Pt_2n	黑云斜长变粒岩、石英云母片岩
	Pt_1	大金山岩组	Pt_1d	黑云斜长变粒岩、黑云石英片岩、斜长角闪岩、石墨

泰宁周边地区地壳经历了华夏古陆、加里东褶皱造山、特提斯、过渡转换及活动大陆边缘五个构造发展阶段：

(1) 华夏古陆形成变质结晶基底，其后裂解沉陷，形成海相火山砂泥质复理石或火山复理石建造。

(2) 早古生代中期强烈的加里东运动，使上述地层强烈褶皱隆起，并发生区域低温动力变质作用及大规模岩浆侵入活动，构成了本区的基底。

(3) 加里东运动之后，特提斯海向东扩展，到晚泥盆世之后扩展到本区南部。形成晚泥盆世—早三叠世陆表海沉积地层。早三叠世末印支运动，使上述地层褶皱隆起，伴随少量岩浆侵入活动，形成印支构造层。泰宁区内本阶段沉积物已缺失。

(4) 晚三叠世—中侏罗世在板内拉张环境下形成的拗陷或断陷盆地沉积，以陆相碎屑岩为主，部分地区夹海相沉积及火山岩。中侏罗世末期，古太平洋板块开始向欧亚大陆板块碰撞挤压，从而转入活动大陆边缘发展阶段。

(5) 晚侏罗世—早白垩世早期，是板块碰撞挤压最强烈的时期，造成大规模的火山喷发，同时伴有大量的岩浆侵入。这个时期以挤压的构造环境为特点，火山岩、侵入岩都属钙碱性系列。

其中，早白垩世开始转为松弛拉张环境，地壳产生了拉张裂陷，形成了中国东南活动大陆一系列红色断陷盆地沉积（—火山）地层。这个时期火山活动减弱，主要沿裂陷带活动，呈条带状分布。泰宁即位于邵武-河源断裂带的北段，是这一时期形成的受该断裂带控制的典型带状断陷红色盆地。火山岩为基性一酸性火山岩组合，具双峰式特征。到晚白垩世末（或古近纪早期）地壳隆起，遭受剥蚀。

7.2　野外调查和采样过程

丹霞地貌中最常见的是在砂岩地层中发育有数量极多、规模大小不一的扁平状凹槽（图 7-4），这些凹槽随着其加深和拓宽，继而引发上方岩体崩落和山坡后退以及谷地的拓宽，这是丹霞地貌发育的主要机制和过程。岩性差异风化是凹槽形成主要原因之一，但对其岩性差异的细节方面的原因一直未见系统的岩石学实验研究成果，这种差异在过去的研究中除了做岩性薄片鉴定外（朱诚等，2000，2005，2009a，2009b），多停留在定性分析水平上。

针对这一关键问题，自 2007 年以来，利用“中国丹霞”联合申报世界自然遗产之际，南京大学朱诚教授团队对丹霞山、崀山、泰宁和龙虎山这 4 处申遗地共采集钻孔岩芯标本 137 块（实验样品 131 块）、磨薄片作岩性偏光显微镜鉴定 47 块，获得了较为理想的岩体抗压、抗侵蚀和抗冻融等试验数据，为科学解释岩体差异对丹霞地貌发育机制的影响提供了可靠的科学依据。

考虑到丹霞地貌岩体中砾岩、砂岩和泥岩等不同岩性的抗压强度差异对岩体差异风化有重要影响，丹霞岩层主要为白垩系山间陆相盆地沉积，在沉积和抬升过程中受板块运动影响，多伴有火山喷发作用，喷发的含硫物质易形成酸雨对丹霞岩体有强烈侵蚀作用，而且白垩纪以来出露的丹霞地貌岩体经历过第四纪漫长的温度变化也会对岩体产生强烈的冻融风化作用，设计了岩体抗压抗冻融实验。

在野外，先去除取样点表面 5cm 厚的风化层，再采用 Z1Z-CF-80 便携式工程钻机（功率 1150W，50～60Hz），岩芯管内径 56mm 的岩芯取样钻，配以循环水钻法钻取岩芯样，钻进深度一般为 15～20cm，野外钻取的岩芯尺寸一般为高径比 3∶1（即 15cm×5cm，图 7-5）。

在有砂岩和砾岩互层、且砂岩处有扁平凹槽发育的福建泰宁李家岩云台寺、宝盖山观音堂寺旁、九龙潭、宝盖岩、上清溪下码头采集砂岩和砾岩 32 块，还在广东丹霞山锦石岩百丈峡北口、长老峰售票站旁采集了砂岩、砾岩和泥岩共 38 块；在湖南崀山的义军寨、白面寨、穿岩和汤家坝天生桥采集砂岩和砾岩 31 块；在江西龙虎山瑞林山庄和排衙山庄采集砂岩和砾岩 36 块，总计 137 块岩芯标本，进行实验的标本为 131 块（抗压 48 块、抗冻融 20 块、抗酸侵蚀 63 块）。

(a) 丹霞山锦石岩砂岩凹槽及其上方砾岩

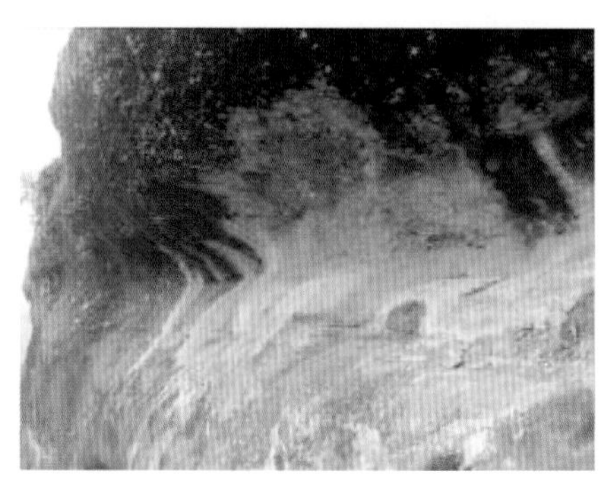

(b) 崀山白面寨砂岩凹槽及其上方砾岩

(c) 泰宁九龙潭砂岩凹槽及其上方砾岩及其上方砾岩

(d) 龙虎山排衙峰麓的砂岩凹槽

图 7-4　采样点凹槽特征

(a) 在丹霞山锦石岩砂岩钻取岩芯

(b) 在泰宁上清溪砾岩钻取岩芯

图 7-5　钻取岩芯现场照片

7.3　实验研究过程

实验内容主要包括对岩芯标本块体的抗压实验、抗酸侵蚀实验、抗冻融实验和岩石标本磨薄片的偏光显微镜鉴定分析。

按照实验规程，首先将野外钻取的岩芯标本送至南京玉器厂用切割机分别切割成高径比 2∶1 的 10cm×5cm 的圆柱状试块和高径比 1∶1 的 5cm×5cm 圆柱状试块，以及边长 5cm 的正方体试块 3 种。

抗压实验按中华人民共和国水利部 2001 年发布的岩石抗压强度实验规程进行，即 $R=P/A$。其中，R 为岩石单轴抗压强度（MPa）；P 为破坏荷载（N）；A 为试件截面积（mm^2）。抗压实验分别取每个采样地砾岩岩芯试块做干抗压 3 件、湿抗压 3 件，砂岩岩芯试块做干抗压 3 件、湿抗压 3 件，共计 48 块岩芯。干抗压试块和浸泡蒸馏水 48h 饱和后的湿抗压试块在用卡尺量测上、下受压面积和称重后，在水利部南京水利科学院材料结构研究所用 YE-2000 型液压式压力试验机进行抗压实验，获取各类丹霞岩体的破坏荷载值 P（kN）和抗压强度值 R（MPa）。

首先选择四个切割后样品的剩料（广砾 2、广砂 14、广砂 3、广砾长 2），送江苏省水利科学研究院材料研究所做单轴抗压预实验，使用济南实验机厂制造的液压式实验机，各岩体破坏荷载：广砾 2 为 36kN，广砂 14 为 9kN，广砂 3 为 16kN，广砾长 2 为 18.5kN（图 7-6）。

(a)

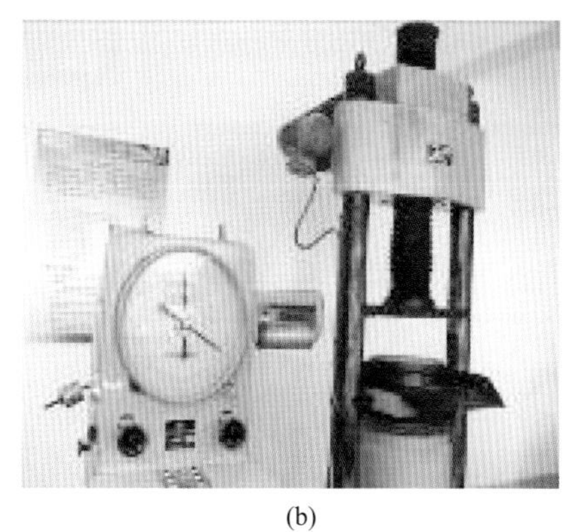
(b)

图 7-6　抗压预实验样品和液压式实验机

为了能够进行对比，选择四处世界自然遗产地 48 块岩芯进行实验数据对比分析，每个研究地选择 12 块岩芯，其中砂岩、砾岩各 6 块。例如，泰宁选用 12 块岩芯（砂岩、砾岩各 6 块），然后将 48 块样品全部送往苏省水利科学研究院材料研究所，对单轴湿抗压样品进行泡水，48h 后取出；单轴干抗压样品放入烘箱，在 105℃环境下连续烘干 24h 取出，湿抗压样品先擦干，称重、描述后，用游标卡尺测量样品上下的直径（测四次，最后计算平均值），干抗压样品从烘箱中取出冷却后，方法同上，称重、描述后、用游标卡尺测量样品上下的直径（测四次，最后计算平均值），记录好数据后，送压力实验室进行压力实验（图 7-7，图 7-8）。

图 7-7 所有样品单轴抗压前称重照片

图 7-8 单轴抗压及样品破碎后的照片

7.4 实验数据分析

(1) 对上述福建泰宁的 12 块岩芯样品实验获得的单轴干、湿抗压实验结果，进行实验数据分析，如图 7-9 所示。

图 7-9 反映出泰宁砂岩和砾岩的干抗压强度数值（图中红色符号）明显大于湿抗压强度（图中蓝色符号）（欧阳杰，2010b）。福建泰宁 12 块岩芯抗压强度在 15～

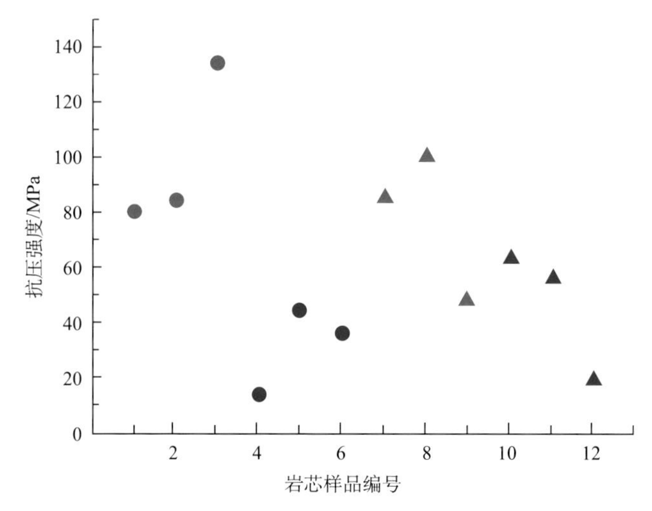

图 7-9　福建泰宁 12 块岩芯抗压强度数值分布图（欧阳杰，2010b）

12 块岩芯从左往右依次为：1. 福砂 1；2. 福砂 10；3. 福砂 11；4. 福砂 4；5. 福砂 14；6. 福砂 15；7. 福砾 16；8. 福砾 17；9. 福砾 18；10. 福砾 15；11. 福砾 12；12. 福砾 8

140MPa；其中，砂岩和砾岩抗压强度相差较大，以上分析的初步结论是，丹霞地貌地的砾岩抗压强度一般要大于砂岩的抗压强度，砾岩和砂岩的干抗压强度一般都大于湿抗压强度。

（2）对四个研究地砂岩岩芯抗压强度的实验数据比较，如图 7-10 所示。

从图上可以发现四处研究地砂岩岩芯干抗压强度大约为 40～140MPa，湿抗压强度仅为 0～60MPa。而且，同一研究地砂岩干抗压强度（图中红色圆点）明显大于其湿抗压强度（图中蓝色圆点），但各地差异有所不同。广东丹霞山 6 块砂岩抗压强度为 14.6～113.7MPa，干、湿抗压强度的差值为 99.1MPa；福建泰宁 6 块砂岩抗压强度为 13.2～134.4MPa，干、湿抗压强度的差值为 121.2MPa；江西龙虎山 6 块砂岩抗压强度为 0～52.2MPa；而湖南崀山 6 块砂岩抗压强度为 16.8～118.3MPa，干、湿抗压强度的差值为 101.5MPa。以上分析可以看出，四处研究地砂岩干、湿抗压强度差值由大到小依次为福建泰宁（121.2MPa）、湖南崀山（101.5MPa）、广东丹霞山（99.1MPa）和江西龙虎山（52.2MPa）（欧阳杰，2010b）。

（3）对四个研究地砾岩岩芯抗压强度的实验数据比较，如图 7-11 所示。

与上述讨论的砂岩情况有些相似，四处研究地的砾岩岩芯干抗压强度也大约为40～140MPa，湿抗压强度为 20～60MPa，同一研究地砾岩干抗压强度均明显大于湿抗压强度，但与砂岩相比差异不大。广东丹霞山 6 块砾岩抗压强度为 21.2～108.3MPa，干、湿抗压强度的差值为 87.1MPa；福建泰宁 6 块砾岩抗压强度为 19.0～100.0MPa，干、湿抗压强度的差值为 81.0MPa；江西龙虎山 6 块砾岩抗压强度为 61.2～108.3MPa，干、湿抗压强度的差值为 47.1MPa；而湖南崀山 6 块砾岩抗压强度为 42.6～132.6MPa，干、湿抗压强度的差值为 90.0MPa。以上分析可以看出，四处研究地砾岩

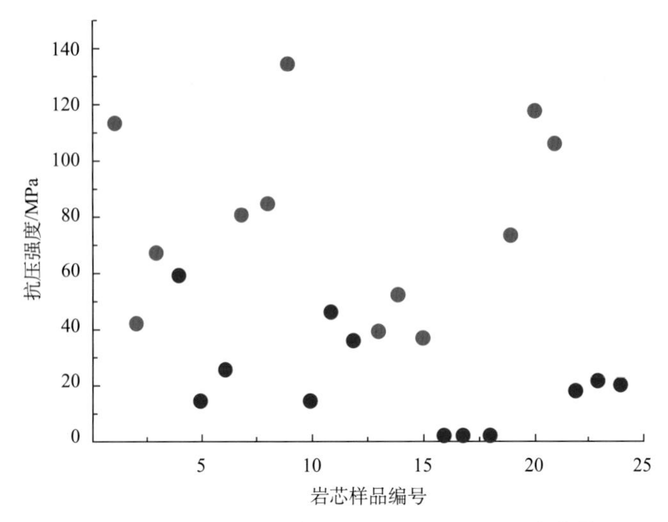

图 7-10　泰宁、丹霞山、龙虎山、崀山砂岩抗压强度数值对比图

24 块岩芯从左往右依次为：1. 广砂 1；2. 广砂 12；3. 广砂 17；4. 广砂 2；5. 广砂 13；6. 广砂 18；7. 福砂 1；8. 福砂 10；9. 福砂 11；10. 福砂 4；11. 福砂 14；12. 福砂 15；13. 江砂 7；14. 江砂 14；15. 江砂 18；16. 江砂 8；17. 江砂 15；18. 江砂 19；19. 湘天砂 3；20. 湘穿砂 11；21. 湘穿砂 12；22. 湘天砂 4；23. 湘穿砂 13；24. 湘穿砂 14

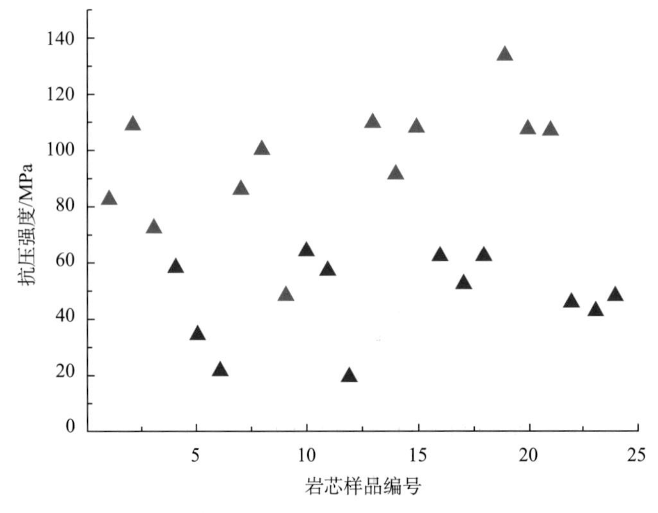

图 7-11　泰宁、丹霞山、龙虎山、崀山砂岩抗压强度数值对比图

24 块岩芯从左往右依次为：1. 广砾 8；2. 广砾 14；3. 广砾 15；4. 广砾 1；5. 广砾 9；6. 广砾 16；7. 福砾 16；8. 福砾 17；9. 福砾 18；10. 福砾 15；11. 福砾 12；12. 福砾 8；13. 江砾 9；14. 江砾 12；15. 江砾 17；16. 江砾 8；17. 江砾 11；18. 江砾 16；19. 湘义砾 5；20. 湘白砾 9；21. 湘白砾 10；22. 湘义砾 6；23. 湘白砾 11；24. 湘白砾 12

干、湿抗压差值由大到小依次为湖南崀山（90MPa）、广东丹霞山（87.1MPa）、福建泰宁（81MPa）和江西龙虎山（47.1MPa）（欧阳杰，2010b）。

7.5　造景地貌成因分析

据实地考察和实验分析，泰宁丹霞地貌的成因是多方面的复杂的，是岩石性质、气候、构造等因素共同作用的结果。

（1）实验数据反映岩芯抗压差异的特点和丹霞地貌发育之间的联系，组成丹霞地貌的岩体（砂岩和砾岩）在干燥环境下结构相对比较稳定，但当遭到外力的雨水或流水的侵蚀是，岩体变得比较松软，抗压强度都会降低。从实验数据分析的结果来看，砂岩的抗压强度降低得更大一些，尤其是江西龙虎山的三块砂岩岩芯样品，放入水中后竟然破裂，使其湿抗压强度为零。这样，丹霞岩体在流水或雨水的作用下就会产生差异风化，一般是砂岩层为首先被剥落分化，发育成凹槽和岩穴，再进一步发育演化成其他各种类型的丹霞地貌。

（2）冲洪积相的砂砾岩、砾岩是洞穴形成的物质基础。泰宁冲洪积相的砂砾岩、砾岩常呈块状、厚层状，成层性不佳。岩石成分不均，胶结相对松散，常夹有相对软弱的夹层。岩石风化时其中的砾石较易脱落，软弱层较易风化，从而形成洞穴的雏形。其巨大的层厚和不均一性则增加了洞穴形成和造型的随机性。

（3）流水的侵蚀、侧蚀，水与其他因素（如生物）共同造成的岩石风化、剥落、崩塌，是洞穴形成的主要地质作用。大形单体洞穴的形成往往与崩塌作用有关，而崩塌作用的产生则往往是由于水流的侧蚀或岩石差异风化所引发。洞穴群的产生往往与崖壁上的片流侵蚀、垂直水流侵蚀有关，有时也伴有崩塌作用；蜂窝状洞穴的形成与风化、流水侧蚀等作用有关。

（4）水流是雕凿洞穴的最主要的工匠。泰宁地区湿润多雨，水在洞穴的形成中扮演了重要角色。除了溪流的深切、侧蚀，大气降水对山体冲蚀及其引起的崩塌等作用外，由大气降水渗透而形成的裂隙水、渗滤水的长期浸润对岩石的风化、溶蚀也是洞穴形成的一个十分重要的原因。

7.6　研究结论

（1）岩体抗压强度的差异与当地丹霞地貌的主体特征有一定的联系。福建泰宁砂岩和砾岩的干、湿抗压强度的差异在四处研究地中是非常突出的，当这些岩体在遭受雨水和流水的侵蚀后，由于砂岩抗压强度的急剧降低，首先容易被风化剥落，形成泰宁千姿百态的以凹槽为主体丹霞地貌景观，并进一步发育成岩穴和其他丹霞地貌类型。而龙虎山砂岩湿抗压能力很弱，在雨水和流水的侵蚀下，软弱的砂岩层被侵蚀剥落，使得当地丹霞地貌的演化会相对快速地向老年期发育。

（2）四处研究地岩体干抗压强度为 40～140MPa，湿抗压强度为 0～60MPa，干抗压强度大于湿抗压强度比较明显；在同一地点采样地砂岩和砾岩干抗压强度大于湿抗压强度表现更为突出（图 7-12）。

（3）各地砾岩干抗压强度稍大于砂岩干抗压强度，砾岩的干抗压强度主要为80～140MPa，砂岩主要为 40～120MPa。江西龙虎山砂岩湿抗压强度最小（为零），其余三处砂岩湿抗压强度相差不大（图 7-12）。

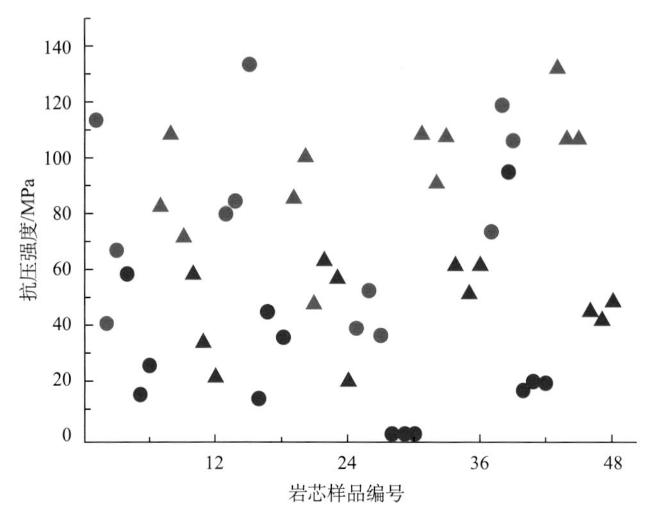

图 7-12　丹霞山、泰宁、龙虎山、崀山砂岩、砾岩抗压强度的综合对比（欧阳杰，2010b）

48 块岩芯从左往右依次为：1. 广砂 1；2. 广砂 12；3. 广砂 17；4. 广砂 2；5. 广砂 13；6. 广砂 18；7. 广砾 8；8. 广砾 14；9. 广砾 15；10. 广砾 1；11. 广砾 9；12. 广砾 16；13. 福砂 1；14. 福砂 10；15. 福砂 11；16. 福砂 4；17. 福砂 14；18. 福砂 15；19. 福砾 16；20. 福砾 17；21. 福砾 18；22. 福砾 15；23. 福砾 12；24. 福砾 8；25. 江砂 7；26. 江砂 14；27. 江砂 18；28. 江砂 8；29. 江砂 15；30. 江砂 19；31. 江砾 9；32. 江砾 12；33. 江砾 17；34. 江砾 8；35. 江砾 11；36. 江砾 16；37. 湘天砂 3；38. 湘穿砂 11；39. 湘穿砂 12；40. 湘天砂 4；41. 湘穿砂 13；42. 湘穿砂 14；43. 湘义砾 5；44. 湘白砾 9；45. 湘白砾 10；46. 湘义砾 6；47. 湘白砾 11；48. 湘白砾 12（●表示砂岩干抗压，▲表示砂岩湿抗压，▲表示砾岩干抗压，●表示砾岩湿抗压）

第 8 章　湖南崀山丹霞地貌研究

8.1　研究区概况

8.1.1　自然地理特征

崀山属亚热带湿润季风气候区，年平均降雨量 1450mm，4～6 月降雨量占全年的 45%。5 月降雨量最多，平均为 213mm，12 月降雨量最少，月降雨量 47mm。年平均气温 15.5℃，最热月 7 月份平均气温 26℃；最冷月 1 月份平均气温为 4℃。极端最高气温 37.2℃，极端最低气温－6.8℃，具有南方典型的山地气候特点。年平均日照 1495h，年有雾日 22d，能见度 30m，年平均降雪日 18d，积雪日年平均 10d，年平均无霜期 291d，年平均风暴日 27d，年平均风速 2.4m/s，主导风向为东北风和西南风，大于 8 级的大风，年平均 12d，年平均相对湿度 82%。

崀山位于资江流域上游，扶夷江自南向北贯穿崀山丹霞地貌区，区内全长 24km，年均流量 78.5m^3/s，最小流量 13.2m^3/s，河面宽 60～180m，平均水深 1.5m。崀溪、盆溪、鲤溪、七星河、三元河横切整个提名地区内，其中崀溪在提名地区内全长 6km，年平均流量 10.4m^3/s，最小流量 1.4m^3/s。雨水和直接径流量是地表水的主要来源，它们在汇入扶夷江之前经过构造裂隙渗透。崀山地表水系春夏两季丰富，秋冬季节相对枯竭。区内地下水丰富，含水层主要赋存于全新统砂砾层、砾层中，地下水位变幅 165m。

崀山土壤类型主要有水稻土、潮土、红壤、紫色土等类型。土层较厚，保水、保肥性能良好，不易造成水土流失。该地位于华中、华南、滇黔桂等动、植物区系的交汇过渡地带，属中亚热带常绿阔叶林南部植被亚地带，为中国南方典型的亚热带山丘型森林生态系统，四季常青，终年碧绿，森林覆盖率 78.8%。

8.1.2　崀山丹霞地貌概况

丹霞地貌在湖南中部平原上分布很少，湘东北有零星分布，湘西和湘西南丹霞地貌分布密集（图 8-1）。崀山位于湖南省西南边陲的邵阳市新宁县境内，110°42′53″～110°49′34″E，26°15′06″～26°25′21″N，核心区面积 6600km^2，缓冲区面积 6200km^2。崀山地处中国第二、第三阶梯的过渡地带，越城岭与苗儿山之间，资新盆地的东北边缘（图 8-2），区内地势南高北低，属中低山区，最高峰海拔 818m，北部扶夷江最低海拔 302m，地貌以峰丛式丹霞地貌为主，兼有岩溶地貌。

8.1.3　地质构造

从中国大地构造位置来看，崀山位于中国中南部的扬子板块（湘西北原地地体）与华南板块交接地带，湘中地体（华南板块西缘江南地块成员）西南、雪峰山缝合带东侧

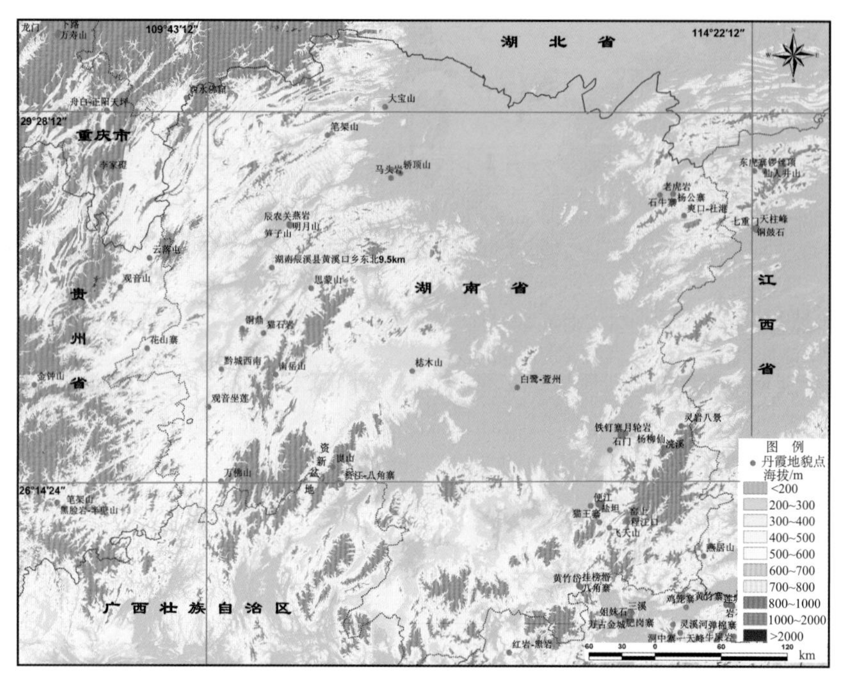

图 8-1　湖南省丹霞地貌的空间分布示意图（欧阳杰，2010b）

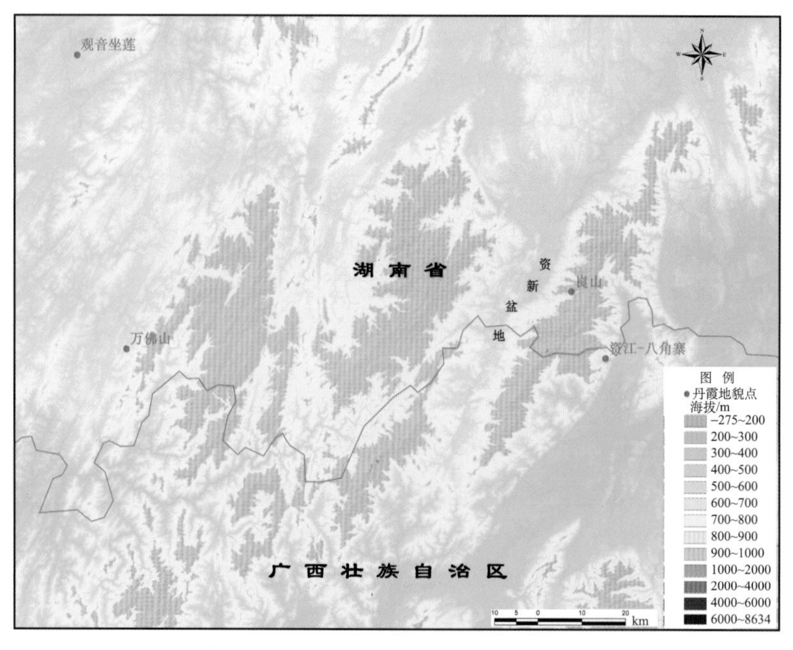

图 8-2　湖南崀山及资新盆地分布图（欧阳杰，2010b）

（图 8-3）。

从区域构造来看（图 8-4），崀山位于在华南板块最西缘的湘中南地体加里东期、印支期褶皱带基础上形成的白垩纪长条形盆地（资源-新宁盆地）内，盆地中南段基底为加里东期花岗岩，北段为古生界碎屑岩及碳酸盐岩。北东向、北北东向断裂发育，并控制白垩纪盆地的发生发展。形成丹霞地貌的物质基础为白垩系下统栏垅组一套快速堆积陆相冲洪积相及河流相红色砾岩及砂砾岩。

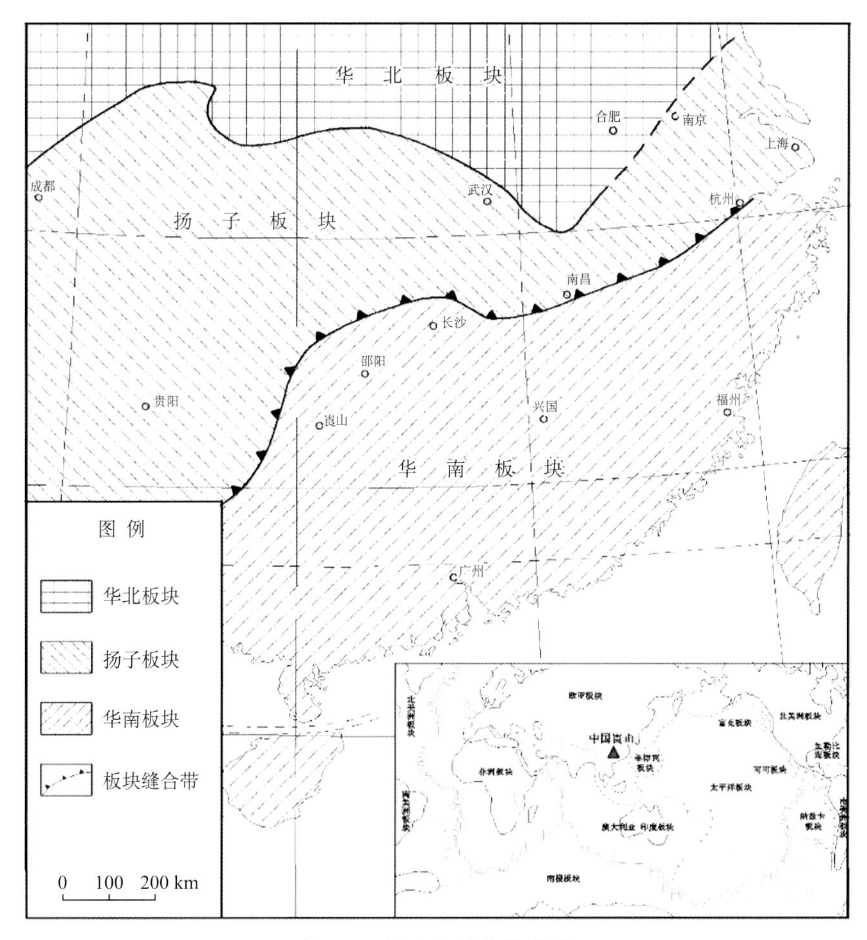

图 8-3　崀山大地构造位置

8.1.4　地层与岩性特征

崀山及周边地区除志留系中、上统，侏罗系和第三系缺失外，白板溪群至第四系均有分布（图 8-5），其中板溪群、震旦系及下古生界以浅变质上午板岩、变质砂岩、变质粉砂岩为主，夹有凝灰岩、硅质岩、泥灰岩等。上古生界及三叠系以石灰岩、含燧石灰岩、白云岩、泥灰岩、砂岩、粉砂岩为主，夹有硅质岩、页岩等。

崀山所在的资源-新宁断陷盆地，南北长 47km、东西宽 3～9km，盆地内的白垩系下统栏垅组（K_1）属于华南地层大区东南 II 级地层区湘中地层分区（$VI_5{}^3$）（图 8-6，表 8-1），该区包括广西壮族自治区永福、咸水及崀山等山间断陷盆地和衡阳及湘东地区裂谷盆地。

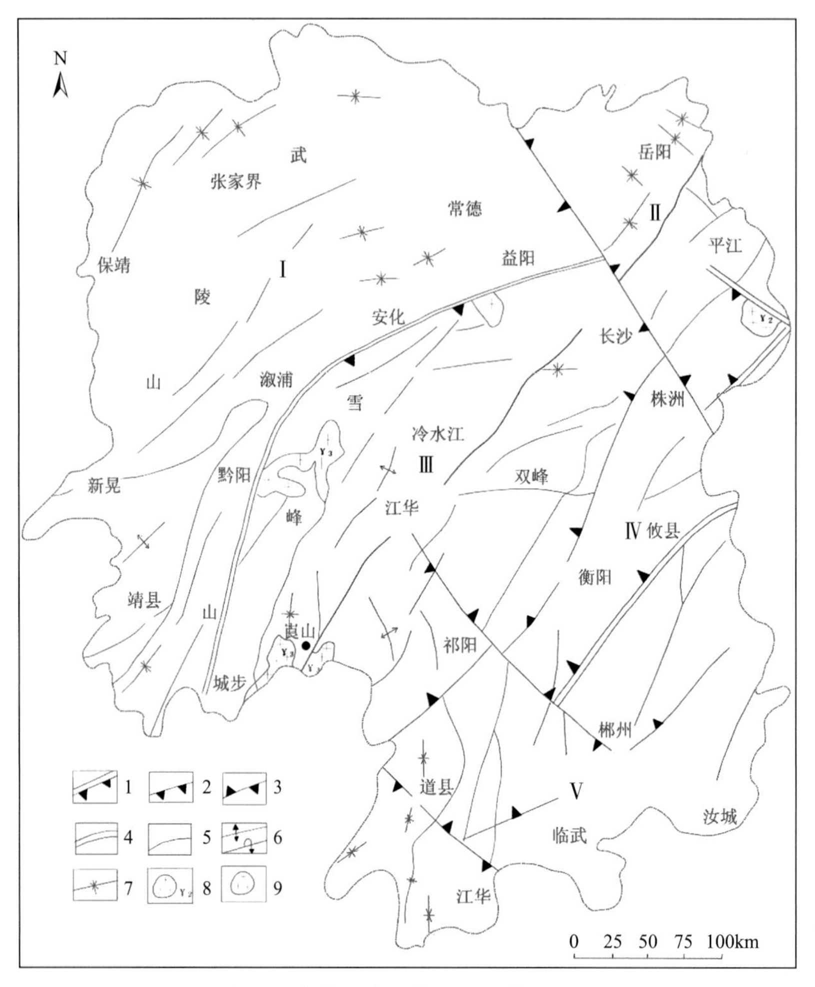

图 8-4 湖南省大地构造（地体）略图

1. B 型俯冲带（雪峰山缝合带）；2. A 型俯冲断裂带；3. 转换断层及走滑断层；4. 同沉积断层；5. 一般断裂；6. 背斜、倒转背斜；7. 向斜；8. 雪峰山花岗岩；9. 加里东花岗岩；扬子板块：Ⅰ. 湘西北原地地体；Ⅱ. 湘东北（九岭）地体华南板块：Ⅲ. 湘中地体；Ⅳ. 湘东地体；Ⅴ. 湘南地体

崀山白垩系分布于新宁—窑市—梅溪—资源盆地，沿北北东向至南北向延伸，为一套陆相紫红色磨拉石碎屑岩建造，不整合于前白垩系不同时代地层及不同期花岗岩之上。总厚度 200～2320m，其岩性由上而下分为：

上部：分布于新宁—义兴桥等地，为紫红色厚层含砾砂岩、含砾泥质粉砂岩，夹泥岩及粉砂岩。砾石成分为砂岩、灰岩、花岗岩等，属河湖相。地貌上为红层丘陵。

下部：分布于崀山街及其以南梅溪及资源一带，由砾、砂砾、杂砂、粉砂、黏土等组成的复陆屑建造。其岩性为紫红色厚层—巨厚层砾岩、砂砾岩，夹含砾砂岩及少量含砾泥质粉砂岩、长石石英砂岩。砾石大者 45cm，小者 2～3cm，一般 5～8cm，大小混杂，棱角状—次棱角状。厚度变化大，由南至北，厚度变薄，资源梅溪等地，厚达 2320m，而至新宁，厚度减少为 150m。砾石成分随地而异，南部资源、梅溪一带，砾石成分以花岗质

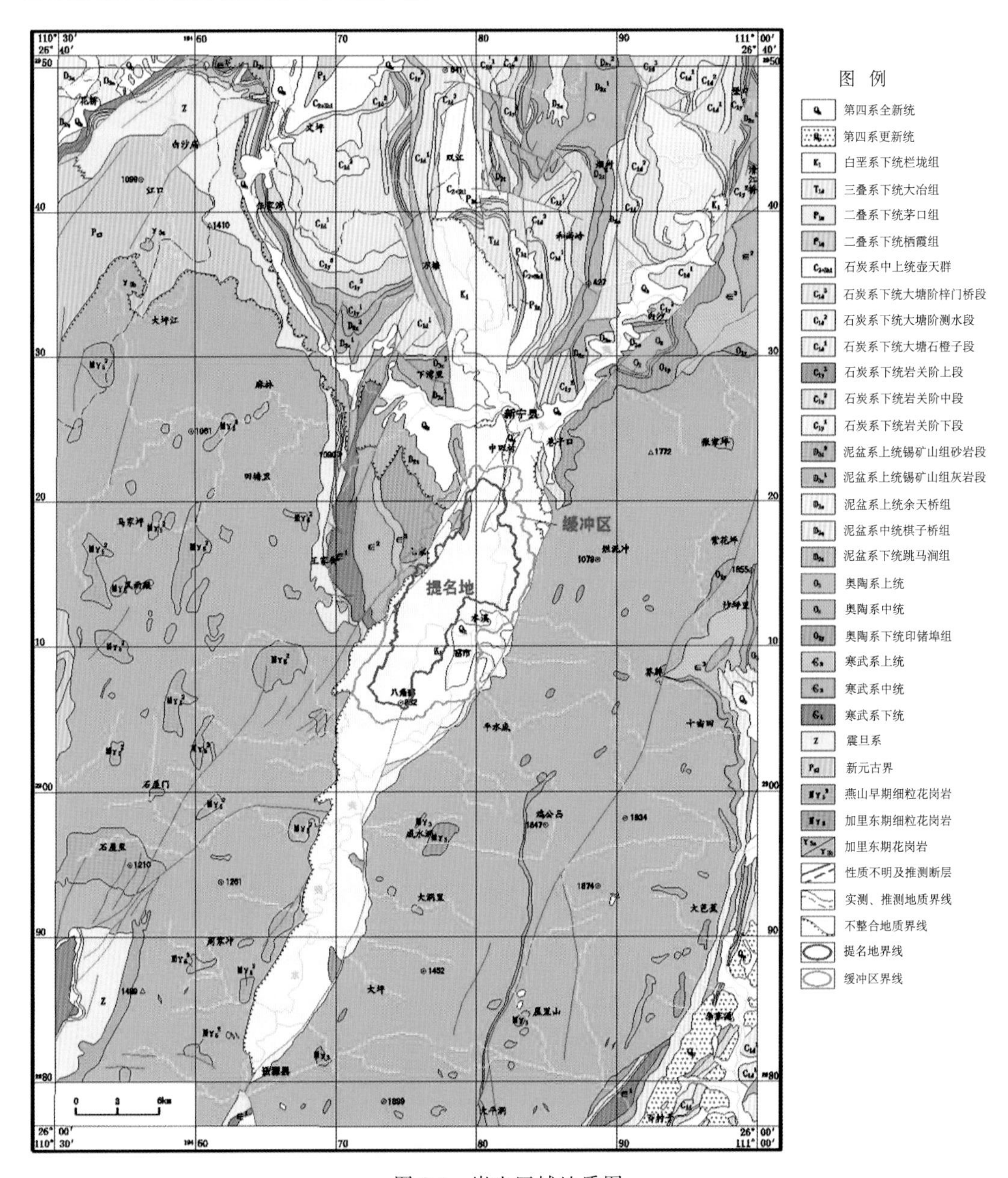

图 8-5　崀山区域地质图

碎屑（花岗岩屑、石英、长石、黑云母）为主，少量硅质岩屑、变质砂岩、板岩等；而北部崀山街、新宁一带，砾石成分以灰岩、砂岩为主，少量花岗岩。属山麓洪积、冲洪积相，其特点表现为构成山前冲洪积扇，有自扇体后缘（山口地带）至前缘砾径变小，由砾岩—砂砾岩—砂岩—泥砂岩的变化；物质磨圆度从后缘至前缘由棱角状—次棱角状—次圆状的明显变化。交错层相当发育，反映山区河流急湍短促，流出山口后随古盆底地形变化与流向变化沉积的结果，或因数条不同流向的河流沉积物相互叠置的结果。这套山麓冲洪积相粗粒红色岩系为塑造崀山提名地丹霞地貌景观提供了物质基础。

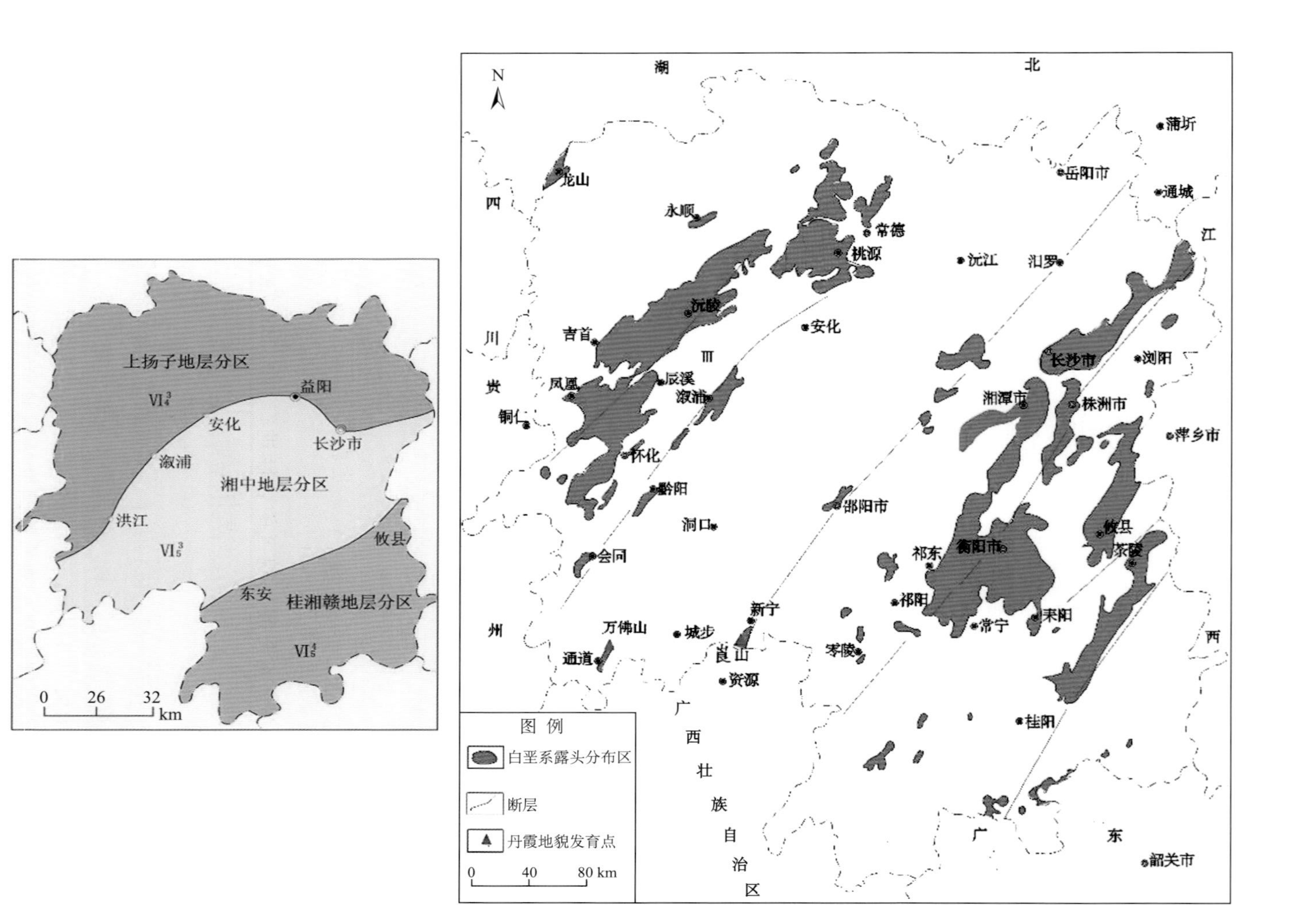

图 8-6　湖南地层分区图（左）和湖南白垩系露头分布图（右）

表 8-1　崀山白垩系划分对比表

地质时代		湘中地层分区 (Ⅵ$^3_5$)		
		新宁-资源盆地	衡阳盆地	化石特征
古近纪	始新世		茶山坳组 (Ec)	古脊椎动物 Propachynolophus, Matutinia等
	古新世		枣市组 (Ez)	古脊椎动物 Bemalambda,Hypsilolambda等
白垩系	晚白垩世		车江组 (Kc)	各类恐龙蛋
			戴家坪组 (Kdj)	恐龙蛋
	早白垩世	栏垅组 (Kl)	神皇山组 (Ksh)	介形类 Cypridea(Pseudocypridina) —Eucypris—Cyprinotus 植物：Manica,Pagiophyllum, Brachyphyllum等
			东井组 (Kd)	双壳类：Trigonioides —Nippononaia— Plicatounio组合　介形类：Cypridea— Darwinula组合

资料来源：根据湖南省地质矿产局，湖南省岩石地层（地层多重划分），中国地质大学出版社，1997。

8.2　野外调查和采样过程

湖南崀山以气势磅礴的造型石和独特的丹霞地貌中的喀斯特现象，令前来评审考察的中国丹霞申报世界自然遗产地的国内外专家惊叹不已。众所周知，具有溶蚀力的水对可溶性岩石进行溶蚀等作用形成喀斯特地貌的研究很多，但对形成丹霞地貌最重要的物质基础砂岩和砾岩的溶蚀实验研究还没有进行过深入的探讨。

2008 年 10 月，课题组在崀山白面寨、天生桥、穿岩等处（图 8-7）采集砾岩和砂岩岩石标本，然后送到南京玉器厂按照实验规程，用切割机将样品切割成棱长 5cm 的正方体试块（图 8-8）；为了对丹霞地貌区的岩性进行更加细致的微观定量分析，又在天一巷出口左上方的凹槽及凸出部位、七层楼凹槽及上部凸出部位、八角寨无底洞凹处及凸处部位和五柱洞采集岩石标本（图 8-8），送到南京大学地球科学系进行磨片及偏光显微镜鉴定，分析了岩芯微观结构的特征。

通过实地采样获得 41 块砂岩、砾岩岩芯样品。选择其中 18 块岩芯，平均分成三组分别放入 2%、5%、10%三种不同浓度的硫酸溶液浸泡和连续 12d 定时观测、记录，最后将未被酸侵蚀破碎的 3 块岩芯进行单轴抗压实验。在宏观实验观测的基础上，初步微观半定量解释了丹霞地貌区砂岩和砾岩抗酸侵蚀脆弱性的一般特点，为今后更加合理开发、保护这个生态环境脆弱的世界自然遗产提名地和人类的永续利用提供了依据。

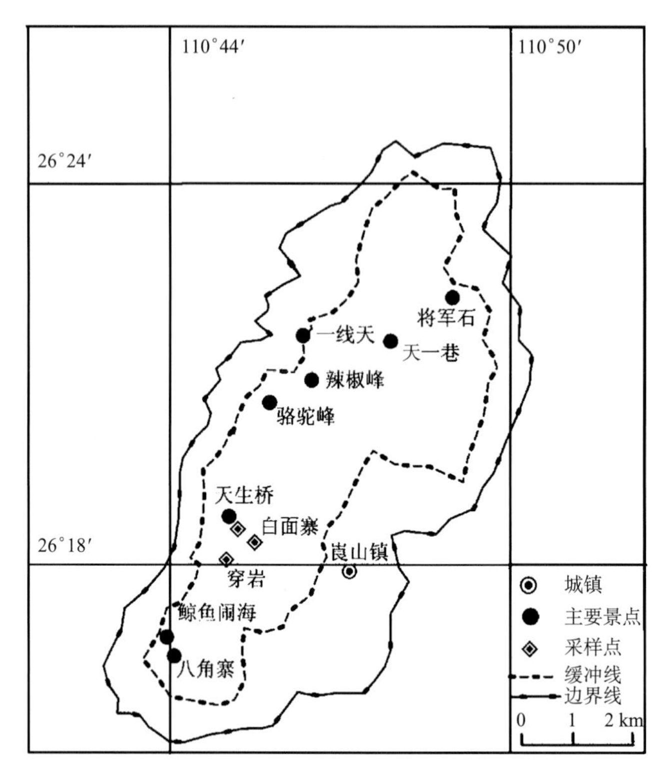

图 8-7　崀山采样点示意图

图 8-8　部分实验样品照片

8.3　实验研究过程

实验选择 6 块样品浸泡、称重，配三种浓度的硫酸：5%的硫酸溶液浸泡广砾 14 和广砂 14；20%的硫酸溶液浸泡广砂 1 和广砾长 1；40%的硫酸溶液浸泡广砾 12 和广砂长 1。所有试块在 40%硫酸溶液中不到 24h 全部松散，表现出丹霞岩体对酸性物质侵蚀的极其脆弱性。故作者在配制硫酸溶液时（图 8-9），将标准规定的 10%、20%、40%三种浓度的硫酸，调整为 2%、5%和 10%三种浓度，其他程序不变。

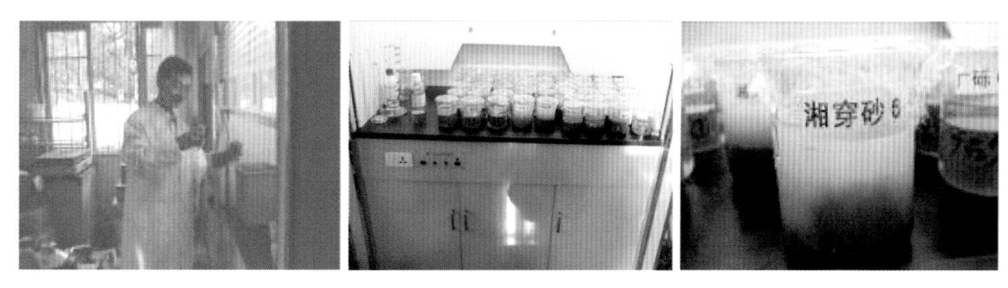

图 8-9　在南京大学实验室配制抗酸溶液及样品照片

对样品在不同浓度硫酸中的变化进行观测和记录，特殊现象拍照，连续进行 12 天定时观测和记录，实验完毕时，将废弃硫酸溶液首先稀释，然后用清水不停地将废液冲走，以免造成水污染；破碎的岩芯也进行妥善处理，避免固体废弃物的污染，12 天后将未完全松散的 14 块试块取出洗净擦干外表，送南京水利科学院材料结构研究，用 YE-2000 型液压式压力试验机进行抗压实验，获取各类实验数据，如岩体的破坏荷载值 P（kN）和抗压强度值 R（MPa）（表 8-2）。

8.4　实验数据分析

（1）本次丹霞地貌区砂岩和砾岩抗酸实验共选用崀山白面寨、天生桥、穿岩、义军寨 18 块砂岩和砾岩岩芯，经过连续 12d 的定时观测，有 15 块岩芯样品破碎，占总实验标本的 83.3%，说明实验地的砂岩和砾岩抗酸侵蚀的高度脆弱性，对其他几个实验地的砂岩和砾岩，如广东丹霞山、福建泰宁等地的实验数据分析，也可以得出相同结论。

（2）最后仅剩 3 块抗酸能力相对较强的砾岩岩芯，全部在 2%的硫酸溶液中，它们分别是湘义砾 4、湘白砾 7 和湘白砾 8。所有的砂岩在经过连续 12d 的三种不同浓度的硫酸浸泡后全部破裂，这说明在相同的条件下，丹霞地貌区砾岩的抗酸侵蚀能力要大于砂岩。另外，通过实地考察发现，湖南崀山和其他几处世界自然遗产地如广东丹霞山、福建泰宁、江西龙虎山—龟峰、浙江江郎山和方岩等处，有大量的凹槽和岩穴发育在砂岩（或页岩）处，这说明在遭受相同外力侵蚀（流水、酸侵蚀等）的作用下，砂岩比砾岩更容易分化剥落，从而形成丹霞地貌区非常普遍的形态—凹槽和岩穴。

表 8-2　湖南崀山部分岩体抗酸侵蚀一览表

序号	试验编号	野外编号	采样地点	岩性	岩性地层符号	岩样试件外观描述	上压面直径 Φ /mm	下压面直径 Φ /mm	受压面积 A /mm²	高度 /mm	侵蚀介质	侵蚀前质量 m_s/g	侵蚀后质量 m_f/g	浸泡龄期及试件变化过程描述	侵蚀后试件破坏荷载 P_f/kN	侵蚀后抗压强度 /MPa
1	湘穿砂 7	08-11-22-2	湖南崀山穿岩	砂岩	白垩系下统栏垅组（K_2）	暗红色正方体，质地均匀坚硬，可见杂砾	49.5	49.2	—	50.0	2%硫酸	317.4	—	连续泡酸 2h 后破裂，24h 后完全破碎	—	—
2	湘穿砂 8	08-11-22-2	湖南崀山穿岩	砂岩	白垩系下统栏垅组（K_2）	暗红色正方体，数道凹槽可见，有一灰岩体（约 16mm×3mm）贯穿，对侧有一裂缝	49.0	48.5	—	48.8	2%硫酸	302.9	—	连续泡酸 2h 后破裂，24h 后完全破碎	—	—
3	湘穿砂 9	08-11-22-2	湖南崀山穿岩	砂岩	白垩系下统栏垅组（K_2）	暗红色正方体，质地均匀坚硬，可见杂砾，两角略有磨损	48.5	48.1	—	48.9	2%硫酸	294.2	—	连续泡酸 2h 后溶液混浊，24h 后完全破碎	—	—
4	湘义砾 4	08-11-17-4	湖南崀山义军寨	砾岩	白垩系下统栏垅组（K_2）	暗红色正方体，略有磨损，石英、长石为主	49.3	48.3	1869.627	48.7	2%硫酸	303.4	303.6	连续泡酸 12d 变化不大	18	9.627591
5	湘白砾 7	08-11-11-7	湖南崀山白面寨	砾岩	白垩系下统栏垅组（K_2）	正方体，可见 3 块较大灰岩，石英为主，含长石，两角有磨损	50.0	48.2	1893.122	48.9	2%硫酸	316.6	316.0	连续泡酸 12d 变化不大	26	13.73393

表 8-3　湖南莨山部分样品抗酸实验数据

序号	试验编号	采样地点	岩性	岩性地层符号	样品照片	岩样试件外观描述	侵蚀介质	侵蚀前质量 m_s/g	侵蚀后质量 m_f/g	浸泡龄期及试件变化过程描述	侵蚀后试件破坏荷载 P_f/KN	侵蚀后抗压强度 MPa
4	湘义砾 4	湖南莨山义军寨	砾岩	白垩系下统栏垅组（K_2）		暗红色正方体，略有磨损，含石英、长石	2%硫酸	303.4	303.6	连续泡酸 12d 变化不大	18	9.627591
5	湘白砾 7	湖南莨山白面寨	砾岩	白垩系下统栏垅组（K_2）		正方体，可见 3 块较大灰岩，石英为主，含长石，两角有磨损	2%硫酸	316.6	316.0	连续泡酸 12d 变化不大	26	13.73393
6	湘白砾 8	湖南莨山白面寨	砾岩	白垩系下统栏垅组（K_2）		正方体，可见少量灰岩，石英、长石为主，一角部有较大磨损	2%硫酸	306.6	308.0	连续泡酸 12d 变化不大	23.5	12.46697
1	湘穿砂 7	湖南莨山穿岩	砂岩	白垩系下统栏垅组（K_2）		淡紫色正方体，质地均匀坚硬，可见杂砾	5%硫酸	317.4	—	连续泡酸 2h 后破裂，24h 后完全破碎		
10	湘天砂 2	湖南莨山天生桥	砂岩	白垩系下统栏垅组（K_2）		暗红色正方体，细砂均匀，表面松散	10%硫酸	308.1	—	连续泡酸 72h 后全部松散		

(3) 剩下 3 块岩芯在南京水利科学院材料结构研究进行了抗压实验，其数值在 9～14MPa（表 8-3)，仅有这些岩体在干抗压时强度（表 8-4）的 1/10 左右，说明在经历酸侵蚀之后，砾岩（砂岩也是一样）的抗压能力会急剧降低，更容易被风化剥落。

表 8-4 崀山砾岩、砂岩岩体干抗压实验数据

试验编号	岩性地层符号	上压面直径 Φ /mm		下压面直径 Φ /mm		受压面积 A /mm^2	高度 /mm	破坏荷载 P /kN	抗压强度 R /MPa
湘天砂 3	白垩系下统栏垅组（K_2）	52.4	50.2	51.8	50.4	2057.84	50.9	152	73.86
湘穿砂 11		49.7	50.1	48.8	50.0	1935.17	49.1	229	118.34
湘穿砂 12		49.0	50.0	48.7	49.6	1909.89	48.8	203	106.29
湘义砾 5		49.8	49.0	50.2	49.0	1923.45	49.0	255	132.57
湘白砾 9		49.9	49.5	49.2	50.8	1950.76	49.0	208	106.63
湘白砾 10		49.6	49.7	49.2	49.8	1929.28	48.9	206	106.78

(4) 受实验岩芯数量所限，还不能总结出岩芯破裂时间与硫酸溶液浓度变化的线性关系，只能分别宏观描述、对比 3 种不同浓度硫酸溶液中岩芯的变化情况，从中总结出一般规律。

放入 2%硫酸溶液中共有 6 块岩芯：湘穿砂 7、湘穿砂 8、湘穿砂 9、湘义砾 4、湘白砾 7 和湘白砾 8，开始反应不明显，仅湘穿砂 7、湘穿砂 9 溶液出现轻度混浊。0.5h 以后，湘穿砂 7、湘穿砂 8 开始破裂，1.5h 后，湘穿砂 7、湘穿砂 8 破裂严重，湘穿砂 9 溶液开始混浊。48h 后，湘穿砂 7、湘穿砂 8、湘穿砂 9 已经完全松散破碎。湘义砾 4、湘白砾 7、湘白砾 8 在连续 12 天的观测中变化不大，也是这次实验中仅剩下 3 块能够进行抗压实验的砾岩。湘穿砂 7 在溶液中随时间变化如图 8-10 所示。

(a) 刚放入溶液中

(b) 1.5h

(c) 48h

图 8-10 湘穿砂 7 在 2%硫酸溶液中随时间变化

放入 5%硫酸溶液中的 6 块岩芯分别是：湘穿砂 5、湘穿砂 6、湘穿砂 10、湘义砾 3、湘白砾 5 和湘白砾 6。岩芯样品放到硫酸溶液中后，湘白砾 5 反应明显，有大量气泡（二氧化碳气体）逸出，溶液较清；湘穿砂 5、湘穿砂 6、湘穿砂 10 偶见大气泡逸出，溶液变混；湘义砾 3、湘白砾 6 变化不明显。4 小时后，湘穿砂 5、湘穿砂 10 开始破裂，湘穿砂 6 溶液变混，但其他 3 块岩芯变化不大。经过 144h（6d）连续浸泡，6 个样品全部松散破碎。

10%硫酸中岩芯变化：岩芯放入溶液中，湘天砂 2、湘穿砂 3 放入试液后反应剧烈，有大量气泡逸出，湘穿砂 4 放入时试液轻度混浊（图 8-11），湘白砾 3、湘白砾 4、湘义砾 2 反应不明显。10h 后，湘天砂 2、湘穿砂 3、湘穿砂 4 完全松散破裂，湘白砾 3、湘白砾 4、湘义砾 2（棱角已破裂）呈乳白色悬浊液。48h 后，6 个样品全部破裂（图 8-12）。由此可见，随着硫酸溶液浓度的提高，岩芯遭受侵蚀破碎的时间会急剧缩短。

(a)

(b)

(c)

图 8-11　3 块岩芯放入 10%硫酸溶液中反应剧烈

(a)

(b)

(c)

图 8-12　48h 后 10%硫酸溶液中岩芯破碎照片

(a)

(b)

(c)

(d)

(e)

(f)

图 8-13　崀山岩芯破裂沉淀物的两种形态（第 1 行砾质沉淀、第 2 行泥质沉淀）

(5) 在硫酸溶液中最终侵蚀破裂的15块岩芯，破裂形态的不同，按照肉眼观测到沉淀物颗粒大小不同，可以划分为砾质沉淀（沉淀物中含砾颗粒较多，图8-13：湘白砾3、湘义砾2、湘白砾4）和泥质沉淀（沉淀物中含泥质颗粒较多，图8-13：湘穿砂5、湘穿砂8、湘穿砂9）两种，这主要和岩芯的成分关系密切。当然，随着研究的深入，实验地的不断扩大，岩芯数量的不断增加，还会有新的沉淀类型出现。

8.5 造景地貌成因分析

湖南崀山特有的丹霞喀斯特现象与岩体的物质组成密切相关。通过在南京大学对岩石薄片偏光显微镜鉴定发现（表8-5）：丹霞地貌砂岩和砾岩组成成分复杂，其中砂屑主要成分为石英、石英岩岩屑、微斜长石、条纹长石、绢云母化斜长石、黑云母、白云母等；花岗岩岩芯碎粒中充填变形黑云母、白云母及蚀变绢云母、碳酸盐等；而灰岩岩芯中钙质粉砂屑最高可达70%左右，钙质砾屑最大粒径可达8mm×12mm；八角寨无底洞扁平凹槽凸起处粗砂岩中的碳酸盐象亮晶一样包嵌砂屑、杂基及胶结物，这些碳酸盐是充填已被裂隙移位的砂屑、杂基之间，或呈脉状贯入粒间或粒内裂隙中后结晶。

岩体中的碳酸盐在遭受酸侵蚀之后，溶液中的CO_3^{2-}离子与H^+离子发生化学反应，产生二氧化碳气体，在实验过程中，反应剧烈的岩体会观测到大量气泡逸出（图8-11）。此外，钙屑中含有大量Ca^{2+}，会和溶液中的SO_4^{2-}离子发生化学反应，生成$CaSO_4$沉淀，在实验过程中，可以观测到溶液会变得比较混浊（图8-12，湘白砾3，湘白砾4）。不同岩芯的组成成分和硫酸溶液发生化学反应，是导致丹霞地貌砂岩和砾岩抗酸脆弱性主要的原因。由于沉积环境、沉积物质的差异，各种岩体在沉积受压过程中，胶结方式也有所不同。例如，八角寨无底洞扁平凹槽凸起处粗砂岩，杂基和胶结物数量不多，局部呈接触式胶结，较细砂屑旁见孔隙式胶结，这些微观结构上的差异，尤其是空隙式胶结，比较有利于硫酸溶液侵入岩体内部，和上述的碳酸盐和钙屑等物质发生化学反应发生化学反应，导致岩芯的破裂，最终形成不同的堆积形态（图8-13）（欧阳杰，2011b）。

8.6 研究结论

(1) 崀山丹霞地貌区的砂岩和砾岩对抗酸侵蚀具有高度脆弱性，岩芯样品被酸侵蚀后的破碎率高达83.3%。而且，随着酸侵蚀溶液浓度的加大，岩体遭破坏的程度急剧增大，破碎时间急剧缩短。在2%硫酸溶液中，岩芯经过12d的浸泡最终有三块未破碎；在5%硫酸溶液中，经过6d的连续浸泡，6个样品松散破碎；而在10%硫酸溶液中，仅仅只用了2d的时间，6块岩芯样品就完全松散破裂。

(2) 崀山丹霞地貌区砾岩岩体抗酸侵蚀能力大于砂岩抗酸侵蚀能力，抗酸实验最后剩下3块岩芯全部是砾岩。在遭受酸侵蚀之后，砾岩（砂岩同样）岩体的抗压能力都会大大降低，一般只有这些岩体在干抗压时的1/10左右。

表 8-5　丹霞地貌部分岩石样品偏光显微镜鉴定结果

编号	地点、部位、岩性	样品照片	偏光显微镜下照片	显微镜下岩性特征
12	崀山天一巷出口左上方凸出花岗岩			二云母花岗岩：主要组成矿物为石英、酸性斜长石、条纹长石、黑云母和白云母。它们的碎粒及相应的蚀变物相对比例为35%、25%、20%、15%、5%。原岩为4～5mm的粗粒二云母花岗岩。岩石受力碎裂，碎粒较大者成碎斑，碎斑与碎基及碎基间彼此研磨，故碎粒有棱角状和研磨后的浑圆状。碎粒间常充填变形黑云母、白云母及蚀变绢云母、碳酸盐，绕粒成不规则脉或弧形脉。碎粒石英显波状消光，斜长石有碎裂、变形双晶、绢云母化碳酸盐化。条纹长石也有波状消光。条纹的方向、大小和分布不均，显交代条纹长石特征，有的方块形斜长石条纹具聚片双晶。黑云母变形强烈，可扭成缟状、扇状，并可显波状消光。不同黑云母被不同程度地绿泥石化。白云母也有弯曲变形和波状消光。这些特征是刚性岩石动力变质的一种特征。若是大的露头，样品采自靠近断裂，岩体曾受剪切挤压。一些较宽的空隙处结晶出纯净、粒粗的碳酸盐晶体
16	崀山五柱洞灰岩			钙质（内碎屑）含砾砂屑灰岩：以钙质碎屑为主，还有粉砂质石英砂屑，钙化生物碎屑，和粉砂质页岩岩屑。钙质砾屑最大粒径为8mm×12mm，砾屑一般为8～10mm。一粒生物碎屑中一些点呈网格状排列，组织较清晰，一些呈尖棱状骨屑，一些呈圆形壳，但其余生物碎屑因碳酸盐强烈重结晶而被抹掉。还有一粒棕黑色鲕壳状，也难以确定原生物种属。粉砂质页岩岩屑中可见水云母变成的绢云母定向显页理，其中可辨石英粉砂。有的页岩中未见石英碎屑。页岩岩屑有2%左右。石英粉砂约占4%，生物碎屑则难以准确估算其含量，但比页岩和石英碎屑稍多。特别是，在钙屑粒间和它们的内部，在粒间，广泛出现棕色、棕黄色有机质，象镶边似的胶结物

续表

编号	地点、部位、岩性	样品照片	偏光显微镜下照片	显微镜下岩性特征
17	崀山五柱洞灰岩			钙质（内碎屑）含砾砂屑灰岩：钙质碎屑为主，钙质砾屑约3%，最大砾屑粒径为4mm×8mm，一般为2～3mm，约占10%左右，钙质粉砂屑约70%左右。其次，石英粉砂约15%。少量黑云母具明显的棕色-棕黄色多色性和吸收性，且常绿泥石化呈淡绿色。白云母比黑云母少。云母和有机质约占5%。它们和石英砂屑明显定向指示层理，并伴有较多的铁质物析出，氧化后呈棕红色不少不透明物质也疑为有机质尘点，类似16号，但比16号少。钙质砾屑本身就是由钙质粉砂和石英粉砂组成的钙屑粉砂岩。扁长的粉砂质页岩砂屑扁长方向与云母片都与层理方向一致。钙屑和石英粉砂粒缘微细绢云母片为泥质胶结物变成
18	崀山八角寨无底洞，扁平凹槽凸起处，粗砂岩			砂屑主要为石英50%，石英岩岩屑10%，微斜长石＋条纹长石9%，绢云母化斜长石3%，黑云母2%，白云母1%；次为泥质粉砂岩3%，粉砂质页岩2%。粗砂屑粒间有石英粉砂屑、泥质杂基和棕红色铁质胶结物8%。杂基和胶结物数量不多，分布不均，局部呈接触式胶结，较细砂屑旁见孔隙式胶结。砂屑多为次棱角状，粒度一般在0.5～2mm，以1～1.5mm为主。更普遍地见碳酸盐象亮晶一样包嵌砂屑、杂基及胶结物。这些碳酸盐实际上是充填已被裂隙移位的砂屑、杂基之间，或呈脉状贯入粒间或粒内裂隙中后结晶，故晶体纯净、明亮，象亮晶，但它们双晶发育，呈包嵌或贯入碎粒，甚至溶蚀碎粒，而且分布不均，不具亮晶特征
19	崀山八角寨无底洞凹处含粗砂的细砂岩			碎屑比例和分布相对均匀，但无明显定向。石英砂屑粒度可分3级：粗砂0.8～1.5mm，约占1%，细砂0.1～0.3mm，及粉砂0.02～0.05mm，约占25%。黑云母占3%，白云母占2%。微斜长石＋绢云母化斜长石＋少量条纹长石约占3%。铁质泥质胶结物约占11%，呈孔隙式胶结。一些带弧形、弓形次棱角状石英和有熔蚀显系大石英显然来自酸性火山岩

（3）鉴于丹霞地貌区的砂岩和砾岩对酸溶液的高度敏感，除了近代南方地区酸雨，对岩体表面的长期侵蚀以外，在地质历史时期，如白垩纪时期大量的火山喷发形成的酸雨，对丹霞地貌区大型凹槽和岩穴的形成都有可能具有重要的影响。

（4）研究表明，在遭受外力影响下（如流水、酸雨等），丹霞地貌区岩体更容易产生差异分化、崩塌剥落。所以，在合理开发利用的同时，更要注意保护这个生态环境脆弱的世界自然遗产地，以达到人类的永续利用（欧阳杰等，2011b）。

第9章 江西龙虎山丹霞地貌研究

9.1 研究区概况

9.1.1 自然地理特征

龙虎山属中亚热带湿润季风气候大区江南气候区，冬季常受西北冷空气侵袭，具有大陆性气候特征。由于受泸溪河、龙门湖和清水湖等较大面积水体和茂盛的森林植被共同调节作用，具有夏无酷暑，冬无严寒，温暖湿润，四季分明的特点。

龙虎山年平均气温为17.9℃，极端最高气温40.7℃，最低气温－8.6～7℃，1月和7月平均气温分别为5.3℃和29.6℃。年均无霜期262d，年日照1800～1900h，年平均日照1820h，平均太阳辐射量96.6～111.777kcal/cm^2。

区内雨量充沛，大气湿度高，年平均降雨量为1878mm，年平均相对湿度在75%～80%；年平均降水日数160d，4～6月为梅雨季节，7～8月多雷阵雨，9月至翌年2月为少雨季节；年平均蒸发量1648.4 mm。主要灾害性气候有低温、高温、干热风、霜冻、冰冻、暴雨、连阴雨、干旱、大风、冰雹等。2008年初遭遇了历史罕见的持续性低温冰冻灾害性天气。

龙虎山位于长江中游鄱阳湖水系、信江流域中段的南侧。主要支流为泸溪河，常年流水不断，还有较多湖泊，如龙虎山的天鹅湖、洪五湖和龟峰的内湖、外湖、龙门湖、清水湖等，地表水资源丰富。龙虎山水系主要向北或北西汇流到信江，信江为江西省五大水系之一，往西注入鄱阳湖，入长江后进东海。

该区地表水源丰富，水质状况良好，均达到国家《地表水环境质量标准》(GB3838—2002) Ⅲ类水质标准，饮用水源水质100%达标。地下水的含量也较为丰富，主要以潜水为主，据其地质特征可划分为孔隙水、裂隙水和孔隙裂隙水三大类，水质良好，地表水和井泉水皆宜饮用。

主要河流信江主河道河谷宽阔（250～350m），流量丰富，在弋阳境内年平均流量95亿m^3；在贵溪市境内年平均流量$130.84\times10^8m^3$。泸溪河，古称沂溪，为信江中段的一级支流，长约75km，从南东往北西纵贯提名地的龙虎山片区，在提名地内流径长43km,。多年平均径流深1140 mm，年平均流速0.29 m/s，流量20.7 m^3/s，年径流量$6.63\times10^8m^3$。泸溪河水质清澈，一般汛期过后能很快澄清，无异味、pH呈中性，杂质和有害物质均未超过饮用水标准要求。

龙虎山土壤类型主要有红壤、山地黄壤、山地草甸土、紫色土、石灰土和水稻土等，其中以红壤、山地黄壤分布较广，区内土壤具有明显的垂直分带特点。

9.1.2 龙虎山丹霞地貌概况

江西省是我国丹霞地貌大省，目前发现丹霞地貌111处，除赣西北有少量丹霞地貌分布外，江西省的丹霞地貌主要集中分布在赣东与福建交界的武夷山和赣南地带（欧阳杰，2010b）（图 9-1）。龙虎山位于信江盆地的中段南缘，总体地势南高北低，属丘陵地貌区，海拔多在 120～280m（图 9-2），红色砂砾岩地貌区的最高峰龟峰景区的排刀石海拔 410m，最低点 48m，最大相对高度 362m。龙虎山和龟峰像两个大盆景屹立于准平原化的信江盆地南缘。龙虎山片区南部属中山地形，其中的天台山最高海拔 1124.8m，地形险峻挺拔。

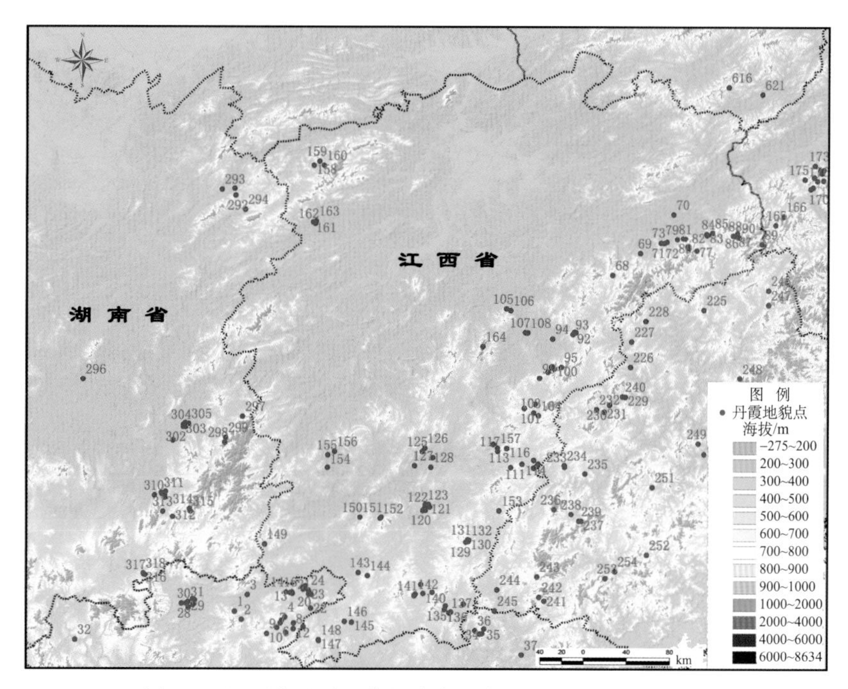

图 9-1　江西省丹霞地貌的分布示意图（欧阳杰，2010b）

9.1.3　地质构造

龙虎山处于亚欧大陆东南部的扬子古板块与华夏古板块的结合带（图 9-3），属于西太平洋构造域、华南构造区、信江中生代断陷盆地中段，南靠武夷山脉，北临信江河谷平原。龙虎山及周边地区涵盖了自中元古界至第四系的连续地层记录（图 9-4），加里东运动导致南、北两大构造单元碰撞、拼接。受其影响，区内基底构造、盖层乃至中新生代盆地，均承袭了近东西的总体方向，并控制着不同时期盆地发育的类型与规模。

印支期挤压造山事件对信江盆地的形成与发展有着重要作用，导致区内晚三叠世-早侏罗世山间拗陷型盆地形成，白垩纪也由早白垩世陆相火山岩和晚白垩世红色碎屑岩构成先拗后断的叠合型盆地。晚白垩世断陷盆地的形成主要受控于移坡山—黄塘夏家—羊角尖近东西向盆缘断裂，同时又受北东或北北东向（婺源—宁都—安远大断裂的组成部分）与北西向一对 X 型大断裂制约，使盆地南缘呈锯齿状，并造成不同地区的岩性、岩相、沉积旋回和沉积构造等存在一定差异，故在不同地区形成不同的地貌

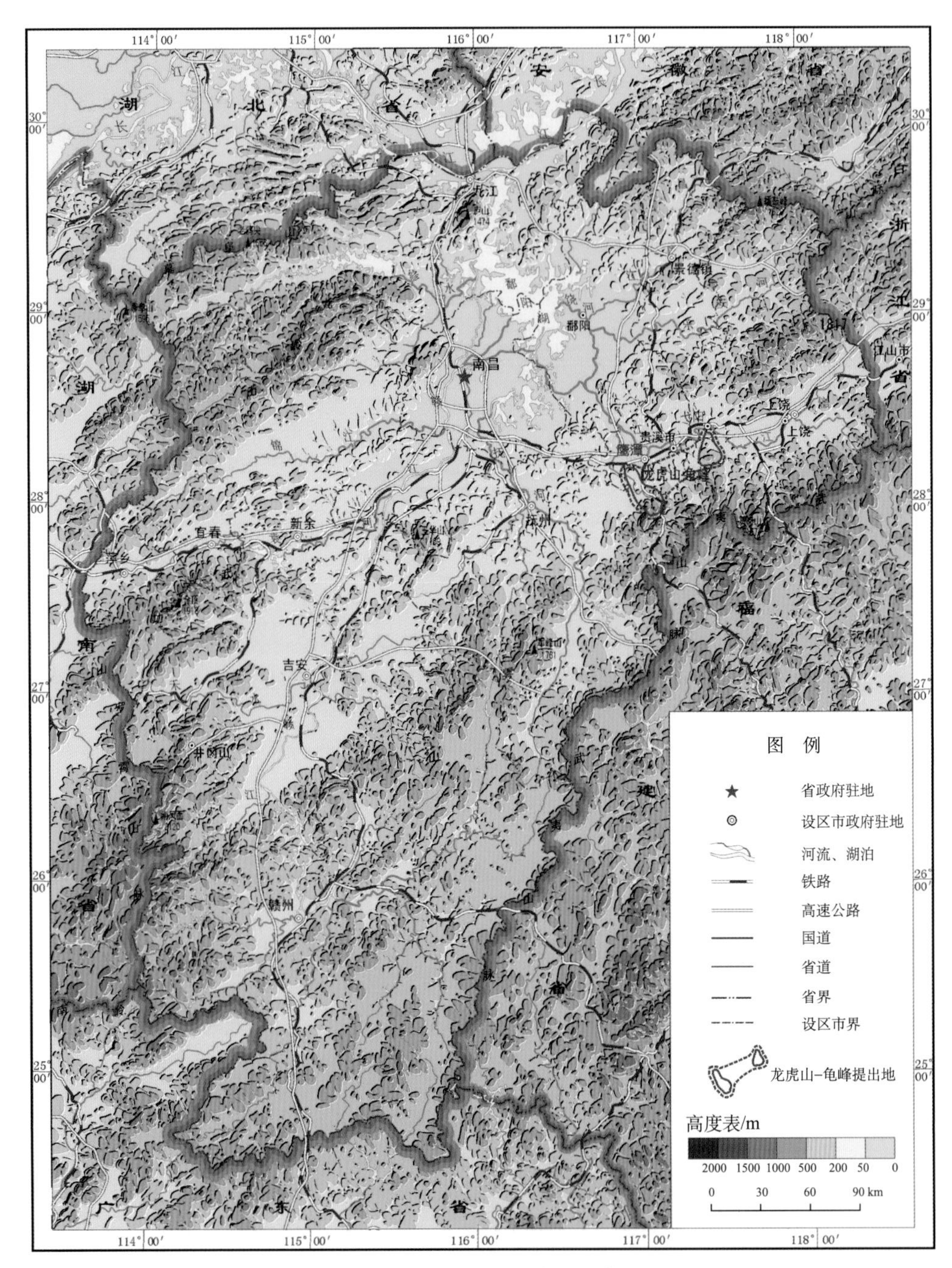

图 9-2　龙虎山在江西位置示意图

底图基于数字高程模型（DEM）

景观。

信江盆地是中国大陆东南部湿润低山丘陵型丹霞地貌区和重要的丹霞地貌遗产地（图 9-4）（中国丹霞申报世界自然遗产分文本，2008）。由于地质构造运动、气候特征

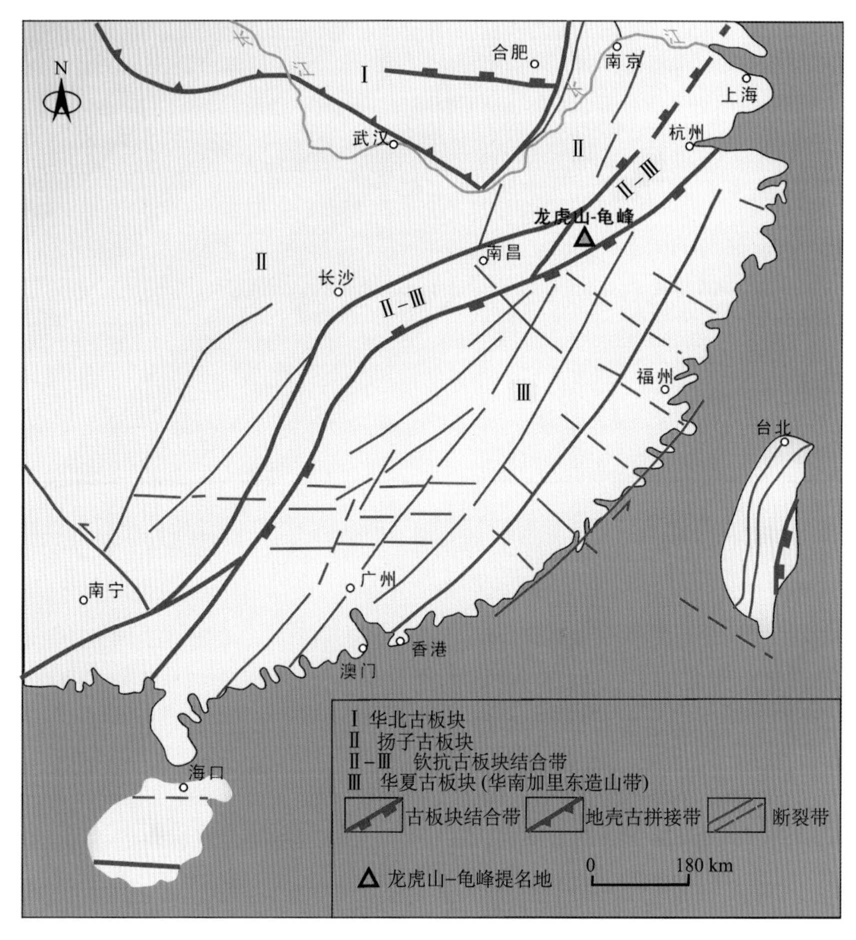

图 9-3　龙虎山大地构造位置示意图

等内外动力影响，成就了龙虎山-龟峰丹霞地貌类型的多样性和景观的独特性。

9.1.4　地层与岩性特征

印支运动后，本区进入濒太平洋大陆边缘活动阶段，总体受北海—绍兴断裂带控制，形成近东西向展布的先拗后断和具“下灰上红”特点的复合型盆地（表 9-1）。

拗断型盆地：晚三叠世—中侏罗世，在区域大规模的海侵退却后，区内大多地区是群山起伏的陆源剥蚀区，上三叠统角度不整合于下伏地层之上，是印支运动的最直接证据。这时，包括弋阳—上饶一带的少部分地区转化为拗陷沉降区和山前或山间拗陷型河湖相含煤盆地，早期为山前近源快速堆积，稍后为河湖相环境，信江盆地的雏形已形成。

断陷型盆地：早白垩世是地球构造活动极活跃期，已由拗陷运动转化为断陷运动，区内在原有盆地基础上，继承、改造、新生了上清、岩前、蔡坊等火山盆（洼）地。这些盆（洼）地基本上都表现为周斜内倾的特征，堆积了厚约数千米的火山熔岩及火山碎屑-沉积岩系。晚白垩世，地壳转为松弛拉张状态，地壳运动以断块作用为主，盆地规

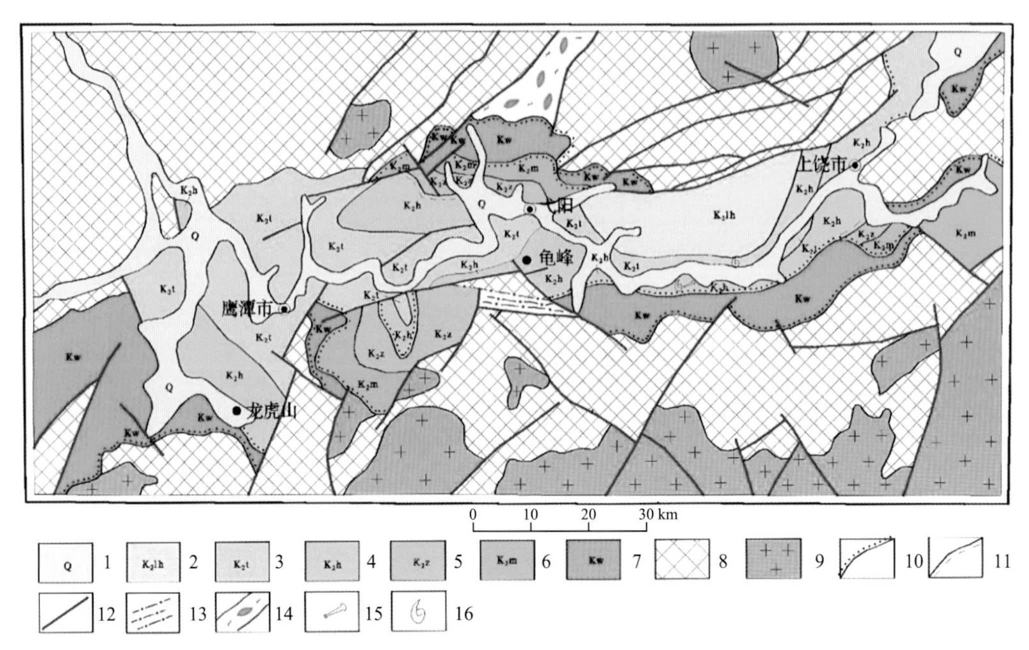

图 9-4　信江盆地地质构造略图

1. 第四系；2. 晚白垩世莲荷组；3. 晚白垩世塘边组；4. 晚白垩世河口组；5. 晚白垩世周田组；6. 晚白垩世茅店组；7. 晚白垩世武夷群；8. 前白垩系；9. 花岗岩；10. 不整合界线；11. 平行不整合界线；12. 断层；13. 韧性剪切带；14. 古板块缝合线；15. 恐龙骨骼化石；16. 恐龙蛋化石

模已有了极大的扩展，堆积了巨厚的山麓洪冲积-河流相为主的粗碎屑岩建造，夹含反映气候极度干旱、蒸发量大于补给量的含膏盐湖盆相沉积。盆地的形态特征，因受底盘断裂及其断块的控制，自西向东，由南向北发展演化很不均衡，从南、北两侧沉积特征和沉积物厚度看，它不是一个平衡或单向迁移的盆地，而是随着地质时期的变化，盆地表现出南、北“摇摆式”特征。

白垩纪盆地结构与盆地建造：信江盆地白垩纪地层发育完整，由早白垩世陆相火山岩盆地与晚白垩世陆相红色碎屑岩盆地共同构成独特的叠合盆地。

早白垩世陆相火山岩盆地：龙虎山火山岩主要分布于信江盆地南部的北武夷山地区，是一次强烈的火山喷发事件的反映。早白垩世，在活动大陆边缘拉张裂陷构造背景下，火山岩喷发旋回以爆发碎屑流相流纹质熔结凝灰岩或流纹质含角砾熔结凝灰岩为主，喷溢相安山岩次之。具有喷发旋回多，火山构造完整且复杂，同期不同时、同时不同喷发中心之火山机构和不同成分的喷发物互相叠加与穿插，形成不同的火山构造（洼地）的特点。时间上，从早到晚表现为酸性—中性—中酸偏碱性的岩石序列；空间上由西而东喷发起始时间有逐渐变新的演化趋势。在不同地区，受不同方向断裂的控制，岩性岩相存在一定的差别，展布方向总体呈近东西向。

晚白垩世陆相红色碎屑岩盆地：晚白垩世红色岩系是活动大陆边缘进一步拉张裂陷后的产物。赣州群的茅店组至周田组是山麓洪冲积相-河湖相的一套红色碎屑岩沉积，两组之间是继承连续关系。在正常沉积序列中，龟峰群河口组普遍表现为平行不整合于下伏周田组之上；而在盆地边缘，龟峰群河口组底部常超覆于早白垩世地层之上。区内上白垩统河口组、塘边组红色碎屑岩系特征最为突出，是丹霞地貌造景层段或载体。

表 9-1　龙虎山地层简表

地质时代			岩石地层及代号			岩　性	构造环境	沉积环境	地貌表现
新生代	第四纪	全新世		联圩组	Q_hl	灰白色砾石层、浅黄色亚黏土、亚砂土，产孢粉；厚3~10m	差异升降	河流	河谷平源
		更新世		莲塘组	Qp_3lt	下部为浅灰色砾石层，上部为棕红、棕黄、灰白色亚黏土层；厚2~13.19m			
				进贤组	Qp_2jx	上部为棕红色网纹状粘土；下部为灰白色砂、砂砾石层；厚度9.1~19m			
	白垩纪	晚白垩世	龟峰群	莲荷组	K_2lh	紫红色砾岩、砂砾岩、含砾砂岩、细砂岩、粉砂岩；厚度＞1600m	拉张断陷	河流	红层丘陵
				塘边组	K_2t	砖红色含钙细砂岩、粉砂岩；产恐龙蛋等化石；厚462m		风成沙丘	丹霞地貌
				河口组	K_2h	紫红色砾岩、砂砾岩、含砾砂岩，夹砂岩、粉砂岩；产恐龙蛋、恐龙骨骼等化石；厚度687m		洪-冲积扇、河流	
			赣州群	周田组	K_2z	紫红色钙质砂岩、粉砂岩，含石膏、含钙和芒硝；产植物、介形虫等化石；厚度650m	碰撞挤压与拉张裂陷	滨浅湖	红层丘陵
				茅店组	K_2m	紫红色砾岩、砂砾岩、含砾砂岩、粉砂岩，局部夹玄武岩；产植物、硅化木等化石；厚度830m		河流	
		早白垩世	武夷群		Kw	流纹质熔结凝灰岩、球泡流纹岩、安山岩、英安岩、集块角砾岩、含角砾凝灰岩及砂砾岩、含砾砂岩、凝灰质砂岩、细砂–粉砂岩等；这套火山岩年龄介于138~130Ma，含双壳类等；厚＞8785m		爆发、喷溢、溢流及火山湖盆	中山、低山及丘陵
	侏罗纪	早-中侏罗世	林山群		Jl	底部为砾岩、含砾砂岩；下部砂岩、粉砂岩、泥岩夹碳质页岩、煤线；上部为灰紫砂岩与粉砂岩、泥岩互层；产植物、双壳类等化石；厚＞636m	拉张拗陷	河湖	丘陵
古生代	寒武纪	早寒武世		外管坑组	ϵ_1w	黑色含炭岩系，普遍富硅，含磷结核、黄铁矿结核、重晶石结核（或条带）；厚636m	陆间海	海湾	
晚元古代					Pt_3	火山碎屑岩、泥砂岩质、冰碛岩、含硅铁质岩石及海相基性–酸性火山熔岩等；厚＞3027m	裂谷	滨浅海—次深海	
中元古代					Pt_2	以泥砂质沉积为主的类复理石建造，夹细碧–石英角斑岩建造；厚＞1300m			

河口组为山麓洪冲积扇-辫状河沉积组合。龙虎山和龟峰是发育在盆地南缘的 2 个典型的洪冲积扇体，并超覆于其他时代地层之上，反映了周田组沉积之后，本区一度上升，盆地周边的山地遭受剥蚀。扇体纵向上互相叠置，横向上相互连结组成扇体群裙，成分随形成环境和物源区的不同而有差异，总体属“岩屑砾岩”。由于扇体外缘发育有间歇性网状河，故常见含砾岩屑砂岩、细砂岩和粉砂岩等河床滞留物。

塘边组岩性为砖红色块状细粒岩屑杂砂岩、粉砂岩。最具特色、分布最广泛的沉积构造为大型、巨型平板状交错层理，单个层系厚度一般都有 2～3m，以 10～20m 者居多，有些甚至厚达 50m，实属罕见。本区各地层及岩性特征如表 9-1 所示（中国丹霞申报世界自然遗产分文本，2008）。

9.2　野外调查和采样过程

为进一步研究不同丹霞地貌区岩性差异对丹霞地貌发育的影响，在中山大学彭华教授主持的国家自然科学基金（批准号 40871014）的资助下，朱诚教授带领研究团队，于 2008 年 11 月～2009 年 4 月分别对江西龙虎山—龟峰、湖南崀山、福建泰宁、广东丹霞山四处申报世界自然遗产提名地进行实地考察，采集岩芯标本，在南京大学化学分析中心、南京大学环境磁学实验室、南京水利科学研究院等处进行了岩石抗压、抗酸和抗冻融实验，获得大量实验数据。在实验操作方面，完成了对岩石样品的切割、称重、测量高度、计算体积、浸泡、烘干等一系列实验前期准备工作。由南京大学周国庆教授、孔庆友副教授完成岩性偏光显微镜实验；在南京水利科学院协助胡智农高级工程师完成岩芯的干、湿抗压实验；在南京大学化学分析中心完成抗冻融实验（图 9-5）；在南京大学地理与海洋科学学院完成岩芯抗酸侵蚀实验，积累了大量实验数据。

(a) 抗压试验样品

(b) 抗冻融试验岩芯样品

图 9-5　部分试验样品照片（欧阳杰，2010b）

9.3　实验研究过程

实验内容主要包括对岩芯标本块体的抗压实验、抗酸侵蚀实验、抗冻融实验和岩石标本磨薄片的偏光显微镜鉴定分析。

按照实验规程，首先将野外钻取的岩芯标本送至南京玉器厂用切割机分别切割成高径比 2∶1 的 10cm×5cm 的圆柱状试块和高径比 1∶1 的 5cm×5cm 圆柱状试块，以及边长 5cm 的正方体试块 3 种。

抗压实验按中华人民共和国水利部 2001 年发布的岩石抗压强度实验规程进行，即 $R=P/A$，其中，R 为岩石单轴抗压强度（MPa）；P 为破坏荷载（N）；A 为试件截面积（mm^2）。抗压实验分别取每个提名地砾岩岩芯试块做干抗压 3 件、湿抗压 3 件，砂岩岩芯试块做干抗压 3 件、湿抗压 3 件，共计 48 块岩芯。干抗压试块和浸泡蒸馏水 48 小时饱和后的湿抗压试块在用卡尺量测上、下受压面积和称重后，在水利部南京水利科学院材料结构研究所用 YE-2000 型液压式压力试验机进行抗压实验，获取各类丹霞岩体的破坏荷载值 P（kN）和抗压强度值 R（MPa）。

抗酸侵蚀实验是在实验室中用 63 只 500ml 的烧杯先分别配置 2%、5%和 10%三种不同浓度的硫酸溶液，再将研究地砂岩试块 8 件、砾岩试块 8 件分别置入不同浓度的硫酸溶液中进行连续跟踪观测 12d 观测试块的受侵蚀变化过程，浸泡 12d 后将试块取出洗净擦干外表再做抗压实验。此试验分别在南京大学地理与海洋科学学院实验室和南京水利科学院材料结构研究所分步骤完成。

2009 年 4 月 25 日上午，作者在南京大学地理与海洋科学学院实验室将样品浸水中，48h 后于 27 日上午 9 点取出、擦干，称重、观测、描述后记录；27 日下午，在实验室将通风柜中排气扇打开，防止配酸过程硫酸气体逸出造成腐蚀，然后配制 2%、5%、10%三种不同浓度的硫酸溶液，将样品浸泡其中。经过连续 12 天的定时观测，最后，将未松散的 3 块砾岩岩芯从烧杯中取出，用清水冲洗干净，送南京水利科学院材料结构研究进行抗压实验，获取实验数据。

抗冻融实验是按中华人民共和国水利部和中华人民共和国交通部分别于 2001 年和 2005 年发布的岩石冻融试验规程进行（水利水电工程岩石试验规程，2001；公路工程岩石试验规程，2005），即 $L_f=[(m_s-m_f)/m_s]\times100$，其中，$L_f$为冻融质量损耗率（%）；$m_s$为冻融实验前试件饱和质量（g）；$m_f$为冻融实验后试件饱和质量（g）。采用各提名地高径比 2∶1 的 10cm×5cm 圆柱状试块砂岩和砾岩各 3 件，先统一浸泡蒸馏水 48h，后将试块表层擦干称重，然后放入温度为－20℃的冰箱中隔 4h 后取出置入 20℃的恒温水槽，4h 后复又放回－20℃的冰箱中，重复此过程，连续观察 4d 后取出试块再做抗压实验，获取实验数据。

9.4　实验数据分析

9.4.1　抗压实验数据分析

岩体单轴抗压实验选用龙虎山 12 块岩芯，其中砂岩、砾岩各 6 块。单轴湿抗压样品于 2009 年 4 月 27 日上午 8：00 泡水，48h 后取出；单轴干抗压样品于 28 号上午 8：00放入烘箱，在 105℃环境下连续烘干 24h，所有样品于 4 月 29 日上午 8：00 取出，湿抗压样品先擦干，称重、描述后，用游标卡尺测量样品上下的直径（测四次，最后计算平均值）；干抗压样品从烘箱烘箱中取出冷却后，方法同上，称重、描述后、用游标卡尺测量样品上下的直径（测四次，最后计算平均值），记录好数据后，送压力实验室进行压力实验，获得单轴干、湿抗压实验结果，如图 9-6 所示：龙虎山 12 块岩芯的抗压强度数值在 0～110MPa，砾岩抗压强度稍高于砂岩，其中，有三块砂岩岩芯的湿抗压强度为 0。

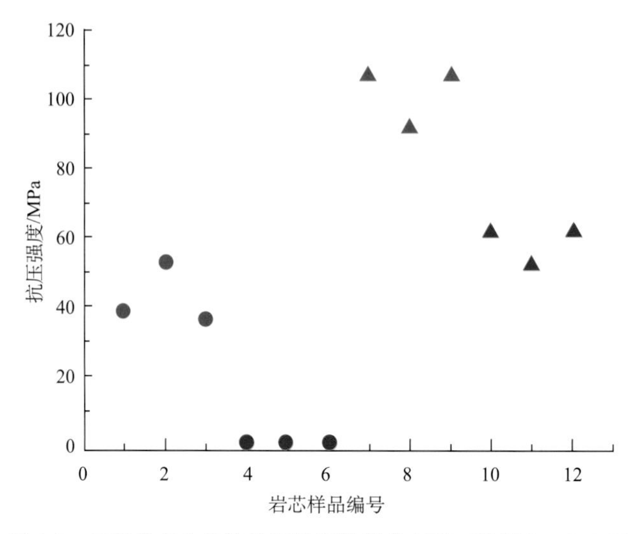

图 9-6 江西龙虎山岩体抗压强度数值分布图（欧阳杰，2010b）
从左往右 12 块岩芯依次为：1. 江砂 7；2. 江砂 14；3. 江砂 18；4. 江砂 8；5. 江砂 15；6. 江砂 19；7. 江砾 9；8. 江砾 12；9. 江砾 17；10. 江砾 8；11. 江砾 11；12. 江砾 16

综合分析龙虎山、丹霞山、泰宁和崀山 48 块岩体的抗压（干、湿）强度（图 9-7）可以发现：

（1）江西龙虎山砂岩湿抗压强度最小（为零），其余三处砂岩湿抗压强度相差不大。

（2）四处研究地岩体干抗压强度在 40～140MPa，湿抗压强度在 0～60MPa，干抗压强度大于湿抗压强度比较明显。

（3）在同一地点采样地砂岩和砾岩干抗压强度大于湿抗压强度表现更为突出。

（4）各地砾岩干抗压强度稍大于砂岩干抗压强度，砾岩的干抗压强度主要在80～140MPa，砂岩主要在 40～120MPa。

9.4.2 抗冻融实验数据分析

实验首先在南京大学地理与海洋科学学院进行岩芯样品浸泡，48h 后取出、擦干，称重、描述、记录后，样品送南京大学化学分析中心冰箱冷冻，冷冻环境－20℃，4h 后取出，置入 20℃的恒温水槽，4h 后复又放回－20℃的冰箱中，重复此过程，连续观察 4d 后取出试块再做单轴抗压实验，获得实验数据（图 9-8）。

从图 9-8 上可以看出，研究地 20 块岩芯在完成抗冻融试验后，再进行抗压实验，其抗压强度数值在 9.8～59.6MPa，数值最高的为龙虎山的江砾长 1（59.6MPa），但龙虎山三块砂岩由于泡水分散，不能进行抗冻融试验，所以，龙虎山的三块砾岩抗冻融数据只具有参考性，而没有比较性。

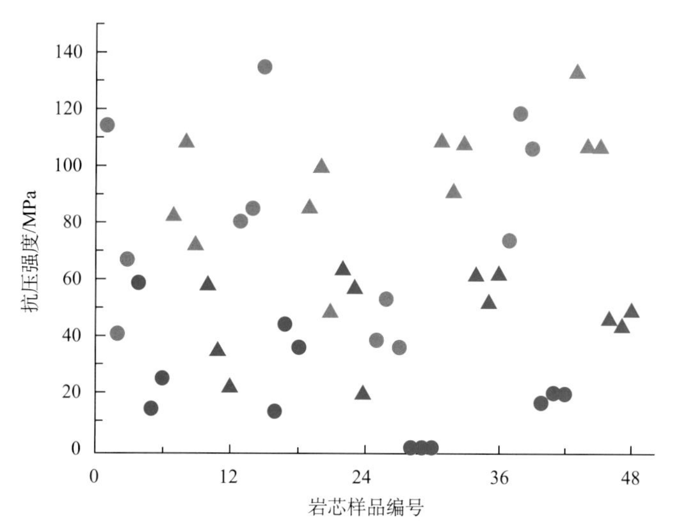

图 9-7　龙虎山、丹霞山、泰宁、崀山砂岩、砾岩抗压强度的综合对比（欧阳杰，2010b）

48 块岩芯依次为：1. 广砂 1；2. 广砂 12；3. 广砂 17；4. 广砂 2；5. 广砂 13；6. 广砂 18；7. 广砾 8；8. 广砾 14；9. 广砾 15；10. 广砾 1；11. 广砾 9；12. 广砾 16；13. 福砂 1；14. 福砂 10；15. 福砂 11；16. 福砂 4；17. 福砂 14；18. 福砂 15；19. 福砾 16；20. 福砾 17；21. 福砾 18；22. 福砾 15；23. 福砾 12；24. 福砾 8；25. 江砂 7；26. 江砂 14；27. 江砂 18；28. 江砂 8；29. 江砂 15；30. 江砂 19；31. 江砾 9；32. 江砾 12；33. 江砾 17；34. 江砾 8；35. 江砾 11；36. 江砾 16；37. 湘天砂 3；38. 湘穿砂 11；39. 湘穿砂 12；40. 湘天砂 4；41. 湘穿砂 13；42. 湘穿砂 14；43. 湘义砾 5；44. 湘白砾 9；45. 湘白砾 10；46. 湘义砾 6；47. 湘白砾 11；48. 湘白砾 12

（●表示砂岩干抗压，▲表示砂岩湿抗压，▲表示砾岩干抗压，●表示砾岩湿抗压）

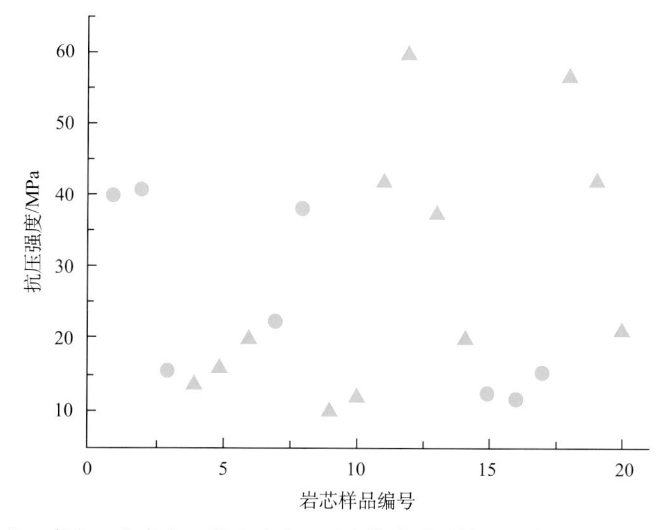

图 9-8　丹霞山、泰宁、龙虎山、崀山砂岩、砾岩抗冻融后抗压强度的对比（欧阳杰，2010b）

从左往右 20 块岩芯按顺序依次为：1. 广砂长 2；2. 广砂 11；3. 广砂 8；4. 广砾长 2；5. 广砾长 1；6. 广砾长 3；7. 福砂长 3；8. 福砂长 1；9. 福砾长 1；10. 福砾长 2；11. 福砾长 3；12. 江砾长 1；13. 江砾长 2；14. 江砾长 3；15. 湘穿砂 1；16. 湘天砂 1；17. 湘穿砂 2；18. 湘白砾 1；19. 湘义砾 1；20. 湘白砾 2

丹霞山、泰宁和崀山三处的实验数据比较如下：广东丹霞山试块是三块砂岩和三块砾岩，其抗压强度在 13.4～40.6MPa；福建泰宁试块是两块砂岩和三块砾岩，其抗压强度在 9.8 ～ 42.0MPa；湖南崀山试块是三块砂岩和三块砾岩，抗压强度在 11.4～56.5MPa。

在抗冻融试验后再进行抗压强度试验发现：8 块砂岩的抗压强度在10～40MPa，12 块砾岩的抗压强度在 10～60MPa，这比上述的干抗压强度数值要低得多。从图 9-7 上可以看出，岩体干抗压强度多分布在 60～140MPa，这说明外界温度的高低变化，会导致这些岩体的抗压能力降低，产生差异分化。在实验模拟的环境中，温度在短时间的巨变引起的岩体抗压强度的降低幅度要比实际自然环境变化引起的差异要大。

9.5　造景地貌成因分析

龙虎山所在的信江盆地为中生代红色盆地，近东西向展布，其中上白垩统河口组（K_2h）、塘边组（K_2t）是提名地红色砂砾岩地貌发育的物质基础。信江盆地在信江河谷两侧主要为准平原化的低丘岗地，零星残留孤峰或孤石，为典型的老年晚期阶段的产物。据统计，龙虎山-龟峰至少保留了 23 种丹霞地貌单体形态类型（中国丹霞申报世界自然遗产分文本，2008）（表 9-2），其形成过程和阶段的证据保存良好，均有典型的标型实例。

以上的实验数据反映岩芯抗压差异的特点和龙虎山丹霞地貌发育之间的联系是：组成丹霞地貌的岩体（砂岩和砾岩），在干燥环境下结构相对比较稳定，但当遭到外力的雨水或流水的侵蚀是，岩体变得比较松软，抗压强度都会降低。从实验数据分析的结果来看，砂岩的抗压强度降低得更大一些，尤其是江西龙虎山的三块砂岩岩芯样品，放入水中后竟然破裂，使其湿抗压强度为零（图 9-7）。

这样，丹霞岩体在流水或雨水的作用下就会产生差异风化，一般是砂岩层为首先被剥落分化，发育成凹槽和岩穴，再进一步发育演化成其他各种类型的丹霞地貌。

岩体抗压强度的差异与当地丹霞地貌的主体特征有一定的联系。例如，龙虎山砂岩湿抗压能力很弱，在雨水和流水的侵蚀下，软弱的砂岩层被侵蚀剥落，使得当地丹霞地貌的演化会相对快速地向老年期发育。

另外，对龙虎山、丹霞山、泰宁、泰宁 131 岩芯抗压强度对比可以发现以下几点规律（图 9-9）：

（1）丹霞地貌岩体（包括砂岩和砾岩）干抗压时强度最大（一般大于 60MPa），最高为 140MPa（福砂 1）。在图 9-9 上，大致以 60MPa 为界线，24 块干抗压岩体中有 19 块岩体干抗压强度大于 60MPa，占实验样品的 79.2%；抗压强度在 30～60MPa 的仅 5 块岩芯，占实验样品的 20.8%；且同一研究地的砾岩和砂岩的干抗压强度大都高于本地砾岩和砂岩的湿抗压强度。

表 9-2　龙虎山-龟峰丹霞地貌单体形态类型及标型实例

地貌系列	序号	类型	实例名称	实例位置	实例特征
丹霞正地貌	1	方山（石寨、城堡）	仙人城	116°57′22″E 28°15′11″N	屹立于泸溪河西岸，海拔标高 244m，相对高度约 180m。因流水长期沿近 EW、NNW 向断层、节理冲蚀，导致原始山体被切割分离为石寨。其山顶平缓，近于圆形，面积大于 5000m^2，四面岩壁陡峭，达顶需登 780 级台阶盘旋而上。兜率宫即雄踞于峻峭挺拔的仙人城石寨之巅
	2	石墙	舍身崖	117°24′10″E 28°18′47″N	海拔 289m，相对高度约 175m，宽 24m，厚 120m，南北走向。因北东、北西向两组节理切割，使得山体四面壁立，似平地拔起
	3	石梁	骆驼峰	117°24′11″E 28°18′18″N	此峰高大雄峻，为龟峰景区最高峰，方圆数十里可见，海拔 410m，相对高度约 330m，走向 NE，石梁长近 1000m，宽约 25m，其周边均为悬崖绝壁，横切石梁的垂直节理使其呈波状起伏，犹如驼峰，整体形态犹如一只负重东行的骆驼
	4	石柱	蜡烛峰	116°58′19″E 28°16′23″N	峰林中一相对孤立的石柱，海拔 115m，相对高度约 35m，其顶部呈火焰状锥形，平地拔起，四面如削，如蜡烛般高耸云天，故名
	5	石峰	仙桃石	116°57′38″E 28°15′35″N	海拔标高 95m，相对高度约 45m。原有石峰的底部受流水冲蚀内缩而引发崩塌，形成中部外凸的桃形石峰，后因西侧节理面发生局部崩塌呈残缺状
	6	峰丛	排衙峰	116°58′56″E 28°16′28″N	为一拔地而起的丹霞群峰的集群，最高峰嵩山海拔 284.7m。连绵的群山在水流的长期作用下，沿节理冲刷侵蚀，使原相对完整且较平坦的山体分割成高低错落有致、形态各异的大小石峰、石墙和石柱，并组合成峰丛
	7	石林	龟峰石林	117°23′53″E 28°18′55″N	丹霞山体中发育有网格状垂直节理，外营力作用使原始山体逐步分割成高低不同、根部不相连的千形万状的大小石峰、石柱和奇石，各呈其态，勾画出“天成奇绝、变化奇妙”的石林奇观
	8	残峰孤丘	孝子哭坟	117°25′04″E 28°19′16″N	长期的流水冲刷侵蚀，使山体周围沿几组垂直节理发生崩塌，巨大山体最后残留有一大一小两座相距百米的孤立石峰。大的峰高 121m，形若石墓，名“石墓峰”，小的峰高 33m，像一跪着的“孝子”称“孝子峰”，两峰相互掩映，相得益彰，情景动人
	9	丹霞丘陵	龙门湖	117°24′42″E 28°19′34″N	是发育在信江河谷平原南岸的低缓丘陵红层地貌，海拔标高 59m。南岩、双岩、龙门岩和仙女坪、龙源峡、海螺峰、骏马峰、巨象峰等散布在“U”型的龙门湖湖畔，湖山相融。山峰峰顶均浑圆化，无连续陡崖坡。是老年期丹霞地貌的典型代表
	10	崩塌岩块	莲花石	116°57′33″E 28°15′41″N	从仙桃石石峰崖壁崩塌下来堆积于泸溪河中的岩块破碎成棱角状，堆积岩块高出水面 3～5m，岩块棱角朝上组合成莲花花瓣状，似莲花绽放，故名
	11	崖壁	云绵峰	116°58′14″E 28°14′21″N	临江而立的巨大陡立石崖，海拔 204m。山体走向北西，崖顶距水面高约 150m，宽幅 300m 余，外形基本对称。崖壁留有流水溶蚀形成的波状垂向溶沟和较密集洞穴。鸟巢、鸟粪将崖壁点缀得五彩斑斓，像一幅巨大的锦毯垂天而下
	12	单面山	展旗峰	117°23′54″E 28°19′08″N	拔地高 110m，其缓坡倾向北西，坡角 20°～25°，长 300～500m，顶面较平整；陡坡短而陡，倾向南东，坡角 75°，长不足 20～30m，其两侧崖壁面雨水侵蚀型纵向沟槽和溶蚀风化型洞穴发育

续表

地貌系列	序号	类型	实例名称	实例位置	实例特征
丹霞负地貌	13	嶂谷（巷谷、一线天）	龟峰一线天	117°23′50″E 28°18′52″N	位于天然三叠东侧，系三叠龟峰、卧牛峰并立而就的“U”型谷，峰壁陡峭，平直幽深，光天一线。两峰相距不足1m，窄处只容一人侧身而过，谷深约100m，长68m，属流水沿走向65°节理冲刷、侵蚀而成
	14	岩槽	仙岩岩槽	116°57′30″E 28°15′40″N	崖壁因岩层抗风化能力的差异和溶蚀与崩塌，形成了顺层分布的岩槽和洞穴。大致可分三层，最低层距地面或水面30～40m。单个洞穴长一般1～5m，高0.5～2m，进深0.5～2.5m，呈长条状、扁圆状、椭圆状，洞穴呈串珠状顺岩层分布。洞内放置有2600年前春秋战国时期古越族人棺木和随葬品
	15	水蚀洞穴	丹勺洞	116°57′30″E 28°15′29″N	为泸溪河西岸金钟峰陡崖壁上近水面处发育的一水蚀洞穴，它是水流对崖壁上较软弱岩石（含钙较高的粉砂岩透镜体）和垂直节理或裂隙冲刷侵蚀而成。洞体高4～5m，最宽处2～2.5m，进深1.5m左右，上大下小，形似一把饭勺
	16	崩塌洞穴	福地门	116°58′04″E 28°15′38″N	从陡崖壁上崩落并堆积于山麓的巨大崩积岩块呈架空状，底部较细小的破碎岩块和砂石被流水冲刷掉而留下岩块间巨大空洞。此洞穴长约30m，宽1～2m，两侧连通，人弯腰可以穿行。洞中凉爽怡人
	17	蜂窝状洞穴	雄霸天下	117°23′58″E 28°18′27″N	长期的流水冲蚀和风化溶蚀，使原始山体沿垂直节理面裂解崩塌形成了独立残留石柱。石柱高近100 m，四周绝壁。柱体与基座均发育有大小不一、形态各异的洞、坑、穴，形似蜂窝。洞体长一般0.2～1m，高0.2～0.5m、深0.1～0.5m。整体形态酷似男性阳具
	18	竖状洞穴	仙女岩	116°57′20″E 28°15′39″N	下跌的水流沿一走向330°的垂直张裂隙不断冲刷溶蚀，且水流对下部的冲刷能力较上部强，故形成了上小下大的竖状洞穴；又因洞底发育有“人”字形悬沟，酷似女性阴部与臀部，故名。竖状洞穴高95m
	19	扁平洞	南岩佛洞	117°26′03″E 28°22′09″N	丹崖赤壁在长期的流水侵蚀、风化溶蚀等的作用下，近水平延伸的红色含钙砂岩向内凹进形成扁平状洞穴。南岩佛洞洞门宽70m、高30m、进深30m，依岩环列成半圆形，可容千余人。洞内经人工开凿有佛教石窟，现存石龛40座，摩崖石刻10余处，是中国最大的利用自然洞窟开凿的佛教石窟
	20	穿洞	河豚堡穿洞	116°57′14″E 28°15′01″N	海拔标高140m。水流沿石墙两侧同一较软弱缓倾斜岩层相向冲刷、溶蚀成扁平状洞穴—进一步溶蚀伴随崩塌使洞穴扩大—蚀穿石墙形成扁平状穿洞。洞长50～70m、高5m、宽8m
	21	天生桥	龟峰仙人桥	117°23′16″E 28°18′34″N	石桥呈近东西走向，高架于山峦之中。西部崖壁陡峭，壁立10m，东部坡缓，可缓步直达岩顶，桥顶面积20m^2。桥体由紫红色巨厚层状砂砾岩构成
	22	石门	马祖岩石门	116°56′24″E 28°19′38″N	以马祖岩陡崖窄道上的“山门”较为形象。从巨石与崖壁间“门缝”中小道通过后，可进入崖墓洞穴或“庙堂”洞穴，故名
	23	天然壁画	九龙一虎壁	116°57′26″E 28°14′55″N	位于泸溪河西岸许家村斜对面。在直立的崖壁上，由于岩石结构、胶结物、砾石大小的差异，被水流冲刷侵蚀和溶蚀风化之后，形成形态和色彩似龙似虎的图案。是典型的大自然雕塑精品

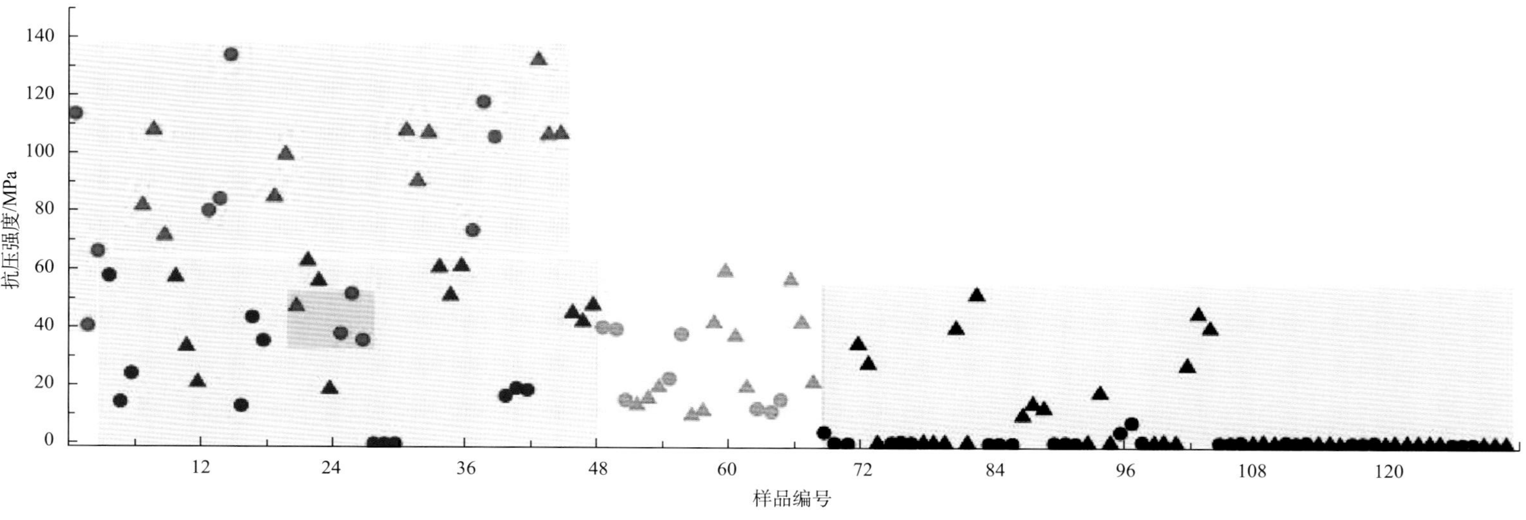

图9-9 全部实验岩芯（131块）抗压强度数据分布图（欧阳杰，2010b）

从左往右岩心标本按顺序依次为：1. 广砂1；2. 广砂12；3. 广砂17；4. 广砂2；5. 广砂13；6. 广砂18；7. 广砾8；8. 广砾14；9. 广砾15；10. 广砾1；11. 广砾9；12. 广砾16；13. 福砂1；14. 福砂10；15. 福砂11；16. 福砂4；17. 福砂14；18. 福砂15；19. 福砾16；20. 福砾17；21. 福砾18；22. 福砾15；23. 福砾12；24. 福砾8；25. 江砂7；26. 江砂14；27. 江砂18；28. 江砂8；29. 江砂15；30. 江砂19；31. 江砾9；32. 江砾12；33. 江砾17；34. 江砾8；35. 江砾11；36. 江砾16；37. 湘天砂3；38. 湘穿砂11；39. 湘穿砂12；40. 湘天砂4；41. 湘穿砂13；42. 湘穿砂14；43. 湘义砾5；44. 湘白砾9；45. 湘白砾10；46. 湘义砾6；47. 湘白砾11；48. 湘白砾12；49. 广砂长2；50. 广砂11；51. 广砂8；52. 广砾长2；53. 广砾长1；54. 广砾长3；55. 福砂长3；56. 福砂长1；57. 福砾长1；58. 福砾长2；59. 福砾长3；60. 江砾长1；61. 江砾长2；62. 江砾长3；63. 湘穿砂1；64. 湘天砂1；65. 湘穿砂2；66. 湘白砾1；67. 湘义砾1；68. 湘白砾2；69. 广砂10；70. 广砂16；71. 广砂14；72. 广砾12；73. 广砾17；74. 广砾18；75. 福砂18；76. 福砂2；77. 福砂3；78. 福砾13；79. 福砂16；80. 福砾6；81. 江砾7；82. 江砾10；83. 江砾13；84. 湘穿砂7；85. 湘穿砂8；86. 湘穿砂9；87. 湘义砾4；88. 湘白砾7；89. 湘白砾8；90. 广砂6；91. 广砂7；92. 广砂9；93. 广砾6；94. 广砾5；95. 广砾7；96. 福砂17；97. 福砂12；98. 福砂9；99. 福砾5；100. 福砾2；101. 福砾14；102. 江砾4；103. 江砾5；104. 江砾6；105. 湘穿砂5；106. 湘穿砂6；107. 湘穿砂10；108. 湘义砾3；109. 湘白砾5；110. 湘白砾6；111. 广砂3；112；广砂4；113. 广砂5；114. 广砾2；115. 广砾3；116. 广砾4；117. 福砂3；118. 福砂5；119. 福砂7；120. 福砾1；121. 福砾4；122. 福砾9；123. 江砾1；124. 江砾2；125. 江砾3；126. 湘天砂2；127. 湘穿砂3；128. 湘穿砂4；129. 湘白砾3；130. 湘白砾4；131. 湘义砾2

（2）湿抗压和岩体冻融后抗压强度大都在 15～60MPa。经过水侵蚀或温度变化的影响，岩芯的抗压强度有所降低，这时各研究地砾岩的抗压强度仍大于当地的砂岩抗压强度，但 24 块岩芯的湿抗压强度和 20 块岩芯抗冻融后的抗压强度数值大都维持在15～60MPa（图 9-9），实验模拟的环境对丹霞地貌岩体造成的影响差异不是很大。

（3）酸侵蚀对丹霞地貌岩体破坏力最大。共有 63 块岩芯进行了抗酸侵蚀实验，有 49 块岩芯破裂，不能进行抗压实验强度的对比，剩下 14 块岩芯中，砂岩三块，抗压强度数值在 10MPa 以下；11 块砾岩岩芯的抗压强度数值在 15～45MPa 之间。四处研究地丹霞地貌岩体（砂岩和砾岩）抗酸侵蚀的高度脆弱性由此可见。

（4）各地丹霞地貌岩体抗压能力有所差异：江西龙虎山砂岩的干湿抗压强度最小，干抗压最大为 50MPa，湿抗压为零。

9.6 研究结论

通过上述野外调查和实验，龙虎山丹霞地貌岩体抗压实验规律和丹霞成景地貌发育之间的联系有以下两点：

（1）龙虎山凹槽大都发育在砂岩层。这是因为丹霞地貌岩体（砂岩和砾岩）在干燥环境下抗压强度都比较大，当遭到雨水和温度的影响时，它们的抗压强度都会降低，一般情况，砂岩的降低幅度大，抗压强度低，最先遭到侵蚀剥落，形成凹槽，并进一步发育成岩穴或其他丹霞地貌类型。

（2）岩性的抗压差异和龙虎山丹霞主体地貌特征有相关性。龙虎山砂岩和砾岩湿抗压能力很弱，在雨水和流水的侵蚀下，软弱的砂岩层被侵蚀剥落，引起上部砾岩层的崩塌，继而引起山体后退等连锁反应，使龙虎山比其他三处研究地更加相对快速地发育为丹霞地貌老年期阶段。与此相反的是，福建泰宁砂岩的干、湿抗压强度的差异在四处研究地中最大，当这些岩体在遭受雨水和流水的侵蚀后，由于砂岩抗压强度的急剧降低，首先容易被风化剥落，可以形成泰宁千姿百态的以凹槽为主体丹霞地貌景观，并进一步发育其他丹霞地貌类型。

第10章 安徽齐云山丹霞地貌研究

10.1 研究区概况

10.1.1 自然地理特征

齐云山又名白岳，是国家地质公园，也是我国四大道教圣地之一，它位于皖南休宁县境内，地理位置29°47′～29°50′N，117°57′～118°03′E，东西绵延约15km，南北跨越6km，面积约90km^2。主峰钟鼓峰海拔585m，位于北部山麓的岩脚海拔105m，最大相对高差480m左右，大部分山地相对高差在300～400m。该区地处我国中亚热带北缘，季风气候显著，年平均气温17℃，1月平均气温3.7℃，7月平均气温27.9℃，日平均气温稳定通过10℃的积温达5153℃，年平均降水量达1630mm。据明万历27年刻本《齐云山志》载："齐云一石插天，直入霄汉，真可与云齐也，故谓之齐云"。山上群峰矗立，岩洞毗连，更有石殿、石窟、石像、石刻遍布山中。洞、涧、池、泉缀落崖间；抬头望，悬崖绝壁，云雾缭绕；放眼远眺，溪桥饶滕、阡陌连片。真可谓"天开图画、神奇秀丽"！故其曾被乾隆誉为"天下无双胜境，江南第一名山"。因此，齐云山在历史上与黄山、九华山并列为皖南三大名山，明代徐霞客曾两次到齐云山考察。

(1) 气温：全年平均气温16.2℃，最高年份16.9℃，最低年份15.6℃，年际间变化在0.5℃之间。一年中最热为7月份，平均气温为27.9℃；最冷为1月份，平均气温3.7℃。年气温日较差24.2℃，一年中1至7月气温逐月升高，8月开始下降。一日间最高气温出现在午后14～15时左右，最低气温出现在黎明至日出前。

(2) 降雨：雨水充沛。年平均降雨量1613.7mm，最多年（1954年）为2641.6mm，最少年（1978年）为928.8mm，年际间变化较大。春季降水占全年的31%，夏季43%，秋季8%，冬季18%。显然春夏季雨量多，秋冬季雨量少。一年中1至6月份降水量逐月增多，春季阴雨绵绵，盛夏季节多有雷阵雨骤降骤停。5月上旬进入雨季，6月中旬进入梅雨季节，七月上旬出梅，在此间多暴雨。7～12月降水逐渐减少。全年降水日数为155d。

(3) 光照：齐云山山势呈东西走向，坐南朝北，光照适宜。年平均日照时数1931h，日照率44%；年最多日照时数2291h，日照率52%；年最少日照时数1581h，日照率36%；全年以8月份日照率61%为最高。一月份南坡日照率达40%，是冬季理想的避寒地区。

(4) 四季：春季气温回升快，冷暖空气活动频繁，3月份日平均气温稳定通过10℃以上，4月份平均气温升至16.5℃，5月份达到20℃左右，此时的齐云山已是山花烂漫，林荫鸟语。夏季气候炎热，季平均气温为26℃。初夏冷暖气流频频交绥，此时温度高，湿度大，雨频水足；7月上旬开始进入盛夏季节，处于副热带高压控制下，天气晴热少雨，常出现高温天气。秋季南方暖湿空气渐趋衰弱。但初秋天气常是晴热少雨，到了深秋，天高云淡，晴空万里。随着冷空气势力加强，早晚温差较大，正是晌午骄阳似火，晨霄清凉如水。冬季干寒、晴朗，季平均气温 5.9℃，初冬处于两次冷空气入侵的间隙中，往往气温回升，回暖显著，俗谚“十月小阳春”。冷空气侵袭控制，气温不断降低而进入隆冬，在 12 月下旬出现初雪。

10.1.2 地质构造

齐云山中生代初在地质构造上处于江南隆起（即江南古陆）的东端，隆起的两侧，元古代基底很少出露，古生代沉积连续，厚度大，构造复杂（图 10-1）。齐云山北麓岩脚和南麓铛金街附近元古代变质岩广泛出露，并与桂林组角度不整合便是元古代褶皱基底的标志。古生代和中生代三叠纪、侏罗纪地层缺失，说明齐云山在这些地质时期均处于隆起阶段（朱诚等，2005）。

然而到了白垩纪，即约一亿三千五百万年前，齐云山地区却发生了一次深刻的变化，元古代形成的三条区域大断裂又重新活动起来，这三大断裂分别是：① 景德镇—祁门断裂带；② 江湾—街口挤压破裂带；③ 开化—淳安褶断带。三者均呈北东走向。这三大断裂在整个古生代活动都很和缓，仅在局部地区有岩浆侵入或喷出，而在早侏罗世后，这些断裂重新活动起来，活动的总趋势是：

早侏罗世后处于景德镇—祁门断裂带和江湾—街口挤压破裂带之间的屯溪地区大面积下沉，形成一个地堑型的断陷盆地，沉积了侏罗纪的碎屑物，而此时位于两断裂之间西北侧的齐云山地区仍处于隆起区，因以剥蚀作用为主故缺少侏罗纪沉积（宿立先等，1973）。

到晚侏罗世末、早白垩世初，断陷活动中心自东南向西北方向迁移，即位于江湾—街口挤压破裂带与景德镇—祁门断裂带之间的休宁地区的地块逐渐下沉，成为陆上的断陷湖盆，齐云山地区便位于这个断陷湖盆之中。根据时间的先后和地区的差异，人们习惯地把屯溪地区断陷盆地称为南盆，把齐云山所在的休宁地区断陷盆地称作北盆。以上便是齐云山地区中生代沉降过程的发育历史，从这次构造运动的时间看，因齐云山地区中生代地层主要是白垩系红层，由此推断当时的断块下沉活动应属于燕山运动的第二幕。

若用地质力学观点来分析，纵观皖南地区地质构造可划分出一个“休宁山字形”构造，屯溪—休宁断陷盆地则明显处于山字形的前弧位置，成为一个向东南突出的新月形向斜盆地。当休宁新月形向斜盆地形成以后，流水作用把盆地周围的火山岩、变质岩、花岗岩和其他岩石的碎屑带到湖盆中沉积下来。在沉积过程中地势的影响是齐云山白垩系红层出现大型韵律层的根本原因：当湖盆与四周地形高差大时，流水对四周的切割作用加强，带下的物质较多，颗粒也粗大；当高差小时情况则相反。沉积过程中洪水期与平水期交替出现是白垩系红层小型韵律层产生的原因：洪水季节，湖盆中沉积的碎屑物颗粒较大、砾石较多；平水、少水季节沉积的碎屑物颗粒小、多为砂质或泥质。这种长年累月的粗细交错沉积，就是今日齐云山砂岩和砾岩互层出现的原因。在最高峰、真仙洞府、玉虚洞等处出现的斜层理和交错层理还反映了沉积时有流水运动方向反复不定的河流作用参与，但斜层理或交错层理皆反映了当时是浅水沉积环境。砾石的磨圆度反映

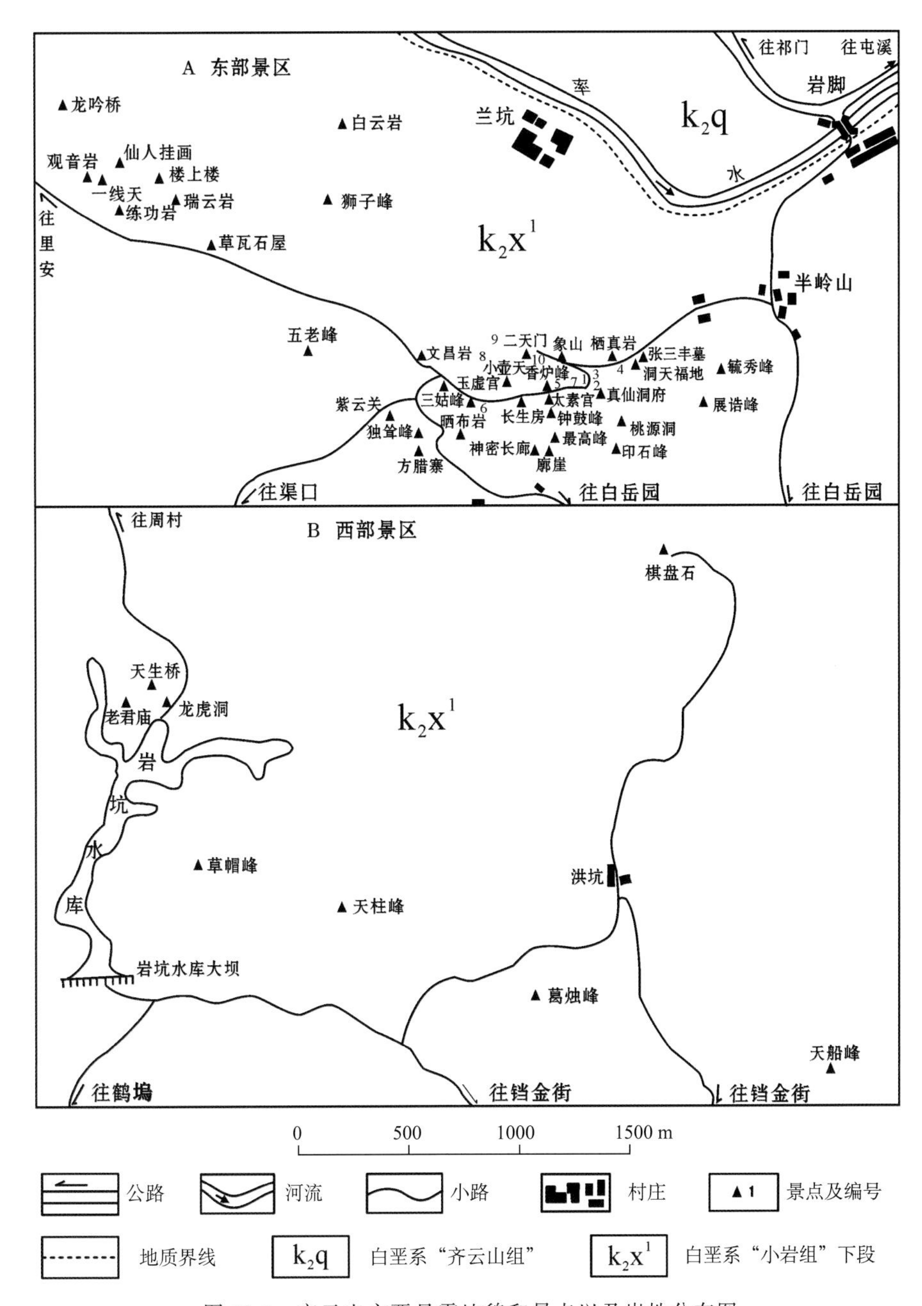

图 10-1　齐云山主要丹霞地貌和景点以及岩性分布图

1. 碧莲池；2. 雨君洞；3. 珍珠帘；4. 一天门；5. 三天门；6. 紫霄崖；7. 月华街；8. 乾溪；9. 桃花涧；10. 虎岭

了搬运距离的长短，磨圆度好反映搬运距离较远，反之说明搬运距离较近。另外，盆地中心比边缘离碎屑物源地远，流水作用相对亦缓，沉积的碎屑物颗粒也相应要小，沉积物的层理亦近于水平；盆地边缘的沉积物状况则有相反特征。由于当时的气候比较炎热干燥，氧化反映剧烈，所以沉积物多为钙质胶结，且呈红色。1979 年 332 地质队在齐云山附近的白垩系地层中打出了卤水，便已证实当时气候炎热干燥的事实。

新生代以来，齐云山地区经历了新构造运动的影响又发生了一番沧桑巨变，首先新构造运动使本区逐渐隆升，湖盆中巨厚的白垩系沉积物变成了海拔 500～600m 高的山地，且处于向斜湖盆中的齐云山地区岩层基本保持了原始的沉积面貌，层理平缓、中心部分近于水平，如香炉峰、圆通崖—希真崖—文昌崖和真仙洞府等地点岩层倾角只有 5°～6°。在隆升过程中，由于北部抬升幅度稍大于南部，故有一自北向南的倾斜作用产生，受此影响向斜盆地北部边缘岩层倾角较大，并有单斜构造山形成，如狮子峰倾向 SW250°，倾角 25°；天生桥倾向 SE130°，倾角 25°。在齐云山北麓，还可见到断块隆升的重要标志——断层三角面，率水河正是沿此断裂带自西东流。

10.1.3　地层与岩性特征

齐云山缺失古生代和新生代地层，其基底主要是元古代浅变质千枚岩，丹霞地貌几乎全部发育于白垩系红色砂砾岩中。按岩性本身差异和时代不同又可分为上统和下统（图 10-2 和图 10-3）。

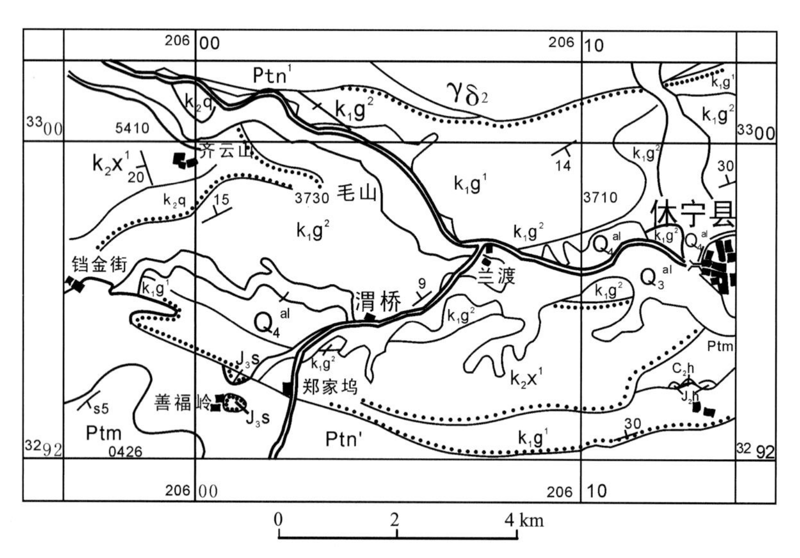

图 10-2　齐云山地区地质略图

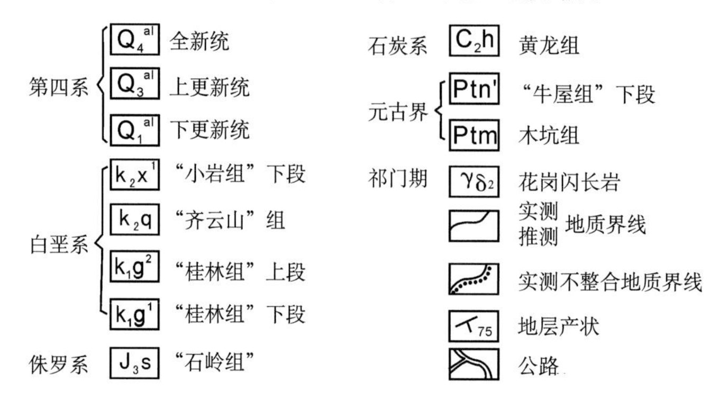

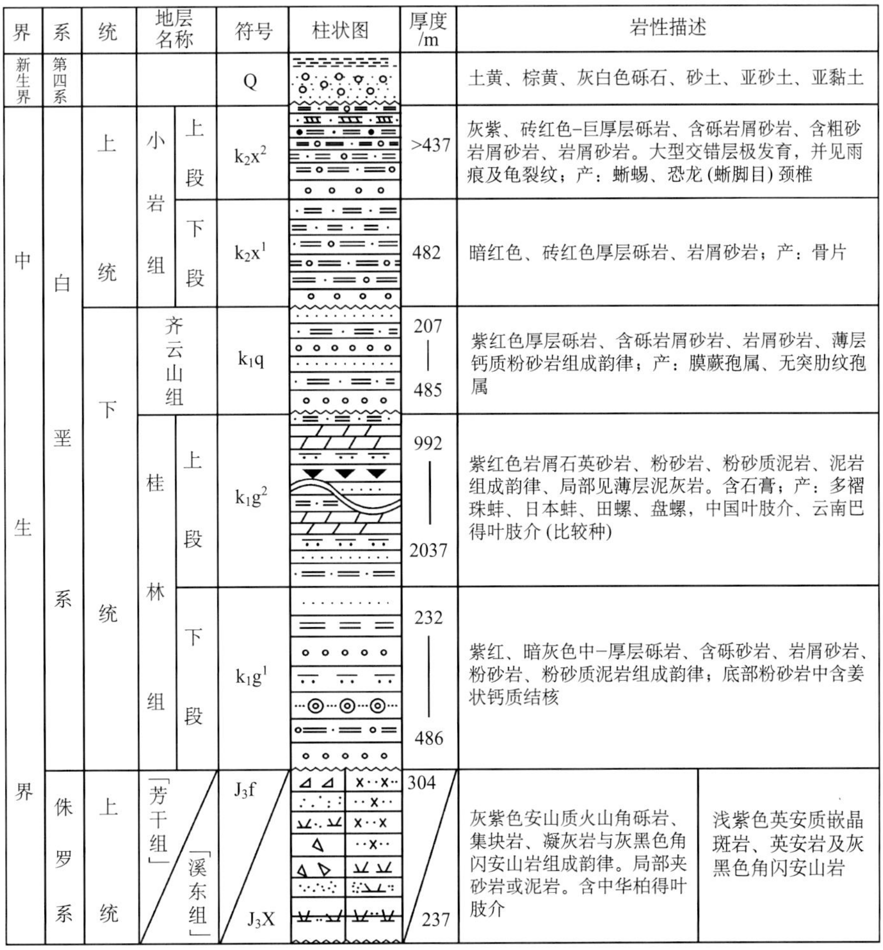

界	系	统	地层名称		符号	柱状图	厚度/m	岩性描述
新生界	第四系				Q			土黄、棕黄、灰白色砾石、砂土、亚砂土、亚黏土
中生界	白垩系	上统	小岩组	上段	k_2x^2		>437	灰紫、砖红色–巨厚层砾岩、含砾岩屑砂岩、含粗砂岩屑砂岩、岩屑砂岩。大型交错层极发育，并见雨痕及龟裂纹；产：蜥蜴、恐龙（蜥脚目）颈椎
				下段	k_2x^1		482	暗红色、砖红色厚层砾岩、岩屑砂岩；产：骨片
		下统	齐云山组		k_1q		207—485	紫红色厚层砾岩、含砾岩屑砂岩、岩屑砂岩、薄层钙质粉砂岩组成韵律；产：膜蕨孢属、无突肋纹孢属
			桂林组	上段	k_1g^2		992—2037	紫红色岩屑石英砂岩、粉砂岩、粉砂质泥岩、泥岩组成韵律，局部见薄层泥灰岩。含石膏；产：多褶珠蚌、日本蚌、田螺、盘螺，中国叶肢介、云南巴得叶肢介（比较种）
				下段	k_1g^1		232—486	紫红、暗灰色中–厚层砾岩、含砾砂岩、岩屑砂岩、粉砂岩、粉砂质泥岩组成韵律；底部粉砂岩中含姜状钙质结核
	侏罗系	上统	「芳干组」		J_3f		304	灰紫色安山质火山角砾岩、集块岩、凝灰岩与灰黑色角闪安山岩组成韵律。局部夹砂岩或泥岩。含中华柏得叶肢介
			「溪东组」		J_3X		237	浅紫色英安质嵌晶斑岩、英安岩及灰黑色角闪安山岩

图 10-3　齐云山地区出露的中生代地层柱状剖面图

1）下统“桂林组”（K_1g）

主要出露于齐云山北麓岩脚，分为上、下两段。下段（K_1g^1）：在岩脚北部铁路旁可见，由棕灰色巨厚砾岩、紫红色厚层钙质硬砂岩、钙质细砂岩、钙质粉砂岩组成若干个大型韵律层，韵律层砾岩较薄（厚 1～3m），砂岩较厚（3m 以上），砾岩成分有砂岩、脉石英及少量硅质岩、灰岩等；砾径 1～5cm，多呈次圆状至次棱角状，分选性差。上段（K_1g^2）在岩前公社西部 400m 处公路旁可见，主要由暗紫色厚层粗砂岩、中粗粒砂岩、紫红色薄层钙质粉砂岩组成，有若干韵律层，产状为倾向 SW190°，倾角 14°。

2）上统分为以下两组

（1）“齐云山组”（K_2q）在“桂林组”之上有一套紫灰色厚至巨厚层砾岩和紫红色厚层钙质砂岩，332 地质队将其命名为“齐云山组”，与下伏层在铛金街呈不整合接触。齐云山组主要由四种岩层构成大型韵律层，即不等粒结构和粗粒状结构的含砾钙质硬砂岩、砂状结构的钙质细砂岩、粉质泥质结构的钙质粉砂岩以及粉砂微粒结构的粉砂质灰岩。

(2)"小岩组下段"(K_2x^1)是构成齐云山丹霞地貌最主要的岩层，分为上、下两部分，下部：在山麓（如中和亭）可见，由暗红色厚层砾岩及鲜红色厚层硬砂岩构成，底部以砾岩为主夹砂岩透镜体，顶部为鲜红色厚层硬砂岩与紫灰色厚层细砾岩互层。砾石以千枚岩为主，次为石英砂岩、硅质岩及石英岩块组成（分选性较差），砾径大者达25cm，一般为2～5cm，多呈次圆至次棱角状。自下而上砾岩变细，有砂质、泥质胶结。上部：在海拔400m以上较多见，为砖红色厚层硬砂岩，表面具白色、灰绿色斑点，向上斑点逐渐增多，颗粒变粗，偶尔含砾。该层还与紫灰色巨厚层砾岩、紫红色巨厚层砂岩互层。在最高峰见有大型交错层理，砾岩往往呈透镜体状产出，带有河床相沉积性质。鉴于齐云山上各处岩石标本滴酸后均起泡，说明钙质成分甚多，这就为齐云山丹霞地貌的形成提供了化学风化和物理风化作用的重要物质基础。

此外，在岩脚公路以北，可见与"桂林组下段"呈角度不整合的元古代(Ptn^1)浅变质岩，主要由灰色、灰绿色含砂粉砂岩夹灰黑色含砂千枚岩组成。岩层受南北向应力挤压成一转折端被剥蚀的小背斜构造，背斜北翼产状：倾向NW346°，倾角81°，上部有坡积物覆盖。在山南铛金街附近公路旁也可见受挤压强烈、岩层破碎的元古代浅变质岩。

10.2 实验研究过程

10.2.1 齐云山丹霞地貌岩石标本的实验分析

研究过程中，课题组对齐云山典型丹霞地貌发育区的小岩组岩石进行了野外采样，并对标本经磨薄片偏光镜鉴定和南京大学现代分析中心用瑞士ARL公司X射线荧光光谱仪测出的各元素与氧化物的含量等鉴定分析，具体结果见表10-1和表10-2。

表10-1 齐云山小岩组 K_2x^1 岩性薄片鉴定结果

地点	岩石名称	显微镜及照片特征	偏光显微镜照片
最高峰	砾岩	砾石约占45%，磨圆度为次棱角状—次圆状，砾石成分以泥岩岩屑、砂质泥岩为主，次为火山岩岩屑。填隙物约占55%，为方解石胶结物和砂质碎屑物。砂质碎屑物分选差，磨圆度次圆状为主，主要为单晶石英，少量脉石英和长石。右侧照片：砾岩。砾石为泥岩岩屑，填隙物为方解石胶结物及长石和石英。×4，单偏光	
最高峰	角砾岩	砾石约占50%，以次棱角状为主，砾石成分复杂，有微晶灰岩岩屑、泥岩岩屑、花岗斑岩岩屑、火山岩岩屑、单晶石英。花岗斑岩岩屑具典型的文象结构和斑状结构。填隙物约占50%，为方解石胶结物和砂质碎屑物。砂质碎屑物分选差，大小0.1～0.8mm，主要为单晶石英，少量泥岩岩屑和长石碎屑。右侧照片：角砾岩。含脉石英和泥岩岩屑，填隙物为方解石和石英等。×10，正交	

续表

地点	岩石名称	显微镜及照片特征	偏光显微镜照片
最高峰	中粗粒岩屑石英砂岩	中粗粒砂状结构。碎屑物约占 85%，分选差，颗粒直径约 0.2～0.8mm，磨圆度以次棱角状为主。主要碎屑物成分单晶石英 55%，脉石英 3%，长石约占 10%，泥岩岩屑 17%，偶见火山岩岩屑和花岗斑岩岩屑，具文象结构。填隙物约占 15%，黏土和粉砂为主，少量方解石胶结物。右侧照片：粗粒岩屑石英砂岩。可见泥岩岩屑、长石、石英碎屑。×4，正交	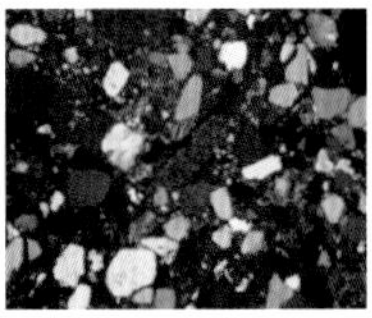
真仙洞府	钙质粉砂岩	粉砂状结构为主，纹层构造。碎屑物约占 50%～65%，磨圆度以棱角状为主，粒径以 0.03～0.08mm 为主，分选好。主要碎屑物为单晶石英，少量（约 3%）白云母，偶见条纹长石。填隙物 35%～50%，为细小的方解石胶结物、黏土杂基和铁质氧化物。方解石胶结物较多，约占 20%～45%。右侧照片：钙质粉砂岩。深色纹层，钙质胶结物约占 20%。×10，正交	
神秘长廊	中细粒长石石英砂岩	中细粒砂状结构。碎屑物约占 75%，分选中等，颗粒直径约 0.15～0.50mm，磨圆度以次圆状为主。主要碎屑物成分：单晶石英 54%，燧石 2%，长石约占 15%，泥岩岩屑 3%，浅变质岩岩屑 1%，偶见白云母<1%。填隙物：约占 25%，为泥质物和铁质氧化物。右侧照片：长石石英砂岩。碎屑物有石英、泥化正长石和浅变质岩岩屑。×4，正交	
天生桥	砾岩	砾石（2～5mm）约占 70%，次棱—次圆状，以砂质泥岩岩屑为主，次为石英岩和石灰岩岩屑（2%）、花岗斑岩岩屑（约占 3%）、碱性长石晶体碎屑（约占 2%，填隙物约占 30%，为方解石胶结物和砂质碎屑物。两者分选差，大小 0.2～1.5mm，次圆状—次棱角状，主要为单晶石英，少量长石。右侧照片：砾岩。含泥岩砾石、石英岩砾石和方解石胶结物。×10，正交	
天生桥	不等粒长石石英砂岩	不等粒砂状结构。碎屑物约占 80%，分选差，颗粒直径 0.1～1.0mm，磨圆度以次棱角状和次圆状为主。主要碎屑物成分为单晶石英，次为长石碎屑，约占 15%，泥岩岩屑 8%，少量石灰岩岩屑、燧石岩屑和白云母碎片。填隙物约占 20%，为方解石、粉砂和泥质物。其中方解石胶结物约占 5%。右侧照片：不等粒长石石英砂岩。含微斜长石、泥化正长石和石英碎屑。×4，正交	
龙虎洞	砂岩-粉砂岩	薄片可见两部分，粗粒部分：中细粒砂状结构，碎屑物约占 70%，颗粒直径 0.1～0.6mm 为主，分选中等，次圆状为主。主要碎屑物为单晶石英，次为长石碎屑（约占 8%），填隙物约占 30%，以方解石胶结物为主，约占 25%。细粒部分：粉砂—微粒砂状结构。碎屑物约占 65%，直径 0.05～0.12m 为主，次棱—棱角状。主要碎屑物为单晶石英，少量长石碎屑（约占 2%）和白云母碎片（约占 3%）。填隙物约占 35%，为方解石胶结物、泥质和少量铁质氧化物。右侧照片：粉砂岩。含较多白云母。×4，正交	

续表

地点	岩石名称	显微镜及照片特征	偏光显微镜照片
龙虎洞	不等粒长石石英砂岩	不等粒砂状结构。碎屑物约占70%，分选差，颗粒直径0.1～0.9mm，以次棱—次圆状为主。主要碎屑物成分单晶石英，次为长石碎屑（约占8%），泥岩岩屑4%，少量脉石英碎屑、燧石岩屑和白云母碎片。填隙物约占30%，为方解石胶结物（约占15%）、粉砂质和少量泥质物。右侧照片：不等粒长石石英砂岩。泥化正长石（具有卡双晶）。×10,正交	

表 10-2　齐云山小岩组 K_2x^1 红色砂砾岩化学元素氧化物全量 X 荧光光谱测试鉴定结果

地 点	SiO_2 /%	Al_2O_3 /%	CaO /%	K_2O /%	Fe_2O_3 /%	Na_2O /%	MgO /%	TiO_2 /%	P_2O_5 /%	MnO /（μg/g）
最高峰粗砾岩	68.20	10.90	6.31	2.95	2.30	1.36	1.15	0.33	0.09	500
最高峰角砾岩	72.20	11.80	2.57	3.35	2.59	1.34	1.09	0.30	0.16	490
最高峰中粗砾岩屑石英砂岩	71.20	11.90	3.85	3.13	2.13	1.28	1.51	0.26	0.10	670
真仙洞府钙质粉砂岩	37.80	8.48	26.20	1.63	2.30	0.91	1.79	0.48	0.10	480
神秘长廊中细粒长石石英砂岩	79.90	10.40	0.40	2.13	1.56	1.45	1.13	0.31	0.02	140
天生桥砾岩	71.30	12.00	3.91	2.93	2.25	1.11	1.17	0.33	0.13	490
天生桥不等粒长石石英砂岩	72.90	9.78	4.77	2.40	1.66	1.14	1.48	0.33	0.01	370
龙虎洞砂岩-粉砂岩	67.70	11.90	5.16	2.36	2.47	1.25	1.98	0.50	0.08	350
龙虎洞不等粒长石石英砂岩	72.80	8.48	6.44	2.14	1.57	1.19	1.03	0.33	0.05	400

10.2.2　齐云山丹霞地貌实验研究结果

从表10-1和表10-2测定结果可发现：

（1）齐云山丹霞地貌洞穴发育与岩性中钙质含量有关，如构成真仙洞府的钙质粉砂岩填隙物35%～50%是方解石胶结物和黏土杂基等，方解石胶结物多达20%～45%，钙质胶结物占20%，真仙洞府的CaO含量26.20%比其他元素和氧化物含量高一个数量级，而其他抗风化能力强的砾岩等岩性钙质胶结物均少于洞穴发育处的钙质粉砂岩。这对丹霞地貌的差异风化作用来说十分重要：因为含 CO_3^{2-} 的雨水对钙质胶结的岩层易产生溶蚀作用，大量钙离子被流水带走后，丹霞崖壁上便会留下无数的洞穴。

(2) 从岩性组分和结构比较来看，砾岩组分复杂（其中，砾石含量>45%），有微晶灰岩岩屑、泥岩岩屑、花岗斑岩岩屑、火山岩岩屑、单晶石英、脉石英等。但在结构上，因这些岩屑中花岗斑岩岩屑具文象结构和斑状结构，石英斑晶具有熔蚀现象，这种结构较之砂岩由单调矿物（如单晶石英和长石）为主的砂状结构更为稳定。这也是该区砂岩抗风化能力较砾岩要弱的原因所在。

10.3 齐云山丹霞地貌发育过程

10.3.1 齐云山丹霞地貌发育的三个阶段

野外调查、岩相和地质资料的分析，均说明齐云山丹霞地貌的基底经历了从江南古陆到休宁新月形向斜盆地，再到断块山的演化过程。

黄进（1992）提出丹霞地貌是地质构造内动力和风化剥蚀外营力共同作用、长期塑造的结果。上述齐云山地区中生代断陷湖盆的产生和巨厚沉积的形成，以及新生代以来由湖盆抬升为山地便是丹霞地貌形成的两个初始阶段。当白垩系红层脱离了湖盆环境以后，丹霞地貌的发育还经历了垂直节理发育、风化破坏、剥蚀搬运三个重要阶段。

1. 垂直节理发育阶段

齐云山巨厚的白垩系红色砂砾岩形成后，在区域构造应力作用下，产生了两组走向不同的垂直节理，前者比较稀疏，走向在NW290°～310°，可称其为纵节理；后者比较密集，走向在SW230°～250°，可称其为横节理。这样，原来完整的巨厚层砂砾岩受垂直节理的分割，形成了许多呈方块状或棱块状明显的巨型岩块，但它们仍然是一个整体，彼此并没有分离和孤立出来。

2. 风化破坏阶段

纵横交错的节理为球状风化提供了方便，节理裂隙面是地表流水下渗的最好通道，植物、流水、冰等常沿节理进行风化或侵蚀，特定的地理位置和水热条件更加剧了风化作用的强度。齐云山地处我国中亚热带北缘，季风气候显著，可以想象，多变的气候可以使得：温暖多雨的季节，地表水沿节理裂隙大量下渗，节理也逐渐受到侵蚀而加宽拓长；严寒霜冻季节，储积在节理中的水固结成冰，冰冻体积膨胀使裂隙扩大，更利于地表水下渗。在漫长的地质年代中这种冻融作用不断地进行，致使完整的岩石被破坏崩解，尤其在节理密集的地方破坏更为严重，这便是丹霞峰林地貌发育的重要原因之一。风化作用对垂直节理的影响是首先形成狭长而窄深的一线天式的深沟，沟壁平直陡峭，其走向与该组垂直节理走向相同，其陡壁坡度也与垂直节理相似。在一线天式的深沟发育后，流水会继续下切侵蚀，而陡壁则沿垂直节理发生崩塌，使深沟进一步加深拓宽形成巷谷，巷谷进一步发展便成为较大的山涧。太素宫前的深涧——乾溪、独耸峰旁的饮鹿涧、望仙台下的桃花涧、碧莲池下的云龙涧、天生桥西部的碧莲涧等就是发育在走向为NW290°～310°垂直节理（纵节理）处的。崖壁的崩塌与山涧的形成往往有共生联系，上述深涧旁的崖壁有多处崩塌便是例证：如天生桥的桥孔下、最高峰廓崖的崖壁下、独耸崖崖壁下均有巨大崩落石都说明了深涧是在巷谷不断崩塌的前提下形成的。鲁点辑（1932）提出：明万历刻本《齐云山志》亦有关于崩塌的记载：“宋淳祐巳酉大水，石崩瓦解，真武像如故。庚午叶介夫、程大有、胡大祥建立清阁、四聚楼。侍郎程元岳题水位之精于殿前壬癸方石池以镇本山午火也。铭曰静而能定，洁不可污，中藏龟蛇，上应虚危”。当崩塌作用继续进行，水流来不及把这些崩积物搬走时，则会在陡壁的麓部形成崩积缓坡。由于沿垂直节理的崩塌作用不断进行、陡崖坡不断平行后退，崩积缓坡便不断加高加宽，这种过程若发生在山体内部，就会使山体逐渐遭受切割、破坏，使局部山体的面积和体积逐渐变小（如方腊寨、五老峰等）。若这种过程发生在山体外缘，则会使整个山体逐渐缩小，而崩积缓坡则会逐渐增大。

齐云山走向为SW230°～250°的垂直节理（横节理）比较密集，但影响的深度不及纵节理，故横节理密集处有峰林和“城堡”发育（如五老峰、钟鼓峰和山南的棺材岭等），但无深切的沟壑，因此从宏观上看，齐云山地貌亦有“横看成岭侧成峰”的特色。

值得注意的是，软硬互层的岩性对崩塌的形成有重要影响。齐云山“小岩组”中的砂岩孔隙度大于砾岩，硬度却小于砾岩，较大的孔隙和较软的岩性使得空气和水更易于对其侵蚀，从而更利于加快岩石的风化过程。当砂岩和砾岩互层出露时，砂岩风化速率快，当其风化崩落后，其上部的砾岩会失去支撑亦逐渐随之崩落，这便是丹霞崖壁崩落、山体后退和内凹洞穴发育的主要原因之一。由于砾岩的抗风化强度比砂岩要大，所以齐云山的洞穴多发育在砂岩中。

3. 剥蚀搬运阶段

风化作用使得山体不断崩塌成崖，并在崖麓形成崩积缓坡，但随着时间推移，流水作用又会将这些崩积物荡涤殆尽，由此使得在节理密集的地区一些“岩核”和“岩髓”脱颖而出、拔地而起，成为峋嶙突兀的石峰、石柱和峰林地貌（如香炉峰、五老峰等）。在节理稀疏处，岩石被破坏程度较轻，保存下来的是方山式的地貌类型，如展诰峰、印石峰、天船峰和最高峰等。

丹霞地貌形成中的剥蚀搬运主要是靠流水的机械侵蚀和溶蚀所进行。丹霞地貌的洞穴形成，除了崩塌和流水机械侵蚀外，溶蚀也起了相当重要的作用。雨水与空气中的CO_2有一定量的混合，落到地面的雨水往往含有CO_3^{2-}成分，而齐云山“小岩组”砂砾岩又多为钙质胶结，含CO_3^{2-}的雨水对钙质胶结的岩层易产生溶蚀作用，大量钙离子被流水带走后，丹霞崖壁上便会留下无数的洞穴。由于“小岩组”砂砾岩透水性强，故由孔隙水、裂隙水形成的泉非常多。当崖壁处的岩层层面向崖内倾斜时，有利于崖上流水顺层面掏蚀和溶蚀，久而久之便形成了诸如真仙洞府、玉虚洞和楼上楼等大型洞穴。但当崖壁处的岩层面向崖外倾斜时，因为流水不易顺层面侵蚀，故很少有洞穴发育，如最高峰虽有高大壮观的陡崖，但因岩层面外倾，故无洞穴发育。当悬崖顶部植被茂密、且有汇水小谷地时，崖上便有小瀑布形成；而此处崖壁若后退成内凹的弧面时便形成类似“飞雨”、“珍珠帘”等奇妙的跌水景观。

10.3.2　构造隆升与三级剥蚀面的关系

纵览齐云山，可以发现其山体大致可分为三个不同的高度等级：即第一级海拔 500～600m 左右，如钟鼓峰、独耸峰、万寿山、狮子头、凉伞峰、袈裟峰等；第二级海拔 350～400m，如玉女峰、骆驼峰、隐云峰、石桥崖等；第三级海拔 150～200m，主要是山麓地带的缓丘。三个不同的高度等级代表了齐云山在时代不同的三次主要构造运动中所形成的三级剥蚀面。从分析看，齐云山缺少第三系沉积物，但有白垩系红层，由此推断第一级剥蚀面形成于渐新世末（即喜马拉雅运动后幕）；第二级剥蚀面形成于第四纪早期；第三级剥蚀面（山麓面）形成于第四纪中期（中更新世-晚更新世期间）。

齐云山丹霞地貌中被分割的峰林大都坐落在海拔 400m 以上的山体部分，其下限大致与第二级剥蚀面高度相同，这说明像五老峰、香炉峰这样奇特的丹霞山峰景观至少在第四纪以前便已初步形成。

齐云山的三次主要构造抬升还可以从裂点和沟谷横剖面形状上得到佐证。调查发现，如果在太素宫沿 240°走向作一剖面，可看出齐云山共有三级裂点（图 10-4）：太素宫（图 10-5）后方的山顶钟鼓峰（海拔 585m）是为第一级裂点；太素宫前的陡坎为第二级裂点（海拔约 400m），其下方的乾溪海拔 150m 左右的陡坎为第三级裂点，这表明上述裂点与剥蚀面高度大致相同。调查还发现，第二级裂点以上的峡谷、汇水谷地多呈“U”字形（如桃花涧的源头、雨君洞处的汇水谷地、处于分水岭旁的天生桥谷地等），而在第二级裂点以下的峡谷多呈“V”字形（如乾溪、桃花涧、碧莲涧和饮鹿涧等）。这说明第一期构造抬升后齐云山地区有一个相当长的稳定时期，使得河流侧旁侵蚀作用加强，致使原来的 V 型谷拓宽成 U 型谷。第二级裂点以下的 V 型谷说明河流的现代溯源侵蚀已达 400m 左右的高度，因山麓地带无 U 型谷发育，说明目前齐云山仍可能处于上升阶段。

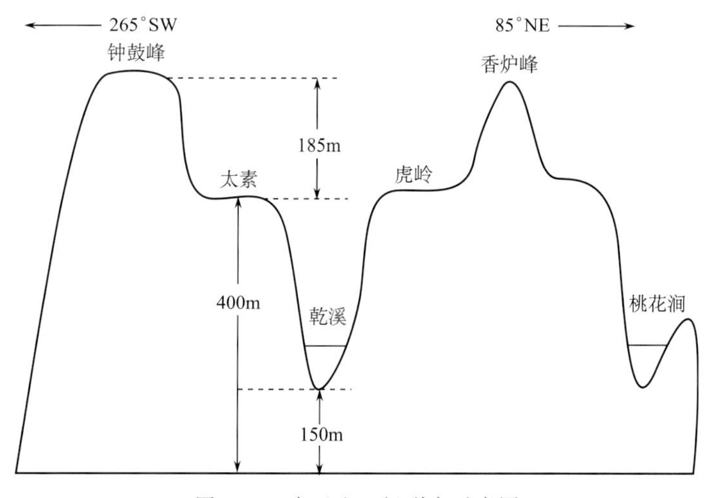

图 10-4　齐云山三级裂点示意图

图 10-5　齐云山太素宫照片

10.4　齐云山造景地貌成因分析

齐云山丹霞地貌发育于晚白垩纪近水平或缓倾斜的巨厚红色砂岩、砾岩中，这些地层是在燕山运动第二幕所形成的山间湖盆中沉积的，在后期的新构造运动中逐渐抬升形成向斜断块山。

齐云山向斜断块山在形成过程中受区域构造应力作用产生了众多的垂直节理，同时由于岩体具有软硬互层的岩性和易被溶蚀的钙质胶结，因此在亚热带气候环境下遭受到强烈的外营力风化剥蚀，先在垂直节理处发育了“一线天”式的深沟，进而在深沟处不断崩塌，形成巷谷和悬崖；每年的洪水季节间歇性洪水会带走崩积物并逐渐将巷谷切割成较大的山涧；当水流来不及搬走崩积物时，则在崖麓往往形成崩积缓坡。

齐云山陡立的崖壁因受流水的机械侵蚀和含 CO_3^{2-} 的雨水对钙质胶结岩层的溶蚀，在流水顺层面侵蚀的情况下便发育了众多向崖内凹进的长条形扁平状溶蚀穴，因软硬交互的岩层易发生崩塌，最终使溶蚀穴进一步扩大成为较大规模的丹霞洞穴。

齐云山丹霞地貌在地质构造上为一和缓的向斜，但轴部岩层具水平构造特征，仅边缘岩层倾角较大，经隆升运动和流水切割形成单斜山的结构。水平或近水平构造的岩层倾角在 10°以内，这种构造是受沉积环境决定的，多位于向斜盆地的中间部位如香炉峰、虎岭等。单斜构造岩层倾角多在 10°～30°，并多位于向斜盆地边缘，如狮子峰和西南部岩坑水库（NE 倾向 35°，倾角 29°）等处。

齐云山不同走向的垂直节理密度不同、影响的深度不同、形成的丹霞地貌特征也不同。走向 NW290°～310°的垂直节理比较稀疏，但影响的深度大，在这组节理发育的部位多有较大的山涧（如乾溪、桃花涧、饮鹿涧、碧莲涧等），在深涧两侧有高大、壮观的陡崖发育。走向为 SW230°～250°的垂直节理比较密集，但影响的深度不大，在这组节理控制下多有五老峰式的峰林或城堡状的玉屏峰、钟鼓峰等地貌发育。

齐云山存在三级剥蚀面，与其相应也存在三级裂点，二者在高度上大致相同。齐云山丹霞地貌在海拔 400m（第二级剥蚀面）以上最为典型，说明主要的丹霞地貌在第四纪初已基本成形。齐云山 400m 以上的峡谷多呈“U”字形，400m 以下多为“V”字形，反映新构造运动抬升的高度与现代溯源侵蚀的高度具有一致性。

齐云山峰、崖、洞、方山、城堡、天生桥等丹霞地貌种类俱全，平顶、圆顶、尖顶等峰顶形态皆有；除一般悬崖外，还有崖壁内凹的最高峰廓崖这类巨型丹霞崖壁；洞穴则有长数里的真仙洞府，瀑布则有“飞雨”和“珍珠帘”，尤其是岐山天生石桥规模在国内丹霞地貌中实为罕见。因此，从自然景观角度审视齐云山丹霞地貌不愧为大自然的杰作，是值得进一步开发的宝贵旅游资源（陈传康，1992）。

10.5　齐云山与其他地区丹霞地貌成因比较研究

为从全局上把握和了解齐云山丹霞地貌发育成因，尝试从岩性和构造等角度与国内其他典型丹霞地貌区作了同异性比较。丹霞地貌景观随着地理-地质环境的地域差异，显示出很强的区域景观异质性。黄进等将丹霞地貌进行如下分类（表 10-3）。

表 10-3　丹霞地貌分类初步方案

分类依据	类型
岩层倾角	近水平丹霞地貌（$<10°$），缓倾斜丹霞地貌（$10°\sim30°$），陡倾斜丹霞地貌（$>30°$）
有无盖层	典型丹霞地貌，类丹霞地貌
气候区	湿润区，半湿润区，半干旱区，干旱区丹霞地貌
发育阶段	幼年期，壮年期，老年期丹霞地貌
有无喀斯特化	丹霞喀斯特地貌，非丹霞喀斯特地貌
地貌形态	宫殿式，方山状，峰丛状，峰林状，石墙状，石堡状，孤峰状等

10.5.1　齐云山与广东丹霞山地貌的比较研究

1. 地层和岩性比较

丹霞盆地的主要地层有白垩下统上部和上统下部的长坝组（$K_{1-2}c$），上白垩统的丹霞组，其中丹霞组又分为巴寨段（K_2d_1），锦石岩段（K_2d_2）和白寨顶段（K_2d_3）。地质公园内 290km^2 的丹霞地貌区，基本上由长坝组和丹霞组所组成。长坝组为一套以湖泊相为主的河湖相红色碎屑岩，总厚 2400 余米。岩性细软，在地貌上呈低山缓丘，衬托着丹霞山的高崖奇峰，反差大而界线分明。丹霞组（K_2d）为一套河流相为主的河湖相红色碎屑沉积，总厚度大于 1300m。主要由紫红色砂岩、砂砾岩、肉红色长石石英岩及少量粉砂岩组成，性脆而坚，形成高数十米至数百米的悬崖、方山、石峰、石堡、石墙、石柱和岩洞等典型的丹霞地貌。它与长坝组的岩性差别形成了地貌上的强烈对比（表 10-4）。

表 10-4 广东丹霞盆地地层岩性简表

类别	主要岩性	地貌表现
K_2丹霞组	河流相、洪积相紫红色砾岩、砂砾岩、砂岩，夹少量粉砂岩	丹霞地貌
K_{1-2}长坝组	底部砾岩、砂砾岩，中上部湖相泥质岩、粉砂岩为主	红层丘陵
K_2马梓坪群	砾岩、砂岩、粉砂岩及泥岩、夹安山岩、凝灰岩	低山、丘陵
K_1伞洞组	上部凝灰质砂岩和泥岩，下部安山质和流纹质凝灰岩、玄武岩	低山、丘陵
J_1桥源组	浅灰厚层状长石石英砂岩、粉砂质泥岩、泥质粉砂岩	低山、丘陵
J_1金鸡组	长石石英砂岩、粉砂岩、泥岩、含煤层	低山、丘陵
T_1大冶组	灰岩、泥灰岩为主，上部夹钙质页岩	低山、丘陵
P_2龙潭组	浅海砂泥质碎屑岩、碳酸岩、中部含煤层	低山、丘陵
P_1栖霞组	碳酸岩、泥质碎屑岩、海陆交互相含煤层	喀斯特丘陵
C_3船山组	浅海相碳酸盐岩	喀斯特丘陵
C_2黄龙组	浅海相碳酸盐岩	喀斯特丘陵
C_1大塘阶、岩关阶	浅海相碳酸盐岩为主，夹含煤层	喀斯特丘陵
D_3帽子峰组、天子岭组	砂泥质碎屑岩、碳酸盐岩	低山、丘陵
D_2东岗岭组	滨浅海泥质碳酸盐岩	低山、丘陵
D_{1+2}桂头群	含砾石英砂岩、滨海砂泥质碎屑岩	中山、丘陵
O_{2+3}龙头寨组	海相砂页岩、硅质岩、灰岩、硅质灰岩	低山、岩溶、丘陵
O_1下黄坑村	石英岩、石英砂岩、粉砂岩、页岩、硅质岩	低山、丘陵
∈ 八村群	长石石英砂岩、绢云母片岩、砂岩、泥板岩、灰质页岩、硅质页岩	中山、丘陵

齐云山与此不同。齐云山的地层主要由桂林组、齐云山组、小岩组构成，三者的岩性和地貌差异很大：小岩组不但含恐龙化石，而且大型交错层发育，构造隆升后易差异风化，形成崩塌，是构成齐云山丹霞地貌的主体岩层。齐云山组、桂林组主要分布在山麓地带，多呈低矮丘陵景观，岩性质地较小岩组更均匀一些（表 10-5）。

表 10-5 安徽齐云山地层岩性简表

类别	主要岩性	地貌表现
K_2x^1小岩组下段	灰紫、砖红色厚层砾岩、岩屑砂岩	丹霞地貌
K_2q齐云山组	河流相、洪积相紫红色砾岩、砂砾岩	红层丘陵
K_1g^2桂林组上段	紫红色砂岩、粉砂岩及泥岩	红层丘陵
K_1g^1桂林组下段	湖相泥质岩、粉砂岩为主	低山、丘陵

丹霞山岩石样品中胶结物的碳酸钙含量一般占 15％左右（黄进等，1994a）。这些易于溶蚀的碳酸钙使得丹霞崖壁上常形成沟沟坎坎，仙人挂画，球状风化等。这在齐云山楼上楼景区也能够看见。

丹霞山有的地方由于红层钙质砂岩及钙、铁质胶结的砂砾岩含高 CaO 量(16.8%～50.12%)，丹霞喀斯特地貌发育。丹霞喀斯特地貌是丹霞地貌和喀斯特地貌的混合类型，因而在水流作用下，产生明显的溶蚀作用，可形成溶沟、石牙、溶蚀漏斗，洼地和石林，在地下形成地下河和溶洞，有的溶洞可长达数公里，如星子红岩洞长 2.4km，圣母洞长 300m，洞内还发育有钟乳石，石笋等钙质形态。这与齐云山有很大的区别，齐云山的岩石组分中 CaO 含量一般很低，只在真仙洞府较高，因此齐云山丹霞喀斯特地貌不发育。

2. 断层和节理比较

丹霞盆地处于韶关盆地内。韶关盆地是自晚古生代以来长期活动的大型构造盆地，它位于华南准地台、南岭褶皱系中段分水岭之南，受控于北部的九峰东西构造带和南部的贵东蕉岭东西构造带，以及西部的瑶山一石鼓塘南北向构造带和东部的诸广岭—热水南北向构造带，是一个近于方形的构造盆地。

丹霞山的山体排列基本沿北北东向的大断层延伸，而山体走向、石柱排列主要沿近东西向断层和大节理延伸。断裂构造对山体分布和山体形态起到了控制作用。丹霞组地层被两组主要大节理网切割为许多菱形块体，奠定了山体发育和分布的基础。北北东向构造线大致与韶仁断裂相平行，规模较大但分布稀疏，是控制山群边界走向和石柱排列方向的构造。近东西向构造为次级构造，主要由密集分布的大节理构成。这一组构造是控制山体石墙走向和石柱排列方向的构造。在两组主要构造线控制下，丹霞山区的山体呈现出明显的北北东向群体组合，近东西向的单体走向基本格局。丹霞地貌的发育主要受到断层和大节理的控制，形成与断裂改造体系相一致的山体分布格局。

齐云山受南北挤压力作用，形成横江、率水两大断裂，在此基础上发育众多节理，地貌基本轮廓主要由两组断裂控制，走向 SE140°～NW320°和 NE40°～SW220°。尤其是前者的一组张扭性断裂，由于多次活动的结果，控制了齐云山的山势呈岭、谷相间，走向为东北—西南的阶梯状展布特点。齐云山的山水组合景观不如丹霞山，后者的河流在其中部流过，前者的河流则在其北侧流过。

3. 形成过程比较

地壳升降对丹霞地貌发育的影响体现在红层盆地必须是后期上升区，以便为侵蚀提供条件。上升到一定程度而长期相对稳定，利于丹霞地貌按连续过程从幼年期到老年期逐步演化；间歇性抬升则可能发育多层性丹霞地貌，丹霞山的这种陡缓坡组合多达五级。据黄进等在丹霞山区河流阶地冲积层中进行的热释光采样分析，得知丹霞山区的地壳平均上升速度为 97m/Ma。由此可知丹霞山现代地貌形成于距今大约 6Ma 前，其丹崖后退速度平均约 50～70m/Ma（黄进等，1994b）。

新生代丹霞盆地整体上升，地层平缓，多组交错的节理裂隙和断层把红层切割成阶状排列的网状地块，受流水侵蚀和重力崩塌影响，形成了悬崖峭壁、山峰矗峙的丹霞地貌。而从仁化至韶关这一中心地带，基于构造格局的演化及其对沉积的控制，造就了丹霞盆地并在其中发育了红色岩系，经后期的地质作用发育形成了壮观的丹霞地貌。

丹霞盆地的红色岩系发育形成于中生代，受控于燕山运动，而盆地内的丹霞地貌则形成于新生代，受控于喜马拉雅运动以来的新构造运动。丹霞山西部有海拔600m、500m、400m，东部有400m、300m、200m的侵蚀面，以及多级河流阶地，证明本区曾有多次间歇性上升。新生代晚期的上升幅度已达400～500m。地壳的上升为流水、重力等作用提供了高的位能条件，使丹霞组地层被侵蚀、切割而形成各种丹霞地貌。

丹霞山受间歇性抬升构造运动控制，可划分为上中下三层。上层景区有长老峰、海螺峰、宝珠峰，中层景区有别传寺、通天峡，下层景区主要有锦岩洞天胜景。齐云山的景观层次也可以如此分为三层：钟鼓峰、独耸峰等为最高一层，玉女峰、骆驼峰、五老峰等为中层，率水沿岸低缓丘陵为第三层。景观层次与丹霞山相同。只是规模较小些。

丹霞山地处亚热带南部湿润气候区，其地貌形成的外动力作用，主要有流水、崩塌、风化和岩溶等几种。其中流水侵蚀是最基本的外动力，流水的下切和侧蚀为不同尺度的重力作用提供了条件，这种作用的综合结果是丹霞地貌最突出的景观要素——丹霞崖壁的形成。丹崖赤壁群发育，顶部棱角圆化，形成浑圆状丹霞地貌是丹霞山的最大特点，也是与齐云山的最大区别。齐云山的溶蚀作用比丹霞山要弱，主要在山腰处，形成真仙洞府等洞穴景观，山顶处的岩石主要是小岩组的砾岩，不含CaO，因此山顶的溶蚀作用少见，浑圆状丹霞地貌少见。

丹霞盆地中发育的丹霞地貌海拔高度大多在400m左右，呈峰林状，主峰巴寨海拔618m。核心是密集型丹霞群峰，外围缓冲地带是疏散型峰林状。景观类型包括赤壁丹崖、丹霞峰林、河蚀水平洞穴、瓯穴及圆潭、瀑布、天生桥、石堡、石峰、石墙、石柱、崩塌岩洞、崖麓崩积缓坡、崩积岩块、错落、崩积岩洞、崩积天生桥、崩积洼地、凹片状风化剥落形成的岩槽、额状洞、扁平洞、穿洞、大型蜂窝状洞穴、小型蜂窝状洞穴、凸片状风化与片状剥落形成浑圆山顶、浑圆山脊、浑圆岩柱、浑圆石蛋、风化堆积形成的片状岩堆、岩粉堆积平地、丹霞岩溶地貌有岩溶凹穴、石钟乳、石幔。丹霞地貌类型比齐云山要丰富一些（表10-6），但二者的差异不是很大。因此，齐云山的丹霞地貌旅游价值和丹霞山一样较高。

表10-6　丹霞山和齐云山地貌单体形态比较

类别	丹霞山	齐云山
丹霞崖壁	锦石岩大崖壁等各山头的陡崖坡	紫霄崖、最高峰大崖壁各山头的陡崖坡
丹霞方山（石堡）	火烧石、巴寨、平头寨、燕岩等	香炉峰、方腊寨等
丹霞石墙	细美寨（阳元山）等	—
丹霞石柱	阳元石、蜡烛石等	葛烛峰等
丹霞石峰	翔龙湖乘龙台、望仙台等	鼓峰等
丹霞丘陵	瑶塘村周围小山等	珰金茶亭周围小山等

续表

类别	丹霞山	齐云山
丹霞孤石	董塘东南的牛牯石	棋盘石等
崩积堆和崩积巨石	丹霞山宾馆附近石块，翔龙湖中的大石块	天生桥附近石块，云岩湖中的大石块
沟谷	主河谷：锦江河谷；支谷：翔龙湖谷地；巷谷：一线天	主河谷：横江河谷；支谷：云岩湖谷地；巷谷：一线天
顺层凹槽	丹霞山许多崖壁上都有顺软岩层风化成的凹槽	许多崖壁上都有顺软岩层风化成的凹槽，如：象鼻山崖壁
丹霞洞穴	锦石岩洞穴群，海螺岩洞穴群等	十里长廊，神仙洞府
丹霞穿洞	阳元山通泰桥，天罡桥等；大石山穿岩等	象鼻山穿洞等
竖向洞穴	阴元石，锦石岩马尾泉下洞穴等	—

综合上述分析比较，得到表 10-7；两者的主要差异见表 10-8。

表 10-7　齐云山与丹霞山地貌比较

类别	齐云山丹霞地貌	丹霞山丹霞地貌
景观类型	峰墙、峰丛为主	峰丛、石柱峰林为主
发育的主要地层	上白垩统小岩组、齐云山组	长坝组、丹霞组
岩性	砂砾岩、砂砾岩与粉砂质软岩层互层，抗风化能力较强	泥质或粉砂质软岩层与砂砾岩硬岩层互层、碳酸钙量高，抗风化能力较弱
岩层产状	近水平丹霞地貌：岩层倾角＜10°缓倾斜丹霞地貌：岩层倾角 10°～30°	近水平丹霞地貌：岩层倾角＜10°
断裂节理	发育两组大节理	发育三组大节理
发育阶段	以中年期为主	老，中，青
主要发育动力	流水作用，重力崩塌，生物风化	流水作用，重力崩塌，生物风化
构造运动	新构造运动	新构造运动
景观特色	大部分顶平、壁陡、麓缓，层级为三层	大部分顶平、壁陡、麓缓，层级为三层
发育过程	准平原—方山—峰墙—峰丛的演变	准平原—方山—峰墙—峰丛—丘陵

表 10-8　齐云山与丹霞山主要地貌差异比较表

类别	齐云山	丹霞山
景观特色	赤壁丹崖、峰丛、峰林	赤壁丹崖群、峰丛、峰林、丹崖群瀑
主要地质作用	流水侵蚀作用、崩塌作用为主	暴流冲刷侵蚀、崩塌作用、化学溶蚀作用
景观发育阶段	中、青为主	老、中、青均有

10.5.2　齐云山与湖南崀山丹霞地貌的比较研究

崀山出露的白垩系地层岩相特点为：下白垩系永福群紫红色厚层砾岩、砂砾岩、含砾粗砂岩不整合覆盖于下伏老地层及加里东期花岗岩体之上。厚度200～2320m，可分为上下两段。上段地层：出露在新宁县城至义兴桥一带，为紫红色厚层含砾砂岩、含砾泥质粉沙岩夹泥岩、粉砂岩。砾石成分为砂岩、石灰岩、花岗岩等，砾石大小一般1cm左右，厚100～500m。岩性较软，难以形成丹霞地貌，现多发育成缓丘和河谷平原；下段地层：紫红色厚—巨厚层砾岩、砂砾岩、含砾砂岩及少量含砾泥质粉砂岩。厚度变化大，由北向南厚度逐渐变厚，北边新宁一带厚150m左右，向南至资源、梅溪一带厚度达2320m左右。其中砾石的来源就地取材。它是形成丹霞地貌的主岩层。根据实地考察，这套下部地层岩系属山前冲洪积扇沉积，与一般河流沉积有别，也与河湖相截然不同。砾石以粗粒为主，有自扇形后缘（山口）至前缘砾径变小的特点，呈现出由砾岩—砂砾岩—砂岩—泥砂岩的变化规律。砾石的磨圆度也由棱角状—次棱角状—次圆状的明显变化。这套粗砾的红色岩系为崀山丹霞地貌提供了物质基础（刘尚仁，1993）。崀山的地层中碳酸钙含量较高，随外围地层不同而有很大差别，在接触碳酸岩源地的地方，可达25%以上（肖自心等，1997），崀山的丹霞喀斯特地貌十分发育。

崀山和齐云山比较，由于岩性的差异，发育的丹霞地貌类型也有差异。前者的构景岩石中含有较多的碳酸钙，化学溶蚀作用较强，抗风化能力较弱；后者则不含碳酸钙，所以前者发育丹霞喀斯特地貌，后者则发育较高大的纯丹霞地貌—峰丛、峰林型丹霞地貌。

崀山地质公园处于南岭东西向构造带与新华夏系北北东向公田—宁乡—新宁—资源大断裂（带）交接复合部位。由于南岭东西向构造带经历了多次构造岩浆活动，使崀山东西两侧的越城岭与苗儿山不断抬升形成巍峨高山。公田—宁乡—新宁—资源大断裂（带）综贯湖南全省向北入湖北，往南抵广西，形成长达400km的区域性多期次活动大断裂带。沿此形成了一系列大小不等的长条形白垩系红色盆地。资新盆地是其中最南端的一个较大的断陷盆地，处于南岭山脉腹地。

崀山丹霞景观地貌受新宁—公田断裂带及其节理控制。它由桂北资源县进入新宁，大致沿NE35°方向延伸，经邵阳、新宁、汨罗至公田一带，新宁—邵阳段控制了早白垩统的展布，扶夷水亦沿此断裂带发育。现已测量到的节理有四组（两组共扼节理），其走向分别为SW260°、NW350°、SW225°、NW315°，这四组节理面均近于直立，倾角达86°～88°。丹霞地貌的发育，从构造上讲，主要受节理的控制，几乎所有的沟谷、溪流、一线天、悬崖峭壁、岩墙等，都是沿着某一个方向的节理发育而成的，如万景槽沿SW225°方向节理发育，天一巷沿NW315°方向节理发育，天生桥的形成除了与假岩溶有关外，还与某个方向的节理有关，如汤家坝天生桥的形成与NW315°方向的节理有关，仙人桥的形成与260°方向的节理有关；砂砾岩柱峰，如蜡烛峰、辣椒峰、将军石等，则是沿SW225°与NW315°方向的两组节理发育而成的，而寨则是沿两组或两组以上的节理发育而成的。崀山的丹霞地貌景观主要按两级剥夷面和水道谷地，分别呈群体组成；较高一级剥夷面的分割以寨、堡、墙、巷等高台和峰丛为主，较低的剥夷面和盆谷地区，则以柱峰及其他峰壁雕琢形态的组配为主。论形态，它是由两种景观组成，一是寨状地形，另一是低矮的地形。寨状地形坡度大，一般在30°左右，有的因垂直节理、裂隙发育受侵蚀，崩塌而成陡峭的岩壁；有的由于产状较缓，岩性不均，富含钙质，流水沿层面选择性溶蚀，形成平行于层面的岩穴地形及上凸下凹的额状地形。宏观其形态：远望成寨、横视成墙、纵观成峰，形成十分雄壮秀丽的景色。而低矮地形广被寨状地形包围，比高较小，约 30m 左右，坡度平缓，一般 15°左右，呈波状起伏；河流蜿蜒曲折，桌状山地貌和单面山地貌甚为发育，桌状山顶面平坦，四周边坡陡峻，一般坡度 30°～40°，单面山则顶面倾斜，边坡不对称，缓坡 15°，陡坡 30°～40°左右，丘岗间谷地呈现较宽的坳谷。资新盆地丹霞地貌景点单位面积中分布密集，特别是资江漂流区浪田附近和八角寨迷宫区，石峰、石梁、石寨林立，鳞次栉比，每平方公里多达 10 个以上。一线天（巷谷）也很密集，在资江天门景区站在龙脊上可一眼看见一线天型巷谷 4～5 条 。

比较而言，齐云山的节理密度不大，只有两组大节理，走向为 NW290°～310°，SW230°～250°，且后者切割深度不大。因此，它的一线天很少见。齐云山出露的岩层产状较平缓，因此单面山地貌也不是很发育，只在公园边缘区偶见。

燕山运动时期形成巨大的断陷盆地资新盆地，盆地中接受白垩系巨厚的陆相红色碎屑堆积，为本区丹霞地貌形成、发育提供了物质基础。断陷盆地呈不对称状，东南侧陡、西北侧缓，沉积中心不断自东南向西北迁移。白垩纪时（距今 1.37 亿～0.67 亿年），盆地中堆积了巨厚的角砾岩、砾岩、砂岩及泥质岩。由于当时处于亚热带干热气候控制下，沉积物多呈红色、紫红色。根据地质调查，本区白垩纪地层总厚约 2320m。这大大超过齐云山地区。

燕山运动后，地壳处于相对稳定时期，经过长时间的侵蚀、剥蚀、夷平等作用，使地表趋于平坦。在早第三纪始新世末，发生了喜马拉雅早期运动造成大面积断陷、抬升，因而缺失晚第三纪地层。晚第三纪地层末，第四纪早更新世纪初，发生了晚喜马拉雅运动，使地壳持续抬升、掀斜、褶皱和强烈的侵蚀作用，不仅造成下更新统与第三系及其先期地层呈不整合接触，又是现代地貌形成和发育的重要时期。按地貌成因类型，可划分为构造剥蚀中高山地貌，指东、南、西三面围绕的山地；构造剥蚀低山河谷地貌，指资江流域地貌，丹霞地貌是其中一种；构造剥蚀低山峡谷地貌，指五排河流域地貌等三类。

新构造运动强烈的抬升作用，是崀山—八角寨丹霞地貌发育的一个基本条件。据统计，风景区存在有海拔 700～800m、550～650m、300～400m 三个不同高度的侵蚀面。扶夷江两岸广泛发育有三级阶地，这表明崀山风景名胜区自晚第三纪以来，新构造运动曾多次间歇式抬升，在间歇期形成夷平面和河流阶地，而在抬升阶段则是丹霞陡崖和阶地坎发育时期。区内夷平面南高北低，说明新构造运动有南强北弱之势，呈掀斜式抬升。三级剥夷面与河谷三级阶地相对应，不仅控制整个景区个景的总体分布规律，而且控制了丹霞地貌景观发育的阶段和类型。幼年期：位于最高一级剥夷面，以新构造运动强烈上升和河流强烈下切为特色。流水作用以向源侵蚀作用为主，山地地貌形态陡直悬峭，使产状平缓的丹霞岩石沿共轭节理控制的沟谷切割成顶平、身陡块状地貌（寨、峰、墙）为特色，八角寨为典型。壮年期：位于中间地段剥夷面，新构造运动以上升为主，流水侵蚀以侧蚀为主，伴有主河流旁侧受节理控制的溪流向源侵蚀作用，造成丹霞地貌形态多样化。多为峰、柱石、凿岩、雕壁等蚀余形态。本区面积最大，个景多而分散，如辣椒峰、骆驼峰、斗笠寨、燕子寨、牛鼻寨、米筛寨、天下第一寨、清风巷、汤家坝亚洲第一桥、半山天生桥等。老年期：位于最低一级剥夷面，新构造运动上升较弱，扶夷江-资江沿北北东向区域性大断裂发育。左岸多为凹槽，右岸多阶地、边滩，流水侧蚀作用和堆积作用同时进行，左岸为侵蚀岸，形成连绵崖壁，多为缓坡圆顶低丘，丹霞地貌景点多为圆丘上残留峰、柱（如笔架山、将军石）或石（如啄木鸟石、军舰石等）。

齐云山也有三级侵蚀面，它们的高度分别是 500～600m、350～400m、150～200m，形成的景观层次和崀山相似，但景观不如崀山高大雄伟，更多的是南方的秀丽。

崀山的山顶多呈尖头形，主要是因为节理与产状共同控制的结果。造景岩层的倾角一般是 10°～15°，通常被两组或三组构造节理（NE70°～80°，NW310°～315°，NE50°～60°）切割成棱角突出、大小不等的山体或柱峰，加上岩层中常含数量不等的长石，抗风化能力较差，棱角处又最容易被风化而球化，致使山体及柱峰逐渐被圆化。

与齐云山比较，崀山的节理密度较大，一线天地貌类型，尖头形山顶较发育。两者在规模和气势上具有相同性（表 10-9）。

表 10-9　齐云山与崀山地貌异同性比较表

类 别	齐云山	崀山
相同点	赤壁丹崖、峰丛、峰林三层景观	赤壁丹崖群、峰丛、峰林三层景观
不同点	顶平、身陡、麓缓	顶尖、身陡，一线天发育、丹崖群瀑

10.5.3　齐云山与福建冠豸山丹霞地貌的比较研究

冠豸山丹霞地貌的地层均为白垩系赤石群紫红色厚层砂砾岩（K_2ch）。其四周连城县为白垩系沙县组紫红色钙质、泥质粉砂岩夹砂砾岩（K_2s）；抗风化能力很强，与齐云山小岩组岩性基本相似。这种岩层中发育的丹霞地貌丹崖高大雄伟，但缺乏洞穴。

朱诚等（2000）用岛津 VF-320X 射线荧光光谱仪测出冠豸山地区岩石各元素与氧化物的含量，发现其 CaO 的含量一般较低，与齐云山相似。而且还发现 CaO 含量低的岩层因为其 Ca^{2+} 含量低、$CaCO_3$ 含量也低，对岩层起胶结作用的钙质胶结物相对就少、岩层胶结性差，所以易发生差异性崩落，形成天然桥和丹霞洞穴这样的奇特景观，这与齐云山不同。齐云山丹霞洞穴的成因主要是岩层中含 CaO 较高，产生了溶蚀作用，如真仙洞府。

岩层产状对丹霞地貌形态的影响主要是对于山体顶面和构造坡面的控制。一般情况下，近水平岩层上发育的丹霞地貌具有“顶平、身陡、麓缓”的坡面特征（齐云山即如此）；缓倾斜岩层上发育的丹霞地貌则“顶斜”，具有单面山的特点。冠豸山丹霞地层在地貌上呈典型的单斜山特征，区内岩层产状基本上均是朝 SE110°～120°方向倾斜，层面倾角在 13°～25°。其斜顶基本和岩层层面一致；陡倾斜岩层所发育的丹霞地貌若不是保留了古侵蚀面的话，其顶面很难形成平顶或缓斜顶，而多是尖顶。齐云山除了西部地区岩层倾角稍大（但多不大于 25°）以外，大部分地区的岩层呈水平或近水平产出

(＜10°)。一般情况下，发育在水平或近水平岩层上的丹霞地貌，其山顶面基本与层面一致，常表现为平缓的夷平面状或缓丘陵状山顶面。因为近水平岩层间岩性的差异，往往在陡壁上风化或侵蚀形成近水平带状突起或凹槽，突起一般是坚硬砾岩、砂砾岩层位，较大的突起可形成狭长平台、生长条带状植被带（草本、灌木、乔木），这种近水平的植被带在悬崖上有时多层出现。细软的泥岩、粉砂岩等多形成近水平凹槽，较大的凹槽可发育成为岩洞。因此景观形态更美观。

冠豸山丹霞地貌受到辐聚状垂直节理的控制，节理密度比齐云山大。表现出分水岭型丹霞地貌的特点：在地貌格局上存在切割深度较小、密度较大、分离度不大的特点。齐云山是主流河流侵蚀切割形成的，景观类型要丰富得多。

冠豸山自晚侏罗世以来经历了山间盆地形成和侏罗、白垩系巨厚砂砾岩堆积成岩阶段，新构造运动中使盆地隆升和节理发育。自第三纪以来主要经历了4次较大幅度具掀斜性质的抬升过程。从4级夷平面的相对高差可知，第一、二次抬升之间幅度差为34～78.8m，第二、三次抬升之间的幅度差为81～100m，第三、四次为38～46m。在抬升过程中，受内力挤压和四周围岩压力逐渐消失造成的卸荷作用影响，岩层出现众多深大裂隙和多组垂直节理，发育有石墙、石堡（寨）、陡崖壁、柱峰、石梁、隙谷、嶂谷、峰林、峡谷、巷谷、天生桥等丹霞地貌。

相比较而言，齐云山抬升运动的幅度比较大，3级夷平面的高差达250m、185m，因此它的丹霞崖壁景观比冠豸山更有气势，景观类型也比较丰富。综上所述，得到表10-10，表10-11。

表 10-10　齐云山与冠豸山丹霞地貌比较

类别	齐云山丹霞地貌	冠豸山丹霞地貌
景观类型	峰墙、峰丛为主	石峰为主
发育的主要地层	上白垩统小岩组、齐云山组	白垩系沙县组、赤石群
岩性	砂砾岩、砂砾岩与粉砂质软岩层互层，抗风化能力较强	厚层砂砾岩硬岩层互层，抗风化能力较强
岩层产状	近水平丹霞地貌：岩层倾角＜10° 缓倾斜丹霞地貌：岩层倾角10°～30°	岩层倾角一般为13°～25°
断裂节理	发育两组大节理	发育辐聚状垂直节理
景观特色	大部分顶平、壁陡、麓缓，层级为三层	单斜山，其斜顶基本和岩层层面一致

表 10-11　齐云山与冠豸山丹霞地貌差异比较表

类别	齐云山	冠豸山
景观特色	赤壁丹崖群、峰丛、峰林	赤壁丹崖群、峰丛、单面山为主
主要地质作用	流水侵蚀作用、崩塌作用为主	暴流冲刷侵蚀、崩塌作用
景观年龄	中、青为主	中、青均有

10.5.4　齐云山与国外丹霞地貌的比较研究

国外丹霞地貌发育较好的地方目前已知的有19个国家51处。

西非多贡高原，是国外丹霞地貌最发育的地区。它的地层“资历”老，红色岩系的年代从5亿多年前的晚前寒武纪延续到2.5亿年前的古生代末期，而齐云山丹霞地层的年代为白垩纪，西非多贡高原丹霞地貌比齐云山早1.5亿～5亿年；它的红色地层的厚度大，整个高原都由这种地层组成，从而形成规模特别宏大的丹霞景观。齐云山丹霞景观占地仅90km^2，而多贡高原超过1000km^2，到处都显出红色景观，因此西非多贡高原的大悬崖气势宏伟。

澳大利亚中部的乌卢鲁国家公园有艾亚斯岩和奥尔加山（杨禄华，1999），由距今5亿年前的寒武系滨海相红色砂岩构成，丹霞地貌类型比较单一，加之位于荒漠腹地，干燥、风大、植被人烟稀少。它与发育于湿润地区的齐云山丹霞地貌景观差异很大。

总之，齐云山与国外丹霞地貌比较，发现差异很大：国外丹霞地貌一般比较单调，以高原、孤石为主。地层也比较老，有第三纪地层、泥盆纪、前寒武纪。一般岩石组成为砂砾岩，抗风化能力很强。地层产状多种多样，有近水平的，也有近垂直的丹霞地貌。地貌发育阶段以老年期为主，丹霞高原、残丘、孤石景观普遍。外力作用为风力侵蚀，热力风化，盐风化等。景观形成以老构造运动为主，而齐云山主要是晚白垩纪以来形成的丹霞地貌类型。

10.6　研究结论

研究结果显示，齐云山丹霞地貌特征、形成条件和发育过程可概括如下：

（1）齐云山丹霞地貌发育于晚白垩纪近水平或缓倾斜的巨厚红色砂岩、砾岩中，这些地层是在燕山运动第二幕所形成的山间湖盆中沉积的，在后期的新构造运动中逐渐抬升形成向斜断块山。

（2）向斜断块山在形成过程中受区域构造应力作用产生了众多的垂直节理，同时由于岩体具有软硬互层的岩性和易被溶蚀的钙质胶结，因此在亚热带气候环境下遭受到强烈的外营力风化剥蚀，先在垂直节理处发育了“一线天”式的深沟，进而在深沟处不断崩塌，形成巷谷和悬崖；每年的洪水季节间歇性洪水会带走崩积物并逐渐将巷谷切割成较大的山涧；当水流来不及搬走崩积物时，则在崖麓往往形成崩积缓坡。

（3）陡立的崖壁因受流水的机械侵蚀和含CO_3^{2-}的雨水对钙质胶结岩层的溶蚀，在流水顺层面侵蚀的情况下便发育了众多向崖内凹进的长条形扁平状溶蚀穴，因软硬交互的岩层易发生崩塌，最终使溶蚀穴进一步扩大成为较大规模的丹霞洞穴。

（4）齐云山丹霞地貌在地质构造上为一和缓的向斜，但轴部岩层具水平构造特征，仅边缘岩层倾角较大，经隆升运动和流水切割形成单斜山的结构。水平或近水平构造的岩层倾角在10°以内，这种构造是受沉积环境决定的，多位于向斜盆地的中间部位如香炉峰、虎岭等。单斜构造岩层倾角多在10°～30°，并多位于向斜盆地边缘，如狮子峰和西南部岩坑水库（倾向NE35°，倾角29°）等处。

（5）不同走向的垂直节理密度不同、影响的深度不同、形成的丹霞地貌特征也不同。走向NW290°～310°的垂直节理比较稀疏，但影响的深度大，在这组节理发育的部位多有较大的山涧（如乾溪、桃花涧、饮鹿涧、碧莲涧等），在深涧两侧有高大、壮观的陡崖发育。走向为SW230°～250°的垂直节理比较密集，但影响的深度不大，在这组节理控制下多有五老峰式的峰林或城堡状的玉屏峰、钟鼓峰等地貌发育。

（6）齐云山存在三级剥蚀面，与其相应也存在三级裂点，二者在高度上大致相同。齐云山丹霞地貌在海拔400m（第二级剥蚀面）以上最为典型，说明主要的丹霞地貌在第四纪初已基本成形。齐云山400m以上的峡谷多呈“U”字形，400m以下多为“V”字形，反映新构造运动抬升的高度与现代溯源侵蚀的高度具有一致性。

（7）齐云山峰、崖、洞、方山、城堡、天生桥等丹霞地貌种类俱全，平顶、圆顶、尖顶等峰顶形态皆有。除一般悬崖外，还有崖壁内凹的最高峰廓崖这类巨型丹霞崖壁；洞穴则有长数里的真仙洞府，瀑布则有“飞雨”和“珍珠帘”，尤其是岐山天生石桥规模在国内丹霞地貌中实为罕见。因此，从自然景观角度审视齐云山丹霞地貌不愧为大自然的杰作，是值得进一步开发的宝贵旅游资源。

（8）齐云山丹霞地貌与其他地区丹霞地貌相比，特色明显，类型齐全，具有南方丹霞地貌的典型特点。其成因与我国南方的丹霞地貌具有一致性，内力地质作用以新构造运动为主，外力地质作用以流水作用为主。

（9）各地岩石的组分不同，景观差异很大，但我国丹霞地貌主要发育于K_2地层中。齐云山的岩石与金鸡岭丹霞群岩石相对比（梁百和等，1992），后者的岩石成熟度较高，粒度磨圆度较好，砾石含量少，钙质含量高。故其发育程度较高。呈现中年晚期特点；而齐云山却呈现中年早期特点。与冠豸山（朱诚等，2000）相比，后者是砾岩型丹霞地貌，缺少大型洞穴；而齐云山由于有含钙的粉沙岩层，大型洞穴较多。

（10）齐云山丹霞地貌的形态顶平、身陡、麓缓；有别于冠豸山的单面山形态，崀山的尖头形丹霞地貌，新昌的火山凝灰岩丹霞地貌，国外的单调高原型丹霞地貌；与世界地质公园丹霞山一样，具有典型的丹霞地貌形态，其景观类型的丰富程度与丹霞山也基本一样，齐云山还是我国四大道教名山之一，因此具有较高的旅游价值。

第 11 章　中国典型丹霞地貌的成因总结与对比研究

丹霞地貌在中国研究已有 80 余年，研究的范围包括中国现有的各个丹霞地貌发育区。纵观现有的研究成果发现，尽管丹霞地貌在中国研究的时间之长和空间之广，但丹霞地貌在理论上一直没有大的突破。国内学者目前主要采用的是 Davis（1899）和 Penck（1953）的地貌循环理论，对丹霞地貌的发育阶段做了一些宏观定性描述。此外，还没有见到关于中国丹霞地貌成因的系统探讨，即从内、外力综合影响，时间、空间和物质三维角度来分析丹霞地貌成因机制。在研究方法和手段上，计算机技术的使用，如空间数据叠加和可视化等方面也比较薄弱；在实验定量解释丹霞地貌岩体的差异，以及对丹霞地貌发育的影响方面，目前的研究也不是很深入。针对以上三个问题，本书在丹霞地貌的理论研究、方法上和实验上做了些尝试。本书选择中国东中部 8 处典型丹霞地貌进行实地调研和实验研究，对该地区的丹霞地貌发育规律和特征进行了系统分析和总结，以期望获取对中国东中部地区典型丹霞地貌成因的新认识。

11.1　中国典型丹霞地貌发育过程总结

11.1.1　广东丹霞山丹霞地貌发育的规律总结

1. 丹霞山风景地貌发育的条件

1）丹霞山风景地貌发育的物质基础——丹霞组（K_2d）

广东省有 106 个白垩纪到第三纪红色盆地，典型的丹霞地貌均发育在晚白垩世丹霞组中。丹霞盆地红层有马梓坪组、长坝组和丹霞组，前二者岩性以砂岩、粉砂和泥质岩为主，易于风化和剥蚀，因而不易保持大尺度的陡崖和发育峰林地貌。长坝组第一段和第三段中有较多砾岩，主要分布在丹霞盆地的边缘或海拔 200m 以下丘陵地带，对丹霞地貌起了衬托作用，没有构景意义。丹霞组以砂岩和砾岩为主，胶结坚硬，易于保留下来。厚层状砂岩和岩石中含有一定可溶性碳酸盐则是形成洞穴地貌所必需的物质基础。

丹霞盆地丹霞组产状一般在呈近水平或水平产出（倾角一般$<15°$）；但是丹霞盆地断裂和节理构造较发育，因此部分地段岩层倾角变化较大，但一般不会超过 30°。发育在近水平或水平岩层中的丹霞地貌，顶面常与层面一致，四壁多为陡崖或峭壁，从山顶面到崖壁有明显的折角，往往形成典型的方山、寨、堡、石墙、石柱等地貌，以巴寨、茶壶峰一带最为典型。受断裂影响较大的地层，由于其倾角较大，多形成至少有二面陡壁的单斜山体，以姐妹峰—拇指峰—上天龙—观音石—老虎埂—田螺山一线最为典型。

2）岩层产状对丹霞山地貌发育的影响

岩层产状是描述岩层空间形态的概念，国内外的大峡谷和几乎所有崖壁都与水平岩层或近水平岩层有密切的关联。水平或近水平岩层上发育的丹霞地貌山顶是水平或近水平的，形成的地貌则具有“顶平、身陡、麓缓”的坡面特征；缓倾斜岩层上发育的丹霞地貌则山顶是斜的，则为“顶斜、身陡、麓缓”的坡面特征。如仁化断裂附近的姐妹峰—上天龙一带和五马归槽一带的地貌就具有这种特点。

3）丹霞地貌发育的必要条件之地壳运动

大约 70Ma 前，在太平洋板块向欧亚板块的俯冲加剧，使处于欧亚板块边缘地带丹霞盆地抬升，抬升的结果使丹霞盆地萎缩、消亡。丹霞盆地消亡之后，红色岩层开始遭受风化和剥蚀、夷平。盆地边缘早期形成的地层如伞洞组、马梓坪组和长坝组由于粒度细、岩石较软弱易于风化，因此经过长期风化剥蚀，丹霞组红色砂、砂砾岩层便以雄伟姿势立于盆地中心，形成现今看到的丹霞地貌。

4）丹霞地貌发育的必要条件之断裂和节理

区域资料显示，丹霞盆地内部断裂发育，断裂构造格架以北北东向为主，并在仁化断裂带的控制作用下，东西两侧地形有明显的差异，处于仁化断裂上升盘的西北侧地形偏高；主要山峰有巴寨、燕岩等超过 600m，次一层山峰高度超过 500m，如茶壶峰、平头寨、扁寨等，从最高的巴寨顶缺失丹霞组第三段，也说明地形剥蚀较强烈；处于仁化断裂东部地区则相对下降，主要高峰均在 450～500m，450m 以上的高峰一般残留有丹霞组第三段。东西两侧对比相关差 100m 左右，这就形成了丹霞地貌发育的多层性，不论在东部还是在西部，宏观是大致有三个层次：西部为 600m、500m、400m，东部为 400m、300m、200m。反映了三个侵蚀旋回或地壳间歇性上升所形成的三级侵蚀面（彭华，1992）。由于地壳运动、断裂运动和节理发育，丹霞组地层被切割肢解，形成块状或条状岩块。

5）丹霞地貌发育的必要条件之流水、崩塌、风化、岩溶等外动力地质作用

岩块坡面崩塌作用使山块缩小成墙状、堡状、柱状、锥状等，少数保留为梁状。使丹霞山块大多呈孤立状，山块与山块之间多无山脊相连，即丹霞地貌具有离散性。由于流水、崩塌、风化等作用，山块顶部慢慢圆化形成浑圆山顶或山脊，岩壁上则形成丹霞山的主要洞穴地貌，岩溶作用则形成石钟乳等岩溶地貌。不同地段内单个山体组合成具有一定意境的地貌组合景观，即具有有序性，如“望郎归”石柱群，是由多个单体组合成的、具有浓厚生活气息和悲剧意境的地貌景观（彭华，1992）。

6）丹霞地貌发育的气候环境

据现资料显示，丹霞山世界地质公园处于我国中亚热带北缘，季风气候显著，气候温和，雨量充足，年平均气温 19.6℃，1 月平均气温 8.0℃，7 月平均气温 27.1℃，年平均温度 20℃，无霜期为 279d，年平均降雨量 1665mm，夏天多雷暴雨，冬季有霜雪。植物种类繁多，生长茂盛，主要植被为中亚热带常绿阔叶林。湿润的气候和充沛的雨量对促进丹霞山地貌的形成起了重要的作用。

2. 丹霞山丹霞地貌的形成年龄

丹霞山世界地质公园内地貌成因，按外力作用不同可分为五大类，即构造张节理作用为主形成的地貌、流水作用为主形成的地貌、重力作用为主形成的地貌、风化作用为主形成的地貌和丹霞岩溶地貌。

有关丹霞山的地貌年龄的资料较少，由于丹霞山盆地内地层岩石的特殊性、地质构造活动的物质成分保存欠缺，地貌类型经长期的改造，人们对丹霞地貌的认识存在差异等因素，仍未有较好的方法研究丹霞地貌年龄。黄进先生在这方面作了探讨，并对丹霞山主要地貌类型作了地壳上升速度和地貌年龄测算，并以测算公式 $D_{v升}=h/t$，测算出丹霞山地区地壳上升的平均值为 87m/Ma；以测算公式 $D_{龄}= H/D_{v升}=H/(h \cdot t)$，测算出丹霞山最老的丹霞地貌年龄为 6.262Ma；以热释光测年丹霞山地区河流阶地地貌最新年龄值为 0.042Ma。由此估算，丹霞山世界地质公园的主体丹霞地貌发育和演化起于 6.262Ma 前，3～0.3Ma 前已基本定型，结束于 0.04Ma 前左右，4 万年后的丹霞山地貌演化特征不明显。

3. 丹霞山丹霞地貌演化的探讨

上述的资料表明，丹霞山盆地消亡于晚白垩世末期，并在相当一段时期内地壳运动较为稳定。丹霞山世界地质公园内的丹霞地貌发育始于新近纪以来的喜马拉雅造山运动。根据黄进先生对丹霞山地貌年龄和彭华先生对丹霞山地貌演化的研究，丹霞山地貌的演化有两个阶段，也就是说距今 30Ma（古近纪）前后的演化阶段和 600 万年前后的演化阶段。

1）丹霞地貌形成的第一轮回的演化

（1）丹霞地貌的萌芽阶段

70～30Ma 前，丹霞盆地结束了沉积并处于消亡时期，地壳活动总体以上升为主，由于基底断裂复活及与相伴生的节理发育，切割或切穿了丹霞山盆地内的红层，在活动断裂不均衡的隆升与滑脱作用下，发生了大小不一致岩块或长条状山体。受北东向或近东西向为主体的断裂控制下，这些岩块或长条状山体总体呈北东向或近东西向展布，如丹霞山、巴寨、白寨顶、金龟岩等岩体。断块活动不均匀的上升或脱落，发育了丹霞山地区三级夷平地形面，为丹霞山的丹霞地貌初始形态。

（2）丹霞地貌的幼年期

30～20Ma 前，地壳运动趋于相对稳定，而在规模的流水沿原始的断块边界、断面和节理面不断地下切，发育了峡谷和巷谷地貌，同时也使丹霞山地区的断块山和长条形的山体更趋显著，形成了丹霞地貌幼年时期的陡崖和峭壁。

（3）丹霞地貌的成年期

经过一定的时间后，长条状山体或断块山沿深切的峡谷或巷谷的陡壁上，沿陡立的断裂面或节理面发生自然崩塌和滑脱，长条形山体或断块山后撤，导致沟谷扩大，主河面接近区域侵蚀基面，地表起伏大，崎岖不平；由于长条形山体或断块山不断地发生更大规模的崩塌后撤（期间可能有较大规模的地震活动因素），山顶面萎缩，高度下降，河谷展宽，此时，丹霞山的丹霞地貌进入了成年期的发展阶段。

（4）丹霞地貌的老年期

20～10Ma 前，随着时间的推新，丹霞山的丹霞地貌进一步演化，此时，长条形山体和断块山的陡坡或陡壁的崩塌和后撤作用相对减弱，山顶面进一步缩小，高地继续降低，大部分的河谷接近区域性侵蚀基面，宽谷中孤峰与丘陵相间分布，此时，丹霞山的丹霞地貌进入了老年期的发展阶段。

(5) 丹霞地貌的衰亡期

约 10Ma 前，丹霞山的丹霞地貌发育进入了衰亡时期，此时的丹霞地貌经历了漫长的自然崩塌、流水侵蚀和风化剥蚀作用后，使早期已相对抬升并波状起伏的丹霞山盆地，再度被夷平为起伏和缓的准平原化或平缓的丘陵，偶有孤峰或孤石。

2) 丹霞地貌形成的第二轮回演化

6～0.04Ma 前，丹霞山的丹霞地貌开始了第二轮回的演化，并经历了初起期、幼年期、成年期三个发展阶段，这三个阶段的丹霞地貌发育特征表现为山体地貌的变迁和河流阶地的发育。

(1) 第二轮地貌旋回的开始

6Ma 前，丹霞山地区受区域性新构造运动的影响，构造活动方式总体表现为地壳间歇性上升，丹霞盆地的红色岩层被重新切割成错落有序的方块山或长条状山体。初始阶段，丹霞山地区的地形总体较平缓，山顶面较平整。随着地面开始不断被水流冲刷侵蚀分割，地表出现了起伏不大，但沟谷切割加深而形成峡谷或巷谷地貌，谷壁块体运动的加强，出现了陡崖峭壁，发育了岩堡状方块状和丹霞群山等丹霞地貌的雏形。

(2) 再次进入幼年期

6～0.35Ma，丹霞山地区新构造运动持续，地壳活动上升加快，锦江和浈江用其支流原始地形和断裂、节理开始了新的一轮侵蚀，这一阶段的水流进一步快速冲刷切割。在快速冲刷侵蚀切割和快速地形抬升的共同作用下，所形成的地貌特征为地面分割强烈、原始地面已被完全破坏，河谷切割深度达到最大极限，再度发育巷谷和峡谷地貌。另一方面寨状、岩堡状、丹霞群山、长条形陡崖峭壁进一步发育，一部分石柱、峰林型的丹霞地貌亦开始萌芽。

(3) 再次进入成年期

0.35～0.04Ma，丹霞山地区的构造运动继承了幼年期的活动特征，但地壳活动的上升幅度缓慢。早期的地貌形成主要表现为山体峭壁以河流深切、自然崩塌、风化侵蚀作用为主，山体或断块山峭壁的后撤幅度达到最大极限，地貌特征则为山体或断块山的面积缩小，赤壁丹崖密布，形成顶部平齐、四壁陡峭的方山，或被切割成各种各样的奇峰，有直立的、堡垒状的、宝塔状和岩堡状丹霞地貌进一步完善；一部分由多组节理切割成的小岩块则在崩塌后退和风化侵蚀作用下形成耸立的残峰、石墙和石柱；当进一步的侵蚀，部分的残峰、石墙和石柱也将消失，形成缓坡丘陵。大型御荷节理经崩塌后形成长条状峭壁山体、石梁等峭壁丹霞地貌；陡立的穿层节理在崩塌和风化侵蚀作用下形成了一线天、峡谷、巷谷形丹霞地貌。晚期地貌发育阶段，这个阶段的地壳活动以不均衡隆升为主，主要的地貌特征为河流下切，浈江、锦江及其支流河谷日益宽阔，河曲发育，谷坡低缓，河岸两侧抬升，发育多级河流阶地。

11.1.2　浙江江郎山、方岩丹霞地貌发育规律

1. 江郎山丹霞地貌发育过程的宏观总结

根据调查研究，江郎山丹霞地貌形成的条件和发育过程可概括如下：

（1）江郎山丹霞地貌发育经历了峡口盆地的形成、峡口盆地的沉积、峡口盆地的构造抬升、裂隙节理的发育、崩塌作用和一线天巷谷—峡谷发育、基岩差异风化导致的崩塌和扁平洞穴形成、风化剥蚀搬运这一系列过程。

（2）江郎山西北面江山—绍兴深断裂西南段的市上村—和睦断裂带和江郎山东南面的保安—峡口—张村断裂带是控制峡口盆地形成的两条主要断裂带。构造形迹表明，白垩纪早期这两大断裂的拉张断陷导致峡口盆地的形成，随之主要有下白垩统永康群馆头组（K_1g）、朝川组（K_1c）和方岩组（K_1f）在盆地中的沉积，其间堆积了一套巨厚的反映扇三角洲、冲积扇、河流及湖泊沉积特点的陆源碎屑物组合。小弄峡一线天巷谷中亚峰一侧的辉绿岩脉和大弄峡亚峰一侧产状呈垂直贯穿永康群的辉绿岩脉及其 K-Ar 测年数据表明：晚白垩世（K_2）77.89±2.6MaBP，上述两大断裂发生强烈挤压活动，峡口盆地逐渐隆升。此隆升过程是十分强烈的，峡口盆地在隆升过程中方岩组地层逐渐出露地表，岩体隆升后其四周出现临空面，导致原先盆地内沉积的永康群岩体压应力释放易产生众多张裂隙，当时的岩浆主要是沿张裂隙侵入和贯穿，其特有的辉绿-间粒结构以及斜长石和暗色矿物组合，构成了十分坚硬且抗风化能力很强的岩体。这些顺张性裂隙侵入的岩脉，既对江郎三爿石的砾岩岩体起了胶结和整体加固的作用，也反映出江郎山老年期丹霞地貌受地台活化仍有岩浆活动的特点。

（3）新生代以来，峡口盆地在构造抬升中，经历了节理发育阶段，形成的主要垂直节理有北西向、北东向、近南北向，还有 X 节理和斜节理。节理的产生，加速了对岩体的切割，以及岩体被切割后的崩塌过程，导致了在节理处经历了从一线天—巷谷—峡谷的丹霞地貌发育过程。

（4）岩性薄片鉴定表明：江郎山方岩组（K_1f）中由砾岩和火山岩岩屑构成的岩体相当坚硬，且抗压强度和抗风化能力均高于方岩组（K_1f）中的砂岩、钙质砂岩和岩屑砂岩。因此，方岩组（K_1f）这种软硬互层的岩性是导致丹霞岩层差异风化和崩塌的原因之一，也是导致该区丹霞崖壁出现大量扁平状洞穴和槽龛的主要原因所在。

（5）江郎山存在三级山顶面，即第一级海拔 800～900m 之间，第二级海拔 500～600m 左右，第三级海拔 200m 左右。与其对应也存在三级裂点，二者在高度上大致相同，这三个不同的高度等级代表了江郎山在时代不同的三次主要构造运动中所形成的三级剥蚀面。由于江郎山缺少上白垩统和古近系沉积物，但有白垩系 K_1g、K_1c 和 K_1f 红层，由此推断：第一级剥蚀面形成于渐新世末（即喜马拉雅运动后幕）；第二级剥蚀面形成于第四纪早期；第三级剥蚀面（山麓面）形成于第四纪中期（中更新世-晚更新世期间）。目前第二级裂点以下的峡谷多呈“V”字形，加之江郎山南麓苏家岭一带有相对高度（4.8m 及 8.0m）的二级河流阶地发育，表明江郎山近期可能仍处于上升阶段。

（6）江郎山三爿石构成了气势磅礴的柱峰、墙状丹霞崖壁、一线天和巷谷等奇特罕见丹霞地貌景观，还有大量平顶、圆顶、尖顶等峰顶形态和各种洞穴与槽龛等丹霞地貌特有的奇观。由于目前江郎山除三爿石异峰突起外，其周边广大地区主要呈波状起伏的山前平原和缓丘地貌，河流下切侵蚀较弱，而侧蚀作用明显，河谷展宽而蜿蜒。

（7）从地貌发育阶段上分析，江郎山丹霞地貌应属于丹霞地貌发育的晚期阶段或称老年期。有鉴于此，江郎山在审美学和地质地貌遗迹的独特性和唯一性方面都有着国际和国内其他丹霞地貌区所不可比拟、无可替代的独特性。

2. 方岩丹霞地貌发育过程的宏观总结

方岩世界自然遗产提名地的丹霞地貌的丹霞围谷、峰丛、方山、穿洞、大型槽状洞穴、槽龛和丹霞崖壁最有特色。尤其是五峰书院和石鼓寮一带的丹霞围谷、五峰峰丛及其陡峭的围崖、规模宏大的槽状洞穴与相邻的方岩方山地貌组合堪称天下一绝。根据调查研究，方岩丹霞地貌形成的条件和发育过程可概括如下：

（1）方岩丹霞地貌发育经历了永康盆地的形成、永康盆地的沉积、永康盆地的构造抬升、裂隙节理的发育、崩塌作用导致围谷、峰丛及崖壁发育、基岩差异风化导致的崩塌和扁平洞穴及穿洞形成以及风化剥蚀搬运这一系列过程。

（2）江山—绍兴深断裂和丽水—余姚深断裂是控制永康盆地形成的两条主要断裂带，而方岩国家自然遗产地西北侧的江瑶—下里溪断裂和东南侧的可投胡—俞溪头断裂是控制方岩地块活动的两条主要断裂带。构造形迹表明，白垩纪早期这两大断裂的拉张导致永康中生代断坳盆地的形成与沉积。该盆地中生代末期由于拉张作用的减弱，构造应力场发生相应的变化，转以北西—南东向挤压为主，东缘盆地断裂发生了左行走滑剪切作用，导致盆地的总体抬升，盆边断裂的剪切作用派生出盆内的宽缓褶皱，同时盆地东北部发生了推隆，使盆外晚侏罗世火山岩形成了向南西突出的近弧形地块，而方岩地区呈逐渐隆升状态。

（3）新生代以来，方岩地区在构造抬升中，岩层中发育的近南北向、近东西向、北东—南西向、北西—南东向的垂直节理以及众多的斜节理，加速了对岩体的切割，以及加速了岩体被切割后的岩层崩塌过程。

（4）岩性薄片鉴定表明：方岩国家自然遗产地方岩组（K_1f）中的砾岩主要由火山岩岩屑构成，这些火山岩砾石由于经过火山作用时高温，尔后逐渐冷却犹如淬火锻炼一般，因此其坚硬和抗风化能力均高于方岩组（K_1f）中的砂岩、钙质砂岩和粉砂岩。该区砂岩岩体中的胶结物主要为钙质胶结（如钙质粉砂岩方解石含量可达 25%），砂岩中的火山岩岩屑多具有很强烈的蚀变，含大量蚀变黏土矿物，个别具有碳酸盐化，所以很容易被溶蚀。因此，方岩组（K_1f）这种软硬互层的岩性是导致丹霞岩层差异风化和崩塌的原因之一，也是导致该区丹霞崖壁出现大量扁平状洞穴和槽龛的主要原因所在。

（5）方岩世界自然遗产提名地存在两级山顶面，第一级海拔 350～390m，第二级海拔 170～240m，两个不同的山顶面高度等级代表了方岩地区在时代不同的两次主要构造运动中所形成的两级剥夷面。从分析看，方岩缺少上白垩统和古近系沉积物，但有白垩系 K_1g、K_1c 和 K_1f 红层，由此推断第一级剥夷面形成于古近纪末（即喜马拉雅运动后幕）；第二级剥夷面形成于第四纪中期（中更新世—晚更新世期间）。

（6）方岩地区丹霞地貌主要以围谷（如五峰围谷和石鼓寮地区围谷）和峰丛（如五峰峰丛）地形为主，围谷属于地貌发育的早期形态，河流切割深度有限，在许多地点还未切穿分水岭（如围谷区的瀑布处）；方岩的方山平顶、陡崖、缓坡特征明显，缓坡处崩塌下来的新鲜崩积石堆积物还大量存留在原地，河谷较狭窄，河流的侧旁侵蚀作用不显著，这些证据均表明方岩地区在地貌发育阶段上属于丹霞地貌发育的青年期早期阶段，它是国内9个联合申遗地点中，丹霞地貌发育处于青年期早期的典型代表。有鉴于此，方岩丹霞地貌在审美学和地质地貌遗迹的独特性和唯一性方面都有着国际和国内其他丹霞地貌区所不可比拟、无可替代的独特性，因此也符合申报世界自然遗产的自然科学和审美学的独特性条件。

从造景地貌的特征来看，方岩丹霞地貌的景观特征主要包括以下几个方面：

（1）浙江方岩的主要地形有构造侵蚀的低山、剥蚀、侵蚀的丘陵和河谷平原，绝大部分山峰的海拔在300～400m，典型的地貌类型是丹霞地貌，“顶平、坡陡、麓缓”的丹霞地貌的剖面组合表现明显。

（2）方岩丹霞地貌空间组合沿北西—南东方向有规律的排列：西北部五峰书院一带的凹槽和岩穴发育典型，中部鸡鸣峰、桃花峰等处分布有大量的新鲜崩积石，而东南部石鼓寮则以石鼓、石柱最为突出，在山地与平原交汇的东、南和西三侧都被围谷所环绕。这种组合体现了随着构造隆升，在以外力作用为主的不断“雕塑”下，丹霞地貌的发育一般经历了差异风化、重力崩塌、流水侵蚀搬运，完成地貌循环侵蚀的过程，期间孕育了绚丽多姿的丹霞地貌。

（3）方岩丹霞地貌主要发育在方岩组（K_1f）之中，形成于早白垩世晚期，表现为冲积扇—扇前辫状河相沉积。其基本层序为：下部是厚层状砾岩、砂砾岩；中部为含砾粗砂岩；上部似层状中细粒砂岩、细砂粉砂岩；主要层理构造有交错层理、块状层理、平行层理等。

（4）从丹霞地貌的宏观发育阶段来看，我国申报世界自然遗产的丹霞地貌区如湖南崀山—万佛山、广东丹霞山、江西龙虎山—龟峰和浙江江郎山等地，主要属于丹霞地貌发育的壮年期或老年期阶段，而方岩丹霞地貌是“青年期”类型的突出代表，符合申报世界自然遗产中具有突出、普遍的美学和科学价值的理由。

11.1.3　福建泰宁、冠豸山丹霞地貌发育的规律总结

1. 福建泰宁丹霞地貌发育的规律总结

1）泰宁丹霞地貌发育的特征

泰宁是青年期丹霞地貌的典型代表，多种类型的丹霞地貌并存，既有风化作用、重力作用为主，还有流水作用为主的丹霞地貌。园区内既发育丹霞峰丛、峰林、石堡、石墙、石柱等正地貌，亦发育深切曲流、深切峡谷及丹霞洞穴等负地貌，各种基本类型一应俱全。延绵起伏的丹霞群山，沟壑纵横的峡谷群、千姿百态的丹霞洞穴，疏密相间，错落有致，构成一幅幅绚丽多彩的画卷。

2）泰宁丹霞地貌发育的类型及规律

（1）丹霞群山类的发育，主要有形态各异的孤峰、峰林、峰丛、石堡、石柱、石墙等，在石网、大金湖、八仙崖园区均有发育。

（2）丹霞峡谷类的发育，包括峡谷、巷谷、线谷等。知名的有石辋大峡谷、龙丹口巷谷、蟠龙谷巷谷、游龙峡巷谷、潜龙峡巷谷及金湖水上一线天（线谷）、二线天、九龙潭水上一线天、雌雄一线天、山地果场直角一线天等。丹霞峡谷在石网、大金湖园区

内极其发育。

（3）丹霞深切峡谷曲流的发育，由于地壳强烈抬升，溪流沿红层构造发育和岩层破碎地带深度下切，形成典型的深切峡谷和深切峡谷曲流，锦溪、上清溪深切峡谷曲流蜿蜒曲折，深邃幽长，属中国罕见，世界稀有，具有重大的保护价值。

（4）丹霞洞穴类的发育，主要有金龟寺丹霞洞穴群、甘露寺丹霞洞穴群、上清溪丹霞洞穴群、锦溪丹霞洞穴群等。这些丹霞洞穴和洞穴群，大小各异、深浅不一、千姿百态、扑朔迷离，构成引人入胜、独具特色的丹霞微地貌景观。既有地学研究价值，又有观赏价值。

（5）丹霞岩溶类的发育，主要见于大金湖园区甘露寺及南溪村金钟洞等地，在丹霞洞穴中发育有石钟乳、石笋、石幔、石花等。

2. 冠豸山丹霞地貌发育的规律总结

1）分水岭型丹霞地貌特征

由于连城盆地处于三江分水岭地带，冠豸山也相应位于受分水岭水流影响的地带，这种分水岭丹霞地貌具有离开主河流较远的区位，主要依靠流入主河流的支流作为塑造地貌因素。在地貌格局上存在切割深度较小、密度较大、分离度不大的特点，与主要河流塑造成的丹霞地貌不太相同，如广东仁化丹霞山由锦江为营力，广西、湖南之间的山以资水为塑造营力，武夷山则以崇阳溪及其支流九曲溪等较大水流为营力，因而在丹霞地貌的格局上，冠豸山具有分水岭型丹霞地貌特征。

2）砾岩型丹霞地貌的发育

连城盆地沉积的红层主要是上白垩统沙县组和赤石群，前者组成盆地基部的粉砂岩、砂岩和泥岩类，目前所见仅组成阶地等缓丘和阶地面外，无典型丹霞地貌发育。而赤石群主要是砾岩，中间夹有透镜体状砂岩和泥岩，丹霞地貌发育良好，与我国其他主要丹霞地貌发育区有所不同，如仁化丹霞山以砾岩为主体内夹有厚层砂岩和薄层泥岩并有大型交错层理；冠豸山也不同于纯砂岩型丹霞地貌（如贵州赤水）。砂岩型的沉积基础是拗陷型的大湖盆（赤水为古川黔拗陷湖盆），砂砾岩型的沉积基础是拗断型的湖盆，具有陆上三角洲沉积特点；砾岩型丹霞地貌一般缺少大型洞穴。

3）壮年早期阶段的丹霞地貌的发育

冠豸山丹霞地貌组合类型主要是峡谷陡壁峰林组合、沟谷陡壁峰林组合和丘陵陡壁组合，缺少峰林陡壁型、残峰陡壁型、丹崖残峰型以及方山陡壁组合形态。表明丹霞山体中的流水已与文川河排水基面相协调，但尚未发展到河谷和宽谷形态，标志着丹霞谷地发展到峡谷和沟谷阶段，与幼年期的丘陵陡壁不同，也与壮年晚期或老年期的残峰陡壁、丹崖残峰、方山断崖的形态组合不同。正因为是峡谷陡壁峰林和沟谷陡壁峰林为主体的冠豸山景区内无较大河流发育，丹山碧水的景观较难成组合景观，但却带来一个极为优越的条件，在峡谷和沟谷中可蓄水成库，更能使山水有机地结合成景。

4）无喀斯特丹霞地貌类型的发育

从组成丹霞山的砾石成分分析，绝大多数是岩浆岩和砂页岩系，灰岩的组分少或全无，这主要与红色盆地四周的山体岩石组成有关。但在砾石的胶结物中却有碳酸钙物质，稀盐酸滴试滴酸均起泡。而在透镜体和底部的红砂岩中却无碳酸钙，而是氧化铁。由此可知，砾岩中的碳酸钙胶结物不一定由碳酸盐类岩石供给，而是在砾岩形成过程中由特定地球化学阶段所决定，即在组成砾岩时的地球化学过程，仅将钠、钾盐类物质搬运殆尽，而钙盐却积累较多，在沉积时被留在其中，同样表明砾岩沉积后的后生充填物大量为钙盐类。但仅仅是胶结物中的钙盐类沉积，在后生的淋溶、风化过程中，溶蚀作用不可能处于主导地位。因此冠豸山丹霞地貌中没有贵州喀斯特丹霞砾岩类型。

5）单面山型丹霞地貌的发育

冠豸山丹霞地貌均属单面山型，地层走向均朝SE110°～120°方向倾斜，倾角一般在13°～25°，故整体山势呈单面山型地貌特征。在一些丹霞寨、堡顶部也不是十分平坦的地面，而是与地层倾角相一致的地面。其原因是构造盆地较小，沉积类型较为单一的冲积扇体，其后经多次构造运动，但造貌运动的性质是区域性垂直升降运动，故盆地内的构造显得较为简单，以致地层的倾向与倾角较为恒定，在构造格局的框架下，地貌发育与构造一致，便形成具有特色的单面山型丹霞地貌。

11.1.4　湖南崀山丹霞地貌发育的规律总结

1. 崀山丹霞地貌是发育反映地貌演化的重要特征

崀山位于扬子板块与华南板块交接地带，处于中国地势分区第二、三级地貌阶梯的过渡地带，所在的资新红层盆地形成于白垩纪，丹霞地貌成型于新近纪晚期及第四纪。从白垩纪到第四纪，由于中国大陆受印度板块及太平洋板块双重挤压，地壳抬升强烈，尤其是被称之为世界屋脊的青藏高原的隆起对中国现代大气环流及现代地势分布格局具有重要里程碑的作用。崀山丹霞地貌正是在这一特定的地质时期内，一定的地壳运动方式及特定的区域环境、气候环境发生转变的条件下，形成的一种特殊生态环境变迁的标志性岩石地貌。

崀山丹霞地貌及其气候、生物群落演变过程，具体地表证了中国东南地区一亿多年来的地壳演化过程和古环境演变，足以代表东亚南部白垩纪以来的地球演化历史，是地球演化历史主要阶段的杰出范例。

崀山丹霞地貌中国华南湿润区壮年早期峰丛峰林丹霞地貌的典型代表，在国内国际丹霞地区有典型的代表性和罕见性，对崀山丹霞地貌的深入研究，将丰富、发展和完善丹霞地貌的理论体系。

崀山丹霞地貌中喀斯特现象明显，以漏斗、洼地、落水洞、洞穴与洞穴碳酸钙沉积景观为标证的丹霞喀斯特地貌，这种地貌景观和地貌演化过程是我国和世界上不多见的事例，在国际上也具有高度的对比意义和特殊的地学研究价值。

1）崀山丹霞地貌记录了中国华南地区的地壳演化

崀山丹霞地貌成型于新近纪晚期及第四纪，这段时期相对于地壳演化历史而言极其短暂，然而恰恰是地球演化阶段最晚地质时代，地球生命演化进程最为突进、直至人类出现，是中国大陆岩石圈结构和中国大陆自然地理布局最终定型阶段，也是中国大陆东、西部区域构造线各具特色的成型期及中国大陆现代地势走向及分布格局和中国大陆现在自然地理分区界线（主要水系分水岭及气候分带）得以定型期。因而，崀山丹霞地貌是地球演化历史主要阶段的杰出范例。

2）崀山丹霞地貌蕴含着丰富的古地理信息

崀山白垩系红层是炎热干旱气候条件下沉积记录，而丹霞地貌则形成于湿润多雨的气候条件下，并有广泛而清晰的流水侵蚀等外力地质作用的记录，因此，丹霞地貌的形成见证了白垩纪以来，尤其是古近纪及上新世末青藏高原强烈抬升，引起中国东南乃至全球气候变化的古环境演变过程。

3）崀山丹霞地貌是地球内外动力作用的产物

崀山位于中国第二地貌阶梯与第三地貌阶梯过渡地带，是新构造运动活跃地区，经过喜马拉雅运动及新构造运动期间的间歇性掀斜式升降运动，崀山丹霞地貌景观核心区现保存有3级夷平面，分别为古近纪始新世—渐新世：800～700m（Ⅰ）、600～500m（Ⅱ）；更新世：400～300m（Ⅲ），这3级夷平面受区域地势面倾斜方向控制，分别向北倾斜。这说明崀山先后经过3次间歇性上升，并导致丹霞地貌景观分布错落有致，层次分明。不仅如此，流水侵蚀、溶蚀，重力崩塌、生物风化等外力地质作用，造成了丹霞地貌具有独特的“顶平、身陡、麓缓”及“赤壁丹崖”等多姿多彩的丹霞地貌景观。崀山现今地壳仍继续上升，已观察到半山天生桥宽谷形成“V”字形谷成为谷中谷的套谷，五柱洞河床继续下切。现代造貌时有发生，1992年12月红瓦山峡谷的陡崖发生崩塌，约5000t紫红色砂砾岩块堆积在崖麓的谷底，成为丹霞地貌麓缓部位的组成物质。因而崀山是重要的正在进行的地貌演变和地质作用和重要的地貌形态的杰出范例。

4）崀山地区是中国华南湿润区的丹霞地貌早期发育的典型代表。

崀山丹霞地貌以丹霞峰丛峰林地貌景观为主体，造景地貌均以“丹崖赤壁”为基调，是一宗具有群体结构的丹霞系列地貌的荟萃，尤其以壮年早期紧密窄谷型峰丛峰林地貌最为典型。崀山丹霞地貌26种结构类型都有分布。从岩层初期的雕塑分割到蚀余形态，展示了整个地貌形成、发展和演变的过程，层峦叠嶂、群峰挺立、气势磅礴、厚重雄浑。如著名景点八角寨，相对高度400m，昂首峭立、绝壁千刃、高耸入云。俯瞰四面，近30km^{2}范围内，无数个单面丹霞山峰林立，像一群巨鲸闹海，气势非凡，构成一幅绚丽多姿的天然画卷，汇集了崀山丹霞地貌特色之精华。同时，丹霞巷谷、线谷和丹霞天生桥发育规模之大，乃同类丹霞地貌中罕见。是中国东南湿润区壮年期峰丛峰林丹霞地貌的典型代表。

5）崀山地区喀斯特地貌与丹霞地貌共存

崀山白垩系红层不整合覆盖在加里东期花岗岩及上古生界灰岩之上，红层砂砾岩中的含有大量的灰岩砾石及较多的碳酸钙胶结物。因而在丹霞地貌下伏之灰岩中常形成典型的喀斯特地貌（包括溶洞、地下河、地下瀑布、溶积石钟乳、溶蚀石钟乳（由灰岩被溶蚀形成的石钟乳）。在白垩系红层与灰岩分界面之间，则形成红层喀斯特的溶洞、溶积地貌及地下河等，并且还形成丹霞喀斯特地貌（如狗头石），以及红色砂砾岩中产生规模颇大的漏斗、洼地等地貌，甚至形成巷谷或深窄一线天式的漏斗（如万景槽）。这种现象甚为罕见，具有高度的地层对比意义和特殊的地学研究价值。

2. 崀山在中国丹霞地貌遗产地中的地位与贡献

1）复杂的大地构造背景和特殊的地理位置

从大地构造位置来看，崀山位于扬子板块与华南板块交接地带，从中国地势来看，崀山又位于中国地势分区第二、三级地貌阶梯的过渡地带，特殊的地质、地理背景造就崀山奇特的丹霞地貌景观。而其他七个除万佛山外，都处于华南板块内部，并且还都处于中国第三级地貌阶梯的中央。

2）以壮年早期峰丛-峰林丹霞地貌发育最为典型，从发育阶段上与其他提名地构成一个完整的系列

中国丹霞地貌申报世界自然遗产六个提名地反映了中国丹霞地貌青年期、壮年期、老年期的地貌特征。崀山丹霞地貌的主要类型是以壮年早期紧密窄谷型峰丛、峰林为代表，老年期地貌亦有分布，其发育阶段更加完整。当然，其他崀山也分别代表丹霞地貌发育的另外阶段：泰宁丹霞地貌峡谷纵横切割、主河谷仍然呈峡谷状的青年期丹霞地貌；龙虎山仙水岩景区是一处宽谷—峰林—孤峰组合的老年早期丹霞地貌；江郎山是孤峰—孤石独立的老年期丹霞地貌；丹霞山是以丹霞峰林、峰丛、孤峰等正地貌为主的壮年期地貌。

3）以高大紧密峰丛峰林式丹霞地貌为特色——巷谷、线谷和天生桥发育

崀山是以紧密型峰丛峰林丹霞地貌为最大特点，如在八角寨景区近30km^{2}范围内。无数个单面丹霞山峰林立，像一群巨鲸闹海，气势非凡，如此密集的峰林和峰丛，给人的视线一股强烈的冲击力，震撼人心。

崀山内巷谷、线谷、天生桥发育，其规模之大，数量之多，在同类丹霞地貌中实属罕见。呈北北西向的“天一巷”全长238.8m，巷道弯曲，人处其中不见来处，亦望不见尽头，唯见头顶一线青天，两边斧削绝壁。崀山已发现三座丹霞天生桥，是一种极具观赏和科研价值的地貌类型。汤家坝天生桥跨度64m，桥宽14m，桥高20m，拱桥中部的岩层厚5m；仙人桥（又称月亮桥）长45m，高20m，宽10m，拱桥中部的岩层厚7m；位于笔架山中间的笔架峰南坡的双曲拱桥，长32m ，高5m，宽11m，桥拱岩层厚8m。

其他地区亦有巷谷、线谷、天生桥，但其规模、数量、密度都难与崀山相媲美，如此发育的巷谷、线谷、天生桥在中国同类丹霞地貌中亦少见。

4）发育奇特的丹霞喀斯特地貌

崀山白垩系红层砂砾岩中的含有大量的灰岩砾石及较多的碳酸钙胶结物，在白垩系红层与灰岩分界面之间，则形成红层喀斯特的溶洞、溶积地貌及地下河等，以及红色砂砾岩中产生规模颇大的漏斗、洼地等地貌，甚至形成巷谷或深窄“一线天”式的漏斗（如万景槽）。这种特殊的丹霞喀斯特地貌在其他七个提名地所不具备的，在中国丹霞地貌中也是极为少见的。

综上所述，以紧密窄谷型丹霞峰林为特色的崀山丹霞地貌，是丹霞地貌壮年早期发育的典型代表，其结构完整、类型多样、规模宏大的主要特征成为中国丹霞地貌申报世界自然遗产不可缺失的重要组成部分，必将为之做出重大的贡献。

11.1.5　江西龙虎山丹霞地貌发育的规律总结

1. 龙虎山丹霞地貌的物质基础与发育模式

构成龙虎山、龟峰丹霞地貌的基岩均是一套山麓洪-冲积扇红色块状砂砾岩组合。新近纪以来的新构造运动，盆地抬升至侵蚀基准面之上，并新生了 NNE、NEE 及 NNW 向三组断裂、垂直节理或裂隙构造，岩层走向近东西，倾向北，倾角近水平或缓倾斜。

早期雨水、流水沿着先期已形成的断裂、垂直节理不断侵蚀、下切，形成狭窄深沟和"一线天"式的障谷。随着地表水的继续向下切割侵蚀和水流对谷壁基部的侧向侵蚀，沟谷进一步拓宽，并因谷壁临空而沿垂直节理面产生重力崩塌，丹霞微地貌形态逐渐演变为方山石寨、石墙、峰丛峰林、孤峰残丘、河谷平原和精致小巧、形态各异的象形石。

龙虎山泸溪河是一条受北西向断层和多组节理控制而形成的继承性和常年性河流，在盆地的形成期（信江盆地物源运输通道之一）和地貌的形成期都一直存在，它既是龙虎山地区晚白垩世山麓洪-冲积扇体等沉积物的输送渠道，控制了沉积扇体的空间展布，同时还不间断地对地貌区进行改造，河流型侵蚀作用最为显著。受其影响，泸溪河近岸的河谷边缘的岩体，在重力作用下沿垂直节理崩落形成峭壁，并分布着众多石寨和平顶型或圆顶型高柱、矮柱及石堡群，保留有丹霞地貌老年早期特征；而远离河谷地带的排衙峰地区则以雨蚀型侵蚀为主，发育丹霞峰丛、峰林等地貌类型，显示出丹霞地貌壮年晚期特点；泸溪河下游的马祖岩一带，则形成以孤峰残丘为特征的老年晚期丹霞地貌形态。

龟峰地区控制地貌发育的外营力条件，大气降水的雨水起了先决性作用，丹霞崖壁两侧的雨蚀型线性竖向沟槽是最直接的证据。同时，雨水的参与使垂直节理或裂隙形成形状、大小、深浅不同的峡谷，并诱发重力崩塌，岩体被剥蚀为疏散型峰林或壁立千仞的悬崖。形成以方山、石寨、石墙、陡崖为特征，微地貌景观及其景观组合以珍稀的丹霞造型石峰、石柱、石芽等为特色的壮年早期丹霞地貌。所以说，龟峰丹霞地貌的形成是节理、断层发育和雨水的强烈淋蚀两大因素所致。

2. 龙虎山是丹霞峰林景观自然美的杰出代表

龙虎山丹霞峰林地貌景观独特，以其丰度、密度和品位取胜于同类丹霞，是壮年晚期—老年期丹霞地貌的典型代表。以丹霞地貌景观多样性为主体，包含 23 种丹霞地貌景观类型、100 余处景点和 225 处有记录的峰岩奇石等地貌单体，融丹霞地质多样性、丹霞地貌多样性及丹霞生态、丹霞文化于一体。拥有碧水丹山组合景观，如沿泸溪河展示的山水丹霞疏散型峰林景观似画廊、排衙峰展示的山水丹霞大型峰墙-峰丛景观如画屏、龟峰展示的山水丹霞峰林景观像盆景等，犹如一幅幅多彩多姿的美丽画卷。2005 年被中国地理学界评选为七处最美的丹霞景区之一，这些美学价值极高的自然现象蕴含了极高的科学价值，也是世界碧水丹山类丹霞峰林地貌景观自然美的杰出代表，中国山水画等艺术创作的天然模本。

3. 龙虎山的丹霞地貌是峰林地貌的杰出范例

龙虎山具有显著的丹霞地貌多样性，是地貌演化历史过程中的壮年晚期—老年早期阶段丹霞峰林地貌的典型代表，也是地貌地质作用中展示雨水侵蚀型丹霞峰林地貌特征和河流侵蚀型丹霞峰林地貌特征的杰出例证。

龙虎山龟峰片区展示的老人峰、展旗峰、龟形石等类型丰富、形态多样的拟人拟物造型丹霞景观，是系列奇特、绝妙无比的象型景观，都是红色砂砾岩在断裂与节理构造切割基础上经雨水大师雕刻塑造而成，难得的是在这些奇妙的景观景物上保存了丰富多样、特征典型的雨水侵蚀痕迹，这在世界上是罕见的自然现象，是雨水侵蚀型丹霞峰林地貌的模式地。

龙虎山龙虎山片区沿泸溪河展示的长达20km的碧水丹山式丹霞峰林地貌，主要是泸溪河流水地质作用的杰作，景观如画、自然美无比，是河流流水侵蚀型丹霞峰林地貌的杰出范例。其疏散型丹霞峰林和浑圆形单体特征，展示了丹霞地貌演化过程中壮年晚期-老年早期阶段丹霞峰林地貌最突出的特征。

因而可以说，龙虎山是壮年晚期—老年早期阶段丹霞峰林地貌的典型代表，雨水侵蚀型丹霞峰林和河流侵蚀型丹霞峰林地貌的杰出范例，具有突出的地貌学价值。

1）龟峰：雨水侵蚀型壮年晚期丹霞峰林地貌的典型代表

丹霞地貌以石林、方山、石寨、石墙、陡崖及孤峰和丰富的造型景观为特征，崖壁两侧雨水侵蚀型纵向线性沟槽发育，岩溶弱。微地貌景观及其景观组合以珍稀的丹霞造型石峰、石柱、石芽等为特色。龟峰丹霞景观被地学届誉为“丹霞标本”、“丹霞橱窗”、“丹霞博物馆”。虽然这些丹霞奇观的形成有着复杂的过程和多种多样的因素，如构造切割与山体抬升或不均匀升降、风化剥蚀、重力崩塌、生物作用、雨水侵蚀等内外营力综合作用的结果。但是，其他地质地貌作用的痕迹都被雨水侵蚀作用破坏或掩盖而难以直接见到证据。唯有雨水侵蚀作用的痕迹保存完好、而且是看得见的正在进行的地质地貌作用。雨水侵蚀作用留下的遗迹，特征典型，种类多样，有雨水打击的痕迹、片流冲蚀的痕迹、线流冲蚀痕迹、雨水溶蚀痕迹，还有季节性或暴雨期短期径流侵蚀痕迹和丹霞山体根部的水蚀痕迹，等等。

龙虎山处于多雨与暴雨地带，雨水犹如雕刻大师，正因为雨水大师的侵蚀雕塑作用，才使得龟峰丹霞峰林地貌变得精妙和奇特。因此，龟峰丹霞地貌是雨水侵蚀型丹霞峰林地貌的杰出范例，具有世界模式意义和突出的地貌学价值。

2）龙虎山泸溪河近岸带：河流侵蚀型壮年晚期—老年早期丹霞峰林地貌的典型代表

龙虎山红色岩层受不同方向断裂、节理切割，经丰富的大气降水和径流水的长年侵蚀，成就了今天沟壑纵横、群峰争奇、丹崖壮观的绮丽胜景。

泸溪河是龙虎山生态环境的重要元素，又是自然景观中最重要的构景要素，同时还是龙虎山疏散型丹霞峰林地貌景观的最主要的大自然雕塑大师。泸溪河畔是龙虎山丹霞地貌景观最为丰富和集中的精华区域，它是一条受北西向断层和多组节理控制而形成的深切宽谷曲流，河流与两岸沟谷溪流相接，山环水绕、山水交融，河水终年不涸，水质清澈碧透。年复一年的流水冲刷侵蚀，“雕琢”了两岸赤壁、圆顶方山峰林和丹崖洞穴，洞穴中安放有 2600 多年前春秋战国时期古越族人棺木，成为遗世独特的赤壁崖墓洞穴文化组合奇观。这种山地时空的综合体给人一种综合美感，构画成一幅独步天下的“碧水丹山、天人合一”全景图，为景区增添了无穷的生命和活力。龙虎山位于泸溪河中游，沿着河岸发育有近 20km 丹霞峰林，碧水与丹山组合成一条山水画廊，如乘当地竹筏漂流，可以体验到人在画中游、景在岸上走的美妙感受。

泸溪河畔碧水依丹山，两岸峰奇洞异，她的自然美突出表现在碧水丹山巧妙组合的整体景观美。同时，在这些具有极高艺术价值的自然美中还蕴涵着独特的地貌学价值和生态环境价值，是丹霞地貌景观自然美一个典型代表，是侵蚀型疏散状丹霞峰林地貌的杰出范例，也是河流型丹霞地貌过程中壮年晚期—老年早期丹霞地貌模式的典型例证。丹霞峰林的主要特征为疏散型峰林，单体石峰多呈浑圆状，且有顶圆、腰粗、根部内凹之特点，石峰单体呈疏散状分布、根部多分离，单体组合呈峰林景观，体现出河流中老年期丹霞峰林地貌的独特性特点。其蕴涵的地貌学方面的突出价值，主要表现在三个方面：

（1）这种疏散型丹霞峰林与泸溪河结合组成的碧水丹山峰林景观如画，具有独特的自然美。

（2）河流型丹霞地貌演化过程的遗迹丰富、特征典型、保存完好，包括有河谷、河漫滩、古河床、阶地和丹霞山体上留下的河水侵蚀遗迹如冲刷痕迹、洞穴、岩槽、根部冲蚀凹槽、河水溶蚀痕迹、河流堆积等，同时在河岸两侧还保存有远近、高低各不同的多级夷平面。

（3）泸溪河的流水地质作用展示了壮年晚期丹霞峰林地貌正在向老年早期丹霞峰林演化的地貌过程。因此，泸溪河畔疏散型丹霞峰林地貌，既是河流侵蚀型壮年晚期—老年早期丹霞峰林地貌的典型代表，又是正在进行中的河流侵蚀型丹霞峰林地貌过程的杰出范例。

3）排衙峰：流水-河流型壮年晚期丹霞峰墙-峰丛地貌的典型代表

排衙峰处于泸溪河东岸，为一拔地而起的大型丹霞峰墙-峰丛组合景观。形态各异的大小石峰、石墙和石柱错落有致，组合有序，富有韵律感和层次感，犹如天然超大型山水画屏竖立于河谷平原之上。

4）马祖岩、南岩寺：老年晚期丹霞地貌典型代表

地貌类型以孤峰残丘和堡状地形为特征，如金枪峰等是老年期丹霞景观的代表。

5）龙虎山造型丹霞石峰、石柱、石芽及其组合：世界珍稀微地貌景观的典范

龙虎山具有独特的高品位造型石。突出表现在：不同成因的丹霞微地貌景观密集分布，在面积 259km^2 范围内，各类地貌景观涵盖了 100 余处景点和 225 处有记录的峰岩奇石、峰峦岩窟等地貌单体。其中，尤以造型地貌中的老人峰、象鼻山和仙女岩等造型石景最为精妙绝伦，被誉为丹霞奇观、世界绝景。这些地貌景观和景观组合，揭示了中—新生代以来内生和外生的地质作用规律，更重要的是由于它们具有独一无二的品质，体现了龙虎山丹霞地貌景观的独特性和奇特性。

龙虎山的龟峰片区造型景观最为丰富多样，已发现并命名的奇特峰岩、峰石就有100余座。移步换景、一峰多景、无峰不成景是龟峰的特色，并素有“无山不龟，无石不龟”之美誉。丹霞石峰、石柱、石芽造型各异、拟人拟物、拟兽拟禽，极富表现力与可识性，且格外的精致、精美。代表性象形石有老人峰、女王峰、奇人峰、三叠龟等，其中以老人峰最典型而独树一帜，形神兼备，绝伦无比。龟峰的造型丹霞景观是大自然造就的珍稀精品，具有不可替代的价值，具有极高的品位和诱人魅力，为解析地貌演变过程提供了实物档案，堪称丹霞景观之绝。

11.1.6　安徽齐云山丹霞地貌发育的规律总结

研究结果显示，齐云山丹霞地貌特征、形成条件和发育过程可概括如下：

（1）齐云山丹霞地貌发育于晚白垩纪近水平或缓倾斜的巨厚红色砂岩、砾岩中，这些地层是在燕山运动第二幕所形成的山间湖盆中沉积的，在后期的新构造运动中逐渐抬升形成向斜断块山。

（2）向斜断块山在形成过程中受区域构造应力作用产生了众多的垂直节理，同时由于岩体具有软硬互层的岩性和易被溶蚀的钙质胶结，因此在亚热带气候环境下遭受到强烈的外营力风化剥蚀，先在垂直节理处发育了“一线天”式的深沟，进而在深沟处不断崩塌，形成巷谷和悬崖；每年的洪水季节间歇性洪水会带走崩积物并逐渐将巷谷切割成较大的山涧；当水流来不及搬走崩积物时，则在崖麓往往形成崩积缓坡。

（3）陡立的崖壁因受流水的机械侵蚀和含 CO_3^{2-} 的雨水对钙质胶结岩层的溶蚀，在流水顺层面侵蚀的情况下便发育了众多向崖内凹进的长条形扁平状溶蚀穴，因软硬交互的岩层易发生崩塌，最终使溶蚀穴进一步扩大成为较大规模的丹霞洞穴。

（4）齐云山丹霞地貌在地质构造上为和缓的向斜，但轴部岩层具水平构造特征，仅边缘岩层倾角较大，经隆升运动和流水切割形成单斜山的结构。水平或近水平构造的岩层倾角在10°以内，这种构造是受沉积环境决定的，多位于向斜盆地的中间部位如香炉峰、虎岭等。单斜构造岩层倾角多在10°～30°，并多位于向斜盆地边缘，如狮子峰和西南部岩坑水库（倾向NE35°，倾角29°）等处。

（5）不同走向的垂直节理密度不同、影响的深度不同、形成的丹霞地貌特征也不同。走向NW290°～310°的垂直节理比较稀疏，但影响的深度大，在这组节理发育的部位多有较大的山涧（如乾溪、桃花涧、饮鹿涧、碧莲涧等），在深涧两侧有高大、壮观的陡崖发育。走向为SW230°～250°的垂直节理比较密集，但影响的深度不大，在这组节理控制下多有五老峰式的峰林或城堡状的玉屏峰、钟鼓峰等地貌发育。

（6）齐云山存在三级剥蚀面，与其相应也存在三级裂点，二者在高度上大致相同。齐云山丹霞地貌在海拔400m（第二级剥蚀面）以上最为典型，说明主要的丹霞地貌在第四纪初已基本成形。齐云山400m以上的峡谷多呈“U”字形，400m以下多为“V”字形，反映新构造运动抬升的高度与现代溯源侵蚀的高度具有一致性。

（7）齐云山峰、崖、洞、方山、城堡、天生桥等丹霞地貌种类俱全，平顶、圆顶、尖顶等峰顶形态皆有；除一般悬崖外，还有崖壁内凹的最高峰廓崖这类巨型丹霞崖壁；洞穴则有长数里的真仙洞府，瀑布则有“飞雨”和“珍珠帘”，尤其是天生石桥规模在国内丹霞地貌中实为罕见。因此，从自然景观角度审视齐云山丹霞地貌不愧为大自然的杰作，是值得进一步开发的宝贵旅游资源。

11.2　中国典型丹霞地貌成因研究的技术与方法总结

11.2.1　丹霞地貌研究的技术手段方面

中国目前发现约 1000 处丹霞地貌，在宏观分析中国丹霞地貌的空间分布的规律时，可以充分利用计算机技术进行数据处理、图像制作和空间分析等可视化研究，有利于信息的快速传播。研究使用 Google Earth 对黄进教授实地考察的我国 799 处丹霞地貌进行空间定位，通过互联网获得它们的经纬度；然后使用 Free Version of GPS Track Maker 软件提取空间数据；在 Excel 中对数据进行处理、保存；最后使用 Arcgis 编辑保存的数据，进行制图和可视化分析，说明中国丹霞地貌分布与地形、地层与气候等自然要素之间的内在联系。

研究发现丹霞地貌主要集中分布在以下几个地带：浙江中西部—闽、赣交界—粤北处；四川中—东部；青海东部—甘肃。其他各省区如山西、湖南、贵州、云南和广西的丹霞地貌分布分散，而东北、华北各省区以及内蒙古、新疆、西藏等地丹霞地貌数量较少。从丹霞地貌的分布与气候带之间的关系来看，丹霞地貌最集中分布在我国夏季高温多雨的亚热带湿润气候区，由于河网密布，河流对山地的侵蚀会形成凹槽和岩穴，并在此基础上不断受外力的“雕塑”，形成绚丽多姿的丹霞地貌。我国此次申报世界自然遗产全部位于亚热带湿润气候区。此外，位于温带大陆性气候、温带季风气候与青藏高原高寒气候三种气候的交界带，也是丹霞地貌密集地带之一，这里气温、降水和风等要素变率很大，红层在剧变的“外力”作用下，形成的丹霞地貌类型与湿润地区有所不同。

11.2.2　丹霞地貌的微观实验定量分析

1. 实验样品和选点的科学性

实验采集了五处研究地 137 块岩芯，实验 131 块，还有 47 块磨薄片样品，实验标本 173 块，从这么多的标本中总结的岩体抗压强度规律与当地丹霞地貌发育的特点基本符合。也有个别岩芯样品，由于实验临界点的选择问题，而导致数据不好比较，例如，江西龙虎山排衙山庄砂岩的抗压强度很弱，如果选择另外一个采样点，它们的湿抗压强度可能会比较大一些（至少不会为零），但龙虎山的砂岩抗压强度比较弱这一基本特点还是能够反映出来的，这在以后采样选点时须注意选择有代表性的地点进行采样。

2. 丹霞岩石实验指标的确定

通过对研究地的实地考察、岩芯取样、实验分析、数据整理和挖掘，使丹霞地貌的理论研究与实践活动紧密结合起来。实验数据显示：24 块岩芯的（包括砂岩和砾岩）干抗压时强度最大（一般大于 60MPa），最高为 140MPa。24 块岩芯的湿抗压和 20 块岩芯冻融后抗压强度大都在15～60MPa，实验模拟的环境下，温度的变化和潮湿的环境这两种状况对丹霞地貌岩体造成的影响不是很大。酸侵蚀对丹霞地貌岩体破坏力最大，在63块抗酸侵蚀实验的岩芯中，有49块岩芯被酸侵蚀破裂，剩下14块岩芯中的三块砂岩抗压强度数值小于10MPa；11块砾岩岩芯的抗压强度数值在15～45MPa，丹霞地貌岩体抗酸侵蚀的高度脆弱性由此可见。实验数据表明，各地丹霞地貌岩体抗压能力有所差异：福建泰宁砂岩的干、湿抗压强度差距最大，干抗压最高为140MPa，湿抗压最低为10MPa，干湿抗压强度差距130MPa；江西龙虎山砂岩的干湿抗压强度最小，干抗压最大为50MPa，湿抗压为0MPa。丹霞地貌岩体被酸侵蚀之后的抗压强度会大大降低，而且，随着酸溶液浓度的加大，岩体遭破坏的程度急剧增大，破裂时间急剧缩短。鉴于丹霞地貌岩体（砂岩和砾岩）对抗酸侵蚀具有高度脆弱性，当它们遭受诸如酸雨的外力侵蚀下，更容易遭到破坏，属于生态环境脆弱地区。

3. 丹霞岩体信息的提取（微体古生物、微量化学元素）

丹霞岩体在漫长的地质时期，经过沉积和隆起抬升，含有大量古环境变迁的信息，采样的岩性还可以进行微体古生物、微量化学元素（例如铱）等信息的提取，借以恢复古环境。

4. 丹霞岩体（砂岩和砾岩）与碳酸岩、花岗岩等岩体抗压强度的实验对比

本次实验对丹霞地貌岩体的砂岩和砾岩进行了抗压（分干、湿抗压）、抗冻融和抗酸侵蚀实验，通过实验数据的分析、整理与挖掘，获得了丹霞地貌岩体在以上环境下遭受侵蚀破坏的基本规律。但是，和其他岩体（如碳酸岩、花岗岩等）的比较尚未开展，如果进行横向岩体的实验对比，可能会有助于更深入认识和理解砂岩和砾岩会对“赤壁丹崖”丹霞地貌发育的影响过程和机制。

11.3　中国典型丹霞地貌成因规律总结与对比研究

11.3.1　丹霞地貌的形成条件

丹霞地貌的发育必须具备如下条件：①坚硬岩层、垂直节理等各种构造破裂面发育的近水平或缓倾斜的红色砂砾岩层；②地壳运动要把丹霞组岩层抬升到一定的高度；③地质构造、流水、崩塌、风化及岩溶等外力作用；④气候环境，并从地层学、地质构造学及地貌学探讨丹霞地貌的形成、发展及发育规律。

11.3.2　丹霞地貌的发育规律

1. 丹霞地貌时间发展简史

前期研究的五处研究地丹霞地貌发育的红层盆地全部是形成于中生代炎热干燥气候条件下的内陆盆地红色陆相建造，它们的地壳基底奠定于古生代，物质基础形成于中生代，抬升和丹霞地貌发育（造型）于新生代。在元古代和早古生代它们都处于地槽发展

阶段，中奥陶世末地壳隆起（李华章和卢云亭，1998），泥盆纪后期经历过海侵，有盖层沉积，2 亿年前褶皱断裂，盆地内部格局形成，侏罗纪之后进入内陆湖泊沉积阶段，侏罗纪晚期到白垩纪早期，燕山运动使侏罗系再次褶皱断裂，而后四周抬升，盆地下沉。晚三叠世以来，这些地区一直在太平洋板块和欧亚板块相互作用影响之下；从晚侏罗世到早白垩世，发生大规模火山喷发和岩浆侵入；晚白垩世在断裂控制下形成断陷盆地，沉积了陆相红色砂砾岩系（刘振中，1984），为丹霞地貌水平分异提供了物质基础。

2. 丹霞地貌空间分异特点

红层盆地为丹霞地貌的发育提供了物质基础，由于红层盆地的构造、发育、沉积和规模非常复杂，致使丹霞地貌的水平分异规律不甚明显，从八处研究地来看，红层盆地影响丹霞地貌水平分异的基本规律有以下三点：①丹霞地貌主要发育在红层盆地的边缘；②红层盆地的构造沉积旋回可能影响丹霞地貌水平分异的随机性；③红层盆地的类型和规模，会使丹霞地貌水平分异更加复杂化。

由于研究地各盆地在喜马拉雅运动期间，主要发生了以块状构造为特征的整体性或差异性抬升，形成了各级断裂（层）和节理，将丹霞山块切割成规则或不规则的岩块体。在大断裂线的控制下，研究地的丹霞地貌空间展布以北东方向为主，而次生发育的断层和节理（北西、北北东或东西方向为主），叠加在这些主断裂线上，使研究地丹霞地貌空间分异复杂化。

构造隆升叠加在上述的水平分异之上，又会局部导致丹霞地貌垂直分异，造成同一地带丹霞地貌发育的不均衡性，使丹霞地貌空间分异更加复杂。在新构造运动时期的产生差异性和间歇性抬升，较早抬升后保持长期稳定的区域，在流水侵蚀和重力崩塌等外力作用下，有利于丹霞地貌按连续过程从幼年期到老年期逐步演化，容易形成高峰深峡，洞穴却不甚发育；而抬升较缓的地区，岩体受侵蚀早期差异分化强烈，往往形成较多的洞穴。

3. 丹霞地貌物质风化特点

研究地丹霞地貌物质组成主要是砂岩和砾岩，当丹霞岩体被切割成规则或不规则的块体后，在外力的侵蚀下，由于砂岩和砾岩岩性的不同产生差异风化，形成凹槽和岩穴，进一步演化成其他丹霞地貌类型，砂岩和砾岩的差异风化，是岩体被外力侵蚀的起点。实验表明，丹霞地貌岩体（砂岩和砾岩）在干燥环境下抗压强度都比较大，当遭到雨水和温度的影响时，它们的抗压强度都会降低，一般情况下砂岩的降低幅度大、抗压强度低，最先遭到侵蚀剥落，形成凹槽，并进一步发育成岩穴或其他丹霞地貌类型。岩体的抗压强度差异和丹霞地貌主体景观有一定的相关性，例如，福建泰宁砂岩的干、湿抗压强度的差异在四处研究地中最大（最大差值为 130MPa），当这些岩体在遭受雨水和流水的侵蚀后，由于砂岩抗压强度的急剧降低，首先容易被风化剥落，形成泰宁千姿百态的以凹槽为主体丹霞地貌景观，并进一步发育其他丹霞地貌类型。龙虎山砂岩和砾岩湿抗压强度相对较弱（0～50MPa），在雨水和流水的侵蚀下，软弱的砂岩层被侵蚀剥落，引起上部砾岩层的崩塌，继而引起山体后退等链锁反应，致使龙虎山比其他几处研究地更加相对快速地发育为丹霞地貌老年期阶段。这样，在内力“主导”作用和外力的“雕塑”作用下，发育成了绚丽多姿的各种丹霞地貌类型。

11.3.3　丹霞地貌空间分异和空间展布

本书初步探讨了丹霞地貌空间分异即水平分异和垂直分异规律：丹霞地貌水平分异规律是，五处研究地的丹霞地貌基本发育在红层盆地的边缘；在大断裂线的控制下，研究地的丹霞地貌空间展布以北东方向为主；而次生发育的断层和节理，叠加在这些主断裂线上，使研究地丹霞地貌水平分异复杂化。

由于研究区的红层盆地在喜马拉雅运动期间，主要发生了以块状构造为特征的整体性或差异性抬升，形成了各级断裂（层）和节理，将丹霞山块切割成规则或不规则的岩块体。这些构造隆升叠加在上述的水平分异之上，局部导致丹霞地貌垂直分异，造成同一地带丹霞地貌发育的不均衡性，使丹霞地貌空间分异更加复杂。

11.3.4　丹霞地貌发育与特征对比研究

本书在全面分析研究地丹霞地貌自然背景的基础上，理论上重点宏观概括丹霞地貌的成因，实验上重点微观对比岩性差异对丹霞地貌发育的影响，从中归纳出丹霞地貌发育的机制。受篇幅所限，本书没有对丹霞地貌与花岗岩地貌、喀斯特地貌以及冰缘地貌（崔之久，1981，1999；崔之久等，1988，1989a，1989b，2004）进行横向对比研究，丹霞地貌与花岗岩地貌、喀斯特地貌都属于岩石地貌类型，而冰缘地貌属于气候地貌的组成部分，通过同类事物或同类事物中的不同亚类进行比较，可以更加明晰被比较事物的特点，找到事物发生、发展的普遍规律。

1. 国内丹霞地貌的区域对比研究

本书对申报世界自然遗产提名地及其他典型丹霞地貌区共八处进行了地貌成因研究，从分布特征来看，这八处都处于我国亚热带湿润地区。从外动力来看，西北干旱地区的温差变化大、气候干燥降水少，在这样外动力的作用下，形成的丹霞地貌景观与东南部湿润地区应该有所不同。所以，中国丹霞地貌的对比研究应该扩大范围，来对比湿润区与干旱区丹霞地貌的异同。

中国的丹霞地貌分布广泛，从中国大陆东部的低平海岸带到中国西部高耸的青藏高原均有分布，根据空间组合关系，将中国丹霞地貌划分为东南部湿润低山丘陵型丹霞地貌区、西南部湿润红层高原—山地型丹霞地貌区和西北部高寒—干旱山地型丹霞地貌区三大类型。其中东南湿润区低山丘陵型丹霞地貌典型分布区主要集中在湖南的崀山和万佛山、广东的丹霞山、福建的泰宁和冠豸山、江西的龙虎山和龟峰、浙江的江郎山和方岩等。受不同的地质作用、地理环境的制约，以及地貌发育、演化旋回的阶段性，各地的丹霞地貌各具特色：

（1）泰宁丹霞地貌峡谷纵横切割、主河谷仍然呈峡谷状的青年期丹霞地貌；

（2）龙虎山仙水岩景区是一处宽谷—峰林—孤峰组合的老年早期丹霞地貌；

（3）江郎山是孤峰—孤石独立的老年期丹霞地貌；

（4）丹霞山是以丹霞峰林、峰丛、孤峰等正地貌为主的壮年期地貌；

（5）崀山是以紧密窄谷型壮年早期峰丛为主的丹霞地貌，老年期地貌沿扶夷江分布。

2. 中国丹霞地貌的国际对比研究展望

目前世界上的丹霞地貌主要分布在中国和美国西部、欧洲中部、澳大利亚等地。本书虽然对国际上其他国家和地区的丹霞地貌未作更多的分析论述，但从目前国际上对丹霞地貌（红层地貌）的研究成果来看，中国丹霞地貌具有国际的可对比性。自 20 世纪 30 年代至今，对中国丹霞地貌的研究已经有 80 多年，但是" 丹霞地貌" 这个学术名称要想被世界所接受，可能还要有一段路程要走。我们欣喜地看到，随着中国丹霞地貌联合捆绑申遗的初步成功，丹霞地貌国际研讨会的举办（第一届于 2009 年在广东韶关的圆满召开），丹霞地貌已经被越来越多的国外学者认同，开展中国丹霞地貌与国外丹霞地貌的对比研究时机已经成熟。随着中国丹霞地貌研究的范围不断扩大，技术和理论的不断深入，中国丹霞地貌研究必将迈向更广阔的国际舞台。

从丹霞地貌调查看，我国丹霞地貌的发育可能与天体撞击引起的恐龙灭绝和火山喷发事件、构造隆升以及第四纪冰期-间冰期冻融崩塌等地质作用密切相关。广东丹霞山东北处南雄蕴涵大量晚白垩世恐龙蛋及恐龙化石（图 11-1）；江郎山以北 1997 年 10 月 26 日在江山市金交椅村发现恐龙化石；1999 年 6 月 27 日在江山市城西发现恐龙蛋化石（图 11-2）；1996 年 1 月 18 日在浙江方岩西山头（老婆塘山）发现恐龙蛋化石（参见图 4-8）；2000 年 9 月在浙江方岩城内城西路出土长度为 1.5m 的恐龙腿骨化石（参见图 4-9）。

图 11-1　广东南雄晚白垩世化石（侯荣丰摄）

根据 2011 年 7 月 2 日新闻报道：我国古生物学家邢立达对齐云山开展地质考察时在小壶天发现了 62 处恐龙足迹化石，比原来发现的 36 个多了 26 个（图 11-3 和图 11-4）。他认为，这些恐龙足迹分别来自食草恐龙和食肉恐龙两种类型。此次考察属于加拿大阿尔伯塔大学和中国科学院古脊椎动物与古人类研究所合作的中国恐龙足迹科

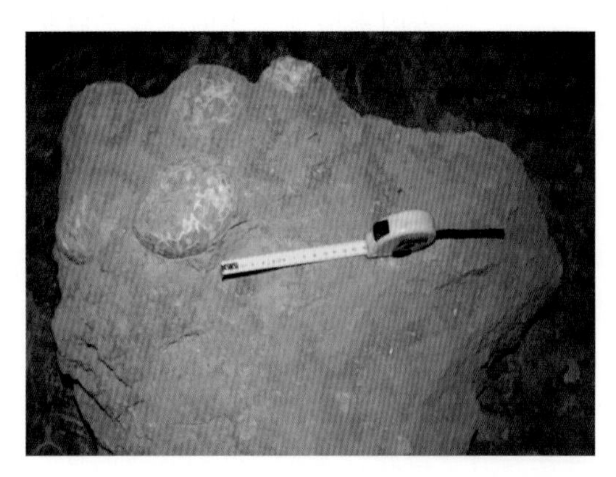

图 11-2　1999 年 6 月 27 日在浙江江山市城西发现的恐龙蛋化石

图 11-3　安徽齐云山小壶天恐龙脚印

图 11-4　安徽齐云山小壶天恐龙脚印

研项目。这一发现不仅为齐云山恐龙化石研究提供了新证据，也为丹霞地貌成因研究提供了新思路。

美国普林斯顿大学教授凯勒领导的研究小组 2004 年 3 月 1 日提出：恐龙和同时期

其它一些物种的灭绝，很可能是多种因素综合作用的结果，白垩纪--第三纪交界时期地球受外来天体撞击，与火山喷发活动一起，给了恐龙以致命的最后一击（图 11-5）。

图 11-5　天体撞击和火山喷发与恐龙灭绝示意图

1980 年，南京大学地质系周新民教授等（1980）在南京大学学报上发表了南京附近有新生代玄武岩和 19 座火山锥及其喷发带，这些地质历史时期喷发的火山锥是否与南京石头城及其周边地区、如江苏句容赤山组红色砂岩中火山锥喷发和丹霞地貌的形成与演化有关值得深入探索。

综上所述，本书对我国广东丹霞山、浙江江郎山、福建泰宁、湖南崀山、江西龙虎山这五处申报后被联合国教科文组织列入世界自然遗产地和浙江方岩、安徽齐云山、福建冠豸山共八处丹霞地貌景观特征及其成因作了详细野外调研和采样后的实验地貌学研究，对以上丹霞地貌区造景地貌特征成因及其差异作了深入分析，作者觉得今后我国丹霞地貌还应重点加强对以下方面的研究：

（1）为什么中国是丹霞地貌发育最多的国家？

（2）为什么中国丹霞地貌被评为世界自然遗产？最具特色的丹霞地貌除了 6 处入选地点外还有别的地方吗？

（3）为何中国的丹霞地貌构成其物质基础的岩石层位大多数是晚白垩世 K_2 时期的？

（4）中国东西部浙江、广东、福建、安徽、江西、江苏与湖南、贵州等省丹霞地貌发育特征又有什么区别？

（5）中国的丹霞地貌发育特征、数量与晚白垩世 K_2 时期天体撞击、火山喷发、构造运动和海陆板块碰撞之间有何密切联系？

（6）今后应如何进一步开展研究和进行旅游开发？

如果能重视以上六个方面的研究，应能全面揭示白垩纪等时期天体撞击、火山喷发、恐龙灭绝、构造运动、海陆板块碰撞、山间盆地与丹霞地貌形成之间的密切联系性，这在进一步探索中国地质构造运动史和地质地貌成因研究方面都具有创新性科学意义。

参考文献

陈传康. 1985. 地貌的旅游评价研究. 河南大学学报（自然科学版），(1)：65-74.

陈传康. 1992. 丹霞山、丹霞风景名胜区与丹霞地貌旅游开发. 热带地貌，(增刊)：58-65.

陈传康，高豫功，俞孔坚，等. 1990. 丹霞风景名胜区的旅游开发研究. 地理学报，45 (3)：284-294.

陈国达. 1938. 中国东南部红色岩层之划分. 中国地质学会志，18 (4)：301-324.

陈国达. 1941. 红色岩层中白点成因一解. 地质论评，6 (5-6)：395-398.

陈国达，刘辉泗. 1939. 江西贡水流域地质. 江西地质学汇刊，(2)：1-64.

陈诗吉. 2010. 我国东南区和西北区丹霞地貌区域特征对比研究——以福建省和甘肃省丹霞地貌为例. 安徽农业科学，38 (29)：16446-16448.

陈姝，朱诚，等. 2010. 广东丹霞山洞穴景观岩体稳定性的抗压实验研究. 安徽师范大学学报（自然科学版），(2)：170-174.

崔之久. 1981. 我国冰缘地貌学研究的进展. 冰川冻土，3 (3)：70-77.

崔之久. 1999. 就丹霞地貌的发展浅论“岩石地貌学”的分类和命名. 经济地理，19 (增刊 b)：1-4.

崔之久，熊黑钢. 1989a. 山地冰川沉积相模式与特征. 第四纪研究，(03).

崔之久，朱诚. 1988. 我国冰缘地貌研究述评与展望. 冰川冻土，(03).

崔之久，朱诚. 1989b. 天山乌鲁木齐河源区石冰川的温度结构类型与运动机制. 科学通报，(2)：134-137.

崔之久，杨建强，赵亮，等. 2004. 鄂尔多斯大面积冰楔群的发现及 20ka 以来中国北方多年冻土南界与环境. 科学通报，(13).

董传万，竺国强，银薇. 2003. 浙江新昌早白垩世盆地中硅质岩石的地球化学特征与成因. 浙江大学学报（理学版），30 (2)：230-235.

冯景兰. 1929. 两广地质矿业概要. 北洋月刊，1 (2).

冯景兰，朱翙声. 1928. 广东曲江仁化始兴南雄地质矿产. 两广地质调查所年报，(1)：38-42.

广东省地质矿产局. 1996. 广东省岩石地层. 武汉：中国地质大学出版社，1-264.

广东省佛山地质局，广东省地质勘查局七〇六地质大队. 2008. 丹霞山世界地质公园丹霞地貌地质成因研究.

郭国林，郭福生，刘晓东，等. 2006. 丹霞地貌砂岩的微观化学风化作用电子探针研究. 中国岩溶，25 (2)，172-176.

郝诒纯，苏佳英，等. 1986. 中国的白垩系. 中国地层 (12)，北京：地质出版社.

胡开明. 2001. 江绍断裂带的构造演化初探. 浙江地质，17 (2)：1-11.

黄进. 1982. 丹霞地貌坡面发育的一种基本方式. 热带地理，3 (2)：107-134.

黄进. 1992. 中国丹霞地貌研究汇报. 热带地貌，(增刊)：1-36.

黄进. 1995. 丹霞地貌的旅游资源及其开发与保护//地貌・环境・发展. 中国地理学会地貌与第四纪专业委员会编. 北京：中国环境科学出版社，264-267.

黄进. 1999. 中国丹霞地貌的分布. 经济地理，19 (增刊)：31-35.

黄进. 2004. 丹霞地貌发育几个重要问题的定量测算. 热带地理，24 (6)：123-126.

黄进. 2009a. 丹霞山地貌. 北京：科学出版社. 229-235.

黄进. 2009b. 中国丹霞地貌研究汇报. 中国丹霞地貌八十年论文集萃，灿烂的丹霞，(1928-2008)，中国丹霞地貌旅游开发研究会，4-12.

黄进，陈致均. 2003. 丹霞地貌定义及分类中一些问题的探讨. 经济地理，23（增刊）：6-11.

黄进，程明豪. 1994a. 广东大鹏湾秤头角海岸丹霞地貌的初步研究. 经济地理，14（增刊）：189-195.

黄进，梁百和，朱素琳. 1994b. 丹霞山岩溶地貌的初步研究. 经济地理，14（增刊）：27-32.

黄可光. 1996. 再论丹霞地貌定义. 经济地理，16（增刊）：111-113.

黄可光，陈致均. 1992."丹霞地貌"定义的探讨，丹霞地貌旅游开发文集. 热带地貌，（增刊）：50-52.

姜勇彪，郭福生，刘林清，等. 2006. 龙虎山丹霞地貌区河流阶地地貌面的热释光测年研究. 东华理工学院学报，29（3）：225-228.

姜勇彪，郭福生，孙传敏，等. 2008. 江西弋阳县龟峰丹霞地貌景观特征与形成机制. 山地学报，26（1）：120-126.

李德文，王朋岭，俞锦标. 2004. 浙江新昌丹霞岩壁风化特征的微观研究. 自然科学进展，14（1）：75-80.

李华章，卢云亭. 1998. 资源-新宁盆地丹霞风景地貌形成、类型及旅游资源评价. 经济地理，18（增刊）：129-136.

李见贤. 1961. 广东省的地貌类型. 中山大学学报，（4）：70-81.

梁百和，朱素琳，陈国能. 1992. 粤北金鸡岭丹霞地貌的岩石学分析. 热带地理，12（02）：133-140.

梁诗经，文斐成，陈斯盾. 2007. 福建泰宁丹霞地貌中的洞穴类型及成因浅析. 福建地质，27（3）：296-306.

刘尚仁. 1993. 湖南新宁县丹霞地貌研究. 热带地理，13（2）：168-175.

刘尚仁. 1994. 广东的红层岩溶及其机制. 中国岩溶，13（4）：395-403.

刘尚仁. 1999. 对丹霞地貌若干问题的思考. 经济地理，（增刊）.

刘尚仁. 2003. 跨粤闽的五指石丹霞地貌区初探. 经济地理，23（增刊）：86-90.

刘尚仁. 2004. 丹霞地貌概念与外国部分丹霞地貌简介//地貌·环境·发展——2004丹霞山会议文集. 北京：中国环境科学出版社，288-296.

刘尚仁，刘瑞华. 1999. 对丹霞地貌若干问题的思考. 经济地理，19（增刊2）：5-9.

刘尚仁，彭华. 2006a. 澳大利亚丹霞地貌简介. 经济地理，26（增刊）：222-232.

刘尚仁，彭华. 2006b. 国外若干丹霞地貌简介. 经济地理，26（增刊）：213-221.

刘振中. 1984. 武夷山的形成与地貌发育特征. 南京大学学报（自然科学版），（3）：567-576，464.

鲁点辑. 1932. 齐云山志. 明万历（1573-1620）刻，清顺治康熙（1644-1722）补刻.

吕文，朱诚，彭华等. 2009. 浙江江山市江郎山岩石岩性特征及其对丹霞地貌形成的影响. 矿物岩石地球化学通报，28（4）：349-355.

欧阳杰. 2010a. 中国"丹霞"世界自然遗产地地貌类型的对比研究. 工业旅游.（5）：81-85.

欧阳杰. 2010b. 中国丹霞地貌申报世界自然遗产提名地实验地貌学研究［博士论文］. 南京：南京大学.

欧阳杰，朱诚，彭华，等. 2009. 浙江方岩丹霞地貌类型及其空间组合. 地理学报，64（3）：349-356.

欧阳杰，朱诚，彭华. 2011a. 丹霞地貌的国内外研究对比. 地理科学，31（8）：996-999.

欧阳杰，朱诚，彭华，等. 2011b. 湖南崀山丹霞地貌岩体抗酸侵蚀脆弱性的实验研究. 地球科学进展，26（9）：965-970.

彭华明，刘林清，郭福生. 2001. 浙江江郎山丹霞地貌地质成因分析及景观保护. 火山地质与矿产，22（2）：143-149.

彭华. 1992. 丹霞山风景地貌研究. 热带地理（增刊）.

彭华. 2000. 中国丹霞地貌研究进展. 地理科学，20（3）：203-211.

彭华. 2002. 丹霞地貌分类系统研究. 经济地理，22：28-35.

彭华. 2007. 世界遗产公约. 自然遗产：中国国家自然遗产——广东丹霞山. 广东省人民政府.

彭华，蔡辉. 1998. 阿切斯-丹霞拱桥大观园. 经济地理，18（增刊）：191-195.

彭华，吴志才. 2003. 关于红层特点及分布规律的初步探讨. 中山大学学报，42（5）：109-113.

彭华，潘志新，闫罗彬. 2013. 国内外红层与丹霞地貌研究述评. 地理学报，68（9）：1170-1181.

彭华，邱卓炜，潘志新. 2014. 丹霞山顺层洞穴风化特征的试验研究. 地理科学，34（4）：454-463.

齐德利. 2005. 中国丹霞地貌多尺度对比研究［博士论文］. 南京：南京师范大学.

邱小平. 2014. 岩石物理化学性质对泰宁丹霞洞穴的形成制约. 福建地质，33（1）：43-49.

邱卓炜. 2010. 丹霞顺层洞穴风化特征及发育过程研究——以丹霞山丹霞组锦石岩段顺层洞穴为例［硕士论文］. 广州：中山大学.

宋春青，张振春. 1996. 地质学基础（第三版）. 北京：高等教育出版社.

宿立先，刘富环. 1973. 皖南屯溪地区中生代地质特征（安徽省电溪地区地质图说明书）.

谭艳，朱诚，吴立，等. 2015. 广东丹霞山砂岩蜂窝状洞穴及白斑成因. 山地学报，33（3）：279-287.

王颖，朱大奎，傅广翩. 2009. 北美 Sedona 红岩地貌与中国丹霞地貌之相关比较. 第一届丹霞地貌国际学术讨论会“世界的丹霞”第二卷，46-47.

魏勇. 2013. 福建冠豸山丹霞洞穴类型及成因. 福建地质，32（3）：213-220.

吴尚时，曾昭璇. 1946. 粤北之红色砂岩（The Red Beds in North Kwangtung）. 岭南学报（英文），（专号）：12-20.

吴尚时，曾昭璇. 1948a. 广东坪石红色盆地. 中国地质学会第二十三届年会论文节要. 地质论评，13（Z1）：3-4.

吴尚时，曾昭璇. 1948b. 粤北红色岩系之地质与地形. 地学集刊，（6）：13-45.

肖自心，汤国雄，邹文发. 1997. 崀山的形成与地貌发育特征. 湘潭师范学院学报（社会科学版），（3）：65-71.

谢凝高. 1987. 中国的名山. 上海：上海教育出版社.

杨禄华. 1999. 澳洲丹霞地貌的特色及其旅游开发. 经济地理，19（增刊）：156-159.

杨明德. 1999. 贵州丹霞地貌发育特征及其旅游资源评价. 经济地理，19（增刊）：19-36.

杨志坚. 1998. 粤北丹霞地貌三名. 火山地质与矿产，19（1）：82-91.

尹德涛. 2002. 澳大利亚 Uluru 一 Kata Tjuta 丹霞地貌. 经济地理，22（增刊）：235-236.

俞锦标，杨剑明，王祥，等. 1996. 构造盆地与丹霞地貌. 经济地理，16（增刊）：115-121.

曾昭漩. 1943. 仁化南部厚层红色砂岩地形之初步探讨. 中山大学地理集刊，（l2）：19-24.

曾昭璇. 1960. 岩石地形学. 北京：地质出版社，45-57.

曾昭璇，黄少敏. 1978. 中国东南部红层地貌. 华南师范学院学报（自然科学版），（2）：43-57.

张纯臣，1997. 湖南省岩石地层. 武汉：中国地质大学出版社.

张广胜，朱诚，俞锦标，等. 2010. 浙江江郎山丹霞地貌区岩性特征. 山地学报，28（3）：301-312.

张珂，余章馨，胡秋玲，等. 2009. 关于世界红层及丹霞地貌的初步对比研究. 第一届丹霞地貌国际学术讨论会“世界的丹霞”第二卷，31-37.

张忍顺. 2004. 西部丹霞地貌特征及其生态旅游开发初步研究//生态·旅游·发展——第二届中国西部生态旅游发展论坛论文集. 北京：中国环境科学出版社，145-152.

张忍顺，齐德利. 2003. 英国布雷肯-毕肯山国家公园简介. 经济地理，23（增刊）：194-199.

张显球. 1992. 丹霞盆地白垩系的划分与对比. 地层学杂志，16（2）：81-95.

赵逊. 2009. 论丹霞地貌. 第一届丹霞地貌国际学术讨论会“世界的丹霞”第一卷，1-120.

浙江省地质矿产厅. 1995. 中华人民共和国地质图说明书——永康市幅（H-51 -109 -A）. 杭州：浙江省区域地质调查大队制图印刷厂.

浙江省区域地质调查大队. 1999a. 中华人民共和国地质说明书—长台镇幅（H50E021019）（1：50000）.

浙江省区域地质调查大队. 1999b. 中华人民共和国地质图—长台镇幅（1：50000）：375-382.

浙江省区域地质调查大队. 1999c. 中华人民共和国地质图——峡口镇幅（1：50000）.

中国丹霞申报世界自然遗产分文本——龙虎山-龟峰国家级风景名胜区. 2008.

中华人民共和国水利部. 2001. 水利水电工程岩石试验规程. 北京：中国水利水电出版社.

中华人民共和国交通部. 2005. 公路工程岩石试验规程. 北京：中国交通出版社.

周新民，陈图华. 1980. 南京新生代玄武岩火山锥及其喷发特征. 南京大学学报（自然科学版），2：83-103.

周学军. 2003. 中国丹霞地貌的南北差异及其旅游价值. 山地学报，21（2）：180-186.

朱诚，彭华，李世成，等. 2005. 安徽齐云山丹霞地貌成因. 地理学报，60（3）：445-455.

朱诚，彭华，李中轩，等. 2009a. 浙江江郎山丹霞地貌发育的年代与成因. 地理学报，64（1）：21-32.

朱诚，彭华，欧阳杰，等. 2009b. 浙江方岩丹霞地貌发育的年代、成因与特色研究. 地理科学，2（4）：229-237.

朱诚，俞锦标，赵宁曦，等. 2000. 福建冠豸山丹霞地貌成因及旅游景观特色. 地理学报，55（6）：679-688.

竺国强，陈梓军，杨树锋，等. 1996. 浙江双溪坞群的构造特征及地质意义. 高校地质学报，2（1）：58-64.

竺国强，张福祥，杨树锋，等. 1997. 江山－绍兴碰撞带构造演化与变形特征. 浙江大学学报，31（5）：745-752.

祖辅平，李成，王彬. 2004. 金衢盆地的沉积相. 沉积学报，22（3）：417-424.

Allison R J, Bristow G E. 1999. The effects of fire on rock weathering: some further considerations of laboratory experimental simulation. Earth Surf Processes Landforms, 24: 707-713.

Allison R J, Goudie A S. 1994. The effects of fire on rock weathering: an experimental study// Robinson D A, Williams R B G (eds) Rock weathering and landform evolution. Chichester: John Wiley & Sons: 41-56.

Bogatyrev K P, Pochvovedeniye. 1961. Red weathering-crust soils of Albania, Soviet Soil Science, in translation, pub. 3 tables, 32 refs.

Cabral A R, Beaudoin G, Taylor B E. 2009. The Transfiguration continental red-bed Cu-Pb-Zn-Ag deposit, Quebec Appalachians, Canada. Mineralium Deposita, 44 (3): 285-301.

Davis W M. 1899. The geographical cycle. The Geographical Journal, 14 (5): 481-504.

Eder W, Wood C. 2009. Global role of Geoparks, Geoheritage and China Danxia in promoting Earth science. The First International Symposium on Danxia Landform, 1-5.

Hajpál M, Török A. 2004. Mineralogical and colour changes of quartz sandstones by heat. Environmental Geology, 46 (3-4): 311-322.

Hejl E. 2005. A pictorial study of tafoni development from the 2nd millennium BC. Geomorphology, 64: 87-95.

Highland. 2009. Geographical overview of landslide hazards in three parklands of the Colorado Plateau, United States, The First International Symposium on Danxia Landform, 66-76.

Hill. 2009. UNESCO World Heritage evaluation process and U. S. A. sites, the First International Symposium on Danxia Landform, 302-308.

Kamh G M E. 2005a. Mechanism of concave "tafoni" and convex "domal shape" formation on TRIASSIC red sandstone of some old buildings, Chester City, UK, Case study. Environmental geology, 48 (4-5): 625-638.

Kamh G M E. 2005b. Weathering at high latitudes on the Carboniferous Old Red Sandstone, petrographic and geotechnical investigations, Jedburgh Abbey Church, Scotland, a case study. Environmental Geology, 47 (4): 482-492.

Kusky T M, Ye M, Wang J, et al. 2010. Geological Evolution of Longhushan World Geopark in Relation to Global Tectonics. Journal of Earth Science, 21 (1): 1-18.

Magara K. 1979. Identification of Sandstone Body Types by Computer Method. Mathematical Geology, 11 (3) : 269-283.

McCabe S, Smith B J, Warke P A. 2007. Sandstone response to salt weathering following simulated fire damage: a comparison of the effects of furnace heating and fire. Earth Surface Processes and Landforms, 32 (12): 1874-1883.

Migon P. 2009. Sandstone Geomorphology of south-west Jordan, Middle East, and its relation to Danxia Landform of China: 22-30.

Noda A, Takeuchi M, Adachi M. 2004. Provenance of the Murihiku Terrane, New Zealand: evidence from the Jurassic conglomerates and sandstones in Southland. Sedimentary Geology, 164 (3): 203-222.

Penck A. 1894. Morphologie der erdoberfläche. J. Engelhorn, 2.

Penck W. 1953. Morphological analysis of land forms: a contribution to physical geology. London: MacMillan.

Saien J, Asgari M, Soleymani A R, Taghavinia N. 2009. Photocatalytic decomposition of direct red 16 and kinetics analysis in a conic body packed bed reactor with nanostructure titania coated Raschig rings. Chemical Engineering Journal, 151 (1): 295-301.

Schöner R, Gaupp R. 2005. Contrasting red bed diagenesis: the southern and northern margin of the Central European Basin. International Journal of Earth Sciences, 94 (5-6): 897-916.

Stanchits S, Fortin J, Gueguen Y, Dresen G. 2009. Initiation and propagation of compaction bands in dry and wet Bentheim sandstone. Rock Physics and Natural Hazards. Basel: Birkhäuser: 846-868.

Tan X, Kodama K P, Gilder S, Courtillot V. 2007. Rock magnetic evidence for inclination shallowing in the Passaic Formation red beds from the Newark basin and a systematic bias of the Late Triassic apparent polar wander path for North America. Earth and Planetary Science Letters, 254 (3): 345-357.

Turkington A V, Paradise T R. 2005. Sandstone weathering: a century of research and innovation. Geomorphology, 67 (1): 229-253.

Uno K, Furukawa K. 2005. Timing of remanent magnetization acquisition in red beds: A case study from a syn-folding sedimentary basin. Tectonophysics, 406 (1): 67-80.

Wells T, Hancock G, Fryer J. 2008. Weathering rates of sandstone in a semi-arid environment (Hunter Valley, Australia). Environmental geology, 54 (5): 1047-1057.

Wilhelmy H. 1981. Klimamorphologie der Massengesteine, 2. Auflage: 254, Westermann.

Wray R. 1997. A global review of solutional weathering forms on quartz sandstones. Earth-Science Reviews, 42 (3): 137-160.

Wray R, Young R. 2009. Some Danxia-like sandstone landscapes of northern Australia, the First International Symposium on Danxia Landform, 38-45.

Yang W. 2007. Transgressive wave ravinement on an epicontinental shelf as recorded by an Upper Pennsylvanian soil-nodule conglomerate-sandstone unit, Kansas and Oklahoma, USA. Sedimentary Geology, 197 (3): 189-205.

Young R, Young A. 1992. Sandstone Landforms. Berlin-Heidelberg: Springer-Verlag, 1-122.

Young R, Young W, Young A. 2009. Sandstone Landforms. London: Cambridge University Press, 223-226.

Zellmer H. 2009. The Triassic "Buntsandstein" red beds in the Geopaek Harz. Braunschweiger land. Ostfalen/Germany-Geological characteristics and relevance for the Geopark development, The First International Symposium on Danxia Landform, 85-92.

Zhu Cheng, Peng Hua, Ouyang Jie, et al. 2010. Rock resistance and the development of horizontal grooves on Danxia slopes. Geomorphology, 123: 84-96.

Zhu Cheng, Wu Li, Zhu Tongxin, et al. 2015. Experimental studies on the Danxia landscape morphogenesis in Mt. Danxiashan, South China. Journal of Geographical Sciences, 25 (8): 943-966.

附录1 国际年代地层表

宙（宇）	代（界）	纪（系）	世（统）	绝对年龄/Ma
				现今
显生宙	新生代（Cz）	第四纪（Q）	全新世	0.0117
			更新世	2.588
		新近纪（N）	上新世	5.333
			中新世	23.03
		古近纪（Pε）	渐新世	33.9
			始新世	56.0
			古新世	66.0
	中生代（Mz）	白垩纪（K）	晚白垩世	100.5
			早白垩世	~145.0

宙（宇）	代（界）	纪（系）	亚纪	世（统）	绝对年龄/Ma
					145.0±0.8
显生宙	中生代（Mz）	侏罗纪（J）		晚侏罗世	163.5±1.0
				中侏罗世	174.1±1.0
				早侏罗世	201.3±0.2
		三叠纪（T）		晚三叠世	~235
				中三叠世	247.2
				早三叠世	252.2±0.5
	古生代（Pz）	二叠纪（P）		乐平世	259.9±0.4
				瓜德鲁普世	272.3±0.5
				乌拉尔世	298.9±0.2
		石炭纪（C）	宾夕法尼亚亚纪（P）	晚宾西法尼亚亚世	307.0±0.1
				中宾夕法尼亚亚世	315.2±0.2
				早宾西法尼亚亚世	323.2±0.4
			密西西比亚纪（M）	晚密西西比亚世	330.9±0.2
				中密西西比亚世	346.7±0.4
				早密西西比亚世	358.9±0.4

宙（宇）	代（界）	纪（系）	世（统）	绝对年龄/Ma
				358.9±0.4
显生宙	古生代（Pz）	泥盆纪（D）	晚泥盆世	382.7±1.6
			中泥盆世	393.3±1.2
			早泥盆世	419.2±3.2
		志留纪（S）	普里道利世	423.0±2.3
			罗德洛世	427.4±0.5
			文洛克世	433.4±0.8
			兰多维利世	443.4±1.5
		奥陶纪（O）	晚奥陶世	458.4±0.9
			中奥陶世	470.0±1.4
			早奥陶世	485.4±1.9
		寒武纪（∈）	芙蓉世	~497
			第三世	~509
			第二世	~521
			纽芬兰世	541.0±1.0

注：根据国际地层委员会2015年1月公布的国际年代地层表修订，引自“国际年代地层表2015-01（中文）”网站

附录 2　丹霞地貌研究专业术语中外文对照

A

Abrade 剥蚀
Accumulate 堆积
Adjacent rock 围岩
Aeolian clastics 风成碎屑岩
Aerogenous rock 风成岩
Age of landform 地貌年龄
Agent of erosion 侵蚀力
Algovite 辉斜岩
Alluvial fan 冲积扇
Alluvial fan deposit 冲积扇层
Alluvial plain 冲积平原
Alluvium 冲积层
Alpine movement 阿尔卑斯运动
Alpine orogene 阿尔卑斯造山作用
Altitudinal zonality 垂直分布带
Amphigene 白榴石
Andesine 中长石
Andesite 安山岩
Anemoclastics 风成碎屑岩
Andesian orogeny 安第斯运动
Anorthite 钙长石
Anticline 背斜
Anticlinal fault 背斜断层
Arenaceous rock 砂质岩
Arenaceous texture 砂质结构
Arenes 粗砂
Arenopelitic 砂泥质的
Arenose 粗砂质的
Argillaceous limestone 泥质灰岩
Argillite 泥岩
Augite diorite 辉石闪长岩
Augite granite 辉石花岗岩

B

Backfill 充填
Banding 层状
Barranca 峡谷
Base level 基准面
Base level of erosion 侵蚀基准面
Bedding 层理
Bedding caves 顺层洞穴
Bedding joint 层状节理
Bedrock 基岩
Biological weathering 化学风化
Blanket 表层
Block movement 地块运动
Block structure 块状结构
Block upwarping 地块隆起
Braided river facies strata 辫状河相岩层

C

Calcite 方解石
Cambrian period 寒武纪
Cave development 洞穴发育
Calcareous marl 灰质泥灰岩
Calcareous sandstone 钙质砂层
Cataclastic 碎裂的
Cementation 胶结
Cement 胶结物
Cenozoic 新生代
Chalk 白垩
Chalk ooze 白垩软泥
Chemical composition 化学成分
Chemical erosion 化学侵蚀
Chemical weathering 化学风化
Chronolithologic unit 年代地层单位
Chronologic scale 地质年代表
Chronology 年代学
Chronostratigraphic unit 年代地层单位
Chronostratigraphy 年代地层学
Cinerite 火山凝灰岩

Circular structure 环状构造
Clast 碎屑物
Clastic 碎屑状的
Clastic breccia 碎屑角砾岩
Clastic deposits 碎屑沉积物
Clastic rock 碎屑岩
Clastic sediments 碎屑沉积
Clastic structure 碎屑构造
Clay 黏土
Clayey 泥质的
Clayey sand 黏土质砂
Collapse rubble 崩积石
Colluvium 崩塌沉积
Component 成分
Component analysis 组分分析
Compressive stress 压应力
Conglomerate-bearing sandstone 含砾砂岩
Contact plane 接触面
Continental deposit 陆相沉积
Core analysis 岩芯分析
Correlation of strata 地层对比
Corrosion 溶蚀
Cretaceous period 白垩纪
Cretaceous series 白垩统小岩组
Crevice 裂隙
Cross bedding 交错层理
Crust cupola 地壳隆起
Crust of the earth 地壳
Crust of weathering 风化壳
Crystalline solid 晶体
Cuesta 单面山
Cumulate 堆积

D

Danxia landform 丹霞地貌
Debris fabric 砾向组构
Declination 偏差
Deepening 向下侵蚀
Deflation 风蚀
Denudation 剥蚀
Denudation surface 剥蚀面
Depositional fabric 沉积结构
Depositional plane 沉积面
Detritus 岩屑
Devonian 泥盆纪
Diabase 辉绿岩
Diastrophism 地壳变动
Differential erosion 差别侵蚀
Differential weathering 差别风化
Dilatancy fissure 膨胀裂缝
Dilatation 膨胀
Dioritic 闪长岩状的
Direct factor 直接因素
Discontinuity 不连续性
Discordance contact 不整合接触
Dissection 切割
Distribution 分布
Distribution curve 分布曲线
Distribution graph 分布图表
Drum-shaped 石鼓
Dolomite 白云石

E

Eboulement 崩塌作用
Elevation 隆起
Ellipsoidal structure 椭球形构造
Elliptic 椭圆形的
Erosion 侵蚀
Erosion base 侵蚀基面
Erosion rate 侵蚀速率
Erosion surface 侵蚀面
Erosional process 侵蚀过程
Evergreen plants 常绿植物
Expansion 膨胀
Experimental geomorphology 实验地貌学

F

Fault 断裂
Fault basin 断陷盆地
Feldspar 长石
Fine grained sand 细粒砂
Fine grained texture 细粒结构

Fine gravel 细砾
Fine sand 细砂
Finely porous 细孔质的
Fissure water 裂隙水
Fluvialerosion 流水侵蚀

G

Gabbro 辉长岩
Gamma activity 放射性
Gap in the succession of strata 地层间断
Garnet 石榴石
General geology 普通地质学
Genesis 发生
Geochemical 地球化学的
Geochronologic unit 地质年代单位
Geochronology 地质年代学
Geologic structure 地质构造
Geomorphic profile 地貌剖面图
Geomorphic type 地貌类型
Geomorphic unit 地貌单元
Geomorphogeny 地貌成因学
Geomorphologic agent 地貌营力
Geomorphologic landscape 地貌景观
Geomorphological structure 地貌构造
Geomorphology 地貌学
Geotectogene 拗陷带
Gneissic 片麻状的
Gneissoid 似片麻岩状
Grail 砂砾
Grain 颗粒
Granite 花岗岩
Granulitic 粒状的
Gravity 重力
Grit 粗砂岩
Gritty 砂质
Groove 凹槽
Grotto 岩穴

H

Holocene 全新世
Honeycombs 蜂窝状洞穴
Hornblende 角闪石
Hillslope model of L . C. King King 坡地理论
Hydromorphic 水成的

I

Inductively coupled plasma mass spectrometry 电感耦合等离子体质谱仪（ICP-MS）
Infancy 幼年
Intercalation 夹层
Iinternational Geographical Union 国际地理学联合会

J

Jurassic Period 侏罗纪

K

Karst landform 喀斯特地貌
K - Ar dating 钾-氩测年

L

Lamination 分层
landscape topography 造景地貌
Late cretaceous 晚白垩纪
Lateral erosion 侧蚀
Lenticle 透镜体
Leucite 白榴石
Limestone 石灰岩
Lithology 岩性学

M

Massive structure 块状构造
Mature stage 壮年期
Mealy 粉状的
Mean annual temperature 年平均温度
Mean deviation 平均偏差
Mean size 平均直径
Mechanical weathering 机械风化
Metallogenic element 成矿元素
Metal migration patterns 金属迁移规律
Microphyric 微斑状
Microscopic analysis 显微分析

Microsection 薄片
Microvesicular 微多孔状的
Mirror stone 白云母
Morphogeny 地貌形成学
Morphologic province 地貌区
Morphological analysis 形态分析
Multilayer karst cave 多层溶洞

N

Nevada - Laramide revolution 内华达-拉拉米运动

O

Ordovician 奥陶纪
Orogenesis 造山运动
Oxide content 氧化物含量

P

Palaeoenvironment 古环境
Paleozoic 古生代
Peak cluster 峰丛
Peristele 石柱
Permian 二叠纪
Physical weathering 物理风化
Piedmont alluvial plain 山前冲积平原
Piedmont benchland 山麓阶地
Plain of accumulation 堆积平原
Plain of denudation 剥蚀平原
Planation surfaces 夷平面
Plane of unconformity 不整合面
Plate collision 板块碰撞
Plate kinematics 板块运动学
Platform mobilization 地台活化
Pleistocene 全新世
Precipitation 降水量
Proterozoic era 元古代
Polarizing microscope 偏光显微镜
Powder 粉末
Psammite 砂质岩
Psammitic 砂屑的
Psammitic rock 砂质岩
Psephitic 砾状的
Psephitic rock 砾质岩
Psephyte 砾质岩
Purity 纯度

Q

Quaternary 第四纪
Quartz 石英

R

Red beds 红层
Rainfall depth 雨量
Random sampling 随机采样
Regression rate 后退速率
Resistance against erosion experiment 抗侵蚀试验
Resistance against freezing experiment 抗冻融实验
Rhythmic layers 韵律层
Riverbed deposition 河流相沉积
Rift valley 裂谷
river terrace 河流阶地
Rock facies 岩相
Rock pressure 岩石压力
Rock strata 岩层
Rock weathering 岩石风化
Roundness 磨圆度

S

Sandstone landform 砂岩地貌
Shear joint 剪切节理
Siltstone 粉砂岩
Stone peak 石峰
Stonewatch 石堡
Soft interlaid rock layers 软岩夹层
Soaked zone 渗水带
Sorted behavior 分选性
Strike 走向
Strike fault 走向断层
Strike joint 走向节理
Syncline 向斜

T

Tabular cave 扁平状洞穴

Tectonic 构造的
Tectonic uplift rates 地壳上升速率
Tendency 倾向
Tertiary 第三纪
The uniaxial mechanical strengths 单轴抗压强度
Thermomagnetic effect 热磁效应
Thermoluminescence dating 热释光测年
Transportation 搬运作用
Transported deposit 搬运沉积
Tuff 凝灰岩

U

U typical-riverbed "U" 形谷
Upthrow 抬升

V

Verrucano 红色砂岩
Vertical distribution 垂直分布
Vertical joint 垂直节理
Void water 孔隙水
Volcanic lava 火山熔岩
V typical-riverbed "V" 形谷

W

World Natural Heritage 世界自然遗产

X

X-Ray Fluorescence X 射线光谱分析

Y

Yanshan movement 燕山运动

Z

Zirkustal 围谷

附录3 索　　引

附录 4　南京大学团队丹霞地貌成因研究成果目录

已培养博士 2 名，硕士 3 名：

[1] 陈姝. 丹霞地貌的岩性实验研究——丹霞山和江西龙虎山为例 [硕士论文]. 南京：南京大学. 2010.

[2] 吕文. 浙江江郎山和福建泰宁丹霞地貌成因研究 [硕士论文]. 南京：南京大学. 2010.

[3] 欧阳杰. 中国丹霞地貌申报世界自然遗产提名地实验地貌学研究 [博士论文]. 南京：南京大学. 2010.

[4] 唐云松. 丹霞地貌景观成因机制及旅游景观设计研究——以齐云山国家地质公园为例 [博士论文]. 南京：南京大学. 2004.

[5] 王晓翠. 广东丹霞山造景地貌成因实验地貌学研究 [硕士论文]. 南京：南京大学. 2012.

发表期刊论文 21 篇（其中 SCI 论文 7 篇、一级学报 9 篇）：

[1] 陈姝，朱诚，彭华，等. 广东丹霞山洞穴景观岩体稳定性的抗压实验研究 [J]. 安徽师范大学学报：自然科学版，2010 (2)：170-174.

[2] 李中轩，闫慧，朱诚，等. 浙江江郎山峡谷的成因及其地貌指示意义 [J]. 信阳师范学院学报：自然科学版. 2010，23 (4)：546-549.

[3] 吕文，朱诚，彭华，等. 浙江江山市江郎山岩石岩性特征及其对丹霞地貌形成的影响 [J]. 矿物岩石地球化学通报，2009，28 (4)：349-355.

[4] 欧阳杰，朱诚，彭华，等. 湖南崀山丹霞地貌岩体抗酸侵蚀脆弱性的实验研究 [J]. 地球科学进展，2011，26 (9)：965-970.

[5] 欧阳杰，朱诚，彭华. 丹霞地貌的国内外研究对比 [J]. 地理科学，2011，31 (8)：996-999.

[6] 欧阳杰，朱诚，彭华，等. 浙江方岩丹霞地貌类型及其空间组合 [J]. 地理学报，2009，64 (3)：349-356.

[7] 谭艳，朱诚，吴立，等. 广东丹霞山砂岩蜂窝状洞穴及白斑成因 [J]. 山地学报，2015，33 (3)：279-287.

[8] 张广胜，朱诚，俞锦标，等. 浙江江郎山丹霞地貌区岩性特征 [J]. 山地学报. 2010，28 (03)：301-312

[9] 朱诚，彭华，欧阳杰，等. 浙江方岩丹霞地貌发育的年代、成因与特色研究 [J]. 地理科学，2009，2 (4)：229-237.

[10] 朱诚，彭华，李中轩，等. 浙江江郎山丹霞地貌发育的年代与成因 [J]. 地理学报，2009，64 (1)：21-32.

[11] 朱诚，彭华，李世成，等. 安徽齐云山丹霞地貌成因 [J]. 地理学报，2005，60 (3)：445-455.

[12] 马春梅，朱诚. 皖南花山石窟群成因与旅游开发初探. 安徽师范大学学报：自然科学版，2003，26 (3)：278-283.

[13] 朱诚，唐云松，马春梅，等. 皖南花山石窟群开凿年代地衣测年及成因 [J]. 地理学报，2003，58 (3)：433-441.

[14] 朱诚，俞锦标，赵宁曦，等. 福建冠豸山丹霞地貌成因及旅游景观特色 [J]. 地理学报，2000，

55 (6): 679-688.
[15] Ma Chunmei, Zhu Cheng, Peng Hua, et al. Danxia landform genesis of the Qiyun Mountain, Anhui Province. Journal of Geographical Sciences, 2006, 16 (1): 45-56. (SCI)
[16] Ouyang Jie, Zhu Cheng, Peng Hua, et al. Types and spatial combinations of Danxia landform of Fangyan in Zhejiang Province. Journal of Geographical Sciences, 2009, (19): 631-640. (SCI)
[17] Zhu Cheng, Wu Li, Zhu Tongxin, et al. Experimental studies on the Danxia landscape morphogenesis in Mt. Danxiashan, South China. Journal of Geographical Sciences, 2015, 25 (8): 943-966. (SCI)
[18] Zhu Cheng, Wu Li, Zhu Tongxin, et al. Lichenometric dating and the nature of the excavation of the Huashan Grottoes, East China. Journal of Archaeological Science, 2013, 40: 2485-2492. (SCI)
[19] Zhu Cheng, Peng Hua, Ouyang Jie. Rock resistance and the development of horizontal grooves on Danxia slopes. Geomorphology, 2010, 123: 84-96. (SCI)
[20] Zhu Cheng, Peng Hua, Li Zhongxuan, et al. Age and genesis of the Danxia landform on Jianglang Mountain, Zhejiang Province. Journal of Geographical Sciences, 2009, 19: 615-631. (SCI)
[21] Zhu Cheng, Yu Shiyong. Lichenometric constraints on the age of the Huashan Grottoes, East China. Journal of Archaeological Science, 2007, 34: 2064-2070. (SCI)

会议论文 3 篇：

[1] 吴立，朱诚，侯荣丰，等. 世界自然遗产地广东丹霞山若干微地貌成因实验地貌学研究 [A]. 中国地理学会 2012 年学术年会学术论文摘要集 [C]. 2012.
[2] 朱诚，唐云松，马春梅，等. 皖南花山石窟群开凿年代地衣测年及成因探讨 [A]. 地理教育与学科发展——中国地理学会 2002 年学术年会论文摘要集 [C]. 2002
[3] 朱诚，彭华，欧阳杰，等. 丹霞地貌发育的红层抗压、抗蚀、抗冻融试验研究初步汇报. 1th International Symposium on Danxia Landform，世界的丹霞（第二卷）：62-65. May，2009；Danxiashang，Guangdong，China.